U0830878

建筑工程施工现场专业人员继续教育培训教材

新技术、新工艺、新材料、新设备在建筑业中的应用

吴志斌　主　编

杨平海　吴兴国　副主编

中国环境出版社·北京

内容简介

本书主要根据原建设部《关于进一步做好建筑业10项新技术推广应用的通知》的要求，参照其新技术的分类标准进行分类，有针对性地选取部分新技术内容编写。这些新技术既成熟可靠，又代表了现阶段我国建筑业技术发展的最新成就。全书共7章，对地基与基础工程、地下工程施工技术与地下防水工程、混凝土工程、钢筋工程、新型模板及脚手架应用技术、钢结构工程、建筑节能与环保工程等方面的新技术进行了阐述，具有较强的适用性和可操作性。

本书可作为建筑工程施工现场专业人员继续教育培训教材，同时也可作为从事建筑业、房地产业等工程建设和管理相关人员的参考用书。

图书在版编目（CIP）数据

新技术、新工艺、新材料、新设备在建筑业中的应用/吴志斌主编. —北京：中国环境出版社，2010（2013.11 重印）
建筑工程施工现场专业人员继续教育培训教材
ISBN 978-7-5111-0269-0

Ⅰ. ①新… Ⅱ. ①吴… Ⅲ. ①新技术应用—建筑业—技术培训—教材 Ⅳ. ①TU-39

中国版本图书馆 CIP 数据核字（2010）第 083323 号

出 版 人 王新程
责任编辑 高 峰
责任校对 扣志红
封面设计 兆远书装

出版发行 中国环境出版社
（100062 北京市东城区广渠门内大街 16 号）
网 址：http://www.cesp.com.cn
电子邮箱：bjgl@cesp.com.cn
联系电话：010-67112765（编辑管理部）
出版电话：010-67112739（建筑图书事业部）
发行热线：010-67125803，010-67113405（传真）
印 刷 北京中科印刷有限公司
经 销 各地新华书店
版 次 2010 年 7 月第 1 版
印 次 2013 年 11 月第 6 次印刷
开 本 787×1092 1/16
印 张 18.75
字 数 430 千字
定 价 46.00 元

编写组成员

主　　编: 吴志斌

副 主 编: 杨平海　吴兴国

编写人员（以姓氏笔画为序）:

万常烜　邓燕华　王中华　甘　钧　吴志斌

吴兴国　杨平海　邹阳阳　沈　峰　李华文

陈乐意　周雅民　罗斌辉　姜安龙　秦建昌

章生财　黄国林　韩国平　舒奕荣　潘　辉

熊信福

前　言

随着社会科学技术的发展，各种新材料、新工艺、新技术不断涌现，并迅速进入建筑领域，为了适应建筑业新技术的发展，原建设部于 1994 年下发了《关于建筑业 1994 年、1995 年和“九五”期间重点推广应用 10 项新技术的通知》，并先后于 1998 年和 2005 年两次组织中国建筑科学研究院等单位适时对建筑业 10 项新技术从内容上进行了调整和补充，使其包含先进适用新技术的项目更多，内容更丰富。2005 年版建筑业新技术以房屋建筑工程为主，突出通用技术，兼顾铁路、交通、水利等其他土木工程，技术既成熟可靠，又代表了现阶段我国建筑业技术发展的最新成就。

新时期，为了适应建筑企业管理人员专业素质的不断提高，根据各地培训机构和学院的要求，我们组织了有关专家和长期在施工一线的工程技术人员，遵循技术成熟可靠，实践性强和应用面广的原则，参照原建设部新技术的分类标准，选取了部分新技术内容编写了这本培训教材。教材主要讲述了地基与基础工程、地下工程施工技术和地下防水工程、混凝土工程、钢筋工程、新型模板及脚手架、钢结构工程、建筑节能与环保工程等方面的新技术，并对各项新技术的发展概况、技术内容、技术指标、施工方法、工程实践等分别做了重点阐述，对工程设计、施工、监理和管理具有现实的指导意义和重要的参考价值。

本书由吴志斌主编。全书共分为 7 章，其中，第一章由吴志斌、邹阳阳、万长煊编写；第二章由姜安龙、陈乐意、王中华编写；第三章由潘辉、舒奕荣、李华文编写；第四章由熊信福、罗斌辉、邓燕华编写；第五章由秦建昌、周雅民、杨平海编写；第六章由沈峰、甘钧、章生财编写；第七章由韩国平、吴兴国、黄国林编写。

在本书编写过程中，得到了南昌市建筑工程集团有限公司、南昌航空大学、华东交通大学理工学院、江西建设职业技术学院、江西中恒建设集团公司、南昌市建筑教育培训中心、贵州省建设教育协会等单位的大力支持和帮助，在此表示深深的谢意。

由于成书时间仓促和编者的水平所限，书中不足之处在所难免，敬请读者在使用过程中给予指正并提出宝贵意见。

吴志斌

2010 年 4 月

目　录

第一章 地基与基础工程

根据原建设部《关于进一步做好建筑业10项新技术推广应用的通知》的要求，在地基与基础工程部分主要推广桩基新技术、地基处理技术、深基坑支护及边坡技术等，本章主要介绍夯实水泥土桩复合地基、水泥粉煤灰碎石桩（CFG）复合地基、复合土钉墙支护、灌注桩后注浆等方面的内容。

第一节 夯实水泥土桩复合地基

一、概述

夯实水泥土桩法是在20世纪90年代初由中国建筑科学研究院地基基础研究所发明研制的一种处理软弱地基的新工法，这段时期，国家进行大规模的基本建设，土木工程和交通工程蓬勃发展，特别是城市房屋密集、大型施工设备受限的旧城房屋改造工程的地基处理及交通沿线地区大量深厚不等的素填土或杂填土等软基处理（这类土除具有明显的地下水湿陷性外，其承载能力低，土的性状也十分复杂），选择一种经济、安全、合理的地基处理方法，显得尤为迫切，夯实水泥土桩法便应运而生。该方法施工简便灵活，受场地限制较小、速度快，无污染、造价低、质量易控制，自从该工法在工程实践中使用以来，立即被广大设计人员、建设单位所接受，而且由于夯实水泥土桩复合地基均匀性好、地基强度较高，现已用于小高层房屋的地基处理，在北京、河北、河南、甘肃、广东等地得到广泛应用。

二、夯实水泥土桩复合地基作用原理

夯实水泥土桩复合地基是由夯实水泥土桩、桩间地基土和桩顶散体材料构成的柔性砌层三部分组成，共同承担上部结构荷载，其承载和变形机理十分复杂。

（一）夯实水泥土桩的作用机理

夯实水泥土桩是将水泥和土料在孔外充分拌匀然后回填孔内并强力夯实形成具有一定强度的水泥土加固体，在此过程中，水泥和土体发生了复杂的物理化学反应和夯实挤密作用。

1. 胶结作用

水泥与土体搅拌时，水泥颗粒表面的矿物很快与土体中的水发生水解和水化反应，生成氢氧化铁、含水硅酸钙，含水铝酸钙等各种水化物，这些水化物有的自身继续硬化，形成水泥石骨架；有的则与其周围具有一定活性的黏土颗粒反应，通过 Na^+、K^+、H^+ 之间的交换，使较小的、离散的黏土颗粒互相靠拢胶结，形成较大的土的团粒；另一方面，水泥水化反应生成的凝胶粒子比表面积较原来的水泥颗粒大10多倍，因而产生很大的表

面能，使之具有强烈的吸附活性，能把较大的土的团粒进一步胶结，形成水泥土的团粒结构，使水泥土的强度提高，此即水泥土的胶结强度。

2. 夯实挤密作用

水泥和土体在孔外拌和均匀形成的水泥土拌合料较为松散，土团之间孔隙较大，连接力微弱，在夯击动力作用下会重新进行排列，体积压缩，密度增大，形成夯实水泥土的密实强度。

（二）桩间地基土的作用机理

夯实水泥土桩按照桩的成孔方式可分为挤土夯实水泥土桩和排土夯实水泥土桩两种。挤土夯实水泥土桩是利用振动沉管或冲击成孔，由成孔时的侧向挤压作用，使得桩间土得到第一次挤密，然后在桩孔内用水泥土拌合料分层夯填密实，夯填过程中又对桩间土进行第二次挤密。排土夯实水泥土桩是采用人工洛阳铲或钻机成孔，在成孔过程中并未对桩间土造成挤密，然后在孔内分层回填水泥土拌合料并夯击密实，使在夯填过程中对桩间土形成挤密效应。因此，不论是挤土还是排土夯实水泥土桩，其共同点是对桩间土都有侧向深层挤密加固作用，桩间土承载力得到提高，这一点与搅拌水泥土桩有显著区别，所以多数情况下夯实水泥土桩复合地基具有良好的承载性能，充分地发挥了桩间地基土的承载作用。

（三）褥垫层的作用机理

在荷载作用下，增强体（桩体）和地基土体共同承担外部结构传来的荷载，这是复合地基的本质。然而如何设置增强体以保证增强体与天然地基土体能够共同承担上部结构荷载，或者如何设置增强体才能形成复合地基?大量的理论研究和试验研究表明，在建筑物基础和复合地基加固区之间设置柔性褥垫层不仅可以保证各类增强体与地基土体形成复合地基共同承上部荷载，而且可以有效地改善复合地基中浅层的受力状态，如减小桩土荷载分担比、提高桩间土的抗剪强度、提高增强体承受竖向荷载的能力等。

三、技术特性及适用范围

（一）主要技术内容

夯实水泥土桩是用人工或机械成孔，选用相对单一的土质材料，与水泥按一定配比，在孔外充分拌和均匀制成水泥土，分层向孔内回填并强力夯实，制成均匀的水泥土桩。通过在基础和桩顶之间设置一定厚度的褥垫层，使桩、桩间土和褥垫层一起构成复合地基。由于夯实中形成的高密度及水泥土本身的强度，与搅拌水泥土桩相比，夯实水泥土桩桩体有较高强度。夯实水泥土桩复合地基具有桩身强度均匀、施工速度快、不受场地的影响、造价低、无污染等特点。

（二）技术指标

根据工程实际情况，夯实水泥土桩成孔可采用机械成孔（挤土、不挤土）或人工成孔，混合料夯填可采用人工夯填和机械夯填。技术指标为：

地基承载力：设计要求；

桩径：宜为 300 ~ 600 mm；

桩长：设计要求，人工成孔，深度不宜超过 6 m；

桩距：宜为 2～4 倍桩径；

桩垂直度：1.5%；

桩体干密度：设计要求；

混合料配比：设计要求；

混合料含水率：人工夯实土料最优含水率 W_{op} +（1%～2%）；机械夯实土料最优含水率 W_{op} -（1%～2%）；

混合料压实系数：0.93；

褥垫层：宜用中砂、粗砂、碎石等，最大粒径不宜大于 20 mm；

厚度 100～300 mm，夯实度 = 0.9。

实际工程中，以上参数根据地质条件、基础类型、结构类型、地基承载力和变形要求等条件或现场试验确定。

（三）适用范围

适用于处理地下水位以上的粉土、素填土、杂填土、黏性土等地基，处理深度不宜超过 10 m。

四、施工工艺标准

（一）工程范围

本工艺标准适用于工业与民用建筑地基处理采用夯实水泥土桩的工程。

（二）施工准备

1. 材料要求

（1）土料

土料中有机质含量不得超过 5%，不得含有冻土或膨胀土，使用时应过 10～20 mm 的筛。

（2）混合料

根据室内配比试验，针对现场地基土的性质，选择合适的水泥品种混合料含水量应满足土料的最优含水率 W_{op}，允许偏差不大于 ±2%，土料与水泥应拌和均匀，水泥用量不得少于按混合料配比试验确定的重量。

2. 主要施工机具

（1）成孔设备

0.6 t 或 1.2 t 柴油打桩机或自制锤击式打桩机，也可选用洛阳铲，冲击钻机。

（2）夯实设备

卷扬机、提升式夯实机或偏心轮类杆式夯实机。

3. 作业条件

（1）岩土工程勘察报告，基础施工图纸，施工组织设计齐全；

（2）建筑场地地面上、地面下及高空所有障碍物清除完毕，现场符合“三通一平”的施工条件；

（3）轴线控制桩及水准基点桩已经设置并编号，且经复核，桩孔位置已经放线并标识桩位；

（4）已进行成孔，夯填工艺和挤密效果试验，确定有关的施工工艺参数（分层填料厚度，夯击次数和夯实后的干密度，打桩次序），并对试桩进行了测试，承载力、挤密效果等符合设计要求。

4. 作业人员

（1）主要作业人员：机械操作人员、普工。

（2）施工机具应由专人负责使用和维护，大、中型机械特殊机具需持证上岗，主要作业人员已经过安全培训，并接受了施工技术交底（作业指导书）。

（三）施工工艺

1. 工艺流程

就位 → 成孔 → 孔底夯实 → 夯填桩孔 → 提升钻具、移至下一根桩

2. 操作工艺

（1）成孔

夯实水泥土桩的施工，应按设计要求选用成桩工艺，挤土成孔可选用沉管、冲击等方法，非挤土成孔可选用洛阳铲、螺旋钻等方法。

（2）材料搅拌

根据室内配比试验，针对现场地基土的性质，选择合适的水泥品种混合料含水量应满足土料的最优含水率 W_{op}，允许偏差不大于 ±2%，土料与水泥应拌和均匀，水泥用量不得少于按混合料配比试验确定的重量。

（3）夯填

夯填桩孔时，宜选用机械夯实，分段夯填时，夯锤的落距和填料厚度应根据现场试验确定，混合料的压实系数不应小于 0.93。孔内填料前孔底必须夯实，桩顶夯填高度应大于设计桩顶标高 200 ~ 300 mm。

（四）质量标准

1. 主控项目及一般项目

（1）水泥及夯实用土料的质量应符合设计要求；

（2）施工中应检查孔位、孔深、孔径、水泥和土的配比、混合料含水量等；

（3）施工结束后，应对桩质量及复合地基承载力做检验，褥垫层应检查其夯实填度；

（4）夯实水泥土桩的质量检验标准应符合表 1.1.1 的规定。

2. 特殊工艺或关键控制点的控制

3. 质量记录

（1）水泥的出厂合格证及复检证明；

（2）试桩施工记录、检验报告；

（3）施工记录；

（4）施工布置示意图。

（五）施工注意事项

1. 邻桩孔颈缩或坍孔

夯实水泥土桩应打孔后及时填孔，若夯填速度较慢，宜采用间隔打法，以免因振动、

表 1.1.1　夯实水泥土桩复合地基质量检验标准

项目	序号	检查项目	允许偏差或允许值		检查方法
			单位	数值	
主控项目	1	桩径	mm	−20	用钢尺量
	2	桩长	mm	+500	测桩机深度
	3	桩体干密度	设计要求		现场取样检查
	4	地基承载力	设计要求		按规定办法
一般项目	1	土料有机质含量	%	≤5	焙烧法
	2	含水率(与最优含水率比)	%	±2	烘干法
	3	土料粒径	mm	≤20	筛分法
	4	桩位偏差	满堂布桩≤0.40D 条基布桩≤0.25D		用钢尺量,D 为桩径
	5	水泥质量	设计要求		查产品合格证书或抽样送检
	6	桩孔垂直度	%	≤1.5	用经纬仪测桩管
	7	褥垫层夯填度	≤0.9		用钢尺量

表 1.1.2　特殊工艺或关键控制点的控制

序号	关键控制点	控制措施
1	桩径、搅拌的均匀性	成桩 7 d 后,采用浅部开挖桩头,检查
2	桩径、搅拌的均匀性	成桩 3 d 内,用轻型动力触探(N10)检查每米桩身的均匀性
3	承载力	进行复合地基载荷试验,单桩载荷试验

挤压造成邻桩孔颈缩或坍孔。

2. 地基土与勘察资料不符

施工过程中,应有专人监测成孔及回填夯实的质量,并作好施工记录,如发现地基土质与勘察资料不符时,应查明情况,采取有效处理措施。

(六) 成品保护

(1) 基础底面以上应预留 0.7 ~ 1.0 m 厚的土层,待施工结束后,将表层挤松的土挖除,或分层夯压夯实后,立即进行下道工序施工。

(2) 雨季或冬季施工,应采取防雨,防冻措施,防止水泥料受雨水淋湿或冻结。

(七) 职业健康安全与环境管理

(1) 施工过程危害及控制措施

(2) 环境因素辨识及控制措施

五、工程实例

(一) 工程概况

某生活区由 10 栋多层住宅楼组成,拟建场地征用前为水稻田,地势低洼,地下水位

表 1.1.3 施工过程危害及控制措施

序号	作业活动	危险源	控制措施
1	现场管理	人员伤害	成孔时，距振动锤，落距，冲击锤 6 m 范围内，不得有人员走动或进行其他作业
2	桩机成孔	人员伤亡或设备损坏	振动或锤击沉桩机，冲击机操作时，应安放平稳，防止成孔时，突然倾倒或锤头突然下落，造成人员伤亡或设备损坏
3	桩架装拆	高空坠落	在桩架上装拆维修机件进行高空作业时，必须系安全带
4	成孔	人员或物件掉入孔内	已成的孔尚未填夯灰土前，应加盖板，以免人员或物件掉入孔内

注：表中内容仅供参考，现场应根据实际情况重新辨识。

表 1.1.4 环境因素辨识及控制措施

序号	作业活动	环境因素	控制措施
1	水泥进场、垃圾出场	扬尘	水泥运输表面覆盖 建筑垃圾运输表面覆盖 道路要经常维护和洒水，防止造成粉尘污染
2	现场清理	建筑垃圾	施工现场应设合格的卫生环保设施，施工垃圾集中分类堆放，严禁垃圾随意堆放和抛撒
3	机械使用	废油	施工现场使用和维修机械时，应有防滴漏措施，严禁将机油等滴漏于地表，造成土地污染

注：表中内容仅供参考，现场应根据实际情况重新辨识。

较高，各土层含水量高，孔隙比较大，具有较高的压缩性。设计要求地基承载力标准值不低于 160 kPa，天然地基承载力不能满足设计要求，该工程采用水泥土搅拌桩复合地基进行地基处理。

（二）场地土的物理力学性质

该场地位于长江冲积漫滩上，地基各土层分布情况以及物理力学指标见表 1.1.5。

（三）复合地基沉降计算结果的比较

1. 复合地基载荷试验

为了确定复合地基的设计参数。在场地进行载荷试验，试验区桩长 15.5 m，桩端落在透镜体上，在这个试验区进行了天然地基、单桩、单桩复合地基、六桩复合地基的试验，试验参数见表 1.1.6。

由表 1.1.5 与表 1.1.6 比较可以看出，复合地基的承载力比天然地基的承载力提高了 3 倍多，这说明水泥土桩复合地基加固后地基承载提高幅度比较大，效果明显。现场试验结果表明，复合地基承载力标准值在 175 kPa 以上，符合了设计的标准。

2. 实测值与计算分析结果的比较

在目前的工程实践中，复合地基的变形多采用经验公式估算，由于各公式所作的简

表 1.1.5　场地土物理力学指标

土层编号	深度 / m	厚度 / m	天然重度 / (kN / m³)	孔隙比	压缩模量 / MPa	各层土承载力标准值 / kPa
②－1 粉质黏土	1	1	19.1	0.89	4.46	90
②－2 淤泥粉质黏土	11	10	18.3	1.04	2.82	60
B 粉土	12	1	18.8	0.89	6.16	105
②－2 淤泥粉质黏土	14.2	2.2	18.3	1.04	2.82	105
Ⓒ粉土	16.1	1.9	18.8	0.91	8.12	130
②－2 淤泥粉质黏土	17.7	1.6	18.3	1.04	2.82	105
②－3 粉土	21.3	3.6	18.7	0.90	8.00	135
Ⓓ粉质黏土	21.7	0.4	18.9	0.93	3.5	100
②－3 粉土	22.3	0.6	18.7	0.90	8.00	135
②－4 粉质黏土	25	2.7	18.7	0.94	4.62	110

表 1.1.6　试验参数表

类型	桩长 / m	桩径 / mm	载荷板尺寸 / m	承载力标准值 / kPa
天然地基	15.5	400	—	60
单桩复合地基	15.5	400	1.2 × 1.2	315
水泥土单桩	15.5	400	—	250
六桩复合地基	15.5	400	2.0 × 3.6	325

化有各自的适用条件，因而对于某种类型的复合地基其计算精度不尽相同。

为验证前面两种有限元分析法计算的正确性，下面按照实际情况建立模型，与实测值进行比较。计算模型参数如下：

承台参数：承台的弹性模量 $E = 3.0 \times 104$ kPa，泊松比 $\mu = 0.20$，承台厚度为 0.50 m，面积与载荷板面积相同。垫层参数：垫层为碎石垫层，弹性模量 $E = 20$ MPa，泊松比 $\mu = 0.25$，厚度为 0.20 m。

复合地基模型参数：采用 Duncan—Chang 模型参数。

土体参数：根据地质勘察报告，各土层性质、厚度不一。为简化计算，典型的地基可按模量等效划分为 ① — 粉质黏土、② — 淤泥粉质黏土、③ — 粉土、④ — 粉质黏土。各土层厚度分别为 1 m，14.3 m，1.9 m，10 m，压缩模量见表 1.1.5，泊松比 $\mu = 0.35$。土层计算深度 31 m，水平计算宽度为 10 倍载荷板宽度。

结合以上参数分别建立有限元模型，计算天然地基、单桩复合地基、六桩复合地基的荷载—沉降曲线如图 1.1.1，图 1.1.2，图 1.1.3，图 1.1.4 所示，并将计算结果与实测值进行比较。可以看出，采用有限元方法计算复合地基沉降变形与实测值吻合得比较好，能够较好地符合现场试验研究的基本结论和理论分析。

（四）结语

以往对于复合地基的设计大多基于规范方法，而采用规范方法进行设计所得到的

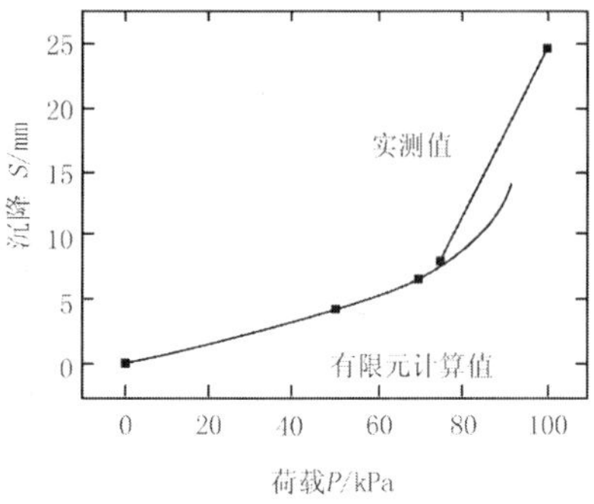

图 1.1.1

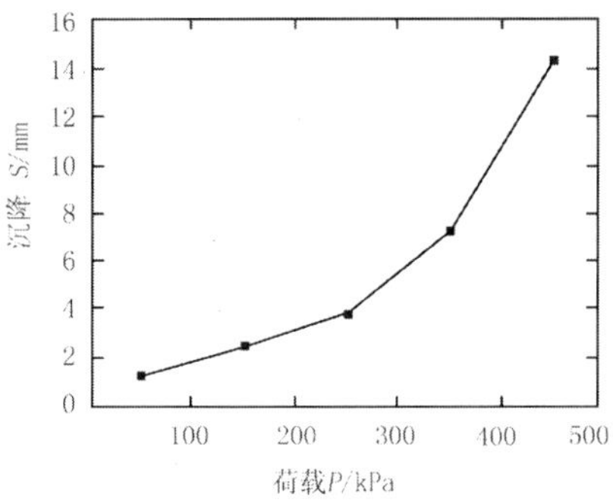

图 1.1.2

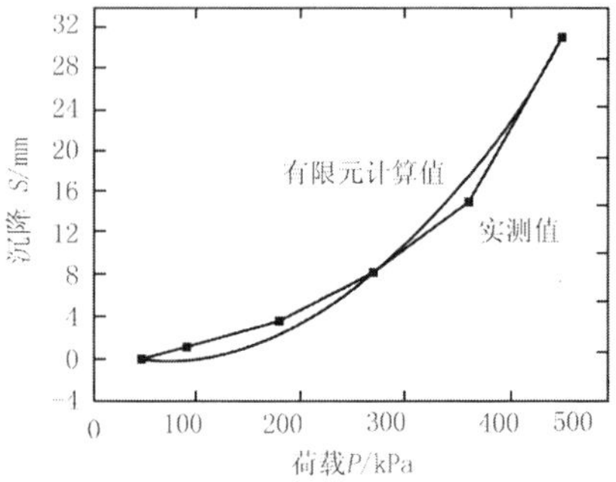

图 1.1.3

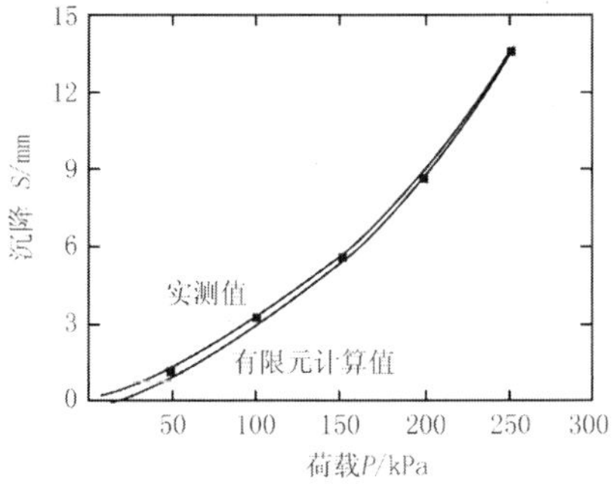

图 1.1.4

复合地基的沉降量往往与实测结果相差几十倍甚至几百倍，严重影响了该方法在实际工程中的应用。究其原因，主要是由于复合地基工作机理的复杂，而规范方法是基于经验的一种方法，不能反映实际工程中复合地基的变形特性。目前对水泥土桩复合地基进行沉降预测最好的方法就是有限单元法，结合工程实例，通过有限元法对天然地基、单桩、六桩水泥土搅拌桩复合地基进行了沉降计算。通过与实测值比较，也证明了有限元分析方法的准确性，为以后工程应用提供了依据。除此之外，利用有限元分析程序分析了桩体的刚度、置换率、褥垫层厚度、褥垫层刚度等因素对复合地基变形与承载特性的影响，深刻揭示了水泥土搅拌桩复合地基的工作机理，并得到如下重要结论：

(1) 对水泥搅拌桩复合地基的试验室模型—水泥土复合试样的静力三轴试验表明：采用水泥搅拌桩技术加固软土地基可以提高原有软土的工程力学特性。

(2) 在水泥土复合试样的动力试验中，复合试样的动弹模量 E 和阻尼比 D 及应变水平 ε 的相关曲线与纯黏土的有关曲线形状基本一致，只是在相同应变时数值大小不同。

(3) 在相同的应变水平下，随着围压的增大，动弹模量增加而阻尼比减小。当 ε 增大时，E 随之减小而 D 则增大。

(4) 只有当水泥土搅拌桩复合地基中褥垫层厚度合理才能够充分发挥桩的承载力，才能够充分利用桩间土的承载力。

(5) 在柔性基础下随褥垫层模量的增加有助于上部荷载向桩顶集中。

（6）桩长、面积置换率影响着桩间土的承载力的有效发挥以及桩间土应力的变化。迄今为止，本文所研究的内容局限于静力荷载作用下复合地基沉降预测。而我国是一个多地震的国家，探讨地震荷载作用下复合地基与上部结构共同作用机理，建立水泥土搅拌桩复合地基的抗震设计规范是十分必要的。

第二节　水泥粉煤灰碎石桩(CFG)复合地基

一、概述

水泥粉煤灰碎石桩简称 CFG 桩。它是由水泥、粉煤灰、碎石、石屑和砂加水拌和形成的高黏结强度桩，和桩间土、褥垫层一起形成复合地基。CFG 桩复合地基试验研究是原建设部“七五”计划课题。于 1988 年立题进行试验研究，并应用于工程实践。CFG 桩复合地基试验研究成果于 1992 年由原建设部组织鉴定，专家们一致认为：该成果具有国际领先水平，推广意义很大。

CFG 桩复合地基成套技术，1994 年被原建设部列为全国重点推广项目，被国家科委列为国家级全国重点推广项目。1997 年被列为国家级工法，并制定了中国建筑科学研究院企业标准，现已列入国家行业标准《建筑地基处理技术规范》。

为了进一步推广这项新技术，国家投资对施工设备和施工工艺进行了专门研究，并列入“九五”国家重点攻关项目。1999 年 12 月通过了国家验收。该技术已在全国 23 个省、市广泛推广应用。据不完全统计，该技术已在 1 000 多个工程中应用。与桩基相比，由于 CFG 桩桩体材料可以掺入工业废料粉煤灰、不配筋以及充分发挥桩间土的承载能力。工程造价一般为桩基的 1/3～1/2，经济效益和社会效益非常显著。

CFG 桩复合地基 20 世纪 80 年代多用于多层建筑处理，目前大量用于高层和超高层建筑地基的加固。桩身强度等级多在 C15～C25 之间。该技术已在北方地区的高层建筑地基处理中应用，仅北京地区已有近 300 余栋高层建筑地基处理采用了 CFG 桩加固技术，其中绝大多数层高为 20～30 层，31～35 层的超高层建筑有 15 栋，由于该技术具有施工速度快、工期短、质量容易控制、工程造价低廉等特点，目前已成为北京及周边地区应用最普遍的地基处理技术之一。

二、水泥粉煤灰碎石桩复合地基作用原理

（一）一般原理

CFG 桩复合地基的加固机理包括置换作用和挤密作用，其中以置换作用为主。当 CFG 桩用于挤密效果好的土层时，既有置换作用，又有挤密作用，当用于挤密效果差的土层时，只有置换作用。

CFG 桩与碎石桩的差别之一在于 CFG 桩可全长受力，桩土应力比大，而且具有很大的可调性，在软土中可高达 100 MPa 左右。CFG 桩复合地基中由桩承担的荷载一般为 40%～75%，提高承载力的幅度可达 4 倍或更高。

（二）褥垫与 CFG 桩的共同作用

褥垫由散体材料组成，可提供向上贯入的条件来调整桩土应力比，实现桩土协调

变形。

CFG 桩褥垫有如下几种作用：

（1）保证桩、土共同承担荷载

在桩基中，当承台承受竖向荷载时，对摩擦桩，承台产生沉降，使桩间土发挥一定的承载能力，且变形越大，桩距越大，作用越明显。但与桩间土承载能力相比，所占比例很小；对端承桩，承台沉降变形一般很小，桩间土承载能力很难发挥。

CFG 桩复合地基的设计原则是充分利用桩间土的垂直和水平承载能力。由于 CFG 桩复合地基的置换率一般不大于 10%，其余不小于 90%的基底面积为桩间土，总荷载扣除桩间土承担的荷载后就是 CFG 桩应承担的荷载。显然，遵循这一设计原则，可大量减少桩的数量，再加上 CFG 桩不消耗钢筋，桩体利用工业废料和石屑作为掺合料，水泥用量少，可大大降低工程造价。

（2）减少基础底面的应力集中

根据实测的桩土应力比 n 与褥垫层厚度 ΔH 的变化关系，当褥垫层厚度很小时，桩对基础底面产生应力集中。但当褥垫层厚度大于 10 cm 时，应力集中明显降低（桩土应力比约为 6），当褥垫层厚度为 30 cm 时，桩土应力比降为 1.23。

由有关试验测得的结果，当荷载一定时，褥垫层越厚土承担的荷载越多；褥垫厚度一定时，荷载越大，桩承担的荷载所占比例增大。

褥垫层厚度可以调整桩、土水平荷载分担比有关实验表明，褥垫厚度越大，桩顶水平位移越小，当褥垫层厚度不小于 10 cm 时，桩体不会发生水平折断。

（三）CFG 桩荷载传递特征

桩基中，桩顶以下桩各部位的位移都大于相应部位土的位移，桩侧土体对桩产生与桩位移相反方向的侧阻力，即正摩擦力。桩的最大轴力发生在桩的顶部。

CFG 桩复合地基则不同，任一荷载下桩顶的沉降、桩间土表面以及基础的沉降均不相同。

三、技术特性及适用范围

（一）主要技术特性

水泥粉煤灰碎石桩复合地基是由水泥、粉煤灰、碎石、石屑或砂加水拌和形成的高粘结强度桩（简称 CFG 桩），通过在基础和桩顶之间设置一定厚度的褥垫层保护桩、土共同承担荷载，使桩、桩间土和褥垫层一起构成复合地基。桩端持力层宜选用承载力相对较高的土层。水泥粉煤灰碎石桩复合地基具有承载力提高幅度大，地基变形小等特点，并且具有较大的适用范围。

（二）技术指标

根据工程实际情况，水泥粉煤灰碎石桩常用的施工工艺包括长螺旋钻孔、管内泵压混合料成桩、振动沉管灌注成桩和长螺旋钻孔灌注成桩。主要技术指标为：

地基承载力：设计要求；

桩径：宜取 350 ~ 600 mm；

桩长：设计要求，桩端持力层应选择承载力相对较高的土层；

桩身强度：混凝土强度满足设计要求，通常≥C15；

桩垂直度：≤1.5%；

褥垫层：宜用中砂、粗砂、碎石或级配砂石等，不宜选用卵石，最大粒径不宜大于30 mm。厚度 150 ~ 300 mm，夯填度≤0.9。

实际工程中，以上参数根据地质条件、基础类型、结构类型、地基承载力和变形要求等条件或现场试验确定。

（三）适用范围

适用于处理黏性土、粉土、砂土和已自重固结的素填土等地基。对淤泥质土应按当地经验或通过现场试验确定其适用性。就基础形式而言，既适用于条形基础、独立基础，又可用于箱形基础、筏形基础。

（四）应用情况

该技术已在北京、天津、廊坊、石家庄、唐山、成都、南宁、深圳、德州、长春、哈尔滨、新疆等地多层、高层建筑、工业厂房地基处理工程中广泛应用，经济效益显著，具有极好的应用前景。

四、主要项目施工方法

（一）适用范围

本工艺标准适用于多层和高层建筑工程地基，如砂土、粉土、松散填土、粉质黏土、黏土和淤泥质黏土等的处理工程。

（二）材料准备

（1）碎石：粒径为 20 ~ 50 mm，松散密度为 1.39 t / m^2，杂质含量小于 5%；

（2）石屑：粒径为 2.5 ~ 10 mm，松散密度为 1.47 t /m^3，杂质含量小于 5%；

（3）粉煤灰：利用Ⅲ级粉煤灰；

（4）水泥：用 32.5 级普通硅酸盐水泥，新鲜无结块；

（5）混合料配合比。

混合料配合比根据拟加固场地的土质情况及加固后要求达到的承载力而定。水泥粉煤灰碎石混合料按抗压强度相当于 C7 ~ C12 低强度等级混凝土，密度大于 2 000 kg / m^3。掺加最佳石屑率（石屑量与碎石和石屑总重量之比）约为 25%的情况下，当 W / C（水与水泥用量之比）为 1.01 ~ 1.47，F / C（粉煤灰与水泥重量之比）为 1.02 ~ 1.65 混凝土抗压强度为 8.8 ~ 16.5 MPa，混凝土抗压强度为 8.8 ~ 14.2 MPa。

（三）施工机具

（1）桩成孔灌注一般采用振动式沉管打桩机架，配 DZJ90 型变矩式振动锤。也可采用履行带式起重机、走管式或轨道式打桩机，配有挺杆、桩管。桩管外径分 Φ 325 mm 和 Φ 377 mm 两种。

（2）此外配备混凝土搅拌机及电动气焊设备及机动翻斗车、手推车、吊斗等机具。

（四）工艺流程

1. 作业条件

（1）工程地质勘察报告、基础施工图纸、施工组织设计应齐全；

（2）建筑场地地面上所有障碍物和地下管线、电缆、旧基础等均已全部拆除或搬迁。

沉管振动对邻近建筑物及厂房内仪器设备有影响时，已采取有效保护措施；

（3）施工场地已进行平整，对桩机运行的松软场地已进行预压处理，周围已做好有效的排水措施；

（4）桩轴线控制及水准基点桩已经设置并编号，且经复核。桩孔位置已经放线并钉标桩或撒石灰；

（5）已进行成孔、夯填工艺和挤密效果试验，确定有关施工工艺参数（分层填料厚度、夯击次数和夯实后的干密度、打桩次序）并对试桩进行了测试，承载力挤密效果等符合设计要求；

（6）供水、供电、运输道路、现场小型临时设施已经设置就绪。

2. 施工工艺流程

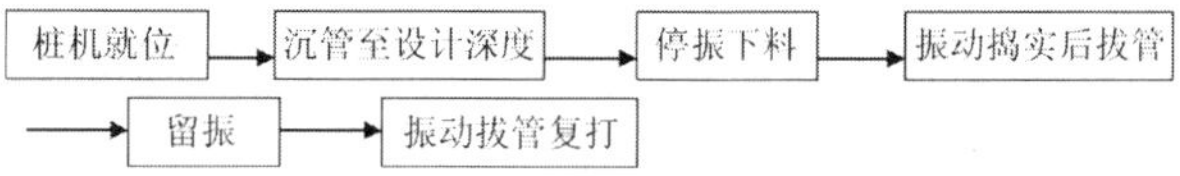

应考虑隔排隔桩跳打，新打桩与已打桩间隔时间不应少于 7 d。

3. 桩机就位须平整、稳固，沉管与地面保持垂直，垂直度偏差不大于 1% ，如果预制混凝土桩尖需埋入地面以下 300 mm。

4. 在沉管过程中用料斗向桩管内投料，待沉管至设计标高后，须继续尽快投料，直至混合料与钢管上部投料口齐平。如上料量不够，可在拔管过程中继续投料，以保证成桩标高及密实度的要求。混合料应按设计配合比配制，投入搅拌机加水拌和，搅拌时间不少于 2 min，加水量由混合料坍落度控制，一般坍落度为 30 ~ 50 mm；成桩后桩顶浮浆厚度一般不超过 200 mm。

5. 当混合料加至钢管投料口齐平后，沉管在原地留振 10 s 左右，即可边振边拔管，速度控制在 1.2 ~ 1.5 m / min，每提升 1.5 ~ 2.0 m，留振 20 s。桩管拔出地面确认成桩符合设计要求后，用粒状材料或黏土封顶，移机进行下一根桩施工。

（五）质量标准

项目	序号	检查项目	允许偏差	检查方法
主控项目	1	原材料	设计要求	查产品合格证或抽样送检
	2	桩径 / mm	−20	用钢尺量或计算填料量
	3	桩身强度	设计要求	查 28 d 试块强度
	4	地基承载力	设计要求	按规定的办法
一般项目	1	桩身完整性	按桩基检测技术规范	按桩基检测技术规范
	2	桩位偏差	满堂布桩≤0.40 D 条基布桩≤0.25 D	用钢尺量（D 为直径）
	3	桩垂直度（%）	≤1.5	用经纬仪测钢管
	4	桩长 / mm	+100	测管桩长度或锤球测孔深
	5	褥垫层夯填度	≤0.9	用钢尺量

（六）成品保护

（1）桩施工完毕，经 7 d 达到一定强度后，方可进行基坑开挖；

（2）设计桩顶标高不深（小于 1.5 m）宜采用人工开挖；大于 1.5 m 方可采用机械开挖，但下部宜预留 500 mm 用人工开挖，以避免损坏桩头部位。

（七）安全和环境

（1）振动锤操作时，距桩锤 5 m 范围内不得有人员走动或进行其他作业，非工作人员不得进入施工区域内。

（2）振动沉桩机操作时应安放平稳，防止沉管时突然倾倒或桩管突然下落，造成事故。

（3）振动沉桩机沉管时，如采用收紧钢丝绳加压，应根据桩管沉入度随时调整离合器，防止抬起桩架，发生事故。施工过程中如遇大风，应将桩管插入地下嵌固，以保桩机安全。

（4）施工场内一切电源、电路的安装和拆除，应由持证电工专管，电器必须严格接地、接零和设置漏电保护器。现场电线、电缆必须按规定架空，严禁拖地和乱拉乱搭。

（八）注意事项

（1）水泥粉煤灰碎石桩宜用于提高地基承载力和减少变形的桩基，不宜用于挤密松散砂性土为主的地基；

（2）施工前，应进行试桩，确定配合比、桩体强度和工艺参数，符合设计要求后方可施工；

（3）冬期施工，应采取加热保温措施。完桩后表面应进行覆盖，防止受冻；

（4）雨期施工，应严格控制材料含水率和拌合物水灰比，同时做好现场排水措施，防止早期浸泡降低桩体强度。

（九）质量记录

本工艺标准应具备以下质量记录：

（1）水泥粉煤灰碎石桩复合地基工程检验批质量验收记录表；

（2）水泥粉煤灰碎石桩复合地基施工记录；

（3）桩身强度、地基承载力试验报告；

（4）原材料出厂合格证或试验报告。

五、工程实例

（一）基本概况

某工程占地面积为 48 000 m^2，场地平坦。场地的原始地形：东西部为山丘，中部和北部为沟和水塘，从地面向下 20 m 内均为河流阶地第四系冲积物，主要为黏土、砂砾、圆砾等，在中部和北部杂填土的厚度较大，达 8.20 m，采用 CFG 桩对场内杂填土等软弱地基进行复合地基处理，提高地基承载力至设计要求。

（二）工程水文地质概况

1. 工程地质条件

根据钻探资料，场地自地面以下 20 m 内主要为河流阶地第四系；中积物，自上而下

分别为:

（1）杂填土:主要由黏土、粉黏土等组成,含砖石碎块杂物等,稍湿,可塑。大部分为多年老填土,填筑时间大于 20 年。该层在场地内零散分布。

（2）淤泥质黏土:以黏土为主,含少量腐殖有机质及少量粉细砂,很湿,软塑～可塑,仅场区北部有分布,为原始水塘沉积物。

（3）黏土:以黏土为主,含少量粉粒,底部含粉粒稍多。稍湿,硬塑～坚硬,分布普遍。

（4）粉质黏土:以粉粒和黏粒为主,含少量细砂、粉砂,底部有粗砂和少量小砾石。稍湿,可塑。场区中、东部分布较稳定,西部分布变化较大。

（5）含黏性土砾砂:由砾石、砂、黏性土组成。砾石含量 25%～48%,最大粒径 30～40 mm;砂含量 25%～35%,以中、粗砂为主;中填物为黏性土,约 20%～30%,普遍分布。

（6）含砾粗砂:以粗砂为主,含砾石、中砂和黏土质。砾石最大粒径 2～30 mm,透水性中等,中密～密实,湿,普遍分布。

（7）中砂:以中砂为主,含细砂和黏土质,下部含少量粗砂,局部见小砾石;中密状态,饱和,仅西北角局部见。

（8）圆砾:以砾石为主,含量 55%～60%,大小不均,最大粒径 40～50 mm;含砂 35%～40%,以中砂和粗砂为主,含黏土质 5%～10%。中密～密实,饱和,普遍分布。

各层土分布情况详见表 1.2.1 所示。

表 1.2.1　各层土分布情况

土层号	土层名称	厚度 / m	平均厚度 / m
（1）	杂填土	0.30～8.20	1.51
（2）	淤泥质黏土	0.70～1.80	1.27
（3）	黏土	1.10～7.60	5.57
（4）	粉质黏土	0.50～3.20	1.54
（5）	含黏性土砾砂	0.20～4.30	2.05
（6）	含砾粗砂	0.90～3.90	2.8
（7）	中砂	0.10～2.70	1.23
（8）	圆砾	3.30～5.70	4.60

2. 水文地质条件

场地范围内及邻近无任何地表水体,湘江位于场地西侧约 3 km 以外。场地内砾粗砂、中砂、圆砾层属弱中等孔隙潜水,为场地主要含水层;上部杂填土、淤泥质黏土中含微弱上层滞水;黏土、粉质黏土、含黏性土砂砾层为相对隔水层。

（三）施工工艺

1. 施工顺序

桩位的施工流水顺序,依次向后退打,以有利于保护先施工的桩不被挤坏或挤歪。施工顺序考虑隔排隔桩跳打(即隔一根桩位),施工新桩时与已打桩间隔时间不少于7 d。

2. 混合填料配制

严格选择原材料，水泥选用大厂生产优质 32.5 强度等级普通硅酸盐水泥，选择洁净的河砂、卵石、II 级粉煤灰等。施工前按设计要求由试验室进行了配合比试验，配合比（1 m^3）为：水 186.0 kg、水泥 252.4 kg、中砂 452.0 kg、粉煤灰 175.0 kg、砾石 1 350 kg；施工时按配合比配制混合料，以保证混合料强度等同于 C20 混凝土。混合料中掺入的粉煤灰主要是改善拌合物的和易性，提高桩的施工质量。混合料配比严格执行规范规定，碎石和中砂含杂质不大于 5%。按设计配合比配制混合料，投入搅拌机加水拌和，加水量由混合料的坍落度控制，一般坍落度为 30 ~ 50 mm，成桩后浮浆厚度一般不超过 200 mm。混合料的搅拌须均匀，每盘搅拌时间不得少于 60 s。后台设磅秤计量装置，保证砂、石、粉煤灰计量准确。

3. 测量放线定桩位

在填土分层压实后，具备了处理条件时，根据施工图开始按照南北向间距 1.20 m，东西向间距 1.40 m，"梅花型"布设测放 CFG 桩位，并打入木桩与地面平齐。

4. 移机就位

桩机就位须平整、稳固，调整沉管与地面垂直，确保垂直度偏差不大于 1‰，采用活瓣式桩尖和 *D* 325 mm 桩管，桩尖对准桩位。

5. 沉管造孔

（1）沉管过程中注意桩机的稳定，严禁倾斜和错位。沉管过程中做好记录，严格控制最后 30 s 电机的电流电压值。并对土层变化处理应特别说明，直到沉管至设计标高。

（2）沉管过程中观察沉管的下沉速度是否正常，沉管是否有挤偏现象，若有异常情况应分析原因，及时采取措施。

（3）当沉管到达设计深度或持力层时，应判定该深度或贯入度是否已达到规范规定和设计要求，或试桩时规定的并经设计认可的要求，满足了这些要求和规定，方可终止沉管。该工程控制贯入度标准为每 30 s 加压一次，最后 30 s 贯入度为 4 ~ 5 cm。

6. 填料加密

（1）沉管达到要求深度后，立即填灌桩芯混合料，尽量减少间隔时间。填料前检查沉管内是否吞进桩尖或进水进泥。若存在则及时处理。

（2）在沉管过程中可用料斗进行空中投料。待沉管至设计标高后须尽快投料，直到管内混合料面与钢管投料口平齐。如上料量不够，须在拔管过程中空中投料，以保证成桩桩顶、桩高满足设计要求。控制管内混合料面不低于自然地面。

（3）填料量应按沉管外径和桩长计算出的体积再乘上充盈系数值（大于 1.3）。

7. 成桩

（1）当混合料填加至钢管投料口平齐后，先振动 5 ~ 10 s，再开始拔管，边振边拔，每拔 0.5 ~ 1.0 m，停拔留振 5 ~ 10 s，如此反复，直至沉管全部拔出。沉管灌注成桩施工拔管速度应按匀速控制，拔管速度应控制在 1.2 ~ 1.5 m / min。

（2）沉管拔出地面后，若发现桩身填料超出桩的设计顶面甚多或溢出地面较多，应及时核实充盈系数，若充盈系数小于 1，则可认为桩身可能存在缩径或断桩隐藏患，应及时研究补救措施。

（3）若发现桩身填料面低于设计标高，应立即补填填料使其顶面高于设计标高 0.5 m，并用振捣器振实。补填填料时，应将桩顶上的浮土清理干净，必要时可向孔内先插入钢模，再清理浮土。

（4）确认成桩符合设计要求后用粒状材料或混凝土封顶，然后移机继续下一根桩施工。

（四）CFG 桩复合地基在施工中的质量控制

为保证 CFG 桩复合地基的施工质量，应控制好以下几个问题：

1. 选用合理的施工机械设备

在施工准备阶段，必须详细了解地质情况，从而合理地选用施工机械。这是确保 CFG 桩复合地基质量的有效途径。

2. 深入了解地质情况，采用合理的施工工艺

在施工过程中，成桩的施工工艺对 CFG 桩复合地基的质量至关重要，不合理的施工工艺将造成重大的质量问题，甚至导致质量事故，而要选择确定合理的施工工艺必须深入了解地质情况。只有在深入了解地质情况的基础上，才能确定合理的施工工艺，并在施工过程中加强监测，根据具体情况，控制施工工艺，发现特殊情况，做出具体的改变。

（1）在饱和软土中成桩，桩机的振动力较小，但当采用连打作业时，由于饱和软土的特性，新打桩将挤压已打桩，形成椭圆形或不规则形态，产生严重的缩颈和断桩。此时，应采用隔桩跳打施工方案。而在饱和的松散粉土中施工，由于松散粉土振密效果好，先打桩施工完后，土体密度会有显著增加。而且打的桩越多，土的密度越大。在补打新桩时，一是加大了沉管难度，二是非常容易造成已打桩断桩，此时，隔桩跳打也不宜采用。当满堂布桩时，不宜从四周转向内推进施工，宜从中心向外推进施工，或从一边向另一边推进施工。

（2）严格控制拔管速率。拔管速率太快可能导致桩径偏小或缩颈断桩，而拔管速率过慢又会造成水泥浆分布不匀，桩项浮浆过多，桩身强度不足和形成混合料离析现象，导致桩身强度不足。故施工时，应严格控制拔管速率。正常的拔管速率应控制在 12 ~ 15 m / min。

（3）控制好混合料的坍落度。大量工程实践表明，混合料坍落度过大，会形成桩顶浮浆过多，桩体强度也会降低。坍落度控制在 3 ~ 5 cm ，和易性好，当拔管速率为 1.2 ~ 1.5 m / min 时，一般桩顶浮浆可控制在 10 cm 左右，成桩质量容易控制。

（4）设置保护桩长。使桩在加料时，比设计桩长多加 0.5 m ，将沉管拔出后，用插入式振捣棒对桩顶混合料加振 3 ~ 5 s，提高桩顶混合料密实度。上部用土封项，增大混合料表面的高度即增加了自重压力，可提高混合料抵抗周围土挤压的能力，避免新打桩振动导致已打桩受振动挤压，混合料上涌使桩径缩小。

（5）拔管过程避免反插。在拔管过程中若出现反插，由于桩管垂直度的偏差，容易使土与桩体材料混合，导致桩身掺土影响桩身质量，应避免反插。

3. 加强施工过程中的监测

在施工过程中，应加强监测，及时发现问题，以便针对性地采取有效措施，有效控制成桩质量，重点应做好以下几方面的监测：

（1）施工场地标高观测。施工前要测量场地的标高，并注意测点应有足够的数量和代表性。打桩过程中则要随时测量地面是否发生隆起。因为断桩常和地表隆起相关。

(2) 已打桩桩顶标高的观测。施工过程中注意已打桩桩顶标高的变化,尤其要注意观测桩距最小部位的桩。因为在打新桩时,量测已打桩桩顶的上升量,可估算桩径缩小的数值,以判断是否产生缩径。

(3) 对有怀疑的桩的处理。对桩顶上升量较大或怀疑发生质量问题的桩应开挖查看,并做出必要的处理。

(五) 结论与效果

经过工程质量检测中心进行桩土复合地基载荷试验,所测 28 个桩点,桩土复合地基承载力特征值 $f_{ak}=200$ kPa,满足设计要求;对 107 根桩进行基桩低应变动力检测,桩身混凝土实测强度等级均满足设计要求的 C20,除 17 根桩为Ⅱ类桩,其余 90 根均为Ⅰ类桩,桩身质量满足设计要求。CFG 桩复合地基是在碎石桩加固地基法的基础上发展起来的一种地基处理技术。由于 CFG 桩改善了碎石桩的刚性,使其不仅能很好地发挥全桩的侧阻作用,同时也能很好地发挥其端阻作用。CFG 复合桩与桩基相比,由于 CFG 桩桩体材料可以掺入工业废料粉煤灰、不配筋以及充分发挥桩间土的承载能力。工程造价一般为桩基的 1/2~2/3,经济效益和社会效益非常显著。

第三节 复合土钉墙支护技术

一、概述

土钉墙是由天然土体通过土钉墙就地加固并与喷射混凝土面板相结合,形成一个类似重力挡墙,以此来抵抗墙后的土压力;从而保持开挖面的稳定,这个土挡墙称为土钉墙。土钉墙是通过钻孔、插筋、注浆来设置的,一般称砂浆锚杆,也可以直接打入角钢、粗钢筋形成土钉。土钉墙的做法与矿山加固坑道用的喷锚网加固岩体的做法类似,故也称为喷锚网加固边坡或喷锚网挡墙,建筑基坑与护坡技术规程 JGJ 120—99 正式定名为土钉墙。

二、土钉墙支护的特点和适用范围

(一) 土钉墙应用于基坑开挖支护和挖方边坡稳定有以下特点

(1) 形成土钉复合体、显著提高边坡整体稳定性和承受边坡超载的能力;

(2) 施工设备简单,由于钉长一般比锚杆的长度小得多,不加预应力所以设备简单;

(3) 随基坑开挖逐层分段开挖作业,不占或少占单独作业时间,施工效率高,占用周期短;

(4) 施工不需单独占用场地,对现场狭小,放坡困难,有相邻建筑物时显示其优越性;

(5) 土钉墙成本费较其他支护结构显著降低;

(6) 施工噪声、振动小,不影响环境;

(7) 土钉墙本身变形很小,对相邻建筑物影响不大。

（二）土钉墙不仅应用于临时支护结构，而且也应用于永久性构筑物，当应用于永久性构筑物时，宜增加喷射混凝土面层的厚度并适当考虑其美观，目前土钉墙的应用领域主要有以下几方面

（1）托换基础；

（2）基坑支挡或竖井；

（3）斜坡面的挡土墙；

（4）斜坡面的稳定；

（5）与锚杆挡墙结合作斜面的防护。

钻孔注浆形土钉墙系逐层向下开挖方式，每一台阶高度为 1～2 m，在施工土钉杆、面层喷射混凝土期间，坡段处无支撑状态下需能保持自立稳定，因此主要适用于：

（1）有一定黏结性的杂填土、黏性土、粉土、黄土与弱胶结的砂土边坡；

（2）适用于地下水位低于开挖层或经过降水使地下水位低于开挖标高的情况；

（3）对于标准贯入击数（N）低于 10 击的砂土边坡采用土钉法一般不经济；

（4）对于塑性指数 $I_p > 20$ 的土，必须注意仔细评价其蠕变特性后方可采用；

（5）对于含水丰富的粉细砂层，砂卵石层土钉法是不行的；

（6）不适用于没有临时自稳能力的淤泥土层，流塑状态的软黏土保持成孔时的孔壁的稳定比较困难且界面摩阻力很低，技术经济效益不理想，因此也不宜采用；

（7）土钉不适宜在腐蚀性土如煤渣、煤灰、炉渣、酸性矿物废料等土质作永久性支挡结构。

三、土钉墙边坡支护的机理

土钉墙加固与传统的护坡和挡土墙支撑机理不同，土钉墙在边坡的一定范围内形成了一个加固区，由于很密的土钉锚杆的作用，滑移面不可能出现在加固区，只能产生于非加固区，从而使滑移面远离边坡，达到稳定边坡的目的。加固区的整体稳定，包括加固区抗倾覆与抗滑移问题，用增加加固区的宽度和底排土锚杆打成向下倾斜穿过滑移面等措施来解决，土钉墙通过下述几个方面的综合作用使边坡周边土体形成加固区。

（一）锚固作用

密布的锚杆与砂浆柱体相结合对周围土体产生有效的锚固作用，限制了砂浆柱体周围的土体变形。①土钉不需要施加预应力，而是在土体发生变形后使其承受拉力工作；②土钉支护在边坡中比较密集，起到了加筋的作用，提高了土的强度，为被动受力机制。由于土钉在全长范围内与土体接触，其荷载传递沿整个土体进行。

（二）土钉浆孔对土体的挤密作用

由于土钉锚杆的密度比较大，挤密作用的影响也较大，使加固区的土体比非加固区土体密度大。密集的土钉与土钉之间土形成复合土体，其结构类似重力式挡土墙，个别土钉的破坏不会使整个结构的功能完全丧失。

（三）护坡作用

土钉墙的面层不是主要受力结构，其主要作用在于保持土体的局部稳定性。在公路边坡治理中，土钉墙的面层还起到防止冲刷、防止雨水渗入坡体影响边坡稳定性的重要

作用。

（四）土钉受力及规模

一般锚杆长度在 15 ~ 45 m 之间，直径较大，锚杆所承受的荷载可达 400 kN 以上，某些预应力锚索设计荷载更可达 3 000 kN。其端部的构造较土钉复杂，以防止面层冲切破坏；而土钉长度一般为 3 ~ 10 m，浆体直径 100 mm 左右，一般不提供很大的承载力。单根土钉受荷一般在 100 kN 以下，面层结构较简单，利用小尺寸垫板及挂网喷射混凝土即可满足要求。

目前国内土钉支护结构主要用在建筑基坑支护上，用于公路边坡支护的较少。这主要是因为基坑深度不大，一般不超过 20 m。但是山区，道路路堑边坡很高，原来的力学平衡破坏严重，产生的滑坡推力每延米可达 1 000 kN 以上，采用土钉支护结构则难以满足要求。对于一些滑坡推力小的土石质路堑边坡，仍可采用土钉支护，既节省投资，也能缩短工期，具有明显的优势。一些缺乏稳定性的高路堤或挡土墙也可以采用土钉支护加固，但还有待于我们改进土钉支护技术，使其优点在整个边坡支护中得到发挥。

四、土钉墙的构造要求

（1）土钉墙的墙面坡度不宜大于 1 ∶ 0.1；

（2）土钉外露端部和层面有效地连接在一起，设承压板和加强筋；

（3）土钉长度宜为开挖深度 0.5 ~ 1.2 倍，土钉的间距宜为 0.6 ~ 1.2 m，土钉与水平夹角为 10° ~ 20°；

（4）土钉宜选用Ⅱ级、Ⅲ级螺纹钢筋，直径 16 ~ 32 mm，钻孔直径 70 ~ 120 mm；

（5）面层喷射混凝土强度等级不宜低于 C20；

（6）喷射混凝土面层厚度宜为 80 ~ 200 mm，通常采用 100 mm；

（7）喷射混凝土面层中配钢筋网，采用Ⅰ级钢筋、直径 6 ~ 10 mm，间距 150 ~ 300 mm，钢筋网搭接长度大于 300 mm；

（8）注浆材料水泥净浆或水泥砂浆，其强度不低于 M10。

五、主要项目施工方法及质量控制

（一）施工材料

土钉钢筋使用前应拉直、除锈、涂油；选用 P·O32.5 普通硅酸盐水泥；采用干净的中粗砂，含泥量小于 5%；采用干净的圆砾，粒径 2 ~ 4 mm；使用速凝剂，应做与水泥相容性试验及水泥浆凝结效果试验。

（二）施工机具

土钉成孔机具根据土质和现场环境条件选用（冲击钻、螺旋钻、风枪或洛阳铲等）能完成设计要求的有效机具；注浆泵选用孔口压力大于 0.1 MPa 的泥浆泵；混凝土喷射机应密封良好，输送连续均匀，输送水平距离不小于 60 m，垂直距离不小于 10 m；空压机应满足喷射机工作压和耗风量的要求；搅拌方法采用现场人工拌和或混凝土搅拌机搅拌。

（三）土钉墙边坡支护的施工工艺

土钉墙的施工工艺流程为：挖土→整理坡面→初喷→打孔眼→插杆→灌注→挂网→复喷。

1. 开挖整理坡面

土钉支护是分层进行的，因此挖土深度不能超过设计深度，同时要保证坡角达到设计要求的 78°～80°，坡面平整光滑，坡角未达到设计要求的则要进行专门修整。

2. 初喷

为使挖好的坡面不产生垮塌，凡挖好的坡面需立即进行混凝土喷射，以使表层固结。其混凝土材料的配合比为水泥：石子 = 1.5：1.5，水灰比 = 0.5～0.6。

3. 钻孔

采用人工机械一起作用的方法，钻孔下倾角度为 15°～25°，采用风钻的方法进行，人工挖工用的是洛阳铲，两人一组。

4. 插杆与灌浆

成孔后按设计要求插入直径中 22 mm 加筋杆，加筋杆每 1.5 m 焊接直径 110 mm 的扶正环，起导正作用。在插筋的同时，用加筋杆将注浆管（直径 1.5 in）带进离孔底 0.3 m 的地方，然后进行灌注，注浆材料的配合比为水泥：砂子 = 1：2，水灰比 = 0.4～0.5。孔内一定要灌满，不能形成空洞和孔隙。

5. 挂网

上道工序完工后，按设计要求，将直径中 6 mm 的钢筋，按 30 cm × 30 cm 的网距焊接，固定于坡面之上；同时，在危险坡上的土钉之间用金属件（如槽钢等）连接在一起，以进一步加强支护强度。

6. 复喷

挂网后，整个坡面复喷混凝土，其喷射厚度达到设计要求。

（四）土钉墙边坡支护的施工质量控制

1. 原材料控制

采购的各种材料必须满足规范及设计要求，必须选择清洁、坚硬、耐久的材料，禁止使用含有达到有害量的废物、泥、盐类、有机物等的不合格材料；选择的混合剂不能对水泥的凝固、水化作用产生有害影响。

2. 施工工艺控制

土钉孔眼的位置必须根据受喷面实际情况和设计布置。做土钉用的钢筋，使用前须除锈矫直，安装位置距孔眼中心，钢筋插入深度不得小于设计要求的 90%，安装后不得敲击、碰撞。灌浆用的砂浆应拌和均匀，随用随拌，孔眼在灌浆前用风吹净，灌浆时从孔底开始，连续均匀地进行。挂钢筋网前必须将坡面清理平顺使钢筋网紧靠坡面钢筋网与土钉的连接必须牢固可靠。喷射混凝土的配合比必须经试验确定喷射混凝土宜随拌随用。分层喷射混凝土时后层混凝土应在前层混凝土终凝后进行，如超终凝 1 h 以上时，则受喷面必须用水、风清洗；喷头应与受喷面垂直，其间距以 0.6～1.2 m 为宜。喷头应连续、缓慢横向移动，喷射厚度应均匀。喷射混凝土施工终凝 2 h 后及时进行湿润养护，养护时间不得少于 14 d。

六、工程实例

（一）工程概况

某地下车库工程（见图 1.3.1）利用地下修建地下二层车库，竣工后地面恢复绿地，落地面积 4 142 m^2，基坑深 11 m，四周均为建筑物，与最近的 15# 楼相距 10.85 m，建筑物基础为混凝土条形基础，其余均为桩基础。基坑设计理念，为节约造价，根据周边环境合理设计，四周道路不能破坏，没有放大坡距离，当时综合考虑采用土钉墙支护形式，对 15# 楼混凝土条基处 32 m 范围内加强土钉长度，具体设计如下：

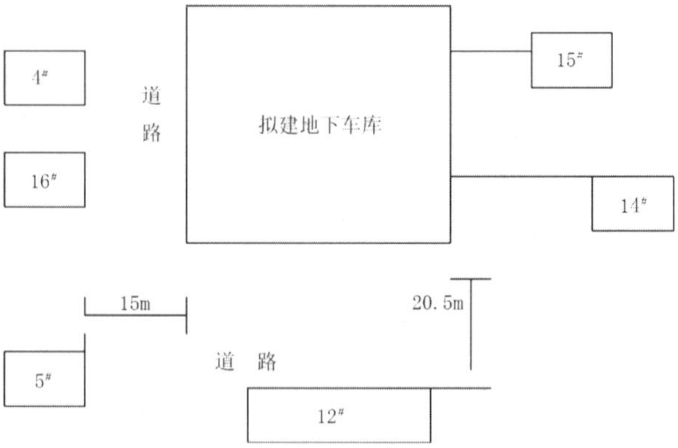

图 1.3.1　某地下车库

（二）地质概况

地质概况如表 1.3.1 所示。

表 1.3.1　地质概况

土类型	厚度 h / m	重度 γ/（kN / m^3）	黏聚力 c	内摩擦角 φ	极限侧阻力标准值（qsik）
填土	0.53	20.00	0	12	0
粉质黏土	1.78	20.20	53.90	24	80.0
粉质黏土	2.13	18.80	43.30	23.8	55.0
粉质黏土	3.15	18.60	41.30	24.50	80.0
粉质黏土	1.94	20.00	43.00	23.90	62.0
粉质黏土	2.88	19.20	33.60	24.60	38.0

（三）基坑周边环境

基坑南、西、北侧为原有建筑物，为桩基础，距基坑距离较大，附加荷载取 20 kN / m^2，基坑东侧 15# 楼为混凝土条基，距基坑 10.85 m，附加荷载 140 kN / m^2。

（四）设计原则

（1）根据不同的环境，利用不同的设计方法，力求基坑安全。

（2）在保证基坑安全的前提下，选用经济适用的支护方案。

（3）在保证安全经济的前提下，充分考虑现场实际情况，尽量缩短工期。

（五）方案设计

1. $15^{\#}$ 楼对应基坑部位加强，基坑深 11 m，放坡系数 0.1 ∶ 1，土钉布置如表 1.3.2 所示。

表 1.3.2

土钉层位	孔径 / mm	孔长度 / m	拉筋规格	标高	间距 / m
1	120	12	1 ф 22	−1.50	1.8
2	120	12	1 ф 22	−3.50	1.8
3	120	12	1 ф 22	−5.50	1.8
4	120	9	1 ф 20	−7.50	1.8
5	120	9	1 ф 20	−9.50	1.8

2. 其余三侧基坑 11 m，放坡比例 0.1 ∶ 1，土钉布置如表 1.3.3 所示。

表 1.3.3

土钉层位	孔径 / mm	孔长度 / m	拉筋规格	标高	间距 / m
1	120	12	ф 22	−1.50	1.8
2	120	9	ф 20	−3.50	1.8
3	120	8	ф 18	−5.50	1.8
4	120	6	ф 16	−7.50	1.8
5	120	6	ф 16	−9.50	1.8

3. 混凝土配筋和面层混凝土及坡顶连梁

喷锚面层为 $\varphi 6.5@200\times200$，钢筋网横竖 2Φ14 压筋，混凝土厚度 80 ~ 100 mm，混凝土强度等级 C20 细石混凝土，水泥为 P·O32.5R，砂为中砂，碎石为 0.5 ~ 1 cm，坡顶四周做 2 m 宽散水，反坡比 0.02 ∶ 1，底连梁 500 × 300 混凝土梁，配筋 4Φ12，箍筋 $\varphi 6.5@200$ mm。

4. 沉降位移监测

基坑开挖，基坑四周要进行水平位移监测，每天一次，对相邻建筑物进行沉降监测，做好记录向监理汇报监测数据。

5. 排水系统

基坑上口设置一道挡水墙，砖砌 120 × 240，以防止周边雨水流入基坑，基坑底侧设置排水沟，在适当的位置设置集水坑。

（六）施工过程

照上述土钉墙设计方案施工分 5 步，分段分步开挖进行土钉墙施工。第一步顺利完成，到施工第二步时 $15^{\#}$ 楼和 $14^{\#}$ 楼一侧土体开挖时，因下水管道有下水跑水现象，土体已达到饱和状态，有局部塌方现象，其余各侧完好，土体与地质报告相符，针对塌方现象，建设单位、监理单位、施工单位根据现场实际情况决定，$15^{\#}$ 楼和 $14^{\#}$ 楼一侧改变支护形式，在第一步已完成土钉墙下面施工桩锚支护体系，为确保 $15^{\#}$ 楼混凝土条形基础不产生沉降和位移，桩锚具体设计参数：桩型采用钻孔压浆桩。桩 Φ600、桩长 16.5 m，主筋配筋 12Φ22，连梁 800×600，在连梁处设预应力锚杆，锚杆长 20 m，孔径 150 mm，自由段 5 m，锚固段 15 m，拉筋为 2Φ15.2 钢绞线，预应力值张拉锁定 200 kN，基坑施工处于雨季，防止雨水冲刷桩间土，喷射混凝土面层厚度 50 mm。

经过桩锚施工，15# 楼和 14# 楼一侧顺利完成支护，监测没有异常，其余三面土钉墙也按合同工期完工，得到建设单位和监理单位认可。

第四节　灌注桩后注浆技术

一、概述

当今在国内外土木建筑深基础工程中，桩基础是主要的手段和形式。近 20 多年来，随着土木建筑工程向大型化、群体化发展以及城市改造向高层、超高层建筑发展，各种类型灌注桩的使用也愈来愈多。但单一工艺的灌注桩已满足不了上述发展的要求，以泥浆护壁法钻、冲孔灌注桩为例，由于成孔工艺固有的缺陷（桩底沉渣和桩侧泥膜的存在），导致桩端阻力和桩侧摩阻力显著降低。由此，桩端压力注浆和桩侧压力注浆技术应运而生，近 10 多年来这两项技术已在我国得到广泛的应用与发展。在我国，泥浆护壁灌注桩是建筑和桥梁基础的主导桩型。然而由于存在桩底沉渣和桩侧泥皮的固有缺陷，影响桩承载力的发挥和质量的稳定性。为解决这一问题，中国建筑科学研究院地基所于 1993 年、1994 年先后成功开发桩底、桩侧后注浆两项专利技术。该技术的基本原理是在钢筋笼底部侧面预设注浆装置，成桩后 20～30 d 内实施后注浆，因此桩底沉渣和桩侧泥皮得到加固，并加固了桩底和桩侧一定范围的土体，从而大幅度提高桩的承载力，减小沉降。

二、特点

应用灌注桩后注浆工法旨在固化灌注桩的沉渣（虚土）和泥皮，加固桩底和桩侧一定范围的土体，从而大幅度提高桩的承载力和质量稳定性。后注浆分为桩底后注浆和桩底、桩侧复式后注浆。后注浆工法是灌注桩施工的一种辅助工法。在成桩前将后注浆内导管和管阀与钢筋笼装配成整体预设于桩孔中，灌注混凝土成桩，成桩后一定时间内实施后注浆。内导管可利用其进行声波透射法检测桩身完整性，注浆后可取代等强度截面钢筋，一套三用。

三、适用范围

后注浆工法适用于各种性质的地层土条件下的泥浆护壁钻、挖、冲孔灌注桩，也适用于作业钻、挖孔灌注桩。对于大直径，超长大型桩，其效益尤为显著。

四、工艺原理

（一）后注浆工艺原理

以注浆泵配制好的水泥浆增压输入桩身内导管，通过桩底或桩侧注浆阀注入周围介质。桩底注浆时浆液通过渗入（粗粒土）和劈裂（细粒土）作用注入桩底沉渣和周围一定范围的土体中，并循桩土软弱界面上扩至桩底以上 10 ~ 20 m。桩侧注浆时，浆液通过渗入和劈裂注入注浆点以上的桩土界面一定高度和桩侧一定范围的土体中。注浆压力根据地层性质和深宽而定，风化岩所需压力最高，软土所需压力最低。

（二）后注浆对桩承载力的增强机理（四种效应）

1. 沉渣和泥皮的固化效应

对于粗颗粒沉渣被水泥浆固化为中低强度混凝土，对于细粒沉渣虚土被固化为网状结石复合土体，端阻力由此提高桩身表面泥皮因水泥的物理化学作用而固化，侧阻力由此提高。

2. 渗入胶结效应

当桩底桩侧为粗粒土（卵石、砾石、粗中砂）时，因水泥浆的渗入胶结效应而使其强度显著提高。

3. 劈裂加筋效应

当桩底桩侧为细粒土（黏性土、粉土、粉细砂）因水泥浆的劈裂注入，形成强度和刚度较高的网状加筋复合土体，对于非饱和细粒土，通过劈裂，注浆使土体得到增强。

4. 扩底扩径效应

桩底形成扩大头，桩表面形成紧固于桩体的 10 ~ 50 mm 厚水泥结石层，起到扩底扩径效应。

五、灌注桩后注浆技术要点

（一）主要技术内容

在钢筋笼上预埋注浆管和注浆阀，在成桩后一定时间内实施桩侧和桩底后注浆，一是加固桩底沉渣和桩侧泥皮；二是对桩底和桩侧一定范围的土体通过渗入（粗粒土）、劈裂（细粒土）和压密（非饱和松散土）注浆起到加固作用，从而增强桩侧阻力和桩端阻力，提高单桩承载力，减小沉降。在优化工艺参数的条件下，可使单桩承载力提高 40% ~ 120%，粗粒土增幅高于细粒土，软土增幅最小，桩侧桩底复式注浆高于桩底注浆；桩基沉降减小 30%左右。

（二）技术指标

根据地层性质、桩长、承载力增幅和桩的使用功能（抗压、抗拔）等因素，灌注桩后注浆可采用桩底注浆、桩侧注浆、桩侧桩底复式注浆。

主要技术指标为：

浆液水灰比：地下水位以下 0.45 ~ 0.7，地下水位以上 0.7 ~ 0.9；

最大注浆压力：软土层 2 MPa，软土层 4 ~ 8 MPa，风化岩 10 ~ 16 MPa；

注浆水泥量：$G_c = a_p d$（桩端）$+ a_s n d$（桩侧）

式中 a_p，a_s —— 分别为桩端、桩侧注浆量经验系数，$a_p = 1.5 \sim 1.8$，$a_s = 0.5 \sim 0.7$；

n —— 桩侧注浆断面数；

d —— 桩径（m）。

实际工程中，以上参数根据土的类别、土的饱和度、桩的尺寸、承载力增幅等因素适当调整，并通过现场试注浆最终确定。

六、主要项目施工方法

1. 后注浆装置的设置应符合下列规定：

（1）后注浆导管应采用钢管，且应与钢筋笼加劲筋绑扎固定或焊接。

（2）桩端后注浆导管及注浆阀数量宜根据桩径大小设置。对于直径不大于 1 200 mm 的桩，宜沿钢筋笼圆周对称设置 2 根；对于直径大于 1 200 mm 而不大于 2 500 mm 的桩，宜对称设置 3 根。

（3）对于桩长超过 15 m 且承载力增幅要求较高者，宜采用桩端桩侧复式注浆。桩侧后注浆管阀设置数量应综合地层情况、桩长和承载力增幅要求等因素确定，可在离桩底 5 ~ 15 m、桩顶 8 m 以下，每隔 6 ~ 12 m 设置一道桩侧注浆阀，当有粗粒土时，宜将注浆阀设置于粗粒土层下部，对于干作业成孔灌注桩宜设于粗粒土层中部。

（4）对于非通长配筋桩，下部应有不少于 2 根与注浆管等长的主筋组成的钢筋笼通底。

（5）钢筋笼应沉放到底，不得悬吊，下笼受阻时不得撞笼、墩笼、扭笼。

2. 后注浆阀应具备下列性能：

（1）注浆阀应能承受 1 MPa 以上静水压力，注浆阀外部保护应能抵抗砂石等硬质物的刮撞而不致使管阀受损。

（2）注浆阀应具备逆止功能。

3. 浆液配比、终止注浆压力、流量、注浆量等参数设计应符合下列规定：

（1）浆液的水灰比应根据土的饱和度、渗透性确定，对于饱和土水灰比宜为 0.45 ~ 0.65；对于非饱和土水灰比宜为 0.7 ~ 0.9（松散碎石土、砂砾宜为 0.5 ~ 0.6）；低水灰比浆液宜掺入减水剂。

（2）桩端注浆终止注浆压力应根据土层性质及注浆点深度确定，对于风化岩、非饱和黏性土及粉土，注浆压力宜为 3 ~ 10 MPa；对于饱和土层注浆压力宜为 1.2 ~ 4 MPa，软土宜取低值，密实黏性土宜取高值。

（3）注浆流量不宜超过 75 L / min。

（4）单桩注浆量的设计应根据桩径、桩长、桩端桩侧土层性质、单桩承载力增幅及是否复式注浆等因素确定，可按下式估算：

$$G_c = a_p d + a_s n d$$

式中 a_p，a_s —— 分别为桩端、桩侧注浆量经验系数，$a_p = 1.5 \sim 1.8$，$a_s = 0.5 \sim 0.7$；对于卵、砾石、中粗砂取较高值；

n ——桩侧注浆断面数；

d ——基桩设计直径（m）；

G_c ——注浆量，以水泥质量计（t）。

对独立单桩、桩距大于 6 d 的群桩和群桩初始注浆的数根基桩的注浆量应按上述估算值乘以 1.2 的系数。

（5）后注浆作业开始前，宜进行注浆试验，优化并最终确定注浆参数。

4. 后注浆作业起始时间、顺序和速率应符合下列规定：

（1）注浆作业宜于成桩 2 d 后开始。

（2）注浆作业与成孔作业点的距离不宜小于 8 ~ 10 m。

（3）对于饱和土中的复式注浆顺序宜先桩侧后桩端；对于非饱和土宜先桩端后桩侧；多断面桩侧注浆应先上后下；桩侧桩端注浆间隔时间不宜少于 2 h。

（4）桩端注浆应对同一根桩的各注浆导管依次实施等量注浆。

（5）对于桩群注浆宜先外围、后内部。

5. 当满足下列条件之一时可终止注浆：

（1）注浆总量和注浆压力均达到设计要求。

（2）注浆总量已达到设计值的 75%，且注浆压力超过设计值。

6. 当注浆压力长时间低于正常值或地面出现冒浆或周围桩孔串浆，应改为间歇注浆，间歇时间宜为 30 ~ 60 min，或调低浆液水灰比。

7. 后注浆施工过程中，应经常对后注浆的各项工艺参数进行检查，发现异常应采取相应处理措施。当注浆量等主要参数达不到设计值时，应根据工程具体情况采取相应措施。

8. 后注浆桩基工程质量检查和验收应符合下列要求：

（1）后注浆施工完成后应提供水泥材质检验报告、压力表检定证书、试注浆记录、设计工艺参数、后注浆作业记录、特殊情况处理记录等资料。

（2）在桩身混凝土强度达到设计要求的条件下，承载力检验应在后注浆 20 d 后进行，浆液中掺入早强剂时可于注浆 15 d 后进行。

七、工程实例

（一）工程概况

宁波市某办公大楼，主楼地上 14 层，地下 1 层，地面以上高 50 m，框架剪力墙结构。场地上部主要为海相沉积的淤泥质土层；中下部为冲积相沉积的黏性土及中粗砂夹角砾。地下水埋深 0.5 ~ 1.5 m，无一定径流方向。

（二）方案设计

柱下荷重 50 ~ 70 t，初设计时曾考虑用普通钻孔灌注桩，平均每个柱需桩径 600 mm 的灌注桩 4 枚左右（单桩承载力设计值为 1 900 kN），长约 50 m，桩基造价超出预算，后经比较决定用后注浆灌注桩。取桩径 600 mm，有效桩长 50 m，桩端进入 8 层(中粗砂加角砾层)1.2 ~ 1.8 m，注浆压力约为 5 MPa，经计算后，其单桩竖向极限承载力标准值为 5 392 kN，而设计 Q_{uk} = 5 200 kN。由于工期紧，边施工钻孔桩边进行注浆，没有特别的注浆顺序。桩基施工结束后，随机取 3 根工程桩做静载荷试验检测单桩承载力，其荷载—沉降曲线见图 1.4.1。

1 ~ 3 号试桩在对应荷载 5 200 kN 时，其沉降量 $S \leqslant 20$ mm，小于规范规定的 40 ~ 60 mm，荷载—沉降曲线走势平缓，卸载回弹后的残余沉降≤8 mm。试验结果表明，单桩竖向承载力满足设计要求，且有较大富余，桩身质量完好。该工程共有桩 102 根，工程结束时最大沉降量为 18 mm。

（三）几个问题的探讨

1. 桩端持力层选择

在相同注浆压力下土的渗透系数越大，注浆影响半径越大，浆液对土的加固效果

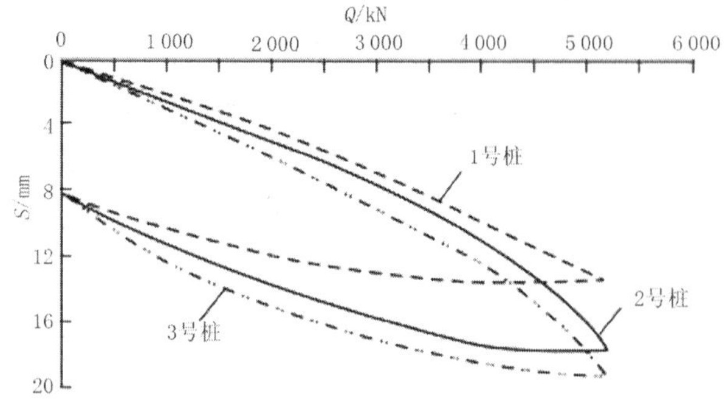

图 1.4.1　荷载—沉降曲线

越好。因此持力层应尽可能选择在渗透性较好的砂、卵石层内，以获得较大的承载力。

2. 浆液浓度对注浆效果的影响

先灌注稀浆，稀浆流动性好，裂隙无论宽窄，均易进浆，先将细缝添灌充实，而后浆液再逐级变浓，使中等或较大的裂隙也能得到充实。

3. 注入压力的确定

注浆压力与土层的渗透性、浆液浓度有关。目前使用的有"一次升压法"和"分级分压法"。当正常压力下注入速度缓慢时，可提高压力尽量使一些细小的裂隙不致在低压下提前被封堵，可较多地灌入一些浆液，即所谓"一次升压法"。但较高的压力也会使浆液在较宽的裂隙中流窜过远，造成浪费。在正常压力下就很容易将浆液注入时，说明岩土层吸浆量大，可改用低一级的压力进行注浆，吸浆量逐渐减少时再加一级压力，直至达到规定的压力，此为"分级分压法"。

（四）经济技术分析

工程桩基方案修改前后工程量比较见表 1.4.1。

表 1.4.1　桩基工程量对比表

	桩长 / m	注浆费用 / (根·元$^{-1}$)	单桩方量 / m^3	桩总数 / 根
普通桩	50	无	14.13	184
后注浆桩	50	2 000	14.13	102

注：注浆费用包括机械费、人工费、材料费等。

由表 1.4.1 可知，后注浆钻孔灌注桩单方造价高于普通钻孔灌注桩，但同等条件下其单桩承载力远高于后者，其单位承载力费用低于普通钻孔桩。同时，由于单桩承载力提高，可大幅度减少承台混凝土用量和配筋。经初步计算，后注浆钻孔灌注桩较普通钻孔灌注桩的费用节约 30%～40%，因此用于高层建筑且桩长较长时经济效益显著。对于 8 层以下的多层建筑，如果单柱的荷载相对较小，采用后注浆钻孔灌注桩，则承载力难以充分利用，因此需做经济指标比较后再定桩型。

（五）结论

工程实践表明：后注浆钻孔灌注桩是一种低噪声、低振动、单位面积承载力高的桩型,适用于各种复杂的地质条件。在相同的工程地质条件下,与普通的钻孔灌注桩相比,采用后注浆钻孔灌注桩,能大幅度提高单位面积承载力,在相应的荷载作用下沉降变形小,施工质量容易控制,具有明显的经济效益和社会效益,是目前宁波地区高层建筑较为理想的桩型,有推广应用的价值。

参考文献

[1] GB 50202—2002"建筑基础工程施工质量验收规范",北京：中国计划出版社，2002.

[2] JGJ 94—94"建筑桩基技术规范",北京:中国计划出版社, 1994.

[3] 龚晓南. 复合地基[M]. 杭州:浙江大学出版社, 1992.

[4] 曾国熙. 地基处理手册[M]. 北京:中国建筑工业出版社, 1988.

[5] 王国体, 方诗圣,潘恒芳. 复合地基理论与其工程应用[J].合肥工业大学学报, 2000(6):1009 - 1012.

[6] 陈竹昌, 王建华. 采用弹性理论分析搅拌桩性能的探讨[J].同济大学学报,1996, 21(1):17 - 25.

[7] 毛前, 龚晓南. 桩体复合地基柔性垫层的效用研究[J].岩土力学, 1998, 19(2): 67–73.

[8] 宁波大学学报(理工版)第 22 卷第 2 期.

第二章　地下工程施工技术与地下防水工程

第一节　盾构法施工

一、概述

盾构法是暗挖隧道的专用机械在地面以下建造隧道的一种施工方法。盾构是与隧道形状一致的盾构外壳内，装备着推进机构、挡土机构、出土运输机构、安装衬砌机构等部件的隧道开挖专用机械。采用此法建造隧道，其埋设深度可以很深而不受地面建筑物和交通的限制。近年来由于盾构法在施工技术上的不断改进，机械化程度越来越强，对地层的适应性也越来越好。城市市区建筑公用设施密集，交通繁忙，明挖隧道施工对城市生活干扰严重，特别在市中心，若隧道埋深较大，地质又复杂时，用明挖法建造隧道则很难实现。而盾构法施工城市地下铁道、上下水道、电力通信、市政公用设施等各种隧道具有明显优点。此外，在建造水下公路和铁路隧道或水工隧道中，盾构法也往往以其经济合理而得到采用。

盾构法是一项综合性的施工技术。盾构法施工的概貌如图 2.1.1 所示。构成盾构法的主要内容是：先在隧道某段的一端建造竖井或基坑，以供盾构安装就位。盾构从竖井或基坑的墙壁预留孔处出发，在地层中沿着设计轴线，向另一竖井或基坑的设计预留孔洞推进。盾构推进中所受到的地层阻力，通过盾构千斤顶传至盾构尾部已拼装的预制衬砌，再传到竖井或基坑的后靠壁上。盾构是一个能支撑地层压力，又能在地层中推进的圆形、矩形、马蹄形及其他特殊形状的钢筒结构，其直径稍大于隧道衬砌的直径，在钢筒的前面设置各种类型的支撑和开挖土体的装置，在钢筒中段周圈内安装顶进所需的千斤顶，钢筒尾部是具有一定空间的壳体，在盾尾内可以安置数环拼成的隧道衬砌环。盾构每推进一环距离，就在盾尾支护下拼装一环衬砌，并及时向盾尾后面的衬砌环外周的空隙中压注浆体，以防止隧道及地面下沉，在盾构推进过程中不断从开挖面排出适量的土方。

盾构是进行土方开挖正面支护和隧道衬砌结构安装的施工机具，它还需要其他施工技术密切配合才能顺利施工。主要有：地下水的降低；稳定地层、防止隧道及地面沉陷的土壤加固措施；隧道衬砌结构的制造；地层的开挖；隧道内的运输；衬砌与地层间的充填；衬砌的防水与堵漏；开挖土方的运输及处理方法；配合施工的测量、监测技术；合理的施工布置等。此外，采用气压法施工时，还涉及医学上的一些问题和防护措施等。

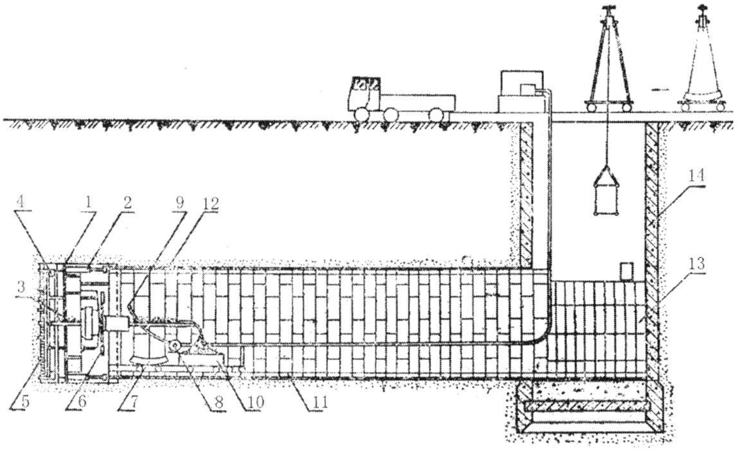

1—盾构；2—盾构千斤顶；3—盾构正面网格；4—出土转盘；5—出土皮带运输机；6—管片拼装机；7—管片；8—压浆泵；9—压浆孔；10—出土机；11—由管片组成的隧道衬砌结构；12—在盾尾空隙中的压浆；13—后盾装置；14—竖井

图 2.1.1　盾构法施工概貌示意图（网格盾构）

二、盾构构造、分类及适用范围

（一）盾构的外形和材料

1. 盾构的外形

盾构的外形就是指盾构的断面形状，有圆形、双圆、三圆、矩形、马蹄形、半圆形或与隧道断面相似的特殊形状等。例如，将人行隧道筑成矩形，最大限度地利用了挖掘空间；将水利隧道筑成马蹄形，使流体的力学性能达到最佳状态；将穿山隧道筑成半圆形，可以使底边直接与公路连接；等等。但是，绝大多数盾构还是采用传统的圆形。

2. 制造盾构的材料

盾构在地下穿越，要承受水平载荷、垂直载荷和水压力，如果地面有构筑物，还要承受这些附加载荷，盾构推进时，还要克服正面阻力，所以，要求盾构具有足够的强度和刚度。盾构主要用钢板单层厚板或多层薄板制成，钢板一般采用 A3 钢。钢板间连接可采用焊接和铆接两种方法，大型盾构考虑到水平运输和垂直吊装的困难，可制成分体式，到现场进行就位拼装，部件的连接一般采用定位销定位，高强度螺栓连接，最后焊接成型。

（二）盾构的基本构造

盾构的基本构造主要分为盾构壳体、推进系统、拼装系统三大部分，见简单的手掘式盾构的基本构造图 2.1.2。

1. 盾构壳体

从工作面开始可分为切口环、支承环和盾尾三部分。

（1）切口环

切口环位于盾构的最前端，起开挖和挡土作用，施工时最先切入地层并掩护开挖作业，部分盾构切口环前端还设有刃口以减少切入地层的扰动。切口环保持工作面的稳定，并作为把开挖下来的土砂向后方运输，因此，采用机械化开挖、土压式、泥水加压式盾构时，应根据开挖下来土砂的状态，确定切口环的形状、尺寸。

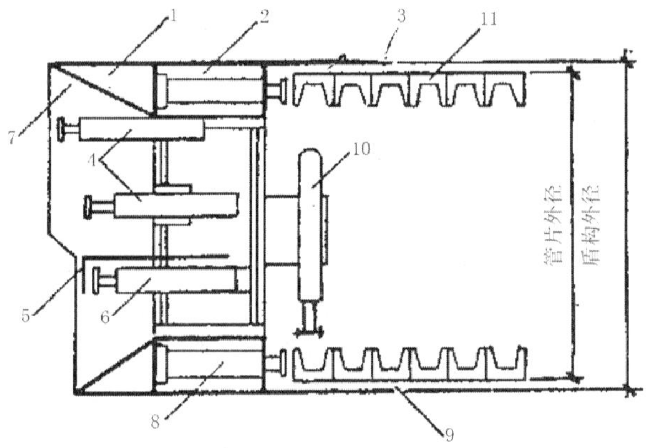

1—切口环；2—支承环；3—盾尾；4—支承千斤顶；5—活动平台；6—平台千斤顶；7—切口；8—盾构千斤顶；9—盾尾空隙；10—管片拼装机；11—管片

图 2.1.2　盾构基本构造示意图

切口环的长度主要取决于盾构正面支承、开挖的方法，就手掘式盾构而言，考虑到正面施工人员、挖土机具有回旋的余地等。大部分手掘式盾构切口环的顶部比底部长，犹如帽檐，有的还设有千斤顶控制的活动前沿，以增加掩护长度；对于机械化盾构切口环内按盾构种类安装各种机械设备。

如泥水盾构，在切口环内安置有切削刀盘、搅拌器和吸泥口；土压平衡盾构，安置有切削刀盘、搅拌器和螺旋输送机；网格式盾构，安置有网格、提土转盘和运土机械的进口；棚式盾构，安置有多层活络平台、储土箕斗；水力机械盾构，安置有水枪、吸口和搅拌器。

在局部气压、泥水加压、土压平衡等盾构中，因切口内压力高于隧道内，所以在切口环处还需布设密封隔板及人行舱的进出闸门。

(2) 支承环

支承环紧接于切口环，是一个刚性很好的圆形结构。地层压力、千斤顶的反作用力，以及切口入土正面阻力、衬砌拼装时的施工载荷等承受作用于盾构上的全部载荷。

在支承环外沿布置有盾构千斤顶，中间布置拼装机及部分液压设备、动力设备、操纵控制台。当切口环压力高于常压时，在支承环内要布置人行加、减压舱。

支承环的长度应不小于固定盾构千斤顶所需的长度，对于有刀盘的盾构还要考虑安装切削刀盘的轴承装置、驱动装置和排土装置的空间。

(3) 盾尾

盾尾主要用于掩护管片的安装工作。盾尾末端设有密封装置，以防止水、土及压注材料从盾尾与衬砌间隙进入盾构内。盾尾密封装置损坏、失效时，在施工中途必须进行修理更换，盾尾长度要满足上述各项工作的进行。

盾尾厚度应尽量薄，可以减小地层与衬砌间形成的建筑空隙，从而减少压浆工作量，对地层扰动范围也小，有利于施工，但盾尾也需承担土压力，在遇到纠偏及隧道曲线施工时，还有一些难以估计的载荷出现。所以其厚度应综合上述因素来确定。

盾尾密封装置要能适应盾尾与衬砌间的空隙，由于施工中纠偏的频率很高，因此，要求密封材料要富有弹性、耐磨、防撕裂等,其最终目的是要能够止水。形式多种,目前常用的是采用多道、可更换的盾尾密封装置,盾尾的道数根据隧道埋深、水位高低来定,一般取 2 ~ 3 道,如图 2.1.3 所示。

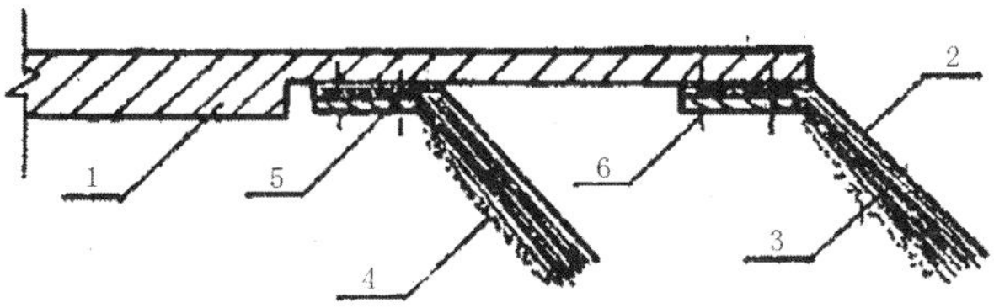

1—盾壳;2—弹簧钢板;3—钢丝束;4—密封油脂;5—压板;6—螺栓

图 2.1.3　盾尾密封示意图

由于钢丝束内充满了油脂,钢丝又为优质弹簧钢丝,使其成为一个既有塑性又有弹性的整体,油脂保护钢丝免予生锈损坏。采用专用的盾尾油脂泵加注油脂,这种盾尾密封装置使用后效果较佳,一次推进可达 500 m 左右,这主要取决于土质情况,在砂性土中掘进,盾尾损坏较快,而在黏性土中掘进则使用寿命较长。

盾尾的长度必须根据管片宽度及盾尾的道数来确定,对于机械化开挖式、土压式、泥水加压式盾构,还要根据盾尾密封的结构来确定,必须保证管片拼装工作的进行;修理盾构千斤顶和在曲线段进行施工等因素,故必须有一些余量。

2. 推进机构

盾构掘进的动力是靠液压系统带动千斤顶的推进机构,它是盾构重要的基本构造之一。

(1) 盾构千斤顶的选择和配置

盾构千斤顶的选择和配置应根据盾构的灵活性、管片的构造、拼装管片的作业条件等来决定。选定盾构千斤顶必须注意以下事项:

1) 千斤顶要尽可能地轻,且经久耐用,易于维修保养和掉换;

2) 采用高液压系统,使千斤顶机构紧凑。目前使用的液压系统压力值为 30 ~ 40 MPa;

3) 千斤顶要均匀地配置在靠近盾构外壳处,使管片受力均匀;

4) 千斤顶应与盾构轴线平行。

(2) 千斤顶数量

千斤顶的数量根据盾构直径、千斤顶推力、管片的结构、隧道轴线的情况综合考虑。一般情况下,中小型盾构每只千斤顶的推力为 600 ~ 1 500 kN,在大型盾构中每只千斤顶的推力多为 2 000 ~ 2 500 kN。

(3) 千斤顶的行程

盾构千斤顶的行程应考虑到盾尾管片拼装及曲线施工等因素,通常取管片宽度加上 100 ~ 200 mm 的余量。

另外,成环管片有一块封顶块,若采用纵向全插入封顶时,在相应的封顶块位置应布置双节千斤顶,其行程约为其他千斤顶的 1 倍,以满足拼装成环所需。

（4）千斤顶的速度

盾构千斤顶的速度必须根据地质条件和盾构形式决定，一般取 50 mm / min 左右，且可无级调速。为了提高工作效率，千斤顶的回缩速度要求越快越好。

（5）千斤顶块

盾构千斤顶活塞的前端必须安装顶块，顶块必须采用球面接头，以便将推力均匀、分布在管片的环面。其次，还必须在顶块与管片的接触面上安装橡胶或柔性材料的垫板，对管片环面起到保护作用。

3. 管片拼装机

管片拼装机俗称举重臂，是盾构的主要设备之一，常以液压为动力。为了能将管片按照设计所需要的位置，安全、迅速地进行拼装，拼装机在钳捏住管片后，还必须具备沿径向伸缩、前后平移和 360°（左右叠加）旋转等功能。

拼装机的形式有环形、中空轴形、齿轮齿条形等，一般常用环形拼装机。这种拼装机安装在支承环后部，或者盾构千斤顶撑板附近的盾尾部，它如同一个可自由伸缩的支架，安装在具有支承滚轮、能够转动的中空圆环上的机械手。该形式中间空间大，便于安装出土设备。

4. 真圆保持器

盾构向前推进时管片就从盾尾部脱出，管片受到自重和土压的作用会产生变形，当该变形量很大时，已成环管片与拼装环在拼装时就会产生高低不平，给安装纵向螺栓带来困难，为了避免管片产生高低不平现象，就有必要让管片保持真圆，该装置就是真圆保持器。真圆保持器支柱上装有上、下可伸缩的千斤顶和圆弧形的支架，它在动力车架挑出的梁上是可以滑动的。当一环管片拼装成环后，就将真圆保持器移到该管片环内，支柱的千斤顶使支架圆弧面密贴管片后，盾构即可进行下一环的推进。盾构推进后圆环不易产生变形而保持着真圆状态。

（三）盾构基本参数的选定

1. 盾构直径

盾构直径必须根据管片外径、盾尾空隙和盾尾钢板厚度等设计要素确定，而盾尾空隙应根据管片的形状尺寸、隧道的平面形状、纠偏、盾尾密封结构的安装等进行确定。

盾构直径是指盾壳的外径，而与刀盘、稳定翼、同步注浆用配管等突出部分无关。

所谓盾尾空隙，是指盾壳钢板内表面与管片的外表面的空隙。

根据隧道限界和结构尺寸要求，在确定衬砌外径之后，可按施工要求或经验确定盾构直径。下面根据图 2.1.4，介绍两种计算方法。

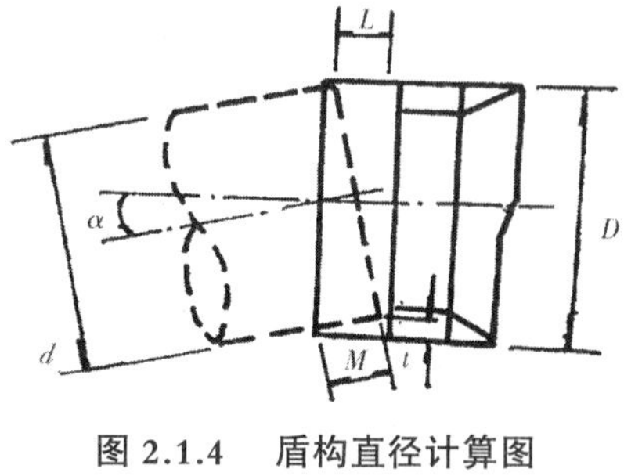

图 2.1.4　盾构直径计算图

【方法一】 $$D = d + 2(x + \delta) \tag{2.1.1}$$

式中 D —— 盾构直径(mm);

d —— 隧道外径(mm);

x —— 盾尾空隙(mm);

δ —— 盾尾钢板厚度(mm)。

为了满足盾构曲线段施工或推进施工时纠偏所需要间隙,盾尾空隙可由下式计算:

$$X = ML / d \tag{2.1.2}$$

式中 M —— 盾尾和管片的搭接长度(mm);

L —— 盾尾内衬砌环顶端能够转动的最大水平距离,也称盾尾最大覆盖衬砌长度(mm)。

根据实际经验,盾尾空隙一般取 20 ~ 30 mm。

【方法二】 $$D = d_{内} + 2(\delta + x + T + T' + e) \tag{2.1.3}$$

式中 $d_{内}$ —— 隧道内径(mm);

T —— 隧道衬砌厚度(mm);

T' —— 隧道内衬厚度(mm);

e —— 最小余量(mm);

D、δ、x 意义同式(2.1.1)。

上面两式中均有一个盾尾钢板厚度 δ,此值应通过计算求得,可是计算工作较为复杂,所以通常采用经验公式或类比法相近选取。

$$\delta = 0.02 + 0.01(D - 4) \tag{2.1.4}$$

式中 D —— 盾构外径,单位为 m,当 $D > 4$ m 时,式中的第二项为零。

2. 盾构长度和灵敏度

盾构长度主要取决于地质条件、隧道的平面形状、开挖方式、运转操作、衬砌形式和盾构的灵敏度(即盾壳总长 L 与盾构外径 D 之比)。一般在盾构直径确定后,灵敏度值有一些经验数据可参考:

小型盾构($D = 2 \sim 3$ m) $(L / D) = 1.50$

中型盾构($D = 3 \sim 6$ m) $(L / D) = 1.00$

大型盾构($D > 6$ m) $(L / D) = 0.75$

盾构总长度由切口环、支承环、盾尾三部分组成,它不包括盾构内设备超出盾尾的部分,如后方平台、螺旋输送机等。

盾构长度计算公式:

$$L = L_w + L_c + L_t \tag{2.1.5}$$

(1) 切口环长度 L_w

机械化盾构仅考虑能容纳开挖机具即可;

在手掘式盾构中要考虑到人工开挖的方便,L_w 可以较长些,所以正面土体稳定时 L_w 最大值为:

$$L_w = D\text{tg}\varphi \text{ 或 } L_w \leqslant 2 \text{ m} \tag{2.1.6}$$

式中 φ —— 开挖面坡度与水平面的夹角一般取 45°。

在棚式盾构中,其分层是按人的高度分隔:

$$N = D / H \quad (2.1.7)$$

式中 N —— 层数(计算后数值归整);

H —— 人的高度(m)。

由于分了层的 H 值比 D 小得多,所以这时的切口环长度为:

$$L_w = H\text{ctg}\varphi \quad (2.1.8)$$

注意:式中 H 值应取层高的最大值 H_{max}。

有些盾构根据需要将另设前檐,其长度为 300 ~ 500 mm,具体取多少要按盾构直径大小适当选取。

(2) 支承环长度 L_c

该部分长度取决于盾构千斤顶、切削刀盘的轴承和驱动装置、排土装置等空间,而盾构千斤顶的长度与预制衬砌的宽度有关。

$$L_c = W_c + \iota_c \quad (2.1.9)$$

式中 W_c —— 最宽衬砌宽度,包括楔形环、加宽环;

ι_c —— 余量,一般取 200 ~ 300 mm,主要考虑到盾构千斤顶的修理因素。

(3) 盾尾长度 L_t

盾尾长度取决于管片的形状和宽度:

$$L_t = KW_c + L_s + C \quad (2.1.10)$$

式中 K —— 常数,一般取 1.5 ~ 2.5 ,这与是否需调换损坏的衬砌及盾尾密封装置有关;

W_c —— 衬砌环宽度(m);

L_s —— 千斤顶顶块厚度(m);

C —— 施工余量,一般取 80 ~ 200 mm,选取时应考虑拼装衬砌时环面清洗工作,以及穿拼装螺栓,特别是首尾相接的纵向螺栓等工作的方便。

3. 盾构的推力

盾构向前行进是靠安装在支承环周围的千斤顶顶力,各千斤顶顶力之和就是盾构的总推力,在计算推力时,一定要考虑周全,要将盾构的施工全过程中可能遇到的阻力都要计算在内。

盾构的总推进力必须大于各种推进阻力的总和,否则盾构无法向前推进。盾构的各种推力和计算公式如下:

F_1 —— 盾构外壁周边与土体之间的摩擦力或黏结力:

砂性土 $$F_1 = \mu_1 \pi DL(P_m + W) \quad (2.1.11)$$

黏性土 $$F_1 = C\pi DL \quad (2.1.12)$$

F_2 —— 推进中切口插入土壤的贯入阻力:

$$F_2 = ltK_pP_m \quad (2.1.13)$$

F_3 —— 工作面正面阻力:

$$F_3 = P_f \pi D^2 / 4 \quad (2.1.14)$$

盾构在人工开挖、半机械化开挖时为工作面支护阻力;

盾构采用机械化开挖时,为作用在切削刀盘上的推进阻力。

F_4 —— 管片与盾尾之间的摩擦力:

$$F_4 = \mu_2 G_2 \quad (2.1.15)$$

F_5 —— 变向阻力(曲线施工 / 纠偏等因素的阻力):

$$F_5 = RS \quad (2.1.16)$$

F_6 —— 后方台车的牵引阻力:

$$F_6 = \mu_3 G_1 \quad (2.1.17)$$

μ_1 —— 钢与土的摩擦系数;
μ_2 —— 钢与钢或混凝土的摩擦系数;
μ_3 —— 车轮与钢轨之间的摩擦系数;
D —— 盾构直径(m);
L —— 盾构长度(m);
W —— 盾构重量(kN);
G_1 —— 后方台车重量(kN);
G_2 —— 管片(成环)重量(kN);
P_m —— 作用在盾构上的平均土压(kPa);
P_f —— 工作面正面压力(支护千斤顶反力、作用在隔墙上的土压力、泥浆压力等)(kPa);
c —— 黏聚力(kPa);
K_p —— 被动土压力系数;
R —— 地层抗力(承载力、被动土压力等)(kPa);
l —— 工作面周边长度(m);
t —— 刃脚贯入深度(m);
s —— 抵抗板在推进方向的投影面积(m^2)。

$$总推力 \quad \sum F = F_1 + F_2 + F_3 + F_4 + F_5 + F_6 \quad (2.1.18)$$

盾构总推力也可由以上 $F_1 + F_2 + F_3 + F_4$ 的总和再乘以 2 求出。盾构总推力也可按经验公式求得:

$$F_j = P_j \pi D^2 / 4 \quad (2.1.19)$$

式中 F_j —— 盾构的总推力(kN);
P_j —— 开挖面单位截面积的推力(kN)。

① 人工开挖、半机械化开挖盾构、机械化开挖盾构:$P_j = 700 \sim 1\,100$ kPa。

② 封闭式盾构、土压平衡式盾构、泥水加压式盾构:$P_j = 1\,000 \sim 1\,300$ kPa。

(四)盾构的分类及其适用范围

盾构是修建隧道的正面支护掘进和衬砌拼装的专用机具，盾构类型的区别主要是盾构正面对土体支护开挖的方法工艺不同而言。为此盾构的种类按其结构特点和开挖方法来分，主要可分为四大类，如下:

(1) 手掘式盾构 → 敞开式
→ 正面支撑式
→ 棚式

(2) 挤压式盾构 ——→ 全挤压 / 局部挤压 / 网格

(3) 半机械式盾构 ——→ 正、反铲 / 螺旋切削 / 软岩掘进机

(4) 机械式盾构 ——→ 开胸大刀盘切削 / 闭胸式 ——→ 局部气压 / 泥水加压 / 土压平衡

1. 手掘式盾构

手掘式盾构结构最简单、配套设备少,因而造价也最低,制造工期短。

其开挖面可以根据地质条件决定,全部敞开式或用正面支撑开挖,一面开挖一面支撑。在松散的砂土地层,可以按照土的内摩擦角大小将开挖面分为几层,这时的盾构就被称为棚式盾构见图 2.1.5。

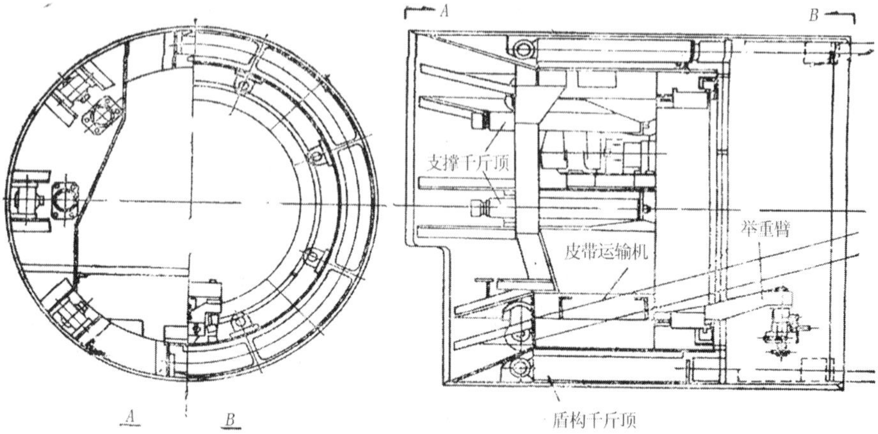

图 2.1.5 手掘式盾构示意图

(1) 手掘式盾构的主要优点

1) 正面是敞开的,施工人员随时可以观测地层变化情况,及时采用应付措施;

2) 当在地层中遇到桩、大石块等地下障碍物时,比较容易处理;

3) 可向需要方向超挖,容易进行盾构纠偏,也便于曲线施工;

4) 造价低,结构设备简单,易制造,加工周期短。

(2) 手掘式盾构的主要缺点

1) 在含水地层中,当开挖面出现渗水、流砂时,必须辅以降水、气压等地层加固等措施;

2) 工作面若发生塌方时,易引起危及人身及工程安全事故;

3) 劳动强度大,效率低、进度慢,在大直径盾构中尤为突出。

手掘式盾构尽管有上述不少缺点,但由于简单易行,在地质条件良好的工程中仍广

泛应用。

2. 挤压式盾构

挤压式盾构(见图 2.1.6)的开挖面用胸板封起来,把土体挡在胸板外,对施工人员是比较安全、可靠,没有塌方的危险,当盾构推进时,让土体从胸板局部开口处挤入盾构内,然后装车外运,不必用人工挖土,劳动强度小,效率也成倍提高。在特定条件下可将胸板全部封闭推进,那就是全挤压推进。

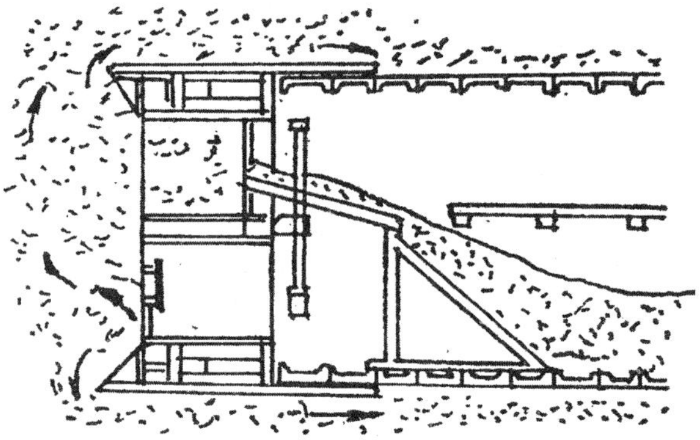

图 2.1.6　挤压式盾构示意图

挤压式盾构仅适用于松软可塑的黏性土层,适用范围较狭窄。在挤压推进时对地层土体扰动较大,地面产生较大的隆起变形,所以在地面有建筑物的地区不能使用,只能在空旷的地区或江河底下、海滩处等区域。

网格式盾构是一种介于半挤压和手掘之间的盾构形式(见图 2.1.7)。这种盾构在开挖面装有钢制的开口格栅,称为网格。当盾构向前掘进时土体被网格切成条状,进入盾构后运走;当盾构停止推进时,网格起到支护土体的作用,从而有效地防止了开挖面的坍塌。网格盾构对土体挤压作用比挤压式盾构小,因此引起地面变形的量也小一些。

网格盾构也仅适用于松软可塑的黏土层,当土层含水量大时,尚需辅以降水、气压等措施。

3. 半机械式盾构

半机械式盾构是在手掘式盾构正面装上机械来代替人工开挖,根据地层条件,可以安装反铲挖土机或螺旋切削机(见图 2.1.8)。土体较硬可安装软岩掘进机。

半机械式盾构的适用范围基本上和手掘式一样,其优点除可减轻工人劳动强度外,其余均与手掘式相似。

4.机械式盾构

机械式盾构是在手掘式盾构的切口部分装上一个与盾构直径一般大小的大刀盘,用此来实现盾构施工的全断面切削开挖。

当地层土质好,能自立或采用辅助措施也能自立,则可用开胸式的机械盾构,反之如地层土质差,又不能采用其他地层加固方法,此时,采用闭胸机械式盾构比较合适。

现在介绍三种常用的机械式盾构:

(1)局部气压式盾构

这种盾构是在开胸机械式盾构的切口环和支承环之间装上隔板,使切口环部分形

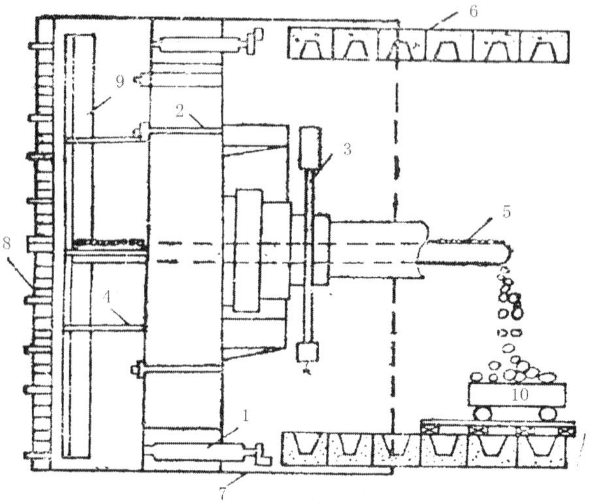

1—盾构千斤顶(推进盾构用);2—开挖面支撑千斤顶;3—举重臂(拼装装配式钢筋混凝土衬砌用);4—堆土平台(盾构下部土块由转盘提升后落入堆土平台);5—刮板运输机,土块由堆土平台进入后输出;6—装配式钢筋混凝土衬砌;7—盾构钢壳;8—开挖面钢网格;9—转盘;10—装土车

图 2.1.7　网格式盾构示意图

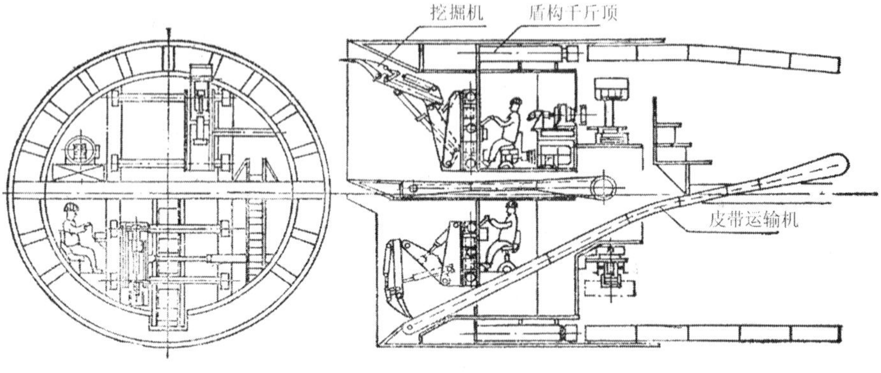

图 2.1.8　半机械式盾构

成一个密封舱,舱中输入压缩空气,以平衡开挖面的土压力,保证正面土体自立而不坍塌。气压是为了疏干地下水,改变土体的物理性能有利于施工,用盾构法进行隧道施工,首先是要解决切口前开挖面的稳定,加局部气压是使正面土体稳定的方法,从而代替了在隧道内加气压的全气压施工方法。这样,衬砌拼装和隧道内其他施工人员,就可不在气压条件下工作,这无疑有很大的优越性,如图 2.1.9 所示。

但局部气压盾构的一些技术问题,目前未得到很好地解决。主要的问题有:

① 从密封舱内连续向外出土的装置,还存有漏气和使用寿命不长的问题;

② 盾尾密封装置还不能完全阻止压力舱内的压缩空气通过开挖面经盾构外表至盾尾处泄漏;

③ 衬砌环接缝防止不了压力舱内的气体、经过盾构外表通至盾构后部管片缝隙渗入隧道内。

以上三处的漏气,影响到正面压力舱内的压力控制,由于压力舱容量小,加上这三

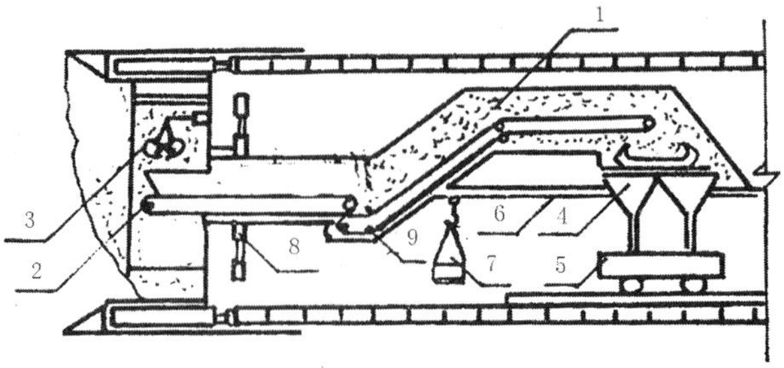

1—气压内出土运输系统；2—皮带运输机；3—排土抓斗；4—出土斗；
5—运土车；6—运管片车辆；7—管片；8—管片拼装机；9—伸缩接头

图 2.1.9 局部气压式盾构示意图

处防漏气技术尚未彻底解决，因此压力舱内压力值上下波动较大，当正面遇到有问题需要处理，须有工人进入压力舱工作，这种施工条件对人的生理影响很大。而正常施工中，舱内压力控制不好，正面土体稳定就没有保证，也将直接影响施工。故目前该型式盾构使用已不多。

（2）泥水式盾构和泥水加压平衡盾构

前面叙述了局部气压盾构的技术难题是连续出土与压缩空气的泄漏问题。在地层压力差及土质同样条件下，漏气量要比漏水量大 80 倍之多。因此，若在上述局部气压的密封舱内用泥水或泥浆来代替压缩空气（图 2.1.10 为泥水式盾构和泥水加压平衡式盾构），这样既可利用泥水压力来支撑开挖面土体，又可大大减少泄漏。刀盘切削下来的土在泥水中经过搅拌机搅拌，用杂质泵将泥浆通过管道输送到地面集中处理，这样就解决了连续出土的技术难题，泥水盾构的优点是显而易见的。

但泥水盾构的辅助配套设备多，首先要有一套自动控制和泥水输送系统，其次还要有一套泥水处理系统，所以泥水盾构的设备费用较大。这也是它的主要缺点，但反而言之，像泥水处理系统这样的辅助设备可重复利用，经济上还是可行的。

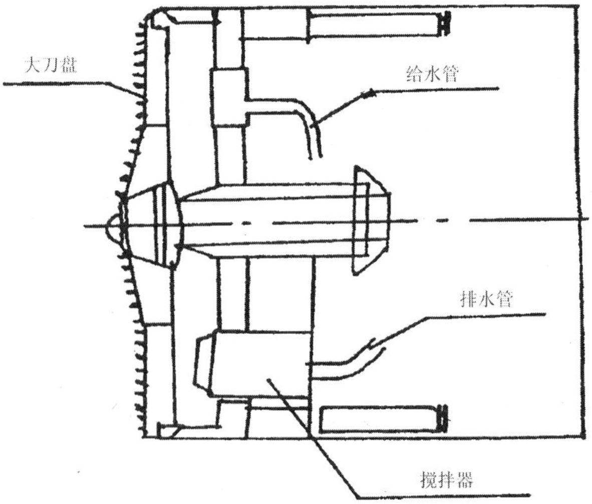

图 2.1.10 泥水加压盾构示意图

（3）土压平衡式盾构

这种盾构又称削土密封式或泥土加压式盾构，是在上述两种机械式盾构的基础上发展起来的，适用于含水饱和软弱地层中施工的新型盾构。

该盾构的前端也是一个全断面切削刀盘，在盾构中心或下部有一个长筒形螺旋输送机的进土口，其出口在密封舱外。

所谓土压平衡，就是盾构密封舱内始终充满了用刀盘切削下来的土，并保持一定压力平衡开挖面的土压力。如图 2.1.11 所示。

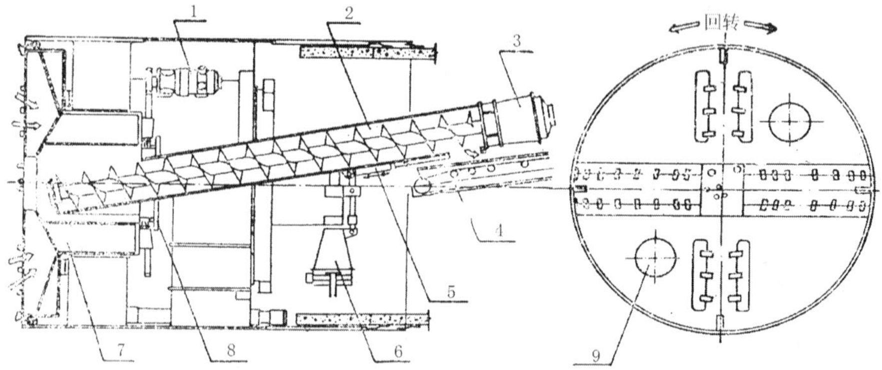

1—刀盘用油马达；2—螺旋机；3—螺旋机马达；4—皮带运输机；5—闸门千斤顶；6—管片拼装机；7—刀盘支架；8—隔壁；9—排障进入口

图 2.1.11　土压平衡盾构示意图

螺旋输送机靠转速来控制出土量，出土量要密切配合刀盘的切削速度，以保持密封舱内充满泥土而又不致过于饱和。这种盾构既避免了局部气压盾构的主要缺点，也省略了泥水加压盾构投资较大的缺点，至今，土压平衡盾构与泥水加压平衡盾构，已成为比较成熟、可靠的新型设备，广泛地在隧道施工中予以应用。

（五）盾构选型

盾构法施工的地层都是复杂多变的，因此对于复杂的地层要选用较为经济的盾构是当前的一个难题。

在选择盾构时，不仅要考虑到地质情况、盾构的外径、隧道的长度、工程的施工程序、劳动力情况等，而且还要综合研究工程施工环境、基地面积、施工引起对环境的影响程度等。选择盾构的种类要求掌握不同盾构的特征，表 2.1.1 所列是各种盾构选型的要点，同时，还要逐个研究以下项目：

（1）开挖面有无障碍物；

（2）气压施工时开挖面能否自立稳定；

（3）用气压其他辅助施工法后开挖面能否稳定；

（4）挤压推进、切削土加压推进时，开挖面能否自立稳定；

（5）开挖面在加水压、泥压、泥水压作用下，能否自立稳定；

（6）经济性。

盾构选型时通常需要判别盾构工作面是否稳定，一种较为实用的判别方法称布诺

表 2.1.1　盾构选型比较表

机种 项目	手掘盾构	挤压盾构	半机械盾构	机械盾构	泥水加压盾构	土压平衡盾构			备注
						削土加压式	加水式	加泥式	
工作面稳定	正面千斤顶与气压	胸板和气压	正面千斤顶、气压	大刀盘、气压	大刀盘、泥水压	大刀盘、切削土压	大刀盘、加水作用	加泥作用	
工作面观察	目视	推力	目视	目视	大刀盘、泥水压	土压计、排土量	水压计、进土量	土压计、排土量	
工作面防塌	胸板、正面千斤顶	调整开口率	胸板、正面千斤顶	大刀盘	泥水压、开闭板	大刀盘、土压	大刀盘、水土压	泥土压	
工作面涌水	井点、化学注浆		井点、化学注浆	井点、化学注浆	水压	排土机构	排土机构	泥土止水性	
障碍物处理	可能	非常困难	可能	困难	非常困难	非常困难	非常困难	非常困难	先导隧道排障碍
砾石处理	可能		可能	困难	砾石处理装置	困难	砾石取出装置	砾石取出装置	砾径 300 mm 以上
适用土质	黏土、砂土	软黏土	黏土、砂土	均质土为宜	软黏土、含水砂土	软黏土、粉砂	含水粉质黏土	软黏土、含水砂土	
机械变更	挤压	手掘式	手掘挤压式	困难	困难	困难	困难	困难	
与地质适应性	能	调整开口率	能	刀盘	刀盘	排土机构	刀盘	刀头	
问题	可能涌水	开口率不准确时地表沉降或隆起较大	可能涌水	黏土多易产生土体固结	黏土不易分离	砂土时排土困难水压过高封水困难	细颗粒少施工困难、高水压需气压	取土量不足或超量地表隆起或沉降	
工作环境	气压内施工	气压内施工	气压内施工	气压内施工	无气压	无气压	无气压	无气压	
基地周围的环境	有噪声、振动	有噪声、振动	有噪声、振动	有噪声、振动	泥水设备噪声	有噪声	有噪声	有噪声	
经济性	隧道长度短时，较经济	较经济但沉降或隆起较大	隧道长度长时，较手掘式经济	劳务管理费较低	泥水处理设备费昂贵	介于机械式和泥水式中间	比泥水式盾构经济	介于机械式和泥水式之间	
制作费比例	1	1.07	1.19	2.26	2.52	2.70	2.78	2.96	Φ7.350 m 手掘式盾构为 1
其他					处理设备 0.44 输送设备 0.20				

姆氏试验法。

在松软地层中，设盾构工作面开有一个进土门，地层的垂直力为 $\gamma.H$，垂直力所产生的侧向土压作用在进土门处，然后以土体是否向盾构内部流动作为判别盾构的工作面是否稳定的条件。试验的结果表明，在软土地层中，垂直作用于进土门上的土压 σ_a 与进土门部位的覆土 H、土体重度 γ 及地层的不排水抗剪强度 C_u 存在如下关系：

$$\sigma_a = \gamma.H - (6-8)C_u \tag{2.1.20}$$

当进土门向盾构外部推动时，作用在进土门上的土压为：

$$\sigma_P = \gamma.H - (6-8)C_u \tag{2.1.21}$$

式中的系数(6－8)与土质无关，只与进土门的形状或盾构工作面的支承条件有关。当 $\sigma_a \leqslant 0$ 时，工作面支承条件不能达到上式条件时，盾构工作面就不能保持稳定。因此，在黏性土体中，作用于盾构工作面处的土体垂直力 $\gamma.H$、气压强度 P_0 以及土体的不排水剪切强度 C_u 存在如下关系：

$$\gamma.H - P_0 \leqslant 6C_u \tag{2.1.22}$$

若满足以上条件，则认为盾构工作面是稳定的。但是，以上条件也不是绝对的，在实际工程中常有不符合判别式的情况，需要工程技术人员根据经验进一步地判断。

三、盾构法施工准备

（一）盾构法施工的前期准备

1. 始发井土建结构完成

盾构的始发井土建结构完成后方可进行盾构施工，始发井内须预留盾构出洞的洞门，洞圈一般为钢结构，以便安装盾构出洞的止水装置。盾构出洞前洞门须由钢板、钢板桩或地下连续墙围护。

2. 盾构选型

根据隧道所经过的地层地质及地面构筑物情况、施工进度、经济性等条件进行盾构选型，确定所用的盾构类型。

3. 管片生产

根据管片设计图纸及技术要求，设计出制造管片钢模的图纸，加工钢模，然后进行管片生产。由于管片钢模，加工工艺复杂，故加工周期较长。在盾构出洞之前，必须生产一定数量的管片，以满足施工需要。

（二）技术准备

1. 熟悉施工图纸和有关的设计资料

学习工程建设单位提供的工程图纸设计和有关的地质资料、施工验收规范和有关的技术规定，通过学习充分了解和掌握设计人员的设计意图、结构特点和技术要求，在开工前或分项工程实施前应由设计单位进行设计交底。

2. 了解隧道沿线的地下管线、构筑物及地质情况

对地下管线及地下构筑物，需要了解管线种类结构、类型、埋深等，与隧道的相互关系等情况，对于地面建筑物，需要了解建筑物的种类、结构、基础埋深与隧道的相互关系等情况，然后采取相应的保护措施。

3. 熟悉施工用机械的特点

熟悉盾构机的主要施工参数及相应的盾构施工工法，掌握施工要领。

4. 编制施工组织设计

编制施工组织设计是施工准备工作的重要组成部分，隧道施工的施组编写要求根据隧道施工的特点，确定各个关键工序的施工技术，合理地布置施工场地，科学地制定施工方案。在隧道施工的施组中，以下工序必须明确：

（1）施工现场总平面布置；

（2）盾构基座及后靠布置形式；

（3）盾构出洞时洞门密封的方式；

（4）盾构出洞地基加固方式；

（5）材料垂直、水平运输的方式及隧道断面布置；

（6）盾构推进的方案、工艺流程；

（7）隧道注浆方法及控制地面沉降的技术措施；

（8）经过特殊路段的施工技术措施；

（9）盾构进洞地基加固方案及盾构进洞方案；

（10）测量方法等。

编写规范的施组还应包括以下内容：

（1）组织管理体系；

（2）质量标准及质量保证措施；

（3）安全生产措施；

（4）文明施工措施；

（5）工程用料及施工用料使用计划；

（6）劳动力使用计划；

（7）施工进度计划。

（三）生产物资的准备

生产物资主要包括材料、构件、施工机械。

材料的准备主要是根据图纸和施组的有关要求，并按施工进度、材料名称、规格、数量、使用时间、消耗量编制出材料需要量计划，组织货源、运输、仓储、现场堆放及运输，保证施工顺利进行。

构件的准备主要指管片的预生产，并落实运输、堆放，保证按时按量供应。

施工机械的准备，根据所采用的施工方案、施工进度，确定施工机械的类型、数量、进场时间、运输安装方式、放置的位置等，编制施工机械的需要量计划，保证施工顺利进行。

（四）劳动力的准备

根据施组中所确定的劳动力使用计划，组织劳动力进场，根据需要对施工人员进行相关的技术培训，同时进行安全、消防和文明施工等方面的教育，安排好职工的生活，向施工人员进行技术交底和质量交底，保证施工质量和进度。

（五）施工现场准备

1. 盾构拼装式拆卸的工作井

作为拼装式拆除盾构的井，其建筑尺寸应满足盾构拼装、拆除的施工工艺要求，一般井宽应大于盾构直径 1.6 ~ 2.0 m，井的长度：盾构推进方向，主要考虑到盾构设备安装余地，以及盾构出洞施工所需最小尺寸。

2. 盾构基座

盾构基座设置于工作井的底板上，用作安装及搁置盾构，更重要的是通过设在基座上的导轨，使盾构在出洞前就有正确的导向。因此导轨要根据隧道设计轴线及施工要求定出平面、高程、坡度来进行测量定位。

盾构基座可采用钢筋混凝土结构（现浇或预制）或钢结构。导轨夹角一般为 60° ~ 90°，图 2.1.12 所示为常用的钢结构基座。盾构基座除承受盾构自重外，还应考虑盾构切入土层后，进行纠偏时产生的集中荷载。

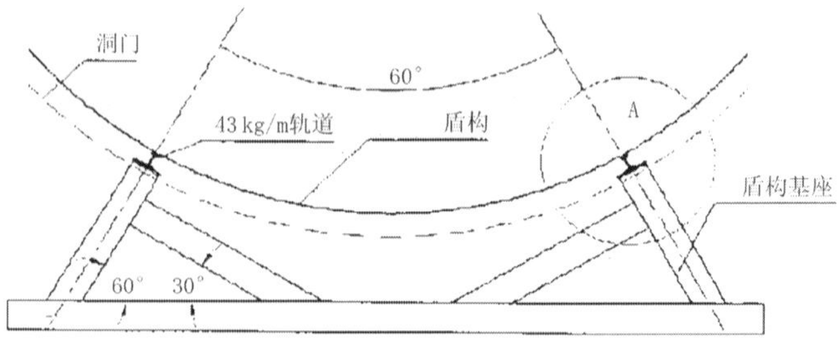

图 2.1.12　盾构基座示意图

3. 盾构后座（后盾）

在工作井中盾构向前推进，其推力要靠工作井后井壁来承担，因此在盾构与后井壁之间要有传力设施，此设施称为后座，通常采用隧道衬砌、专用顶块、顶撑等组成。

后座不仅要作推进顶力的传递，还是垂直水平运输的转折点。所以后座不能正环，应有开口以作垂直运输通口，而开口尺寸需按盾构施工的出进设备材料尺寸决定，第一环闭口环在其上部要加有后盾支撑，以保盾构顶力传至后进壁。

由于工作井平面位置的施工误差，影响到隧道轴线与后井壁的垂直度，为了调正洞口第一环管片与井壁洞口的相交尺寸，所以后盾管片与后井壁之间产生一定间隙，这间隙采用混凝土填充，可使盾构推力均匀地传给后井壁，也为拆除后盾管片提供方便。

4. 人行楼梯和井内工作平台搭设

在盾构出洞阶段施工期内，还没有形成长隧道，盾构设备无法按正常布置，有一个施工转换过程，在此过程中设备需放在井内，需在井内设置施工平台以放置各种设备。并应在合理位置安装上下楼梯，以供施工人员上下作业面工作。

5. 盾构施工地面辅助设施

为了确保盾构正常施工，根据盾构的类型和具体施工方法，配备必要的地面辅助设施：

（1）做好施工场地的控制网测量，保证施工质量。

（2）做好三通一平，根据施工组织设计中的平面布置，设计施工围墙、场区道路、管片堆场，铺设水管、电缆、排水设施、布置场地照明等。

（3）要有一定数量管片堆放场地，场内应设置行车或其他起吊和运输设备，以便进行管片防水处理，并能安全迅速地运到工作面。还可根据工程或施工条件，搭设大型工棚或移动式遮雨棚，还应设置防水材料仓库和烘箱。

（4）拌浆间

拌制管片壁后注浆的浆体，并配有堆放原材料的仓库。

（5）配电间

应由两个电源的变电所供盾构施工用电且两路电源能互相迅速切换，以免电源发生故障而造成工程的安全事故。

（6）充电间

负责井下电机车的蓄电池充电，要配有电瓶箱吊装的设备，充电量要满足井下运输电箱更换所需，对充电间地坪等设施应防硫酸处理。

（7）空压机房

若采用气压施工，应设置提供必要用气量的空气压缩机和储气筒，管路系统要安置有符合卫生要求的滤气器、油水分离器等设备。并由两路电源以保证工作面安全。

（8）水泵房

若采用水力机械掘进，或水力管道运土、进行井点降水措施的施工工程，应设水泵房，泵房应设于水源丰富处。

（9）地面运输系统

主要通过水平垂直运输设备，将盾构施工所需材料、设备、器具运入工作井的井底车场。还应包括供车辆运输的施工道路，整个系统的组成形式较多；如垂直运输可采用行车、大吊车、电动葫芦等起重设备，地面水平运输由铲车、汽车、电瓶车等。

根据施工现场的实际条件，结合所配备的起吊机械、运输设备组成合适的盾构施工地面运输系统较理想的形式。将工作井、管片防水制作场地、拌浆间、充电间等布置连成一线，并合理确定行车的数量，实现水平和垂直运输互为一体的系统。

（10）盾构出土的配套

盾构法施工掘进是其主要工序之一，所以出土系统设施对盾构施工是至关重要的。

干出土可采用汽车运输，并配有集土坑来确保土体外运，不影响井下盾构施工。水力机械掘进运土，需要有合适的排放容量的沉淀池。对泥水盾构还应考虑泥浆拌制及泥水分离等设施。

（11）其他生产设备

一般包括油库、危险品仓库、设备料具间、机械维修间等。

（12）通讯设备

为了确保盾构施工安全，隧道施工特点为线长，所以各作业点之间通讯是必不可少的，目前通讯采用电话，井下使用的电话必须是防潮、防爆的，在气压施工闸墙内外还须有信号联系。

（13）隧道断面布置

隧道断面布置主要考虑隧道内的水平运输，水平运输包括车架的行走以及管片、土箱等的运输，隧道内通常采用轨道运输，在断面布置时要确定轨枕的高度、轨道的轨距等主要尺寸，轨道的安装必须规范，压板、夹板必须齐全，防止轨距变化引起车辆出轨。对于水力机械出土的盾构来说，隧道断面布置还必须考虑进出水管的布置及接力泵的安装部位，布置时要考虑管路接头方便，便于搬运和固定，上述装置不得侵入轨道运输的界限。人行通道所用的走道板宽度要大于 50 cm，与电机车的安全距离大于 30 cm，净空高度大于 1.8 m。隧道断面还要布置隧道的照明及其供电、盾构动力电缆、通风管路及接力风机、隧道内清洗及排污的管路等。

（14）车架转换

对于工作井空间较小，车架不能一次到位的环境，则需要采取车架转换措施，即盾构出洞阶段车架与盾构分离，通过转换油管、电缆等连接车架与盾构，待盾构推进一段距离，隧道内能容纳车架长度时，再拆除转换管路，将车架吊入隧道与盾构相连，达到正常施工的状态。

（15）井底车场的布置

待盾构出洞，推进一定距离后，管片与土体的摩擦力能平衡盾构的推进反作用力时，即可拆除后盾支撑和后盾管片，充分利用井内的空间，在井底形成一个井底车场，通过搭建平台，铺设双轨等措施来提高水平运输的能力，加快施工进度。

四、盾构的出、进洞技术

盾构的出、进洞是盾构法施工的重要环节，涉及工作井洞门的形式、盾构内设备的布置、隧道出、进洞施工土体加固方法、防止及减少地面沉降等技术方案。所以出、进洞的施工技术、方法、措施合理，能减少许多“后患”，保证了施工的速度和安全。

（一）盾构出、进洞

应根据施工条件、方法选择相应的出、进洞的方法。

下面介绍几种盾构出、进洞的方法：

1. 临时基坑法

在采用板桩或大开挖施工建成的基坑内，先将盾构安装、后座施工及垂直运输出入通道的构筑完成，然后把基坑全部回填，将盾构埋置回填土中仅留出垂直运输出入通道口，并拔除原基坑施工的板桩。这样盾构就在土中进行推进施工，此种方法没有洞门拆除等问题，一般只适用于埋置较浅的盾构始发端。

2. 逐步掘进法

用盾构法进行纵坡较大的、与地面有直接连通的斜隧道（如越江隧道），施工时，其后座可依靠已建敞开式引道来承担，盾构由浅入深进行掘进，直至盾构全断面进入土层。实际上这种方法并没有盾构出进洞的技术问题，而关键是控制盾构在逐渐变化深度中的施工轴线控制问题。

3. 工作井进、出洞法

在沉井或沉箱壁上预留洞及临时封门，盾构在井内安装就位。所有掘进准备工作结束后，即可拆除临时封门，使盾构进入地层。这是目前使用较多的方法。下面以上海地铁盾构进、出洞方法为例说明该施工工艺，如图 2.1.13 所示。

（1）盾构出洞

1）盾构出洞准备工作：

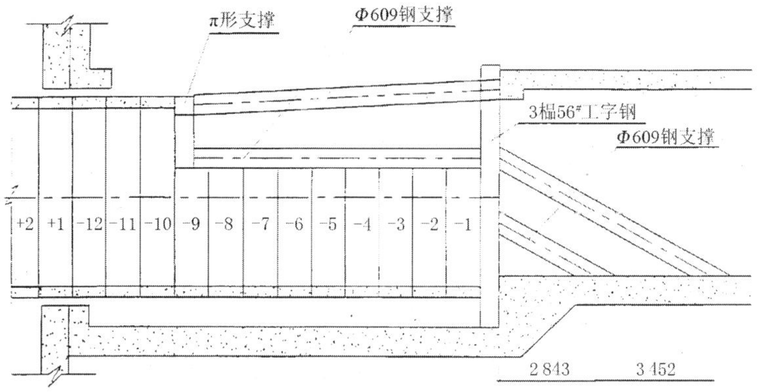

图 2.1.13　上海地铁盾构出洞施工工艺示意图

① 井内的盾构后盾管片布置及后座混凝土浇筑。盾构后盾由负环管片组合而成，根据施工情况确定开口环、闭口环的数量。在开口环后部用 56# 工字钢 3 榀及细石混凝土嵌实，在 3 榀工字钢后用 Φ609 mm 钢支撑撑紧，盾构掘进的轴向力由其传递至站台。

② 洞口止水装置的安装。井壁洞口内径与盾构外径存在环形建筑空隙，为了防止盾构出洞时土体从间隙处流失，洞圈内安装橡胶帘布环状板、扇形板等组成的密封装置，作为施工阶段临时防泥水措施。

③ 洞门混凝土凿除。洞门混凝土凿除，先凿除洞圈内大部分钢筋混凝土，外壁留 20 cm 混凝土，并把它分 9 块，凿出外排钢筋，在盾构与槽壁之间搭设脚手架，进行施工作业。

2）盾构出洞：

① 出洞口加固土体达到强度；后盾负环拼装；盾构调试完成后，拉去洞圈内钢筋混凝土网片；盾构靠上加固土体；调整洞口止水装置。为防止盾构出洞时正面土体的流失，在盾构切口前端距离洞口加固土体一定距离时，利用螺旋机反转法向盾构的正面灌注黏土，建立土压力达施工要求。

② 盾构推进前，为减少盾构的推进阻力，在盾构基座轨道面上涂抹牛油；避免刀盘上的刀头损坏洞门密封装置，在刀头和密封装置上也涂抹油脂；盾尾钢刷填满密封油脂。

③ 盾构后盾支撑。当第一环闭口环管片脱出盾尾后，立刻进行后盾支撑的安装。用 56# 工字钢设置 π 形支撑，并用 Φ609 的钢支撑轴向传力至井壁。这样，盾构出洞推进时千斤顶的油压及位置有较大的选择范围，以便控制盾构出洞时的轴线。后盾支撑完善后，在盾构推进时，要密切观察后靠的变形情况，以防止形变过大而造成的破坏。

（2）盾构进洞

1）盾构接收井的准备：盾构接收井施工完成后，对洞门位置的中心坐标测量确认，安装盾构接收基座（参照出洞盾构基座安装形式），接收井内混凝土洞门凿除和洞门封堵材料等各项工作全部准备就绪。

2）盾构姿态的复核测量：盾构进洞前 100 m 作隧道贯通测量，进洞口中心坐标测量，该项复测要求两次。根据测量数据及时调整盾构推进姿态，确保盾构顺利进洞。

3）盾构进洞：

① 洞门混凝土拆除。当盾构逐渐靠近洞门时，要在洞门混凝土上开设观察孔加强对

其变形和土体的观测，并控制好推进时的土压值。在盾构切口距洞门 20 ~ 50 cm 时，停止盾构推进，尽可能掏空平衡仓内的泥土使正面的土压力降到最低值，以确保混凝土封门拆除的施工安全。混凝土封门拆除的方法与出洞时基本相同。

② 在洞门混凝土吊除后，盾构应尽快连续推进并拼装管片，尽量缩短盾构进洞时间。

③ 洞圈特殊环管片脱出盾尾后，将用弧形钢板与其焊接成一个整体，并用水硬性浆液将管片和洞圈的间隙进行充填，以防止水土流失。

（二）临时封门的构造形式

1. 钢结构封门

工程上已用过的有横向钢板梁封门、竖向钢板梁封门及整块圆钢板封门等。

（1）横向钢板梁封门

由横向钢梁（板梁、型钢梁或桁架梁）与梁间钢封板组成。钢梁支承于洞门圈板的钢牛腿上。拆门一般由上而下进行，在土质差、洞门直径大时还应对土体作临时支撑。拆除进洞临时封门时，由于盾构已靠近洞口，土压力基本消除，可以由上而下进行。此种钢封门设于工作井井壁内侧，拆除比较方便。

（2）竖向钢板梁封门

由型钢和钢板或全部用型钢组成。当洞口覆土较浅，并有能力起吊，则出洞口封门设于工作井井壁外侧，进洞口设于井内侧，这样，可将盾构先进入门洞内，再拔封门，施工安全。而在覆土深的工程中临时封门一般设在井壁内侧，拆封门时应由先两边后中间逐根拆除。

（3）整块圆钢板封门

固定于工作井内预留洞圈板上，此种封门形式只适用于小直径盾构，拆除时只需割除封板四周连接部分，整块吊去。

2. 砖石或混凝土封门

盾构施工时也可在工作井预留洞口内用砖石砌体作封门，也可以直接在井壁（地下墙）上凿孔出洞，拆除可用凿岩机式爆破的方法。

盾构出进洞门的施工，除合理选用洞门结构形式外，在直径大、土质差、隧道埋深较深的情况下，还应考虑降水、地基加固、局部冻结等辅助措施，以稳定洞口土体和防止泥水涌入。

五、盾构推进

（一）盾构正面开挖方法

在本章第一节中已介绍了盾构的类型有：手掘式、挤压式、半机械式、机械式之分。归纳这些盾构可分为敞开、机械切削、网格、挤压四种开挖方法。

盾构在地层中推进，为了减少对地层的扰动，要求靠千斤顶顶力使盾构切入地层，然后在切口内进行土体开挖和外运，这是软土地层盾构推进的最基本过程。

1. 敞开式挖土

手掘式及半机械式盾构都属于敞开开挖形式。

这类方法主要用于地质条件较好，开挖面在切口保护下能维持稳定的自立状态，或在采取辅助措施后也能稳定自立，其开挖方式从上到下逐层掘进，若土层地质较差，还可借助支撑进行开挖，每环要分数次开挖、推进。支撑所用千斤顶应为差压式，即在支撑力的作用下可自行缩回，以确保支撑的效果，也不破坏正面土体的结构。

敞开掘进对正面障碍处理方便，并便于超挖，配合盾构操作，提高盾构的纠偏效果。

2. 机械切削

过去曾用过由多个刀盘组成的行星式刀盘，以及由千斤顶操纵的摆动式刀盘，但目前常用的是以液压或电机为动力的、可以双向转动的切削刀盘。

根据土质的好坏，大刀盘可分为刀架间无封板及有封板两种，前者适用于土质条件好的地层中。用大刀盘切削正面土体再配备运土的机械设备，就是一个完整的盾构掘进施工工艺。

这种掘进方法对正面的障碍排除及盾构超挖纠偏显得有些困难，特别是有封板的刀盘切削更是如此。

使用大刀盘切削的盾构，机械构造复杂，动力消耗大，但这种盾构是实现隧道施工机械化、减轻劳动强度的必然趋势。

3. 网格式开挖

这种开挖方法是在软弱黏性土层的施工中不断总结经验发展起来的。

其开挖面有网格梁与隔板组成许多格子，对开挖面土体的支撑作用，由土的黏聚力和网格厚度范围内的摩阻力组成的，当盾构推进时克服了这一组合阻力，土体就从格子里呈条状挤进来，所以在不同土质的地层中施工应有不同尺寸的网格，否则会造成丧失支撑作用及过量的土层扰动。

目前在网格后面配上提土转盘，把土提升到盾构中心筒体端头的斗内，然后由筒体内运输机将土送到施工隧道的运输平板车土箱中，以完成盾构掘进这一工序，实践证明这一方法有较佳的效果。

4. 挤压式开挖

挤压开挖可分为全挤式和局部挤压两种：

由于挤压推进不出土或少出土，对地层扰动较大，故在隧道轴线的设计时，必须避开地面建筑物，这样也就限制了这种施工方法的适用范围，一般常用于旷野郊区或排水工程滩涂处。

在挤压施工时，盾构在一定范围内将周围土体挤密实，使正面土体向四周运动，由于上部自由度大，所以大部分土体被挤向地表面，造成盾构推进轴线上方地面土体拱起，也有部分土体挤向盾尾及下部。

挤压推进按其特点，可以不压浆，因为正面土体受到盾构推力作用，部分土体被挤向后面填充盾尾与衬砌建筑空隙，从以往的施工观察，用挤压施工有两个明显特点：

（1）已建隧道一出盾尾不但不沉降而且有上浮，其上浮值基本与建筑空隙相符。

（2）盾构上浮趋势明显，在浅埋施工时，盾构轴线较难控制，严重时单用千斤顶编组已无法纠偏，在这种情况下用调整挤压程度来控制，即增大进土面积或调整进土孔位置。

由于挤压推进对盾构所产生的正面阻力很大，在总体施工工艺设计时，如已决定用挤压法施工，则盾构推力计算应将挤压阻力计算在内。

（二）施工管理和掘进管理

1. 土压平衡式盾构

土压平衡盾构的施工管理是通过排土机构的机械控制方式进行的，这种排土机构可以调整排土量使之与挖土量保持平衡，以避免地面沉降或对附近构筑物造成影响。

施工管理的方法主要有以下几种：

（1）先将盾构的推进速度设为一定值，然后根据容积计算来控制螺旋输送机的转速。这种方法是在松软黏土中使用的比较多的基本形式。与此同时，作为管理数据，还要使用切削扭矩和盾构的推力值等。

（2）先设定盾构的推进速度为一定值，再根据切削密封舱内所设的土压计的数值和切削扭矩的数值来调整螺旋输送机的转速和螺旋式排土机的转速。

这种管理方法是将切削密封舱内的设定土压力 P 和设定切削扭矩 T 作为基准值，同盾构推进时的发生土压 P'、切削扭矩 T' 的数值作比较时，即在 $P > P'$ 和 $T > T'$ 时降低螺旋输送机和螺旋式排土机的转速，减少排土量，而在 $P < P'$、$T < T'$ 时则提高转速，增加排土量。

（3）上述方法为调整土压和切削扭矩的值而改变了排土量，此外还有调整盾构推进速度来改变进土量的。这种方法仅适合施工土质均匀的条件。

2. 加泥式或加泥浆式盾构

（1）泥土、泥浆管理

进行泥土、泥浆管理的目的是为了通过向切削土内注入制泥材料，并进行搅拌，将切削土改变成与开挖面土质相适应的泥浆土。

制泥材料可使切削下来并吸入密封舱的切削土具有塑性流动和不透水的性能，一般采用黏土和膨润土等的浆液。在土体属于软质黏性土时，也可不使用制泥材料。

同时，根据切削扭矩、螺旋输送机的旋转扭矩、盾构的掘进速度等，以及所观察到的从螺旋输送机内排出的泥土状态等，制泥材料的使用量也将相应增减。

（2）掘进管理

为了确保开挖面稳定的同时进行盾构推进的掘进管理有以下两种方法：以使掘进量和排土量之间取得平衡为目的的排土量管理方法和以通过土压计测出密封舱内的泥土压力来保持土压力平衡为目的的土压管理方法。

1）排土量管理：

① 重量管理。通过测定隧道出土车运出的挖掘土的重量来调节掘进量和排土量之间取得平衡的方法。这种方法尚有不能正确掌握排土量，可作下一步掘进的参考，但不能反映出掘进情况。

② 盾构掘进量和螺旋输送机转速之间的控制。

螺旋输送机的转速和排土量之间的关系可用下式表示：

$$Q = \eta ANP \tag{2.1.23}$$

式中 Q —— 排土量（m^3）；

η —— 排土效率；

A —— 盾构断面面积（m^2）；

N —— 螺旋输送机的转速（r / min）；

P—— 螺旋翼片的间距(m)。

由于排土效率 η 是根据螺旋输送机的进土压力和土质等而变化的，所以根据螺旋输送机的转速很难求出正确的排土量，掘进量和排土量之间也很难保持平衡。

2）土压管理：泥土、泥浆加压盾构以通过土压管理来进行掘进控制为基本特点。这种盾构在切削刀盘部位没有面板，支承开挖面的压力就是密封舱内的泥土压力，故可直接通过装在密封板上的土压计测出。因此，进行土压管理是可能的。

通常土压力 P 的范围是：

$$主动土压力 + 地下水压力 < P < 被动土压力 + 地下水压力$$

管理土压的方法是：根据土质调查中取得的结果，求出控制的上、下限土压力，再在这一范围内设定基准土压力，控制盾构千斤顶的推进速度和螺旋输送机的转速，使实际土压同基准土压取得一致。根据上述基准土压力，并参照施工情况，以及途中变化的测定、排土状况等来设定管理用的土压力。

3. 加水式盾构

加水式盾构施工法的开挖面稳定管理有两种方式：一是不间断地掌握盾构掘进中的掘土量和排土量之间的关系，从而将密封舱内的切削土的积存量保持在最佳状态的排土率管理；二是保证同地下水压力取得平衡的附加水压力管理。

（1）排土率管理

排土率的管理基本上是通过控制盾构的掘进速度和螺旋输送机的旋转速度进行的。而排土率则是通过由盾构掘进速度和盾构断面面积算出的掘土量与安装在排泥管上的流量计和密度计测出的排土干砂量之比求得的。

为将密封舱内的切削土积存量保持在最佳状态，必须测定总推力、切削扭矩和螺旋输送机扭矩等数据，实时能反馈出测定结果的最佳管理。另外，切削扭矩如留有余地，则最好以尽可能使密封舱内充满切削土的状态实施管理。

（2）附加水压管理

附加水压力的管理是通过根据地下水位、切削密封舱内孔隙水压力的测定结果在排土调整槽内控制附加水压力的方法进行的。附加水压力是通过调节管道输送系统的泵的排出量或阀门的开口率来控制的。

附加水压力的管理标准是：根据土体条件、掘进状况等因素，设定出能够保证在开挖面处于稳定的状态下进行掘进的最佳加水压力，但常用以地下水压力为基准，在其上下设定允许变动值，将压力控制在这一范围内。

4. 泥水加压平衡式盾构

泥水加压平衡盾构是一面要保持泥水压力来平衡作用于开挖面的外部压力，一面又要向前推进的掘进方法，所以要对开挖面泥水压力、密封舱内的土压力，以及同掘土量平衡的出土量等进行必要的检测和管理。

开挖面泥水压力的管理

开挖面上泥水压力的管理，是通过设定泥水压力和控制推进时的开挖面泥水压力等环节实施的。

1）计划泥水压力的设定：为保证开挖面的稳定所必需的泥水压力为：

$$计划泥水压力 = 开挖面水压力 + 开挖面土压力 + 变动压力$$

在一般的泥水加压平衡盾构中，作用于开挖面的变动压力换算成泥水压力，大多设定为 2 MPa 左右。如果将开挖面泥水压力设定得过大，它同地下水压力之间的压差就会增大，所以会出现漏泥和地面冒浆的危险。泥水加压平衡盾构一般将计划泥水压力的上限值设定为：埋深 × 泥水重度。

因此，泥水压力的范围可设定为：

$$P_j = P_d + 2H\gamma g \tag{2.1.24}$$

式中 P_j —— 计划泥水压力（MPa）；

P_d —— 地下水压力（MPa）；

H —— 隧道埋深（m）；

γ —— 泥水重度；

g —— 重力加速度。

在设定时要考虑土质条件和施工环境等因素。

2）盾构推进时的开挖面泥水压力控制：盾构推进时的开挖面泥水压力控制流程，通过设于挡土板上的开挖面水压力检测装置测出泥水压力，并通过自动控制回路将其控制为设定泥水压力。

5. 土压平衡盾构的基本原理

土压平衡盾构的基本原理是：随着盾构的推进，对由旋转刀盘切削下来进入密封舱内的土体，通过安装在密封舱内的螺旋输送机以及出土口上的滑动闸门或螺旋式漏斗等排土机构进行排土，一面维持开挖面稳定状态，一面将盾构向前推进。

根据不同的地层条件，上述使开挖面维持稳定的机构，基本上可以分为两种类型：一种是适用于土体内部摩擦角小而富有流动性的粉土、黏土等黏性土地层的开挖面稳定；另一种是适用于土体内部摩擦角大、流动性差、透水系数高的砂土、砂砾等砂质土地层的开挖面稳定机构。

（1）黏性土地层中的开挖面稳定

适用于粉质黏土和砂质粉土层等黏性土地层的开挖面稳定的基本形式，是采用将螺旋切削刀盘切削下来的土体导入切削密封舱内，一边顶住开挖面上的土压，另一边用螺旋输送机运往后方并从出土口排土的方式。应用此方式的有削土加压式盾构和中心螺旋钻型土压式盾构等。

开挖面稳定机构首先就是用切削下来的土体来填满切削密封舱。在松软的黏性土地层中施工时，刀盘切削下来的土强度一般低于开挖面上土体的强度，并呈流动状。此外，即使地层土的黏结力较大，由于切削刀盘的搅拌和在螺旋输送机的搬运中，土体已被扰动，流动性能有所提高，所以在切削密封舱和螺旋输送机内，切削下来的土会充得很满，可以达到同开挖面上的压力大致相等的状态。

为了一边保持上述状态，一边将盾构向前推进，螺旋输送机的出土口装置，应具有能够为挖土量和排土量随时保持平衡，而发挥控制的作用。

在黏性土地层中施工时，一般采用滑动闸门。然而，对于土会从滑动闸门中流出的那种松软土质，也可采用专用泵（容积泵）来代替滑动闸门。容积泵就是能在保持压力的同时输送流动状黏性土的泵。如果将若干台这样的容积泵组合起来，就可以在开挖面和地面之间进行管道输送。

此外，当土体中的含砂量较多而超过一定限度时，将难以保证切削密封舱内的切削土的流动性。此时，切削密封舱内的土一旦充得过满，就会压密固化，挖土和排土都会出现困难，盾构将不能推进。在这种情况下，就需要在切削密封舱内加入化学聚合物、泡沫、膨润土和黏土等添加剂作搅拌混合处理，或用高压喷气搅拌处理，以提高密封舱内切削土的流动性。欲提高流动性，还可以在排土机构方面采用提高切削土的阻尼效应的方法来代替滑动闸门。

（2）砂性土地层中的开挖面稳定

在砂土和砂砾等砂质土地层中，由于砂土的摩擦阻力很大，地下水丰富，土的透水系数也较高，依靠切削土的土压力保持来抗衡开挖面上的压力（地下水压力和开挖面土压力）是很困难的。另外，通过切削下来的泥土来保证出土的流动性也是不可能的。

由于这种地层中土的透水性强，光靠在切削密封舱及螺旋输送机内充满土来保证顶住地下水压力的止水性也是不可能的。

在这样的地层中，因为单纯依靠出土闸门等机械控制不能保证开挖面的稳定，所以在开挖面上加压或注入化学聚合物、泡沫、水、泥、高浓度泥水、泥浆等材料，进行充分搅拌，改变切削下来的土体的性质，保证土的流动性和止水性，以求得开挖面的稳定。

上述稳定开挖面的方式大致可分为以下几种：

1）向切削密封舱内喷水、喷气或注入泡沫等添加剂来保证密封舱内切削土的流动性，同时在螺旋输送机的出土口上安装旋转式排土机构，以保证排土系统的水密性，维持开挖面的稳定。

2）向开挖面施加高压水来保证切削土的流动性，同时保持与地下水压力之间的平衡，用切削密封舱内留下的切削土来抵抗开挖面的土压力，并在螺旋输送机后部安装排土调节槽来保持舱内的压力，维持开挖面的稳定。

3）向开挖面施加高浓度泥水，将泥水同切削下来的土体进行搅拌，由此来保证切削土的流动性，同时用施加高浓度泥水的压力来抵抗开挖面上的土压力和水压力，并在螺旋输送机出土口上安装旋转式排土机，用这样的措施来保持开挖面的稳定。

4）向开挖面注入制泥材料或泥浆，用加筋辐条型的刀盘进行切削和搅拌，将切削下来的土转变成具有止水性和流动性的土，并用这种改性土的土压力来抵抗开挖面上的土压力和水压力，以此来维持开挖面的稳定。

除了上述四种开挖方法外，若在水源充沛地区施工，还可采用水力机械开挖，以水枪代替人工或机械挖土，用水力扬水器或泥浆泵组成管道运输代替隧道的常规运输方法，可以加快施工速度。

（三）盾构控制

1. 盾构偏向的判定

（1）盾构偏向的原因

盾构脱离基座导轨，进入地层后，主要依靠千斤顶编组及借助辅助措施来控制盾构的运动轨迹。盾构在地层中推进时，导致偏向的因素很多，这里的偏向是指平面、高程偏离设计轴线的数值超过允许范围。

偏向的原因主要有以下因素：

1）地质条件的因素：由于地层土质不均匀，以及地层有卵石或其他障碍物，造成正面及四周的阻力不一致而导致盾构在推进中偏向。

2）机械设备的因素：各千斤顶工作不同步，伸出阻力由于加工精度误差造成不一致，另外，盾构外壳形状误差、设备在盾构内安置偏重于某一侧、千斤顶安装后轴线不平行等，也会导致盾构偏向。

3）施工操作的因素：如部分千斤顶使用频率过高，导致衬砌环缝的防水材料压密量不一致，累积后使推进后座面不正，挤压式盾构推进时有明显上浮；盾构下部土体如有过量流失，引起盾构下沉；管片拼装质量不佳、环面不平正等都会导致盾构推进偏向。

（2）盾构偏向的反映与测定

在盾构施工中的每一环推进前，先要充分了解盾构所处的位置和姿态，否则无法控制下一环推进轴线和制定纠偏措施。目前施工技术手段是通过对盾构现状位置的测量后报出的盾构现状报表来反映盾构真实状态。如图 2.1.14 所示，从图 2.1.14 中可得知如下值：

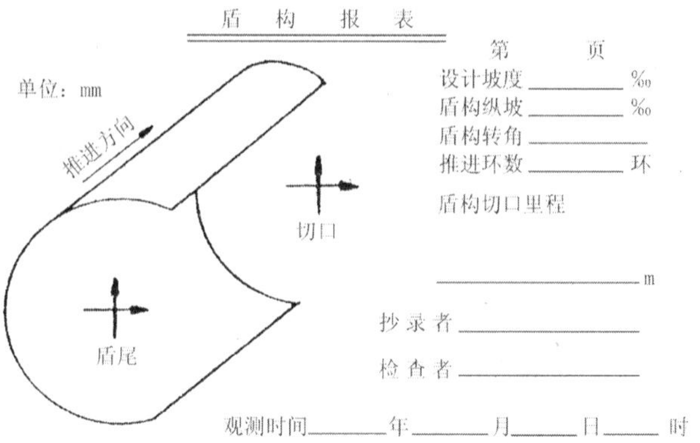

图 2.1.14　盾构现状测量报表图

1）盾构切口、举重臂、盾尾 2 个中心的平面与高程的偏离设计轴线值。从这 2 组 4 个值中可以分析盾构上下左右的趋势，以确定下环推进的纠偏措施、方案等具体方法；

2）盾构的自转角：从这一数值可以了解盾构目前是处于顺时针还是逆时针旋转，从而决定刀盘的转向或附加配重；

3）目前隧道的里程、环数；

4）盾构的纵坡。

在报表图中高程的向上偏离设计值时用“+”表示，向下用“-”表示；平面偏右用“+”表示，偏左用“-”表示；上坡用“+”表示，下坡用“-”表示。

（3）具体测量方法

目前对盾构现状测量大多还是依靠于每环推进中或结束后，由人工进行测量，这种方法不能使施工人员随时了解盾构的现状，当今最先进的测量手段是利用陀螺仪等高精尖技术，但目前国内主要还是应用以下的常规测量手段：

1）坡度板（如图 2.1.15 所示），是目前盾构施工中能使施工人员直接读出盾构纵坡、转角的值，以便能随时纠正。测纵坡及转角以往还用过的有带水准气泡的水平仪、连通管等。

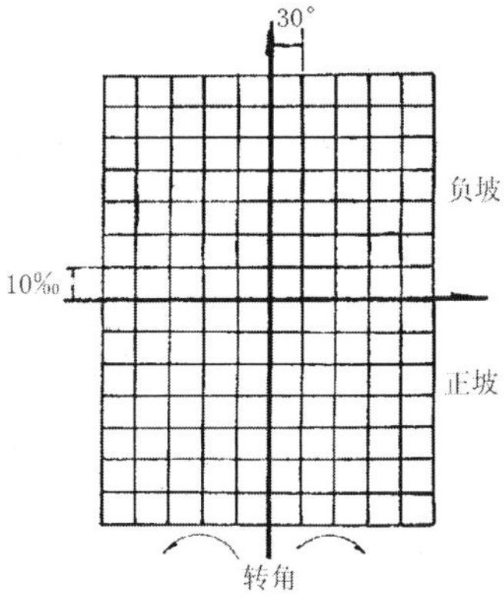

图 2.1.15　坡度板示意图

2）丈量两腰千斤顶活塞杆伸出长度估计平面纠偏效果。

3）用水准仪测得盾构轴线两点，可算出盾构纵坡及高程偏差值。

4）用激光经纬仪直接读出激光打在盾构前、后靶上读数，可算出盾构的切口、举重臂、盾尾三个中心平面、高程偏离设计轴线值。

2. 盾构的操作

盾构操作的目的，主要是使盾构运动轨迹始终符合设计轴线允许偏差值范围内，达到隧道衬砌拼装在理想的位置上的目的。

要掌握好盾构掘进轴线控制，不但要能熟练地操作盾构，懂得纠偏原理、方法，还应对隧道埋置的地质情况及盾构施工时，土与盾构相互影响有一个全面的了解。

（1）土质对盾构施工的影响

盾构法适用于软土层的施工，软土主要有砂性和黏性两类，砂性土有砂土、粉质砂土、粉土；黏性土有黏土、粉质黏土、淤泥质黏土等。

砂性土的颗粒粒径在 2～0.005，其透水性较好，在地下水压力差作用下（动水压力），砂粒易产生流动，对施工会带来较大困难，如不采取所必需的防范措施是难以正常施工的。

黏性土的透水性差，但具有较大的可塑性，虽是最适宜盾构施工，如施工时对土体有过大扰动，则带来的“后患”也大，在饱和的淤泥质黏土中施工，对盾构稳定控制有一定的难度，要严格掌握进土量，才能使盾构稳定向前运动。

（2）盾构的操纵方法

1）千斤顶编组：盾构在土层中向前受到土的阻力，需借用布置在切口环四周的千斤顶顶力来克服。但两者的合力位置始终不在一条直线上，见图 2.1.16，从而形成一力偶导致盾构偏向。

由此可见调整不同千斤顶的编组，使其千斤顶合力位置与外力合力位置组成一个有利于纠偏的力偶，所以该方法是盾构操纵的主要手段。而用千斤顶编组主要目的是调整盾构的纵坡来调整其高程位置，同样也是盾构平面位置的控制方法。

在用千斤顶编组施工时应注意以下三点：

① 千斤顶的只数应尽量多，以减少对已完成隧道管片的施工应力；

② 管片纵缝处的骑缝千斤顶一定要用，以保证成环管片的环面平整；

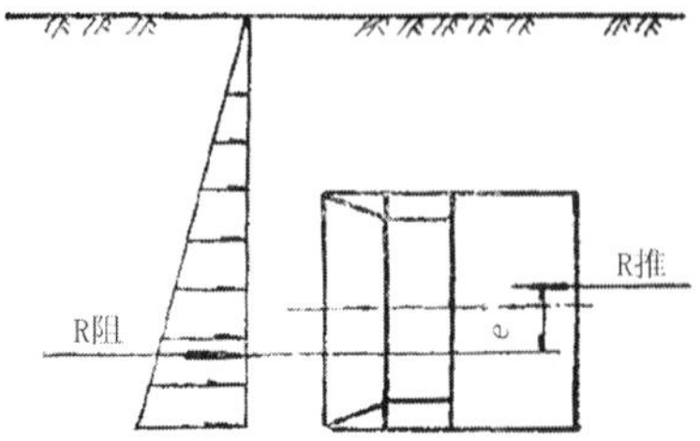

图 2.1.16　千斤顶纠偏原理图

③ 纠偏数值不得超过操作规程的规定值。

2）千斤顶区域油压调正：目前多数盾构将千斤顶分为上、下、左、右四个区域，每一区域为一个油压系统，所以通过区域油压调整，同时起到调整千斤顶合力位置的作用，使其合力与作用于盾构上阻力的合力组成一个有利于控制盾构轴线的力偶，以控制盾构轴线。

3）盾构的纵坡控制：纵坡控制的目的，前面已讲述过，即调整盾构高程，另一点可调整盾构与已成管片端面间的间隙，以减少下一环拼装施工的困难。

控制纵坡的方法：

① 变坡法。在每一环推进施工中，用不同的盾构推进坡度进行施工，最终达到预先指定的纵坡。在变坡法推进中，可根据管片与盾构相对位置、原则上以盾构不卡管片，可采用先抬后压或先压后抬的措施；也可用逐渐增坡或减坡的方法。

② 稳坡法。盾构每推一环用一个纵坡以达到纠坡要求，但要做到这一稳坡具有相当高的技术难度，用这种方法盾构推进中对地层扰动最小。

4）调整开挖面阻力，当利用盾构千斤顶编组或区域油压调整无法达到纠偏目的时，可采用调整开挖面阻力，也就是人为地改变阻力的合力位置，从而得到一个理想的纠偏力偶，来达到控制盾构轴线的目的。

用这种方法纠偏效果一般来说是较好的，但各种不同盾构形式有不同的方法。敞开式挖土盾构可采用超挖；挤压式盾构可调整其进土孔位置和扩大进土孔。以往也设想使用过在盾壳内外伸出鳍板，但效果不大。

（3）盾构自转的纠正

盾构在推进施工中，除了上述偏离设计轴线外，还有盾构本身自转的现象。

1）盾构自转后对施工带来的困难：

① 使盾构设备操作、液压系统的运转不正常。原来安置平正的设备自转后成歪斜，如不调整对操作不方便，运转使用失常。

② 使隧道衬砌拼装困难，这是指在采用全纵向插入的成环形式，因位置转了角度，造成封顶块管片难以或根本无法拼装。

③ 给隧道测量带来不便，测量在盾构上安装有弧形尺，盾构转后尺位偏了，有时转出位要重新装尺，两次定位肯定要影响到测量精度。

2）盾构产生自转的原因：

① 土质不均匀，盾构两侧的土体有明显差别，则土体对盾构的侧向阻力不一而引起旋转；

② 在施工中为了纠正轴线，对某一处超挖过量，造成盾构两侧阻力不一而使盾构旋转，同样，安装在盾构上大的旋转设备顺着一个方向使用过多，也是引起盾构自转的一个原因；

③ 由于盾构制作误差，千斤顶位置与轴线不平行、盾壳不圆、盾壳的重心不在轴线上等，使盾构在施工中产生旋转。

3）盾构自转后纠正的方法：

① 在盾构有少量自转时，可用盾构内的举重臂、转盘、大刀盘等大型旋转设备的使用方向来纠正；

② 当自转量较大时，则采用压重的方法，使其形成一个纠旋转力偶。

盾构法施工在上海已经过了30多年的施工实践，对控制盾构推进轴线和隧道衬砌防水抗渗的技术和一整套技术施工已日趋成熟，并正向更高的要求发展。

六、管片拼装及防水

（一）衬砌拼装

隧道是由预制管片逐环连接形成的，管片是在盾壳保护下，并在其空间内进行拼装。管片的类型主要有球墨铸铁管片、钢管片、复合管片和钢筋混凝土管片，每环有数块组合而成。

1. 技术名词解释

纵向——隧道的轴线方向；

径向——隧道圆环的直径方向；

环向——隧道圆环的圆周方向；

纵缝——同环管片块与块之间的接缝；

环缝——管片环与环之间环的缝；

通缝——拼装的一种型式即后一环管片纵缝与前一环管片纵缝对齐的拼法；

错缝——拼装的一种型式，与前后环纵缝错开的拼法；

环面——管片圆环的环向面；

内弧面——圆环的环向内面；

外弧面——圆环的环向外面；

管片端头——每块管片的两个纵向端面；

张角——两块管片端面接头缝在径向的误错向外张开称外张角；反之称内张角；

喇叭——两块管片端面接头缝在纵向的误错，向推进方向张开叫前喇叭；反之称后喇叭；

踏步——前后两环管片内弧面的不平整度；

纵向螺栓——螺栓方向为纵向，是环与环之间的连接件；

环向螺栓——螺栓为管片圆环方向，是同一环管片块与块之间的连接件；

端肋——管片中每块管片两端头的肋板；

环肋——管片环向的肋板；

纵肋——管片在纵向的加劲肋；

椭圆度——圆环垂直、水平两直径之差值；

超前——指圆环环面与推进设计轴线垂直度的误差，有上、下超前和左、右超前之分。

2. 装配式衬砌（管片）的类型、特点

管片型式可从结构层数、成环形式、制作的材料、每环块数来分为各种不同的管片型式，在这里不作细叙。现将着重讲述管片特点，下面对三种不同材料制成的管片作介绍。

（1）球墨铸铁管片

球墨铸铁管片强度高、易铸成薄壁结构、管片重量轻、搬运安装方便、管片精度高外形准确、防水性能好，但加工设备要求高、造价大。该管片需翻砂成型后用大型金属切削机械加工。

（2）钢管片

主要用型钢或钢板焊接加工而成，其强度高，延性好，运输安装方便，精度稍低于球墨铸铁管片，但在施工应力作用下易变形，在地层内也易锈蚀。

（3）钢筋混凝土管片

该种材料制作而成的管片有一定强度，加工制作比较容易，耐腐蚀，造价低，是最常用的管片形式，但较笨重、在运输、安装施工过程中易损坏。

3. 钢筋混凝土管片的制作

（1）钢模设计加工

要确保制作后管片有统一尺寸、误差在一定精度的范围内，关键是钢模的刚度、强度及精度，所以要设计加工高精度、拆装方便、刚度大、变形极小的钢模，来满足管片精度要求所需。

（2）钢筋成型

这里指钢筋笼成型，要在专门的搭片、搭块架上进行单根成型后钢筋的组合。

（3）混凝土浇捣

将成型的钢筋骨架块放入钢模内浇捣混凝土、混凝土浇捣按钢模型式可有整环浇捣和分块浇捣。整环浇捣，即钢模是整环型式，这种方法制作的管片，环向螺栓易穿，管片厚度准确，但环面精度稍差，由于生产以环为单位，所以管片要成环使用；分块浇捣，每块均为标准产品，当采用人工振捣时管片的外弧面为自由面，人工收水抹面，故管片厚度精度及外弧面质量较差。

（4）养护、脱模

管片一般采用蒸养后自然养护，蒸养混凝土强度要达到50%以上，主要为加快钢模的周转使用，脱模后，管片入水池养护。

（5）检漏

管片用于地下工程，要抗地下水的渗入，对成品管片除强度满足设计要求外，防水抗渗也是一项主要指标，所以对成品管片按比例的做检漏试验，从而鉴定管片的抗渗能力。

（6）管片的堆放

混凝土管片受碰撞易碎易裂，在搬运堆放过程中应特别注意，场地要平整，卧式堆放不得超过三块，管片端头用枕木垫实，不能驼放受力。

4. 管片的拼装

管片拼装是建造隧道重要工序之一，管片拼装后形成隧道，所以拼装质量好坏也就直接影响工程的质量。

（1）隧道管片拼装按其整体组合可分为通缝拼装和错缝拼装

1）通缝拼装：各环管片的纵缝对齐的拼装，这种拼法在拼装时定位容易，纵向螺栓容易穿，拼装施工应力小，但容易产生环面不平，并有较大累计误差，而导致环向螺栓难穿，环缝压密量不够。

2）错缝拼装：错缝即前后环管片的纵缝错开拼装，一般错开 1/3 ~ 1/2 块管片弧长，用此法建造的隧道整体性较好，施工应力大易使管片产生裂缝，纵向穿螺栓困难，纵缝压密差，但环面较平整，环向螺栓比较容易穿。

（2）针对盾构有无后退，可有先环后纵和先纵后环拼装工艺

1）先环后纵：在采用敞开式或机械切削开挖的盾构，盾构后退量较小，则可采用先环后纵的拼装工艺。即先将管片拼装成圆环，拧好所有环向螺栓，而穿进纵向螺栓后再用千斤顶整环纵向靠拢，然后拧紧纵向螺栓，完成一环的拼装工序。采用先环后纵的拼装其成环后环面平整、圆环的椭圆度易控制，纵缝密实度好、但如前一环环面不平则在纵向靠拢时，对新成环所产生的施工应力大。

2）先纵后环：当采用挤压或网格盾构施工时，其盾构后退量较大，为不使盾构后退，减少对地面的变形，则可用先纵后环的拼装工艺。即缩回一块管片位置的千斤顶，使管片就位，立即伸出缩回的千斤顶，这样逐块拼装最后成环的拼装方法。此种方法拼装、其环缝压密好，纵缝压密差、圆环椭圆度较难控制，主要可防止盾构后退，但对拼装操作带来较多的重复动作，拼装也较困难。

（3）按管片的拼装顺序可分先下后上及先上后下

1）先下后上：用举重臂拼装的方法，从下部管片开始拼装，逐块左右交叉向上拼，这样拼装安全、工艺也简单，拼装所用设备少。

2）先上后下：小盾构施工中，可采用拱托架拼装，则要先拼上部，使管片支承于拱托架上，此方法拼装安全性差，工艺复杂，需有卷扬机等辅助设备。

（4）目前我们管片拼装的工艺可归纳为先下后上、左右多叉、纵向插入、封顶成环

5. 管片拼装施工通病

（1）环面不平整

环面不平整是指相邻两块管片环面不平，引起的原因是环面不清理或清理不认真，有泥或杂物（包括已成环及新拼块上），或同一方向纠偏过多造成环缝压密量不一累积而成，这在通缝拼装更为明显。

（2）纵缝质量不符合要求

表示纵缝质量有前后喇叭、内外张角、内弧面平整度、两管片相对旋转及纵缝宽 5 项。由于在拼装时管片位置安放不正，管片弧长上单头有杂物压于环面内，过多的单向纠偏，管片内、外翻所导致。

（3）整个环面不正

这里是指整个环面与隧道轴线的垂直度，即上下超前及左右超前，环面不平整能直

接影响盾构推进轴线的控制,反之为了纠盾构轴线而形成环面的不正。在施工中发现有此现象,即可用楔子来纠正环面。

(4) 螺栓拧紧程度不好

整条隧道有成千上万块管片组合而成,而其组合靠的是纵、环向螺栓,所以螺栓拧紧的程度是隧道整体性能优劣的衡量指标。由于螺栓未拧紧管片成环后在千斤顶顶力作用易产生错位,降低了成环质量,从而影响下一环拼装。

(5) 管片旋转

由于管片旋转,施工车架同时伴随倾斜,同时对管片成环,也带有不同程度的困难。

(6) 管片的缺角、掉边及断裂

管片的缺角、掉边直接影响了隧道外观质量,而断裂则反映了工程质量。这是隧道施工中最应防治的。

以上通病均由施工不当而造成,而主要在以下三种情况时较易产生:① 在拼装纵向靠拢,由于前一环环面不平,靠拢千斤顶选择位置不当或顶力过大;② 封顶块拼装是本环各块管片定位质量的综合反映,由于第一块管片落底不够,使封口尺寸较小,封顶块纵向插入时就需硬顶入,这对相邻管片的拼装质量影响最大;③ 盾构推进的纠偏、没有考虑管片圆环与盾构相对位置,而盲目纠偏使盾壳硬卡管片而造成管片碎裂。

(7) 圆环内、外接缝张开

这是圆环管片拼装后的综合症,因为圆环接缝张开即前后环面直径不一,则纵缝就有喇叭、张角、缝宽不一的现象,造成圆环接缝张开其原因如下:

管片拼装时纵向靠拢千斤顶选用位置不对;盾构与管片相对坡差过大;前一环环面不正,拼装前环面清洗不清。

要解决这质量问题除拼装时要合理选用千斤顶,同时要经常测量已成隧道的环面,并按环面误差值及时做楔子,来控制已成隧道环面质量。

(8) 椭圆度的控制

当前采用封顶成环较普遍,一般为了封顶方便,管片预留封口留得较大一些,所以成环后横向的为多数,而隧道变形也是横向的,这对以后隧道变形发展带来不利。

6. 盾构推进与管片拼装成环轴线的相互关系

(1) 成环轴线的形成

在隧道施工中,管片拼装成环后,即对该环进行测量,测量是根据隧道的设计轴线,来测出圆面与高程偏离设计轴线值,见管片成果测量报表。整条隧道的轴线是由各环管片中心实际位置连接而成,具体由上面所讲的管片成环测量报表来反映,所以在施工中必须把管片拼装在允许偏离值范围内,确保隧道轴线符合使用要求。

(2) 盾构推进对管片成环轴线的影响

在施工中管片是在盾构的盾尾内拼装的,而这两者之间的空间仅几厘米,而拼装是由举重臂来完成,这就是说在盾构推进后的测量报表中的举重臂中心偏离设计轴线量,已基本决定了管片成环的中心轴线,从而可认为盾构推进轴线一定程度上控制着隧道轴线,拼装中纠偏量只限于上面所说的两者间有限的空间。实际上管片成环后虽测有轴线报表,但在盾构推进时对已成隧道轴线也有一定的影响,而这值在一般施工中不作过多考虑。

从上述分析来看，盾构推进的运动轨迹对隧道管片轴线起到主导作用。务必要求控制好盾构轴线，特别是举重臂中心轴线，以确保隧道总体轴线能符合工程的使用要求。

(3) 管片成环轴线对盾构轴线控制的影响

已成环管片是盾构推进的后座，另一方面在盾构内有一定含接长度，对盾构推进方向的控制也起到了导向作用。所以说成环管片轴线，将直接影响盾构推进轴线的控制。

(二) 管片接缝防水

采用装配式预制钢筋混凝土管片时，管片本身是有良好的不透水性，而管片之间的接缝成为隧道防水薄弱环节，这是隧道防水的主要研究课题。

1. 管片接缝的防水

解决隧道防水的关键是要把好管片拼装质量关，以使管片接缝达到密封防水作用。为了保证管片接缝防水性能的良好，管片制作精度也极为重要，一般管片几何尺寸的误差不应大于 ± 1 mm。

无论采用什么管片型式，其接缝防水技术包括密封垫防水、嵌缝防水、螺栓孔防水三项内容，见图 2.1.17 防水部位示意图。

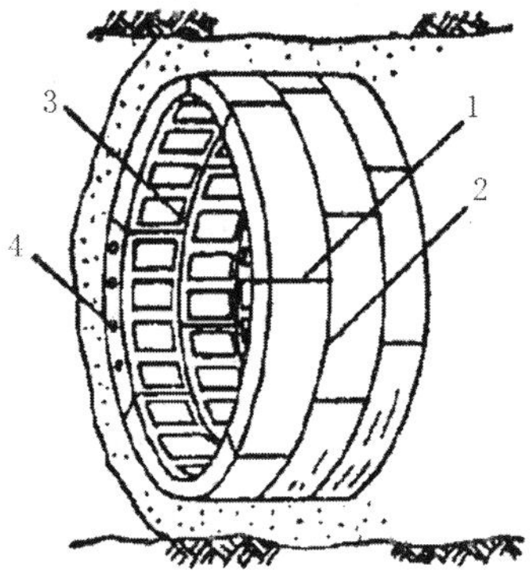

1—纵缝防水密封垫；2—环缝防水密封垫；3—嵌缝槽；4—螺栓孔

图 2.1.17　防水部位示意图

(1) 单层衬砌防水

1) 单层衬砌防水特点：接缝防水构造是隧道衬砌构造永久组成部分。选用的防水材料要求有较高的耐老化性能，在承受接头紧固压力和千斤顶推力产生的接缝往复变形后仍有良好的弹性复原力和防水能力，且也能便于施工。

2) 单层衬砌防水的主要措施：

① 管片采用多道防线防水的结构型式，一般设 1 ~ 2 条防水槽，管片环面内弧设置嵌缝槽(见图 2.1.18)，并有接缝的堵漏技术措施，确保修补堵漏的可能性；密封垫视为主要防线，如果其防水效果优良，也可省掉嵌缝工序或进行部分嵌缝。

② 防水槽内设防水密封垫，主要采用橡胶，依靠相邻管片的接触压力挤压密之后而产生防水效果。这种橡胶以氯丁橡胶、三元乙丙橡胶、丁苯橡胶等制造。

③ 管片的精确尺寸是确保密封垫应用的前提。

(2) 双层衬砌防水(内衬)

双层衬砌对管片接缝的防水材料要求较低，只起临时止水作用，隧道内衬起主要防

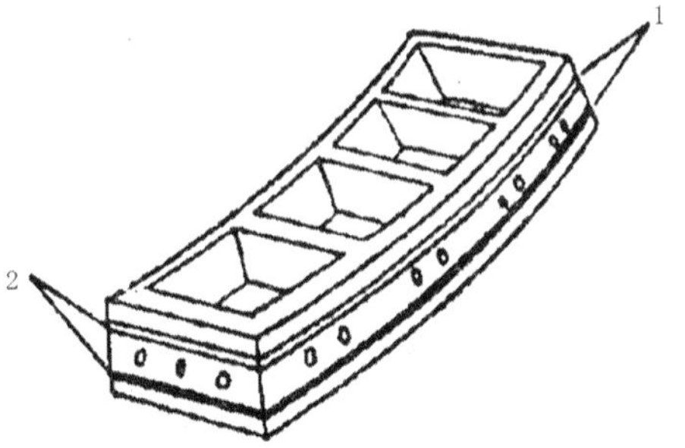

1—环缝密封垫;2—纵缝密封垫

图 2.1.18 单层衬砌防水示意图

水作用,必须要解决好管片的防水、防腐蚀和结构补强等问题。以下介绍内衬防水层几种做法:

1) 粘贴卷材防水层:将热沥青胶结料,用喷涂或辊涂的方法,涂敷在隧道内壁上,并立即粘贴沥青玻璃布油毡或聚异丁烯卷材或再生橡胶沥青油毡。

2) 喷涂或刷涂防水层:常用的材料有环氧沥青涂料、环氧呋喃涂料、焦油聚氨酯涂料等。

无论粘贴卷材还是喷刷防水涂料,都要求隧道内表面处于干燥状态时方可施工。但这一施工条件在隧道内较难实现,从而发展了在潮湿的内壁上喷涂聚合物水泥砂,可以与潮湿面黏结的防水涂料,如水环氧等。

3) 喷射混凝土防水层:内层衬砌当采用喷时混凝土时,可在混凝土拌合料中添加化学掺剂,以提高其混凝土防水性能。

4) 钢筋混凝土内衬:全面现浇钢筋混凝土,以起到隧道防水与补强的功能。

(3) 衬砌螺孔防水

螺孔一般设于管片防水槽内侧,这是依赖于管片密封防水垫的作用,使水不漏入螺孔,从目前施工的多条隧道来看有一定实效,但当工程有特殊防水要求,则对螺孔也应采用沥青、橡胶、塑料为材料的专门环形垫圈来防水。垫圈如图 2.1.19 所示。

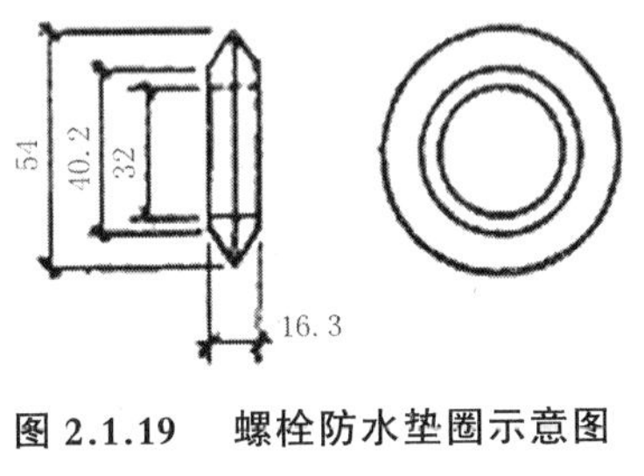

图 2.1.19 螺栓防水垫圈示意图

2. 接缝防水密封垫

(1) 密封垫的种类和特征

混凝土管片使用的防水密封垫大体可分为未定型制品和定型制品两大类。

1) 未定型制品的主体材料:石油沥青生橡胶粉油膏;聚氧乙烯胶泥;焦油聚氨酯弹性体(两液型);焦油聚流弹性体(两液型);环氧聚硫弹性体(两液型);环氧煤焦油砂浆。

2）定型制品的主体材料：焦油合成树脂体系；天然橡胶或合成橡胶；泡沫橡胶复合密封垫；异型橡胶复合密封垫。

密封垫的密封性能表现为对管片拼装面的黏结力、弹性复原力、充填抗渗能力。

（2）管片防水密封圈的实例

1）全断面浇涂环氧煤焦油砂浆，这种方法要求施工现场配置，并在60～65℃温度下拌制，制作后应在12 h内结束拼装，该砂浆3天的抗压强度为10～20 MPa，最终可达30 MPa，抗剪黏结为5 MPa。

2）焦油聚氨酯弹性体，这种密封垫与已成环管片接触面之间无黏结力，主要是依靠压密防水。

3）复合密封垫：单一材料的密封垫，压缩量受到限制，往往只有单面具有黏结力，主要是依靠压密防水。所以在管片精度差、接缝变形大、水压较高的情况下易引起渗漏。

4）齿槽形定型制品密封垫（见图2.1.20）。

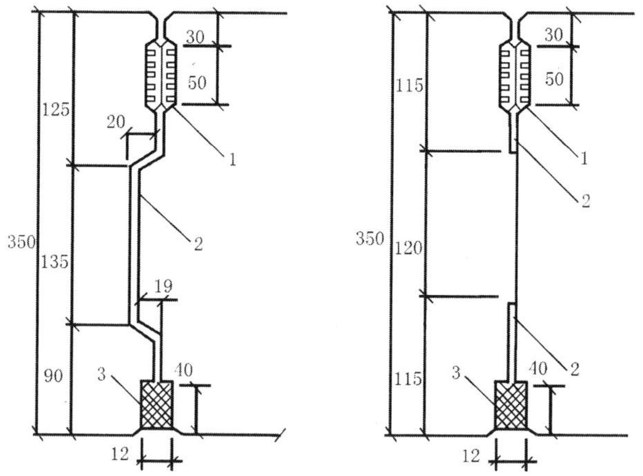

1—可以压缩的高弹性氯丁橡胶密封垫；2—可塑性涂料；3—嵌缝材料

图2.1.20　管片接缝防水示意图

采用齿槽形氯丁橡胶的密封垫，在地面上粘贴到管片的防水槽内，当拼装时在千斤顶顶力作用下，使其产生弹性变形填充了管片的防水槽，这样密封垫内有极高的弹性复原力，这复原力发挥有效的防水作用。这种密封垫能承受2个大气压的水压力，并允许接缝有一定的变形，在构造上也解决了管片的角部防水问题（见图2.1.21）。

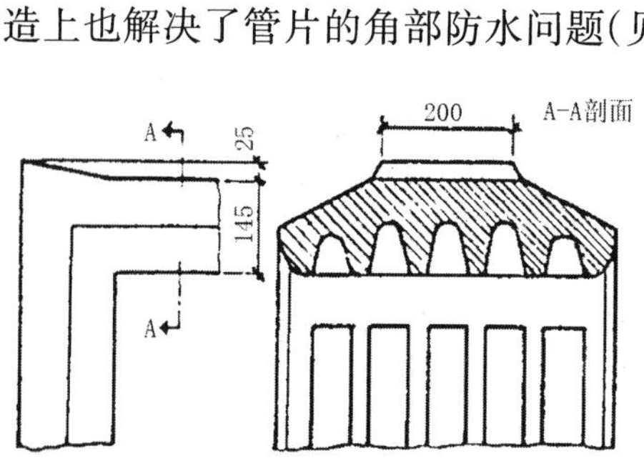

图2.1.21　管片角部密封垫示意图

3. 嵌缝材料及施工

嵌缝材料是管片拼装完成之后,填嵌到管片内所设的嵌缝槽内的防水材料。它与密封垫两者配合使用以增强接缝防水的效能。嵌缝槽的尺寸、一般如图 2.1.22 所示,嵌缝材料在槽内依靠填塞力和黏结力达到密封防水的作用。

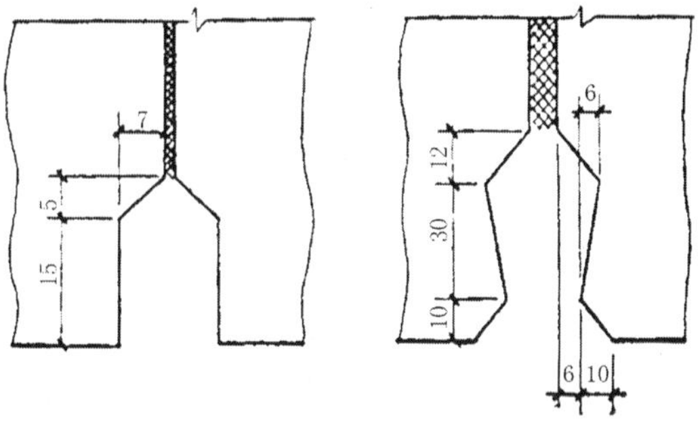

图 2.1.22　管片嵌缝槽示意图

(1) 嵌缝材料应具备的性能

1) 材料与管片基面的黏结力要求大于衬砌外壁的静水压力;

2) 材质性能要保持长时间稳定,而不至于随着时间增长而发生材质的变化;

3) 要求长期耐 0.3 MPa 以上的水压力,且不产生蠕变;

4) 能适应施工,对基面干、湿同样具有良好的黏结能力;

5) 材料要富有弹性,能够适应隧道的变形,并不受隧道内空气的影响。

(2) 施工方法

1) 必须严格遵照制造厂的说明使用;

2) 如在气压施工隧道,应在气压段内嵌缝,以提高填充力;

3) 嵌缝作业应在盾构千斤顶及盾构推进影响范围外的区域进行;

4) 在嵌缝施工前,必须清理嵌缝槽;

5) 在漏水地位施工时应先引流、封堵。

4. 堵漏技术

(1) 隧道防水堵漏的基本措施

管片拼装后接缝的渗漏水,主要表现为明显的滴漏。每个漏点的每小时渗漏水量常介于 5 ~ 30 ml,当大于 30 ml 时,就呈现连续细流,针对这一特点,管片接缝防水堵漏主要是处理缝的漏水。其基本有以下几个方面:

1) 单层衬砌在管片设计阶段,就应考虑到接缝堵漏技术措施。接缝发现漏水之后,可松动其部位的连接螺栓,将漏水从孔内引出,然后进行堵漏,最后堵螺孔。

2) 双层衬砌管片接缝的一般性滴漏,主要采用水泥胶浆修堵。情况严重时考虑用灌浆堵水。

(2) 管片的防水堵漏方法

1) 单层衬砌可在两密封棚之间设计注浆堵漏的专用沟槽。若接缝出现渗漏,就可以从预留孔或螺栓孔注浆入此槽,见图 2.1.23。

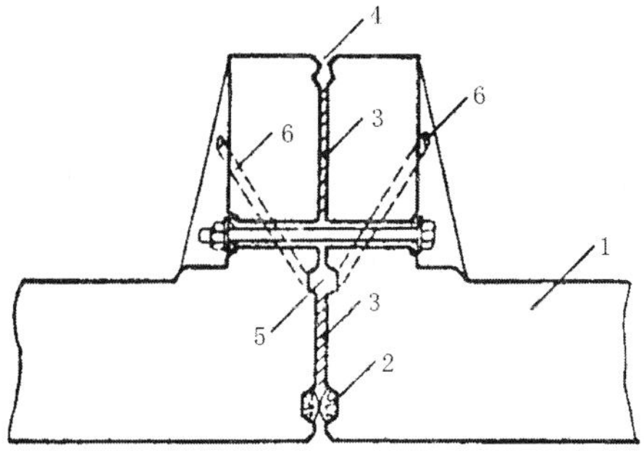

1—钢筋混凝土管片；2—橡胶密封垫；3—承压垫板；
4—嵌缝槽；5—预留注浆沟槽；6—预留注浆管

图 2.1.23　管片注浆沟槽示意图

2）灌浆堵漏施工方法：

① 处理混凝土表面。将裂缝两侧混凝土凿成槽并处理干净。

② 布置灌浆孔。灌浆孔要布置在水源和纵横裂缝交叉处，埋设方法见图 2.1.24 所示。

③ 封闭。用油毡做成凸形毡条沿缝通长设置，在外面封水泥砂浆形成封闭层。

④ 作保护层。在封闭层外作环氧涂料或环氧玻璃布附加层，并在其上抹水泥砂浆保护层。

⑤ 压水试验。待水泥砂浆保护层有一定强度后，即可利用灌浆设备以颜色水进压水试验。一般从下部的灌浆孔或接近水源的灌浆孔压入水。此时记下灌入时间和耗水量、以供配制浆液参考，并注意观摩封闭层是否有漏水，如有漏水在此部位作第二次封闭。

⑥ 灌浆。灌浆方法与压水相同。灌浆后关闭所有阀门，浆液固结后，折除灌浆孔并用水泥砂浆封固。

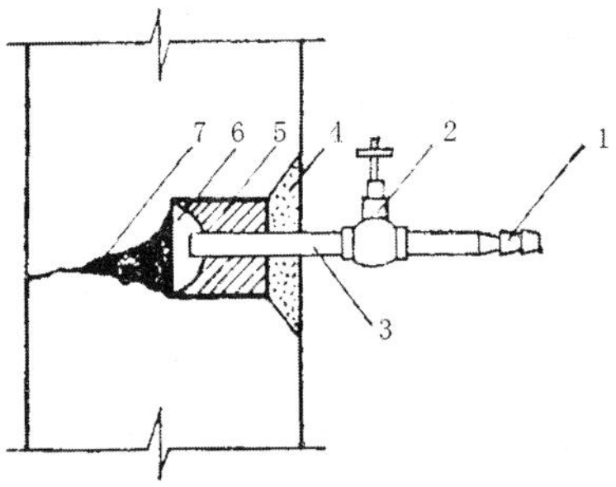

1—压浆嘴；2—阀门；3—注浆管；4—素灰及砂浆找平层；5—快硬水泥浆；6—半圆铁片；7—混凝土裂缝

图 2.1.24　灌浆堵漏施工方法示意图

七、隧道注（压）浆

随着盾构的推进，在管片和土体之间会出现建筑空隙，为了填充这些空隙，就要进行衬砌壁后注浆。向衬砌壁后压浆是隧道施工的一道工序，以往常常被忽视，实际上在地面有密集建筑物的地区修建隧道时，它是一道非常重要的工序，并且一定要做好这道工序。

衬砌壁后注浆根据注入的时间可分为一边向前推进，一边注入形成的建筑空隙的同步注浆和推进后立即注入的即时注浆两种，同步注浆法在开放型盾构和泥水式盾构施工中采用时，由于注浆材料可能向开挖面的渗透，流动的注浆材料的混入而造成正面泥水压力的变动和泥水质量的劣化，所以必须采用特别的方法来处理。

土压系列盾构由于在切削刀盘内滞留着切削土，所以不会造成因注浆材料向开挖面渗透引起的麻烦。因此，采用不停地向盾尾密封部位加压、充填注浆材料的同步注浆施工法的实例也愈来愈多。

(一) 压浆的作用

1. 防止地表变形

盾构直径大于隧道衬砌外径，当盾构向前推进，脱出盾尾的衬砌与土层之间形成一环形间隙，过了一定的时间土层会变形来填充这一空隙，使地表产生沉降，如果采用合适的材料及时填充空隙，使地层有了支撑就不易产生沉降变形，所以说压浆是防止地表变形的有效措施。

2. 减少隧道的沉降量

如上所述，管片出盾尾，管片与土体之间产生空隙，使管片下部失去支撑，由于管片的自重，就产生了下沉，这将使原来成环良好的轴线受到影响，而压浆后能使管片卧在压浆的材料上，就好像隧道有了一个垫层，也就防止或减少了隧道的沉降，保证了隧道轴线的质量，满足工程使用要求。

3. 增加衬砌接缝的防水性能

隧道是由预制管片拼装而成的，所以有众多的纵、环向缝隙，而这些缝隙正是防水的薄弱环节，设想如果在衬砌外壁均匀地铺设一定厚度能防水的材料，对提高整条隧道的防水效果是可想而知的，压浆正起到了这个作用。

4. 改善衬砌的受力状况

压浆后防止了地层变形和地层压力的增加，浆体便附在衬砌圆环的外周，使两者共同变形，从而改善了衬砌的受力状况。

5. 有利于盾构推进纠偏

盾构推进纠偏效果与管片相对位置有较大关系，有时由于管片位置不佳，限制了盾构纠偏运动，对推进纠偏效果不仅无利，同时有可能损伤管片。如果用压浆的压力来调整管片与盾构的相对位置，使盾构有一个最佳的纠偏条件，若要使盾构向右纠偏，可选择右侧压浆使管片外周单侧有压力，迫使衬砌向右移动，靠足左面盾尾部，右侧盾尾内衬砌与盾壳之间的间隙加大，盾构向右侧纠余量就大了。所以说合理地选择压浆位置有利于盾构推进纠偏，控制盾构的施工轴线，从而保证隧道总体轴线。

(二) 注(压)浆工艺

注浆工艺主要取决于隧道所处地层的土质，在土质条件好、建筑空隙有一定稳定时间时，则一般先压骨料来支护土体及填充空隙，然后注水泥浆，形成一种压浆工艺。但上海地层属于软土层，地下水位高，土质的含水量基本饱和，所以易采用一次注压浆体材料，以防土体流失。

压浆应随盾尾后空隙的形成，立即进行压浆，并保持一定的压力，压浆工艺对盾尾密封要求较高，因此，要有一个不易漏浆的盾尾密封装置及准备有堵浆的措施、设备和材料等。

压浆量的多少，将直接影响到地表变形量的大小。根据以往的施工经验，一般压浆量为理论建筑空隙的150%～250%范围内，而实际施工应通过监测地表变形情况而定。压浆采用的控制压力可根据地面建筑物的特点及隧道埋深而定。另外还可采取多次压浆或增补压浆，以有效地控制地表变形。

1. 同步注浆

管片背面注浆的实施，如能采用注浆材料在土体变形之前、压入建筑空隙，并可以保持和土体的土压力相应压力的注浆方法，是比较理想的。因此，采用不间断加压或类似的方法来进行注浆是最佳的方法。

为了达到上述目标而开发研制的注浆装置就是同步注浆装置。这种装置采用了注浆压力自动控制系统，一面修正单轴螺杆泵的转速使压力保持不变，一面通过盾构机上所设的喷嘴或灌浆孔按与掘进长度和速度相应的量，直接向盾尾建筑空隙注浆。另外，通过电磁流量计在监测流量的同时进行自动注浆。

2. 聚氨酯注浆

(1) 预制泡沫层注浆施工法

预制泡沫注浆施工法是预先在管片背面粘贴经过特殊处理的软质聚氨酯泡沫塑料，将这种管片拼装起来，在盾构推进通过管片环后的注浆孔注入水玻璃或水泥膨润土的施工方法。

这种聚氨酯泡沫塑料具有适当的强度、弹性，以及对注浆材料的渗透性，因而能够适用于衬砌背面注浆的即时注浆方法，并能充分填满空隙。

聚氨酯泡沫塑料被压缩在外层挡板内，可作为盾尾密封材料和注浆填塞器起到防止土体塌落和注浆材料渗入的作用。当管片通过外层挡板时即恢复原状，在接缝处保持一定的厚度，因此也能起到防止土体发生塌落的作用。

另外，因聚氨酯泡沫塑料是一种亲水性材料，加上注浆材料的渗透性好，所以两者可化为一体，具有形成一个完整的背衬层的特点。

(2) 空隙处发泡注浆施工法

空隙处发泡注浆施工法使用的注浆后发泡的材料是硬质聚氨酯泡沫塑料。这种施工法在空隙处将主剂和发泡剂两种溶液混合起来，在空隙内发泡。该发泡注浆法大致可分为以下两类：

1) 分割注浆法：分割注浆法是在盾构推进后产生的盾尾空隙内，按一定间隔用发泡后材料形成背衬层，然后在这些隔墙之间注入比较廉价的注浆材料，达到充分充填目的。

2) 反力压浆法：反力压浆法就是在盾构进行曲线施工时产生的超挖部分及早地充填"现制泡沫"，形成一个有强度的背衬层，用以防止盾构推进后出现建成隧道的纵向变形等情况的施工方法。同时，在超挖量较大的部位也可以将"硬化泡沫"同轻骨料配合使用。

空隙处发泡注浆施工法的特点如下：

① 由于材料具有速硬性，且表面的张力较大，所以能提前形成背衬层并达到稳定，不向地层内扩散和渗透，能够用最少限度的量和时间完成注浆；

② 发泡体是由独立气泡构成的，止水性好，防振效果也相当出色；

③ 因是速硬性材料，能够向盾尾后的空隙内实施即时注浆。同时，不存在重新溶解的危险，所以没有公害上的问题。

（三）压浆材料

1. 原材料

黄砂——浆体中的骨料；水泥——胶结剂；石灰膏——增加浆体的润滑性；黏土浆——可用膨润土或原状土拌制，作为填充料；粉煤灰——填充料；水玻璃——凝结剂。

2. 材料的要求

以上介绍了压浆的常用原材料，实际上压浆的材料远远不止这些，但作为压浆用的材料应能符合压浆工艺所需，总之，选择后的材料拌制成浆体要满足下列要求：

（1）和易性要好。要易搅拌，易压送，在运输过程中能保持不离析、不沉淀，要具有能填补空隙的流动性；

（2）凝结时间要合适。对压浆来说，压出的浆体凝结时间是指初凝与终凝的时间，从盾构施工要求，初凝要快，终凝要慢，即要求压出的浆体在较长时间内应具有塑性，这样可防止破坏盾尾密封装置，这是凝结时间的一个概念；另一个要求是初凝时间要快，这样压出去的浆体在短时间内达到初凝，使浆体不易流失可保证压浆质量；

（3）要有一定的强度。压浆的作用之一是支护地层，不使地层产生沉降变形，所以要求浆体在凝固前有一定的早期强度而凝固后的强度要略高于原状土；

（4）收缩率要小。浆体凝固时产生的体积收缩要小，其目的也是为了减少地表变形；

（5）材料来源要充足，价格要低廉，要尽可能地利用工业废料。

3. 配合比

配合比可根据所处土质、施工环境选择使用，有时还要结合大量的实验室试验，按照试验数据来确定准确的配合比。下面列出几种注浆材料配合比：

（1）压浆材料配合比（体积比）

序号	石灰膏	黏土	磨细粉煤灰	黄砂	原状粉煤灰	水玻璃
1	1	1 ~ 2	3 ~ 4	4 ~ 5		0.04 ~ 0.08
2	1		4 ~ 5	4 ~ 5		
3	1	0.6	2.6		2	0.125

注：一般情况不宜采用，只有在条件限制时采用。

（2）普通砂浆类材料配合比（每立方米重量比，单位：kg）

序号	水泥	粉煤灰	膨润土	黄砂	混合材料	水
1	250		140	1 200		401
2	191		46	920		572
3	163			1 118	366	352
4	250	150	100	1 330	2	300

（3）加气砂浆类材料配合比（每立方米重量比，单位：kg）

水泥	黏土砂	凝结剂	发泡剂	水
240	240	100	2.4	325

（4）速凝砂浆类材料配合比（每立方米重量比，单位：kg）

A 液（0.5 m^3）			B 液（0.5 m^3）	
水泥	膨润土	水	硅酸钠	水
250	12～13		250	
250		436	250	

（5）上海地铁常用的惰性浆液配合比（重量比）

黄砂	膨润土	粉煤灰	水
32%	11%	30%	27%

（四）压浆方法和设备

压浆设备分地面拌浆或工作面拌浆和隧道内的压浆两个系统。

1. 地面拌浆或工作面拌浆

一般隧道施工在地面设有拌浆站，主要用来堆放原材料，配制、拌和浆体，主要设备有：

（1）拌浆机，一般用强制式灰浆拌和机；

（2）材料起吊输送设备，如电动葫芦、斗车、运输车辆；

（3）气压式压浆装置，用罐式气压压浆机压注豆粒砂或轻骨料；

（4）浆体质量测定仪器、稠度仪；

（5）磅秤。

工作面拌浆是将以上仪器、设备安置在车架上，将所用的原材料陆续运入车架上的储存筒或直接进行拌浆，考虑到隧道的空间比较小，所以这种方法一般用在注浆量较少的后期补压浆或局部压浆时采用。

2. 压浆设备

压浆设备由压浆泵、软管、连接管片压浆孔的旋塞式浆嘴、管路接头、阀门等组成。主要用于隧道衬砌背后注浆的注浆泵，有往复式活塞泵、柱塞泵、单轴螺杆泵和挤压泵等，其特点分别如下：

（1）往复式活塞泵

最具有通用性，可适用于普通砂浆和冲气砂浆的长距离压送，双液泵主要用于化学注浆。

（2）柱塞泵

高压注浆，由于是两个泵体以上的多联式泵，而且行程也多，所以很少出现波动，机械磨损少。

(3) 单轴螺杆泵

适用于普通砂浆和加气砂浆等的短距离压送。因是二冲程形式,所以无波动。适用于自动同步注浆,比较耐用,使用硬砂浆时为 150 m^3。

(4) 挤压泵

适用于普通砂浆和加气砂浆的短距离压送,压送时会产生波动,容易保养。

目前施工压浆泵一般采用活塞式压浆泵或自吸式压浆泵。

八、盾构法隧道施工地层变形的控制

采用盾构法在软土层中建造隧道,会引起地层变形、移动而导致不同程度的地面和隧道的沉降、隆起。即使采用当前先进的盾构技术,也难以完全防止这些变形。地面沉降和隧道沉降达到一定程度时,就会影响附近建筑、地下设施和隧道本身的正常使用。在需要控制地层变形地区进行盾构隧道设计施工,必须了解地层变形的规律,尽可能准确地预测沉降量、沉降范围,沉降曲线最大坡度及最小曲率半径和对附近建筑设施的影响程度,并分析影响沉降的各种因素,以求在设计和施工中采取措施减少地层变形。

(一) 地面沉降的机理及预测

1. 地面沉降的原因

盾构施工引起的地层损失和盾构隧道周围土体受扰动或受剪切破坏的重塑土的再固结,是地面沉降的基本原因。

(1) 地层损失

地层损失是盾构施工中实际开挖土体体积和竣工隧道体积之差。竣工隧道体积包括隧道外围包裹的压入浆体体积,地层损失率以占盾构理论排土体积的百分比表示。圆形盾构理论出土体积为:$\pi R^2 L$(R 为盾构外径,L 为推进长度)。周围土体在弥补地层损失中,发生地层变形,引起地面沉降。

引起地层损失的因素有以下几种:

1) 开挖面土体移动:盾构掘进时,开挖面土体受到的水平支护应力小于原侧向应力,则开挖面土体向盾构内移动,引起地层损失(超挖)而导致盾构上方地面沉降;若盾构推进时,如作用在正面土体的推应力大于原侧向应力,则正面土体向上向前移动,引起地层负损失(欠挖)而导致盾构前上方土体隆起。

2) 盾构后退:在盾构暂停推进时,盾构推进千斤顶漏油回缩而引起盾构后退,使开挖面土体坍落或松动,造成地层损失。

3) 土体挤入盾尾空隙:压浆不及时、压浆量不足、压浆压力不适当,使盾尾后周边土体失去平衡状态,而向盾尾空隙中移动,引起地层损失。在含水不稳定地层中,这往往是引起地层损失的主要因素。

4) 改变推进方向:盾构在曲线推进、纠偏、抬头或“磕头”推进过程中,实际开挖断面不是圆形而是椭圆,因此引起地层损失。盾构轴线与隧道轴线的偏角越大,则对土体扰动和超挖程度越大,其引起的地层损失也越大。

5) 随盾构推进而移动的盾构正面障碍物,使地层在盾构通过后产生空隙,而又无法及时压浆填充,引起地层损失。

6）推进的盾构外周黏附一层黏土时，盾尾后隧道外周环形成空隙会有较大量的增加，如不相应增加压浆量，地层损失必然大量增加。

7）盾壳移动对地层的摩擦和剪切。

8）在土压力作用下，隧道衬砌产生的变形也会引起地层损失。

9）隧道衬砌沉降较大时，会引起不可忽略的地层损失。饱和松软地层衬砌渗漏也会引起地层沉降。

施工引起的地层损失可分为正常的地层损失、不正常的地层损失和灾害性的地层损失三类。

① 正常的地层损失。盾构施工操作精心，没有失误，但由于地质和盾构施工方法的特定条件，在施工中总要引起不可避免的一定地层损失。一般来说这种地层损失可以控制到一定限度，可通过变形弥补地层损失，因此施工沉降槽体积与地层损失相等，在均匀地质中这种地层损失引起的地面沉降比较均匀。

② 不正常的地层损失。因盾构施工操作失误而引起的地层损失。如隧道气压骤降、压浆不及时、开挖面超挖、盾构后退等。这种地层损失引起的地面沉降有局部变化的特征。如局部变化的幅度不大，一般还可以认为是正常的。

③ 灾害性的地层损失。盾构开挖面发生土体急剧流动或突发性的崩塌，引起灾害性的地面沉降。经常是敞开式盾构遇到水压大、透水性高的颗粒状的透镜体或遇到地层中的贮水洞穴。在黏性土中局部土体强度降低过多而引起灾害性地面沉降的情况则很少见。

（2）受扰动土体的次固结沉降

盾构推进中的挤压作用和盾尾后的压浆作用等施工因素，使周围地层形成正值的超孔隙水压区，其超空隙水压力在盾构隧道施工后的一段时间内消散复原，在此过程中地层发生排水固结变形，引起地面沉降。地层因孔隙水压力变化而产生的地面沉降称之为固结沉降。土体受到扰动后，土体骨架还发生持续很长时间的压缩变形。在此土体蠕变过程中产生的地面沉降为次固结沉降。在孔隙比和灵敏度较大的软塑和流塑性土层中，次固结沉降往往要持续几年以上，它所占总沉降量的比例可高达35%以上。

2. 地面沉降的预测

盾构法施工日益广泛地被采用，对盾构法施工引起地面沉陷的研究也日益深入，派克（Peck）1969年提出了地层损失的概念和估计盾构法施工引起地面沉降的实用方法，此后人们做了大量的工作，使之不断地完善，成为一种最常用的估算盾构法正常施工引起地面沉降的方法。

电子计算机的出现为数值分析提供了强有力的工具，此后不少学者开始用数值分析的方法进行研究。也有些学者在数值分析的基础上，结合施工实际，提出了估算方法，这里不作介绍。下面简单介绍派克法对地面沉降的预测。

派克假定施工引起的地面沉降是在不排水情况下的，所有沉降槽的体积应该等于地层损失的体积，根据这个假定并结合采矿引起地面位移的一种估算方法，派克提出了盾构施工引起施工阶段地面沉降的估算方法。假定地层损失在隧道长度上均匀分布，地面沉降的横向分布为正态分布曲线，如图2.1.25所示。

地面沉降量的横向分布估算公式为：

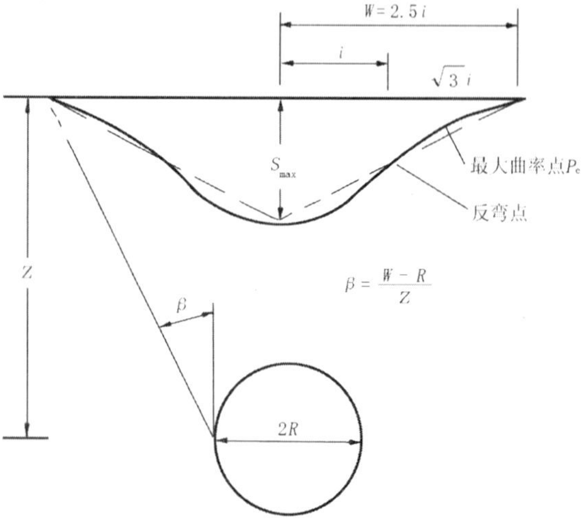

图 2.1.25　隧道上部地面沉降槽示意图

$$S_{max}=\frac{V_1}{\sqrt{2\pi}\,i}\approx\frac{V_1}{2.5} \quad (2.1.25)$$

$$S_{(x)}=\frac{V_1}{\sqrt{2\pi}\,i}\exp\left(-\frac{X^2}{2i^2}\right) \quad (2.1.26)$$

式中　$S_{(x)}$ —— 沉降量；

V_1 —— 地层损失量；

X —— 距隧道中心线的距离；

S_{max} —— 隧道中心线处的最大沉降量；

i —— 沉降槽宽度系。

3. 地层损失的取值

计算沉降量中，地层损失的取值，对预测地面沉降的准确度有最重要的影响，须仔细分析地质和施工条件并参照已有经验资料后而合理确定。在采用适当技术和良好操作的正常施工条件下，可从表 2.1.2 给出的地层损失范围适当选取由于各种因素而引起的地层损失率。在盾构穿越较密集的建筑设施时，总是要在初始推进中通过施工监测取到实际地层损失值，并取得控制地面隆起值的施工参数和操作方法。故一般在控制地面沉降要求较严格的地段，常用前一步实测的地层损失值，复算下一步地面沉降曲线，以事先判断盾构前方环境保护的必要性和恰当方法。在预测中当盾构欠挖应计负地层损失。当实际地层损失超过表 2.1.2 所列最大值时，派克公式不再适用，这说明施工质量有问题。当同步注浆达到很好效果时，盾尾后地层损失→0，当盾壳外黏附一层黏土而注浆又不及时、不足量则盾尾后地层损失大力增加。

在表 2.1.2 中：盾构后退引起的地层损失是不正常的、不允许的。

R —— 盾构外径；

R_1 —— 隧道衬砌外径；

t —— 盾构切口边缘后面凸起高度；

h —— 开挖面土体在盾构推进单位长度中向后的水平位移；

表 2.1.2 地层损失计算表

地层损失原因	隧道单位长度内的最大地层损失计算值	地层损失率 V_L/%
开挖面的地层损失	$\pi R^2 h$	-1 ~ 1
切口边缘后的地层损失	$2\pi Rt$	0.1 ~ 0.5
沿盾壳的地层损失	$0.1\pi R^2$	0.1
盾尾后的地层损失 地下水位以下 地下水位以上	$2\pi R(R-R_1)$ $\pi R(R-R_1)$	0 ~ 4 0 ~ 2
改变掘进方向的地层	$d\% \times L \times \pi R/Z$	0.2 ~ 2
曲线掘进的地层损失	$8\pi RL^2/(R-R_c)$	0.5 ~ 1
正面障碍物引起的地层损失	A	0 ~ 0.5

L —— 盾构长度；

R_c —— 盾构推进曲线半径；

A —— 盾构正面障碍物凸出于盾构外周的面积。

（二）盾构施工保护周围环境的要点

根据地质条件和盾构施工特点，对盾构施工影响范围内的地表沉降进行研究预测，并对影响范围内的房屋建筑、各种构筑物、公用设施、地下管线等可能受到的影响程度作出评估并提出处理办法。设计者应尽力优化设计，在保证安全质量的前提下，尽量减少整个工程的总造价。在总造价中，加固或搬迁周围建筑物及公用设施等工程费占有一定比例。因此，需要做充分研究工作，以采用适当的环境保护方法。环境保护方法基本上可分为两类：一类是积极保护方法，另一类是保护工程法。本节着重介绍积极保护方法。

积极保护方法是在施工前对地质和环境作更深入地调查，并提出减少沉降的施工技术措施，根据经验和理论的预测，减少事先加固和搬迁项目。在施工开始后，通过施工监测取得对地质更确切的认识，对施工工艺作检验和改进，可靠地把加固和搬迁范围减少到最低限度，并减少修复各种受影响的建筑和设施的费用。因此，积极保护方法是进步的，高效益的方法，也是一种先进的隧道施工管理方法。

1. 积极保护法的主要工作内容

（1）对盾构穿越较多建筑物和公用设施的地段进行详细勘探，以力求确切了解土质特性、地下水情况和建筑设施特点，明确地面沉降的控制要求，以及达到此要求所需要的盾构选型及施工工艺。合理的盾构选型是满足市政环境保护要求的关键。

（2）施工单位严格地执行事先详细制定的施工组织设计和操作规程。施工组织设计中着重做好以下几点：① 针对地质勘探资料、盾构选型及盾构覆土条件对施工提出的要求、精心做好施工总体、施工细节和做好风险段的施工设计；② 地表沉降的预测和减少沉降的技术措施；③ 明确的施工管理、施工记录和实施施工监测设计等制度。

（3）进行施工监测。先设定施工参数再经过初始试验段的监测，加以优化，及时采取施工改进措施或应变措施。

进行施工监测要花费一定代价，它是安全经济地完成整个隧道工程的一个重要保证条件。目前在软土地层的盾构隧道工程中，在施工以前，对地质的评价总有不完善不确切的地方，设计和施工方案及细节也总有需要在施工中检验和改进之处。施工监测是使工程顺利进行的一个重要环节，对施工监测应给予重视。

2. 积极保护方法需要施工监测

施工监测是使积极保护方法得到成功的保证条件，施工监测的主要作用是：

（1）监测和判断各种施工因素对地表变形的影响，提供改进施工方法，减少地面沉降的重要依据。

（2）根据前一段的观测结果，预测下一段的地表沉降和对周围建筑及其他设施的影响。

（3）检验施工方法是否达到控制地面沉降和隧道沉降的要求。

（4）研究土壤特性、地下水条件、施工方法与地表沉降的关系，以作为将来设计的参照依据。

（5）通过施工监测可取得减少沉降，减少保护工程费的效果。

（6）保证工程安全，减少总造价。

（三）施工监测项目的选择

1. 施工监测项目选择的根据

（1）一定情况下的具体监测要求。

（2）土壤及地下水情况。

（3）隧道施工影响范围内现有房屋建筑、各种构筑物的形状尺寸与隧道轴线的相对位置。

（4）隧道埋深。

（5）双线隧道的间距或施工隧道与近旁大型、重要公用管道的间距。

（6）设计中的安全储备系数。

2. 监测项目的一般分类

（1）监测有关地下水的参数

监测有关地下水的参数，对埋置在地下水位以下的普通盾构隧道施工是非常重要的，对砂土层中的降水法盾构施工尤为重要。根据各土层的水位观察井及孔隙水压的变化监测结果，可提出开挖面可能失去稳定的警报，可以检验降水效果。并为使用压缩空气的压力提供依据，还有益改进挖土等的施工方法。

（2）土体变形监测

在控制地面沉降要求较高的地区，采用盾构施工时，往往在盾构推出竖井的起始段就进行以土体变形为主的监测，以合理确定盾构施工参数，以后每隔一定距离可设监测段，以对施工参数做必要的调整。土体变形观测包括以下几种内容：

1）地表变形：用精密水准仪观测隧道中心线上预设的地表桩与隧道中心线相垂直的横向断面的地表桩，从监测得到纵、横沉降槽曲线及最大沉降坡度、最小曲率半径沉降速率等数据。施工中按测量反馈资料，合理调整盾构正面压力、出土量、压浆时间、数量和压力、推进速度等施工参数，以达到控制沉降的最优效果。

2）地下土体沉降：观测盾构顶部正上方土体中一点的沉降量和在盾构正上方的垂

直线上几个点的沉降量，以判断影响地层损失的因素。特别是对盾构正上方一点的沉降观测，比观测地表沉降更为敏感，对诊查施工因素更为有效。为了研究的目的，还要观测离开盾构中心线的深层土体的沉降量。一般采用地下土体沉降观测装置。

3）地表水平位移及应变观测：这种观测主要对设在垂直于隧道轴线的断面上的地表桩进行观测，以随时分析建筑物的安全问题，一般可用精密的经纬仪观测。

4）地下土体的水平位移监测：沿盾构的两侧设置测点，用测斜仪测量盾构推进中扰动引起的土体水平位移，可研究减少盾构扰动的施工措施。

5）土体回弹观测：盾构前方埋深层回弹桩，观测在盾构施工中盾构底部以下土体的回弹量，以分析回弹量可能引起的隧道下卧土层的再固结沉陷。

（3）对附近建筑物的观测

对附近建筑物的观测内容通常是与土体变形相联系，观测是为了诊查施工对建筑物的影响，为研究工程取得资料，观测可包括以下项目：

1）观测建筑物在盾构穿越前后的变化，包括高程、位移、裂缝观测及必要的照片。

2）在施工过程中的沉降观测：用准确的水准仪观测建筑物的外围墙身及内柱的沉降。

3）水平位移及应变量测：用光学观测仪与可伸缩的量尺测量建筑物的水平位移或应变。

4）建筑物墙身和地板的倾斜观测：目前可用高精度倾斜仪。

5）公用管道的应变观测。

（4）土体与隧道结构相互作用的监测

1）隧道衬砌变形观测以检验变形是否在允许范围之内，是否需要拉杆。观测方法通常是用普通测量方法测其水平直径的增加或测其拱顶的降低。

2）为了研究的目的，测量整个衬砌环的变形、水、土压力以及轴向力、弯矩等。可采用收敛仪、水压计、土压力盒、电子压力传感器等相应仪器仪表。

（5）施工进程中的监测

为了能够分析各种问题和现象的因果，需要有一整套有关施工程序的记录与相应的观测数据记录。对每个工程都应具体地研究，制定相应的施工监测技术措施。

第二节　浅埋暗挖技术

一、概述

在城市软弱围岩地层中，在浅埋条件下修建地下工程，以改造地质条件为前提，以控制地表沉降为重点，以格栅（或其他钢结构）和锚喷作为初期支护手段，遵循“新奥法”大部分原理，按照“十八字”原则（即管超前、严注浆、短开挖、强支护、快封闭、勤测量）进行隧道的设计和施工，谓之城市地下工程浅埋暗挖技术。

二、浅埋暗挖与“新奥法”（NATM）

“新奥法”的核心是以维护和利用围岩的自承能力为基点，使围岩成为支护体系的组成部分，支护在与围岩共同变形中承受的是形变应力，因此要求初期支护有一定柔度以利用和充分发挥围岩的自承能力。而作用于浅埋隧道上的地层压力是覆盖层的全部或部分土柱重，其地层压力和支护的刚柔度关系不大，从减少地表沉陷的城市要求角度出发，还要求初期支护有一定刚度。设计时并没有充分考虑利用围岩的自承能力。这正是浅埋暗挖技术与“新奥法”的不同点。

但是，浅埋暗挖技术仍然遵循了“新奥法”施工的大部分原则，如以锚喷作为初期支护手段；尽量减少围岩扰动，要求周边圆顺避免棱角突变处应力集中；初支与围岩密贴；测量信息反馈指导设计施工等。

三、浅埋暗挖技术的特点

浅埋暗挖技术从减少城市地表沉陷考虑，还必须辅之以其他配套技术，如地层加固、降水等。从工程条件出发，还必须熟悉在不同条件下的马头门开挖，断面变化地段（诸如扩大、爬高、转弯等）开挖，由明挖进入暗挖的破桩，分部开挖完成及自下而上的二次衬砌前的“托梁换柱”以实现“力的转换”以确保安全等诸多关键技术。

浅埋暗挖的另一个特点是十分讲究施工方法的选择，尤其是地铁车站多跨结构和大跨结构。一个合理的结构形式和正确的施工方法能起到事半功倍的作用。

四、常用的单跨隧道浅埋暗挖方法

（一）开挖方法选择

根据开挖断面大小，在一般条件下的开挖方法如图 2.2.1 所示。

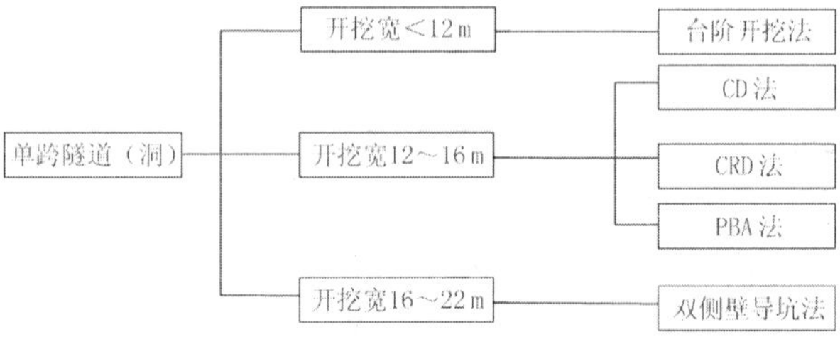

图 2.2.1　单跨隧道（洞）开挖方法

注：在地质条件较差和拱部弧度较平缓时，10 ~ 12 m 断面仍宜采用 CD 法。

（二）施工顺序

各种施工方法的施工顺序如图 2.2.2 所示。

（三）台阶法施工

台阶法是最基本、运用最广泛的施工方法，而且是实现其他施工方法的重要手段。当开挖断面较高时可进行多台阶施工，每层台阶的高度常用 3.5 ~ 4.5 m，或以人站立方便操作选择台阶高度。台阶长度的选择参如图 2.2.3 所示。

（1）长台阶（$L > 5B$）：长台阶对掌子面的稳定有利，但施工的干扰大；上台阶上设备、材料困难；上台阶向下台阶出碴困难；不能及时封闭成环，有时不得不在上台阶底板上作临时仰拱，这种方法在一般情况下不宜采用。

（2）中台阶（$L = 1.5 \sim 5B$）：中台阶的特点介于长台阶和短台阶之间，由于台阶有一定长度，当拱部锚杆和初期支护壁后注浆工作量大时可减少和上台阶开挖的施工干扰。

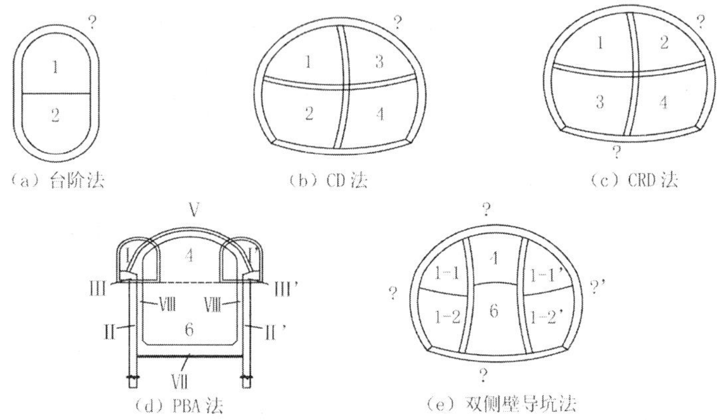

图 2.2.2 开挖顺序示意图法

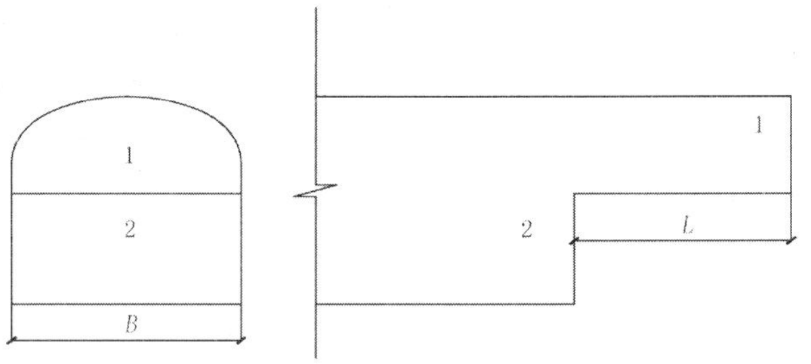

图 2.2.3 台阶长度

由于上台阶的距离不长，喷混凝土和注浆设备仍可放在下台阶。

(3)短台阶($L = 1 \sim 1.5B$)：在土质隧道中上台阶不必上大型设备，而且从上台阶向下台阶运土的距离短，下半断能在 $1 \sim 1.5B$ 内封闭成环，也能保证围岩开挖后的稳定，这种台阶长度在城市地铁的第四系地层中普遍采用。

(4)微台阶($L < B$)：在满足掌子面开挖稳定要求、满足开挖下台阶时喷混凝土的强度和方便施工的原则下进行选择，一般用 3 ~ 4 m。当使用反向挖掘机开挖装碴时，上台阶大部分可利用该机进行挖、装，可以提高施工速度。

进行台阶开挖时的辅助施工方法：

(1) 环状开挖留核心土并设锁脚锚管：开挖上台阶时，Ⅱ类围岩地段宜采用环状开挖留核心土并做锁脚锚管。上台阶开挖留核心土有利于掌子面的稳定减少地表沉陷，同时方便架设钢筋和喷混凝土，如图 2.2.4 所示。

(2) 下台阶除可一次开挖外，根据地质条件又可分别选用图 2.2.5 所示的开挖方法：

下台阶先挖核心土施工速度较快，但有时施工不安全，一般不宜采用；留核心土施工较安全，但施工仍然不方便，仅在必要时使用；左右错进同样可以保证施工安全，而且施工方便，因此使用较广泛。

(3) 初次支护背后注浆：拱部部分喷混凝土常因重力下沉而在围岩之间产生小的裂隙，在其壁后注浆有利于减少地表下沉。

(4) 特殊不良地质条件在上台阶的底部设临时仰拱，或者在上台阶的拱顶下设临时

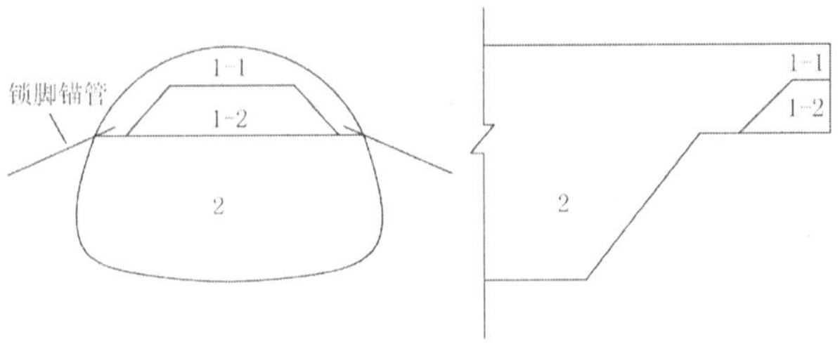

图 2.2.4　上台阶环状开挖

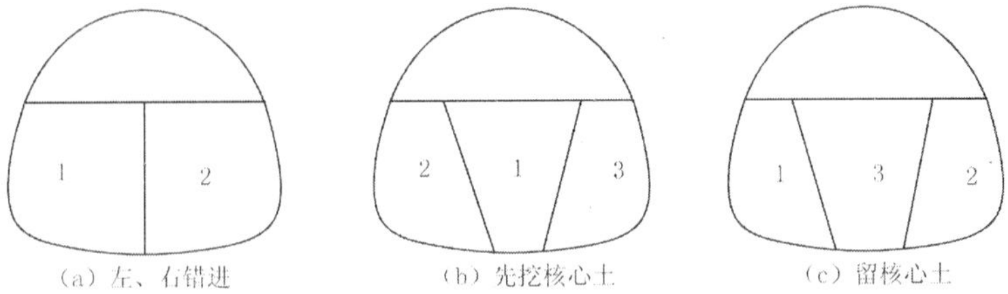

图 2.2.5　下台阶开挖方法

立柱，有利于减少围岩的收敛和拱顶的下沉。

（四）CD 法和 CRD 法（中隔墙法和交叉中隔墙法）

进入 20 世纪 80 年代，日本和西欧在经历众多工法选择和权衡后，热衷于运用非掘进机方法处理浅埋软弱地层的地下工程，并在技术、经济上有所突破。

在 CD 法出现以前，惯用的方法除台阶法外，在断面较大和地质条件较差时，采用上半断面临时闭合法和眼镜工法。

最先采用 CD 法的工程是德国兰茨贝格城地下停车场和慕尼黑地铁工程以及日本的真米隧道。

最先采用 CRD 工法的工程是日本东叶高速线习志野台隧道和北习志野台隧道。

CD 法和 CRD 法实际上都是左右分块、上下分台的开挖方法，将大断面化成小断面施工，步步封闭成环，每个施工阶段都是一个完整的受力体系，结构受力均匀。而两种方法的不同处在于，前者是先将一个半块挖完后再挖另一个半块；后者是每层左、右开挖后再挖下层。CD 法和 CRD 法模筑混凝土施工方法，是先用支承替换法施工底板，即分段拆除中壁铺设防水板和施工底板，再用支撑恢复中壁，最后分段拆除中壁和临时仰拱，由初期支护承受荷载，完成墙、拱衬砌。

应当指出，当断面的高、宽尺寸不大（如小于 10 ~ 12 m）、外形好（矢跨比大）的情况下采用 CD 法和 CRD 法时对控制地表的作用并不大。由于分块、分层多，对地层的多次扰动，对控制地表沉降反而不利。如果此时采用台阶法，把 CD，CRD 中隔壁和临时仰拱的数量用在台阶法初期支护加强上，不但增加了结构的安全度，有利于减少地表沉降，而且还减少了中隔壁和临时仰拱施工和拆除的麻烦。

根据日本试验资料，在同等条件下开挖宽 9 m、隧道覆盖层 10 m 时，两种方法施工效果比较如表 2.2.1 所示。

由表 2.2.1 可看出 CRD 法比 CD 法的地表沉陷和结构侧向水平位移小 50%，因此在

表 2.2.1　CD、CRD 法施工效果对比

施工方法	地表总沉陷 / mm	地表沉降最大化倾斜率 / ‰	侧向水平位移 / mm
CD	77 ~ 84	6	20
CRD	26 ~ 30	2.3	9

相同条件下推荐使用 CRD 法。目前我国城市地下工程以 30 mm 控制地表沉陷，以上试验资料是主要参考因素。

CRD 法是将原 CD 法先挖中壁一侧改为两侧交叉开挖方式，并步步封闭成环（如图 2.2.6、图 2.2.7 所示）。CRD 法即交叉中隔墙法，来源于英文 Center Cross Diaphragm。CRD 法的使用十分广泛，浅埋暗挖地铁车站三拱两柱和双拱单柱结构断面，其中洞和侧洞大断面自上而下地开挖均用 CRD 法实现。车站风道双层大断面及风道进入车站施工的抬高段，一般也是采用 CRD 法。CRD 法的每个步序均采用最基本的台阶法步骤。

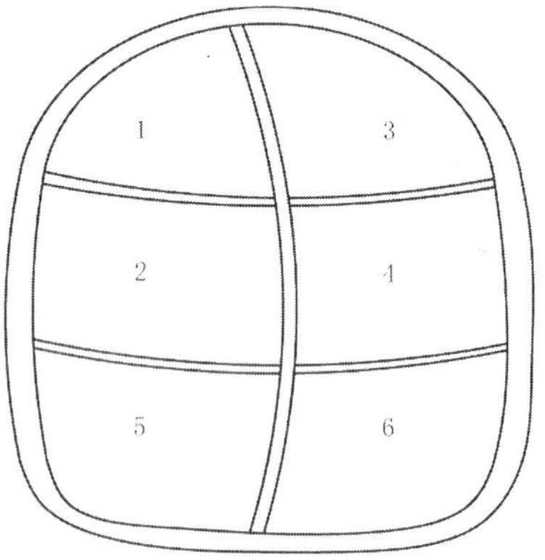

图 2.2.6　CRD 工法施工顺序图

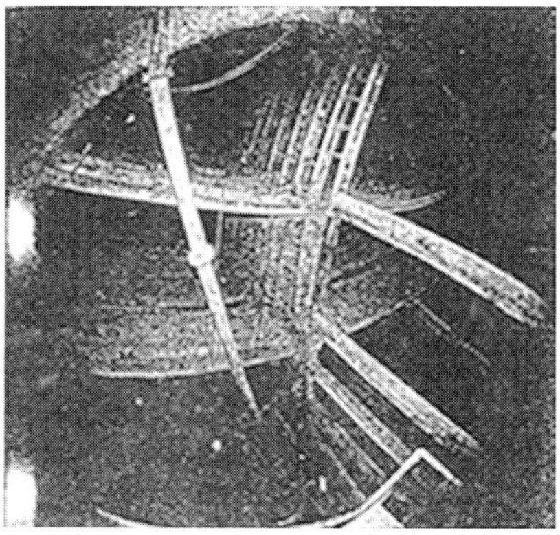

图 2.2.7　CRD 工法施工实例

（五）PBA 法

PBA 法即洞桩法，该方法的施工顺序是先在起拱线附近开挖导坑，利用导坑施工钻孔桩和桩顶纵梁，开挖上半断面（采用环形开挖）进行拱部衬砌，最后开挖其余部分完成底板和边墙衬砌。

如果条件允许，也可以用挖孔桩代替钻孔桩。施工的方法是在边墙脚附近增加下导坑，在下导坑内施工条形基础，然后从上导坑向下施工孔桩和完成桩顶冠梁，以后的施工同前钻孔桩。如基底地质条件较好，可用矩形挖孔桩下部扩桩的方法取消下导坑和条形基础。该方法的特点是边桩可起到部分隔离作用，即减少对桩外土体的扰动，地面沉槽范围减少为左、右上导坑开挖高度的沉槽范围，同时，开挖上台阶时进行初期支护，拱脚有稳固的桩作为支点，下沉量很小，也避免了以后开挖下台阶时引起的下沉。因此本方法对控制地表沉降和保护周边建筑和地下管线有利。

（六）双侧壁导坑法

双侧壁导坑法如图 2.2.8 所示。实际上是竖向分成 3 块，上、下仍是分台阶的开挖方法，先开挖两侧导坑后再开挖中间块。这种开挖断面大，竖向三块要求大致均匀，且侧导

内要加横向撑,除非经过计算和测量反馈证明初期支护强度足以满足全断面衬砌要求,否则建议尽量采用分部衬砌。

图 2.2.8　双侧壁导坑法工程实例

五、单跨隧道分部开挖完成及进行二次衬砌应遵循的原则

跨度较大的单跨隧道采用 CD 法、CRD 法和双侧壁导坑法施工,适用于地铁区间折返线、风道、出入口、横向通道爬高段、人防段,以及特殊地段的平顶直墙大跨结构和个别车站单洞大跨结构。这种由小跨组合成大跨的结构形式,一般情况图形条件奇特(扁平或高墙平拱),受力条件差。在拆除中隔墙临时支撑进行二衬时必须特别慎重,是重要风险源之所在,要有专项方案专题审查。

二衬应遵循的原则是:分段跳槽,监控测量,托梁换柱,先撑后拆,必须维持原结构受力状况不变,完成力的转换。这种特殊的断面形式,一般情况应采用换撑分部衬砌。除非跨度不大,结构受力条件好,初次支护强,经过检算和量测反馈证明拆除中隔墙后能承受荷载,方可进行分仓全断面台车衬砌。

六、城市地铁车站暗挖施工

用浅埋暗挖技术修建城市地铁车站,因该技术对地面交通和环境的影响较小而备受推崇。北京、广州、深圳、南京、沈阳、武汉、西安等大城市通过市区的地铁车站,原则上都采用暗挖施工。其中,侧洞法、PBA 法和中洞法常被用于修建三拱两柱双拱单柱双层岛式车站。一拱两柱和一拱一柱断面有利于拱顶防水,但拱顶较平缓,宜采用 PBA 法或洞柱法。

(一) 侧洞法

施工顺序是,先同步开挖两个侧洞,而侧洞往往又是采用"CRD"法来完成。待侧洞封闭后,在侧洞内自下而上施作基础、立柱、边墙和边拱,顶住两侧洞上部土体,再在中部用正台阶自上而下开挖并完成中拱、隔板和基础,如图 2.2.11 所示。

该法必须同步推进两个较大跨度的侧洞,以免产生不均匀推力,对地层扰动范围较大。

(二) PBA 法

如图 2.2.12 所示,首先施工上下各四个导洞,在下导洞内作条形基础并由上导洞向下开挖护壁桩孔和立柱孔,分别吊装钢管柱和浇注护壁桩,使之置于条形基础之上,然

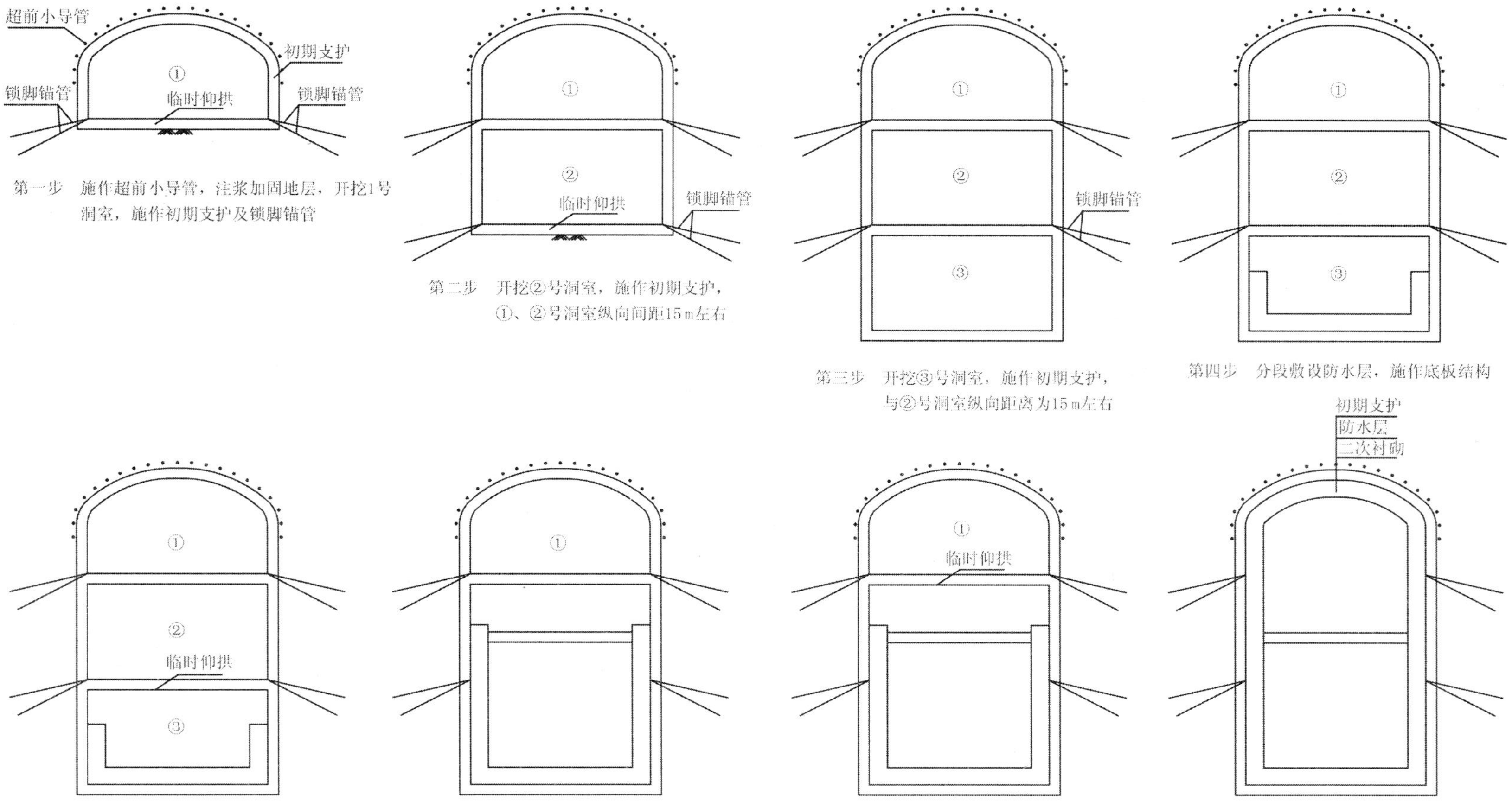

第一步　施作超前小导管，注浆加固地层，开挖1号洞室，施作初期支护及锁脚锚管

第二步　开挖②号洞室，施作初期支护，①、②号洞室纵向间距15m左右

第三步　开挖③号洞室，施作初期支护，与②号洞室纵向距离为15m左右

第四步　分段敷设防水层，施作底板结构

第五步　根据监控测量结果，分段拆除下层临时仰拱，分段长度不大于6m

第六步　分段敷设防水层，施作侧墙二次衬砌及中层楼板，无楼板部分应架设临时钢支撑

第七步　根据监控测量结果，分段拆除上层临时仰拱，分段长度不大于6m

第八步　分段敷设防水层，施作二次衬砌，待二次衬砌达到设计强度后，拆除临时钢支撑，完成主体结构

图 2.2.9　单跨通道施工步序示意图

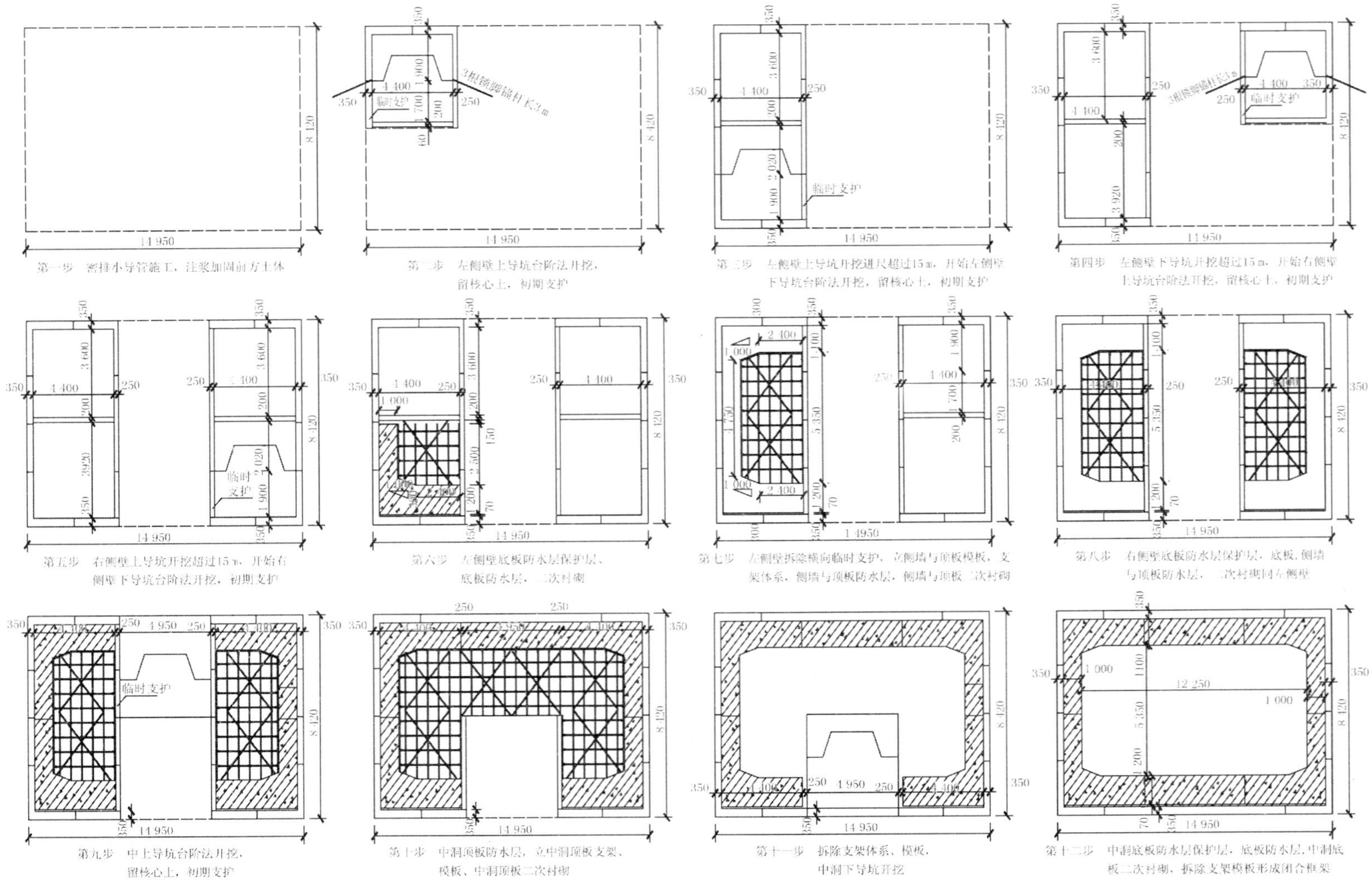

图 2.2.10　单跨平顶直墙施工步序示意图

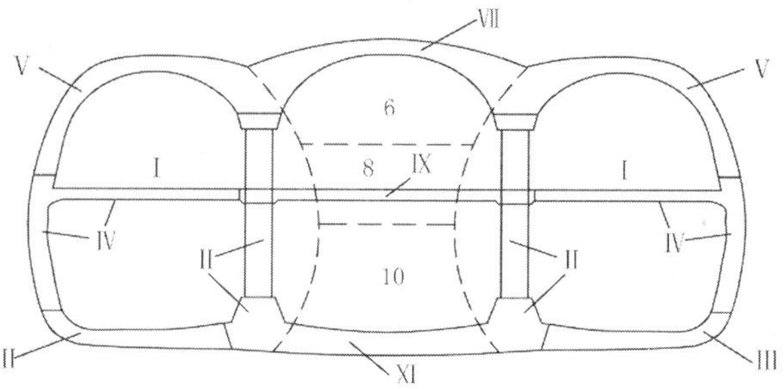

Ⅰ—CRD 法开挖左、右洞包括初支和施工支护；Ⅱ—柱底纵梁和钢管柱；Ⅲ—左右洞底板；Ⅳ—分边墙和左、右洞楼板；Ⅴ—左、右洞其余边墙和拱部；6—中洞上台阶环形开挖；Ⅶ—中洞拱部；8—中洞楼板以上土方开挖；Ⅸ—中洞楼板；10—中洞其余部分开挖；Ⅺ—中洞底板

图 2.2.11　侧洞法施工顺序图

后进行上层开挖和初次支护，实施二次衬砌的顶梁、拱部和上部边墙，并用地模施作中隔板，再向下完成下部开挖和衬砌。在开挖左、右洞上台阶时，为平衡中洞拱脚向左、右的推力，在两柱顶纵梁之间设置水平拉杆，也可以在中柱和孔桩间的空隙进行回填，并在中柱穿过上、下导坑施工支护的缺口处，用塑料布包住钢管柱后用低标号混凝土填充。为保证中柱两条形基础的整体性，在其下导坑间中柱位置，每隔一柱间距横向开挖小导坑先施作部分窄条底板。

如前所述，也可以用钻孔桩法施工边桩及中柱，并可取消下导坑，对控制地表沉降有利，但施工设备复杂，成本高，在有的地层中（例如漂石和直径较大的砂卵石地层）钻孔的速度慢，如果地质条件好边桩可采用矩形挖孔桩底部扩桩的办法，取消边桩的下导坑和条形基础。

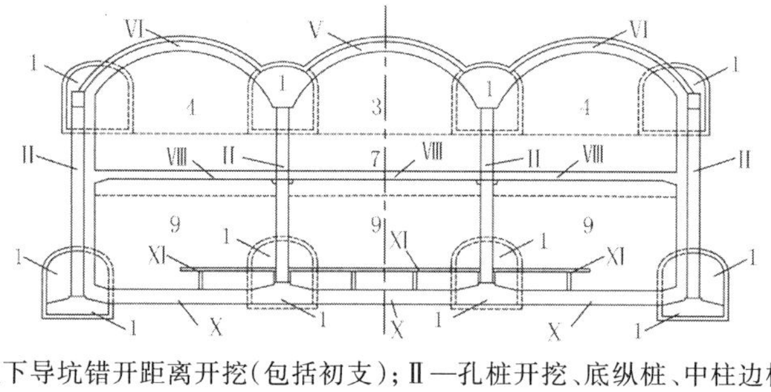

1—上下导坑错开距离开挖（包括初支）；Ⅱ—孔桩开挖、底纵桩、中柱边桩、顶纵梁；3—中洞上台阶开挖（包括初支）；4—左右洞上台阶开挖（包括初支）；Ⅴ—中洞拱部衬砌；Ⅵ—侧洞拱部衬砌；7—楼板以上土体开挖；Ⅷ—楼板浇混凝土；9—剩余部分土体开挖；Ⅹ—底板及底部边墙衬砌；Ⅺ—站台板浇筑

图 2.2.12　PBA 法施工顺序图

该法最大优点是按照施工顺序，可以再横向扩大施作更大跨度结构，但因其需在两侧施作护壁桩而提高了造价，且在一个十分狭窄的小导洞内完成一系列的钢筋、立模、浇注、吊装等操作，作业环境恶劣。采用 PBA 法地表沉降值比侧洞法、中洞法小，因此适用于一拱两柱等拱顶较平缓的断面。

（三）中洞法

中洞法在松散地层中修建地铁车站，因其在开挖和初次支护过程中横向影响范围小、沉降小、安全且避免了侧洞法施工时因施工误差而造成安装中洞拱部钢架的困难，因此在北京地铁多座车站被推荐采用。

中洞开挖采用“CRD”法，完成中洞（六部或八部）封闭后，在中洞较大空间内自下而上完成基础、立柱、中隔板、顶梁和中拱，使之在中洞内形成一个庞大的刚体顶住上部土体。用正台阶法或“CRD”法完成两侧洞开挖支护和二次衬砌。

在开挖侧洞上台阶时，为平衡中洞拱脚向左右的推力，在两柱顶纵梁之间设置水平拉杆。该法工序单纯，中洞开挖充分利用各部分尽快封闭早成环，整体环套环特点，结构整体性好，具有广泛使用前景（如图 2.2.13 所示）。

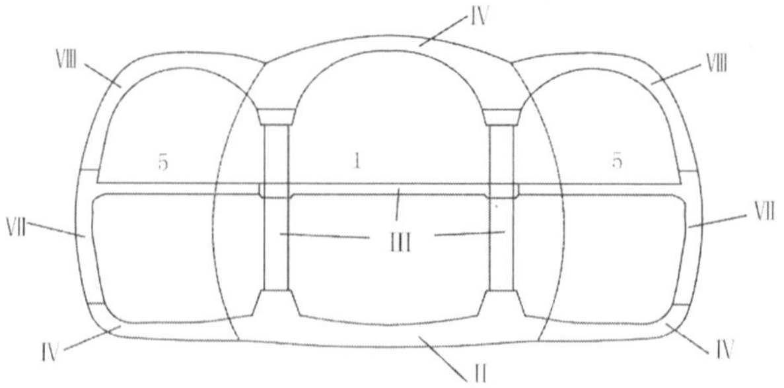

Ⅰ—用 CRD 法开挖中洞（包括初期支护和施工支护）；Ⅱ—中洞底板底纵梁；Ⅲ—钢管柱、楼板；Ⅳ—柱顶纵梁和中洞拱部；5—用台阶法开挖左、右洞；Ⅵ—左、右洞底板；Ⅶ—左、右洞部分边墙和楼板；Ⅷ—左、右洞其余边墙和拱部

图 2.2.13　中洞法施工顺序图

（四）柱洞法

本方法具有 PBA 和中洞法的特点，即先挖柱洞完成中柱再开挖中洞。其他和压力转换基原理和中洞法相同。本方法主要用在一柱两洞设计拱部弧度平缓，采用一般中洞法可能有大的地面沉降值使用。如图 2.2.14 所示。

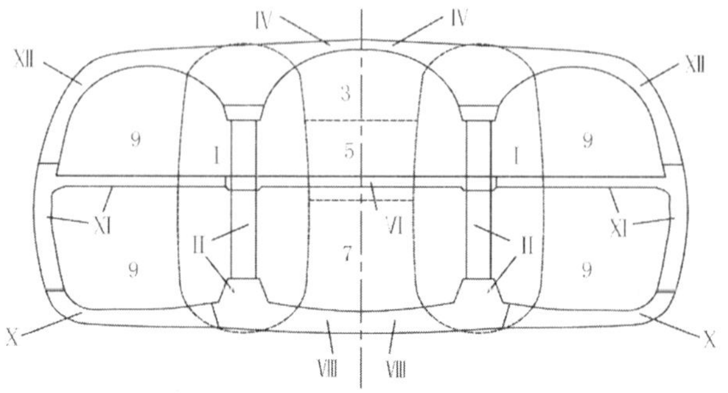

Ⅰ—台阶法开挖柱洞（包括初期支护和施工支护）；Ⅱ—底纵梁、中柱、顶纵梁；3—中洞上台阶开挖；Ⅳ—中洞拱部；5—用台阶法开挖中洞楼板以上部分；Ⅵ—中洞楼板；7—中洞其他部分开挖；Ⅷ—中洞底板；9—台阶开挖左右洞；Ⅹ—左右洞底板；Ⅺ—左、右洞部分边墙和楼板；Ⅻ—左、右洞其余边墙和拱部

图 2.2.14　柱洞法施工顺序图

（五）分离岛式车站施工方法

随着我国各大城市地铁建设的快速发展，一种结构简单而又不影响使用功能的车站形式，分离岛式车站应运而生。

为避开地铁对城市立交桥梁桩基的影响，在选择地铁线路走向时，常将两线路的线间距加大（例如北京地铁十号线东三环地段地铁的线间距为 45.5 m），线路的左右线分别位于地面主干线桥梁的两侧，从而把对桥梁桩基的影响降至最低。此车站由分离的两个双层（或单层）单洞组成，由中间横通道将两洞相连，单洞的一半与通道共同组成站台，分离岛式隧道一般宽度为 12.5 m，双层高度 15 m 左右。这种新颖的车站组合形式，大大化解了暗挖车站多跨结构施工风险但又不致影响车站使用功能。目前北京地铁十号线的工体北路站、呼家楼站、国贸站等均采用分离岛式车站，其施工方法的选择大都是 PBA 法，在距桩基较近时采用洞内施工作围护桩固然有保护桥桩和控制地面沉降作用，但毕竟污染大，施工环境差。实际上对于分离岛式车站这种单跨 12 m 左右的地下结构，可以选择一些更简单的施工方法，把中隔板以上部位作为一个单独的结构来完成，采用 CD 法完成中隔板以上部位土体开挖，用地模两侧留槽，将边墙防水板和钢筋下埋回填，完成中隔板及拱部衬砌，再开挖中隔板下边墙条形土体预留下部核心土完成边墙衬砌，开挖核心土及施作仰拱封底。

第三节　逆作法施工技术

逆作法的施工程序是：中间支承柱和地下连续墙施工→地下室 -1 层挖土和浇筑其顶板、内部结构→从地下室 -2 层开始地下室结构和地上结构同时施工（地下室底板浇筑之前，地上结构允许施工的高度根据地下连续墙和中间支承柱的承载能力确定）→地下室底板封底并养护至设计强度→继续进行地上结构施工，直至工程结束。

因此，属于逆作法施工的内容，包括地下连续墙、中间支承柱和地下室结构的施工。前者在前面已详述，此处只简单介绍地下连续墙中间支承柱和地下室结构的施工特点。逆作法施工原理简单，效果明显，但如果施工控制不好得到相反的结果，在此以已有的施工工程的经验说明必须注意的关键技术。

一、地下连续墙

地下连续墙是通过专用的挖（冲）槽设备，沿着地下建筑物或构筑物的周边，按预定的位置、开挖出或冲钻出具有一定宽度与深度的沟槽，用泥浆护壁，并在槽内设置具有一定刚度的钢筋笼结构。然后用导管浇灌水下混凝土，分段施工，用特殊方法接头、使之连成地下连续的钢筋混凝土墙体，其主要用于：基坑开挖和地下建筑的临时性和永久性的挡土结构；地下水位以下的截水、防渗；部分工程的墙体还承受上部建筑的永久性荷载兼有挡土墙和承重基础作用；邻近建筑物的支护；具有消除相邻振动影响的隔振墙等。

有关地下连续墙施工已有不少专著，这里重点介绍地下连续墙的构造连接和总体质量要求。

（一）构造连接

地下连续墙槽段之间如采用刚性施工接头可使地下连续墙各槽段形成一片整体的

墙体,共同承受上部结构的垂直荷载。当槽段之间以柔性施工接头连接时,为增强地下连续墙的整体性,可在地下连续墙顶部设置钢筋混凝土顶圈梁,将地下连续墙各槽段连接起来。当顶圈梁不足以承受槽段之间的剪力时,可在底板与地下连续墙连接处设置底板环梁,须使该环梁嵌入地下连续墙中,计算中,由顶圈梁和底板环梁共同承受槽段之间的剪力。如仍不满足,则槽段之间必须采用刚性施工接头。

在以地下连续墙作为地下室外墙的基础设计中,地下室隔墙尽量布置在地下连续墙槽段接头处,并在槽段接头处设置加强柱,可在地下连续墙槽段两瑞内侧预埋钢板,待基坑开挖后,凿除表面保护层混凝土并清洗干净后,用通长钢板焊接成一体,并用高标号水泥砂浆将接头孔隙灌填密实。然后加强柱与地下室隔墙用现浇钢筋混凝土形成整体,从而保证接头处的连续性和整体性。

如地下室隔墙的位置并非地下连续墙接头处,可采用在地下连续墙内预埋钢筋接驳器或预埋弯筋,从而与地下连续墙连为整体。另外地下室结构梁与地下连续墙的连接通常采用钢筋接驳器或预埋弯筋。

当主体结构需设置沉降缝及后浇带时,通过对地下连续墙槽段接缝或槽段本身的构造处理,同样也可在地下连续墙中设置沉降缝及后浇带。在地下连续墙中构造沉降缝及后浇带的施工难度较高,但在实际工程中已成功应用,并取得较理想的效果。

(二)地下连续墙的总体质量控制

1. 地下连续墙墙面倾斜度和平整度要求

墙面倾斜度要求达到 1 / 250 ~ 1 / 300;墙面表面局部突出和墙面倾斜之和不应大于 100 mm;地下连续墙上预埋连接的铁件的偏差不大于 50 mm。

2. 地下连续墙变形引起周围地面沉降的控制要求

基坑开挖过程中,地下连续墙的变形将引起坑周地面沉降,其沉降量控制应保证相邻建筑物、市政管线等不受损害、不影响其安全使用为原则。具体控制标准应视基坑工程具体情况分析确定。

3. 地下连续墙墙体移动或转动达到破坏状态时控制值

地下连续墙墙体移动或转动达到破坏状态时控制值详见表 2.3.1。

表 2.3.1 墙体移动或转动达到破坏状态时的控制值

土质	$x_i H$		土质	$x_i H$	
	主动	被动		主动	被动
密实无黏性土	0.001	0.02	密实黏性土	0.01	0.02
松散无黏性土	0.004	0.04	松散黏性土	0.02	0.04

注:x_i = 水平位移;H = 墙体高度。

二、中间支承柱施工

中间支承柱的作用是在逆作法施工期间,于地下室底板未浇筑之前与地下连续墙一起承受地下和地上各层的结构自重和施工荷载;在地下室底板浇筑后,与底板连接成整体,作为地下室结构的一部分,将上部结构及承受的荷载传递给地基。一般布置在柱子位置或纵、横墙相交处。中间支承柱所承受的最大荷载，是地下室已修筑至最下一层、而地面上已修筑至规定的最高层数时的荷载。中间支承柱是以支承柱四周与土的摩阻力和柱底的正应力来平衡它承受的上部荷载。因此，中间支承柱的直径一般都设计得较大。由于底板以下的中间支承桩要与底板结合成整体，多做成灌注桩形式，其长度也不能太长，否则影响底板的受力形式，与设计的计算假定不一致。

底板以上的中间支承柱的柱身，多为钢管混凝土柱或 H 型钢柱，断面小而承载能力大，而且也便于与地下室的梁、柱、墙、板等连接。

由于中间支承柱上部多为钢柱，下部为混凝土桩。所以，多用灌注桩方法进行施工。

（一）立柱桩支持上部荷载方式

直接利用工程桩支持上部荷载是最常有的方法，工程桩是人工挖孔灌注桩或大直径钻孔灌注桩时，应优先采用一柱一桩；若是小直径桩或预制桩，则布置成多桩承台支持立柱。立柱（桩）承载力经计算不足时，应增加临时立柱（桩）。在部分无工程桩的部位可加设临时立柱桩，其平面布置应尽量避开主次梁并作好穿越基础时的防水处理。另外，还可以将上部荷载通过与地下墙相连的临时斜撑传到地下墙，由地下墙直接承重。

在 20 世纪 60 年代前支持上部荷载多采用临时立柱（桩），近年来，随着施工技术的不断完善，则转向以工程桩承载为主；地下墙承重时需对其进行加固补强和安装斜撑，增加了工程费用，故在大规模工程中不宜采用。

（二）中柱采用钻孔桩施工

为确保中柱施工质量达到设计要求，同时确保施工人员的操作安全，施工前安排了以下施工工艺流程：测量放线→钻孔成孔→下钢筋笼及钢套管→灌基桩混凝土→钻芯、抽泥浆→凿杯口混凝土→注浆→安装定位器→下钢管柱→上口固定→浇杯口混凝土→浇钢管柱混凝土→钢套管回收灌砂。

1. 测量放线

在中桩东西和南北方向各设 2 点挂线对中，按中心点将设备就位。水平位置偏差控制在 2 cm 以内。

2. 钻孔成孔

采用泵吸反循环成孔和悬挖钻成孔方式。主要质量要求：孔径不得小于 φ 1 500，孔底要钻入卵石层 50 cm 以上、垂直度偏差要保证在 1 / 100 以内。

3. 下钢筋笼及套管

按设计要求提前加工好 13 m 钢筋笼运到现场后，需要和套管焊牢，用吊车分两次将钢筋笼和套管包括注浆管下到孔内，将上口调中并固定牢固。要求焊接时保证套管与钢筋笼的同轴度，而且套管安装要严密，防止漏水。特别是将钢筋笼及套管下到孔底后，先将孔口重新调整中心后，才能将上口固定。

4. 灌注混凝土（基桩）

水下灌注混凝土主要应控制好拔导管的时间，同时混凝土的塌落度应保证在 18 ~ 20 cm 。灌注深度应保证将导管埋入 1.5 ~ 2 m，必须连续灌注到规定的桩长。

5. 钻芯、抽泥浆

灌注水下混凝土 7 h 以后开始下入 φ 600 钻头将杯口混凝土中心部分钻出。要注意钻孔中心基本准确，钻孔深度不得超过定位器基面。钻芯完成后，用深井泵将套管内泥浆抽出。

6. 凿杯口混凝土

要求保护好注浆管，按规定标高完成。

7. 注浆

采用高压注浆泵将搅拌好的浆液通过注浆管向桩底注入，主要解决灌注桩桩底浮碴不密实问题，使其空隙用浆液填充以满足沉降量在 2 cm 以内的要求。

8. 安装定位器

将预加工好的定位器，用膨胀螺栓安装在规定的混凝土基面上，定位器安装的质量是中桩施工的关键，因此要求定位器除按规定高程及中心固定外，还应注意定位器必须与基面牢固，基面不得存泥水，定位器底部应砂浆饱满。

9. 下钢管柱

吊装钢管柱前应先检查钢管柱型号是否对应，基面是否存有杂物。钢管柱下到孔底后，经过复测高程合格后才算完成。

10. 上口固定

将钢管柱按测定的中心定位、固定牢固。

11. 浇筑杯口混凝土

用专用导管沿套管和钢管柱之间插入到孔底灌注混凝土。深度控制在 1.5 m。

12. 灌注钢管柱混凝土

灌注前应先检查一下钢管柱固定是否牢固，孔内不得有泥水或杂物。灌注必须一次完成。

13. 钢套管回收灌砂

此工序先采用竖向顶升的办法，即用油压千斤顶沿垂直方向向上顶进，当顶力小于 10 t 时，即可改用倒链或吊车拔管，在拔管的同时随拔随向套管内灌砂。

中柱采用钢管柱施工工艺流程图见图 2.3.1 所示。

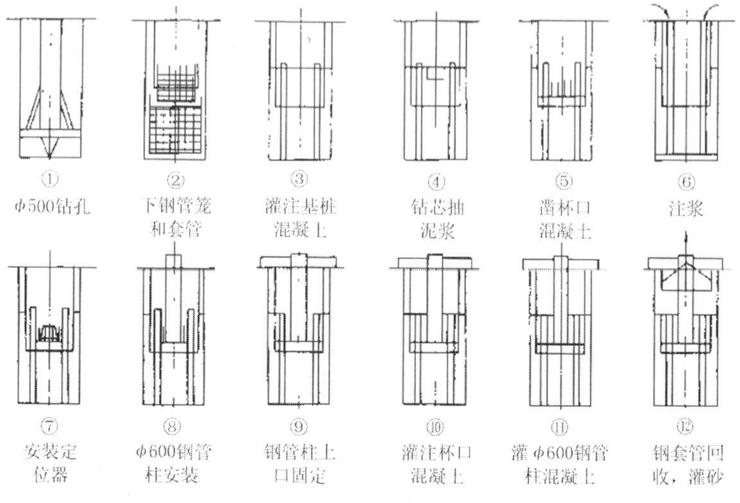

图 2.3.1　钢管柱施工工艺流程图

在泥浆护壁下用反循环或正循环潜水电钻钻孔时(图 2.3.2)。顶部要放护筒。钻孔后吊放钢管,钢管的位置要十分准确,否则与上部柱子不在同一垂线上对受力不利,因此钢管吊放后要用定位装置调整其位置。钢管的壁厚按其承受的荷载计算确定。利用导管浇筑混凝土,钢管的内径要比导管接头处的直径大 50 ~ 100 mm。而用钢管内的导管浇筑混凝土时，超压力不可能将混凝土压上很高，所以钢管底端埋入混凝土不可能很深,一般为 1 m 左右。为使钢管下部与现浇混凝土柱能较好地结合,可在钢管下端加焊竖向分布的钢筋。混凝土柱的顶端一般高出底板面 30 mm 左右,高出部分在浇筑底板时将其凿除,以保证底板与中间支承柱连成一体。混凝土浇筑完毕吊出导管。由于钢管外面不浇筑混凝土,钻孔上段中的泥浆需进行固化处理。以便在清除开挖的土方时,防止泥浆到处流淌、恶化施工环境。泥浆的固化处理方法是在泥浆中掺入水泥形成自凝泥浆,使其自凝固化。水泥掺量约 10%,可直接投入钻孔内,用空气压缩机通过软管进行压缩空气吹拌,使水泥与泥浆很好地拌和。

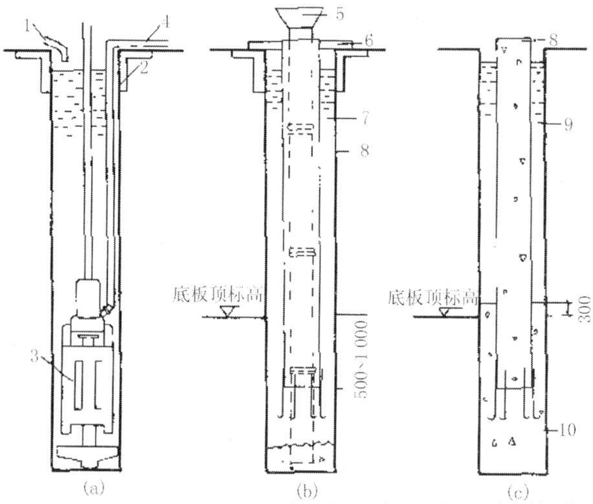

(a) 泥浆反循环钻孔　(b) 吊放钢管、浇筑混凝土　(c) 形成自凝泥浆

1—补浆管;2—护筒;3—潜水电钻;4—排浆管;5—混凝土导管;6—定位装置;
7—泥浆;8—钢管;9—自凝泥浆;10—混凝土桩

图 2.3.2　泥浆护壁用反循环钻孔灌注桩施工方法浇筑中间支承柱

(三) 中柱采用套管式灌注桩

中间支承柱也可用套管式灌泞桩成孔方法（图 2.3.3），它是边下套管边用抓斗挖孔。由于有钢套管护壁,可用串筒浇筑混凝土,也可用导管浇筑,要边浇筑混凝土边上拔钢套管。支承柱上部用 H 型钢或钢管,下部浇筑成扩大的桩头,混凝土柱浇至底板标高处,套管与 H 型钢间的空隙用砂或土填满,以增加上部钢柱的稳定件。中间支承柱也有用挖孔桩施工方法进行施工的。

有时中间支承柱用预制打入桩(多数为钢管桩),则要求打入桩的位置十分准确,以便处于地下结构柱、墙的位置,且要便于横向结构的连接。

(四) 支柱桩正确定位

逆作法施工时,支承垂直力的是由工程桩接高的型钢支柱,将来在立柱外再包裹混

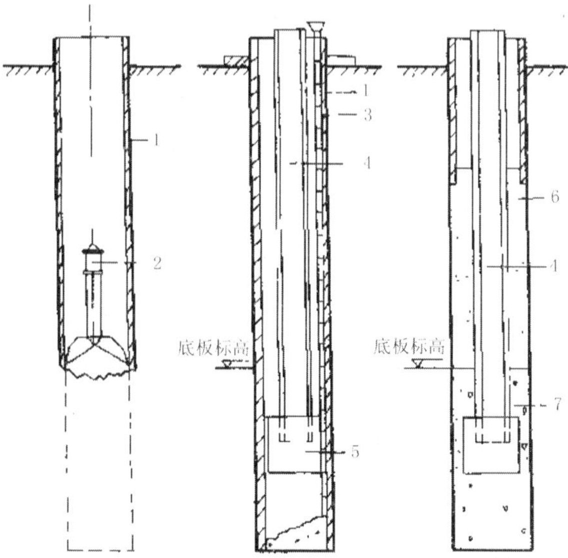

(a) 成孔 (b) 吊放H型钢、浇筑混凝土 (c) 抽套管、填砂

1—套管;2—抓斗;3—混凝土导管;4—H 型钢;5—扩大的桩头;6—填砂;7—混凝土柱

图 2.3.3 中间支承柱用大直径管套式灌注桩施工

凝土作正式地下室柱，所以其轴线位置与垂直度必须正确,要求偏差在 20 mm 以内,否则会影响正式工程柱子位置的正确性,这在施工工程桩时,就要特别注意提高精度,立柱要按下部工程桩的种类、设计专用定位器与采取定位措施,如钻孔灌注桩要适当扩大钻孔,钢筋笼固定立柱要全方位测量垂直定位下放，再用支架临时固定后浇灌混凝土。如果是大口径钢管桩,可以在孔内埋设导向定位锚板,测量控制垂直度,再用支架临时固定后浇灌锚固混凝土。

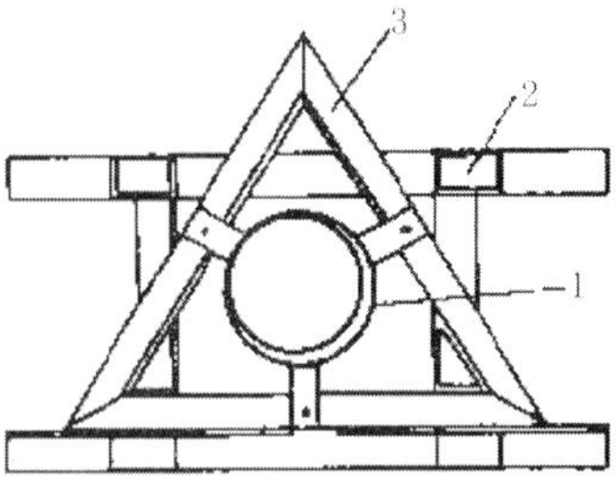

1—钢管立柱;2—井字架;3—三脚架

图 2.3.4 钢管立柱定位器

立柱施工的精度：在逆作法施工时，立柱承受的荷载通过下部的工程桩传入地基上,将来立柱外包混凝土作主体结构柱。所以其轴线位置与垂直度必须正确。通常,立柱轴线偏差 20 mm,垂直度应小于 1 / 300,否则将影响结构柱位置的准确性。图 2.3.4 为安装钢管立柱时的定位器。

三、沉降差控制

(一) 基坑开挖对立柱桩竖向位移的影响

逆作法施工期间,基坑开挖土体应力释放,坑内土体回弹,带动立柱桩上移;地下室及上部结构施工后,桩身承担的向下荷载增加。整个过程中,桩身所承受的荷载包括桩身自重、上部外荷载、正摩阻力、负摩阻力、桩端阻力,这些力共同作用的结果,使桩发生沉降与抬升的变形。

上述变形过程是一个复杂的受力过程,为分析方便,可将桩身受力分成两部分,即不考虑桩身自重及上部外荷载的作用与只考虑桩身自重及上部外荷载的作用，然后运用叠加原理求得基坑开挖对立柱桩竖向位移的影响结果。

不考虑桩身自重及上部外荷载的作用时，桩好像“浮”在土中。基坑开挖后，坑底应力释放，坑内土体回弹，带动立柱桩上移，桩身上部承受向上的正摩阻力作用，桩被抬升；桩身下部土体阻止桩的上移，对桩产生向下的负摩阻力，正负摩阻力最终达到平衡。桩在正、负摩阻力的作用下，产生弹性伸长。

下部土体对桩产生向下的负摩阻力，有反作用力。桩对下部土体有向上的作用力，致使桩周与桩端土体垂直应力减小，导致桩端土体应力释放，产生隆胀，桩也随之上升。图 2.3.5 为桩周及桩端土应力减小状况的示意图。其中，1 区为桩周土体应力减小，2 区为桩端土体应力减小。

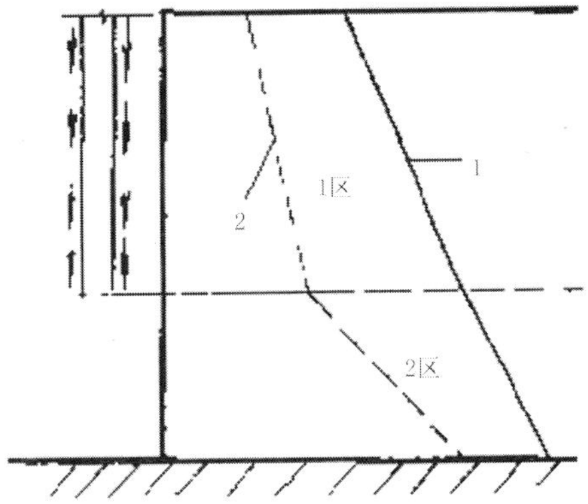

1—初始应力；2—减小后的土体应力

图 2.3.5　负摩阻力引起土体应力减小

从上述分析可看出，基坑开挖应力释放引起桩的上移是由桩身弹性伸长及桩端土体隆胀两部分组成。桩端土体受力状态与基坑坑底处应力释放导致坑底回弹相类似，因此，桩随桩端土体隆胀的上升量。可采用关于坑底隆起回弹计算公式；桩身弹件伸长则可由应力应变关系求得。

逆作法是先施工地下室楼板与上部结构，后施工基础大底板，所以工程桩在施工前期部分受力部分不受力，因此，各根立柱桩会有沉降产生，如果各根立柱之间或立柱与地下墙之间有较大的沉降差，已浇筑的楼板与梁系就会产生裂缝，危及正式结构的安全。以往的逆作法施工之所以不能从试验研究推广到大型工程，主要难点就是变形控制无法把握。在施工期间要注意观察中间支承柱的沉降和升抬的数值。由于上部结构的不断加荷，会引起中间支承柱的沉降；而基础土方的升挖，其卸载作用又会引起坑底土体的回弹，使中间支承柱升抬。要求事先精确地计算确定中间支承柱最终是沉降还是升抬以及沉降或升抬的数值目前还有一定的困难。现在随着计算机技术的发展，变形控制能够把握，在一些成功的工程案例中，采取的措施主要有以下两条：

1. 设定工况并计算沉降

逆作法施工顺序是事先设定的，在挖土各个阶段，立柱与地下连续墙受力可以正确计算，按荷载与地基桩与地质指标进行沉降估算。各立柱与地下墙相邻沉降计算差值应当满足结构设计要求，其沉降差一般按结构允许可以定为 10 ~ 20 mm，如上海恒积大厦工程沉降差 < 20 mm、上海明天广场工程沉降差 < 10 mm。

2. 施工动态控制

岩土力学的计算与实际相差很大，因此保证结构安全是信息化施工的重要任务。对地下墙、立柱桩、垂直与水平变形、地下水位、挖土工况条件等要全面进行监测，根据实测结果再按实际工况来反算土体力学参数，修正下一步工况计算，当出现相邻柱间沉降差超过报警值时，可以采取停止上部结构施工、局部放慢或加速挖土、个别地方可采取注浆和加固等措施，这些措施在很多工程中都实施过。实践证明，动态控制可以保证沉降差在一定范围之内的要求。

只考虑桩身自重及上部外荷载作用下产生沉降的理论已比较成熟，容易求得位移计算结果。运用叠加原理可以得到，在逆作法施工期间，基坑开挖应力释放与桩身自重及上部外荷载共同作用时，立柱桩竖向位移是由桩身弹性伸长、桩端土体隆胀及在竖向向下荷载作用下桩的位移三部分组成的。当向下所施加的荷载大于释放应力对桩的抬升作用时，桩则表现为沉降；否则桩将被抬升。

（二）立柱桩沉陷差异控制

立柱桩在上部荷载及基坑开挖土体应力释放的作用下，发生沉降与抬升，同时立柱桩承载的不均匀，增加了立柱桩间及立柱桩与地下墙之间产生较大沉降差的可能，若差异沉降过大，将影响结构安全。立柱桩之间及立柱桩与地下墙之间的差异沉降不宜大于20 mm，且不宜大于1/400柱距。因此，控制整个结构的不均匀沉降是逆作法施工的关键技术之一。目前事先精确计算立柱桩在底板封底前的沉降抬升量还有一定困难，完全消除沉降差也是不可能的，但可以通过采取措施，减小沉降差。

桩上界面的摩阻力会直接影响立柱桩的抬升，因此可通过降低桩上部摩阻力来减小基坑开挖对立柱桩抬升的影响。如在桩身表面涂布沥青或沥青质材料等，这样虽对桩的承载力有一定影响，但对减小相邻立柱桩的沉降差十分有效。

坑底隆起对立柱桩的抬升影响很大，减小坑底隆起，可以降低这种影响。因此可采用的方法有：基坑内增设支撑，增加支撑刚度，及时预加压力；合理确定地下连续墙的刚度和入土深度；坑内外进行地基土加固等。另外，设计合理的桩径、桩型、桩长，也有利于减少坑底隆起。

按照施工工况对立柱桩及地下连续墙进行沉降估算，协调基坑开挖与在桩上施加荷载，使立柱与地下连续墙沉降差满足结构设计要求。

考虑增大立柱桩的承载力来减小沉降。如桩底注浆、增大桩径及桩长、选定高承载力的桩端持力层等。

可使立柱桩与地下连续墙处在相同的持力层上或增加边桩以代替地下连续墙承载。

使立柱之间及立柱与地下连续墙之间形成刚性较大的整体，共同协调不均匀变形。如在柱间及柱与地下连续墙之间增设临时剪刀撑或尽早完成永久墙体结构等。

加强对柱网及地下连续墙沉降观测，运用反分析法预测立柱桩可能发生的沉降，当出现相邻柱间沉降差超过要求时，立即采取措施，暂停上部结构继续施工，局部节点增加压重，局部加快或放慢挖土。

立柱（桩）是支持上部荷载作用的主要受力构件，具有结构承重、抑制基坑隆起的作用。施工时应严格按设计要求进行，保证其质量。

封闭式逆作法地上施工层数的确定主要取决于立柱和立柱桩，承载力大，地基强度高，底板封底前地上可施工层数增多。

逆作法施工中，立柱之间及立柱与地下墙之间易产生沉降差，但通过采取施工措施，可减小沉降差。

四、逆作法施工中的挖土技术

（一）土方外运

挖土是逆作法施工的重要环节。有顶盖的地下室挖土难度较大，周期长，不仅是影响工期的关键因素，而且挖土是产生变形的主要原因，也是施工安全的关键。一般逆作法施工工程挖土均采用 0.4 ~ 0.15 m^3 小型挖土机与人工挖土相结合、地下水平运输采用人力拖车运输到出土孔下，出土吊运由专门设计的土方吊运设备完成，再由卡车运出工地。这种运土设备每个出土孔每晚可出土 300 m^3，这中间挖土工序必须预先设计作业图，由信息化施工统一控制挖土位置与速度，可以极大地提高挖土效率。

逆作法施工土方外运由于从当地的实际条件出发，并不完全从逆作法理论上去安排 ± 0.00 为分界线，而是根据工程特点、业主要求，以合理为原则，也有以地下室一层底作为向上下施工的分界线的，其施工的基本顺序的最大优点是第一层土方可以大开口挖土、施工效率较高。第一层地下室一般深度 4 m 左右。这时地下室外墙（地下连续墙）是悬臂受力，可以采取盆式挖土的方法，以保留墙边土体的方式达到控制土体变形与减少悬臂弯矩的目的。当地面楼板浇捣后，再对称挖除地下墙边斜坡土并及时浇筑垫层与第一层地下空底板，当形成二层楼板加外墙、中柱的箱形结构后，上部结构与地下室就可以同时向上下两个方向施工，因为此时结构有了巨大的刚度，比较容易控制变形，可以保证施工安全。土方开挖施工必须预先考虑。施工顺序各工况图解见图 2.3.6。

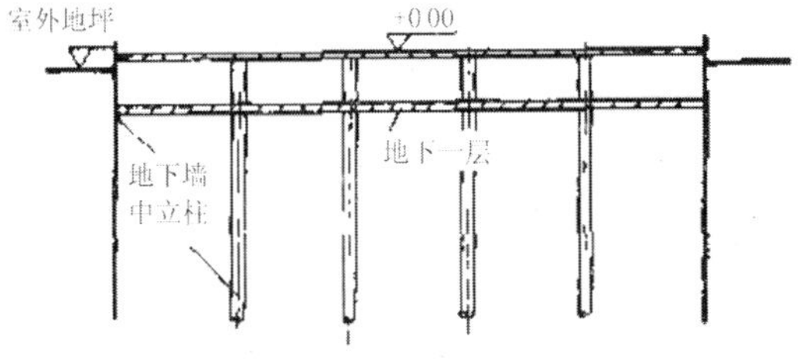

（a）施工地下一层楼板

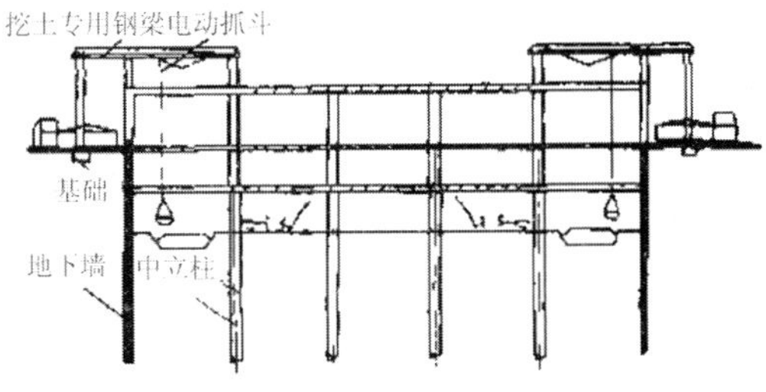

（b）施工上部一层结构、地下二层挖土

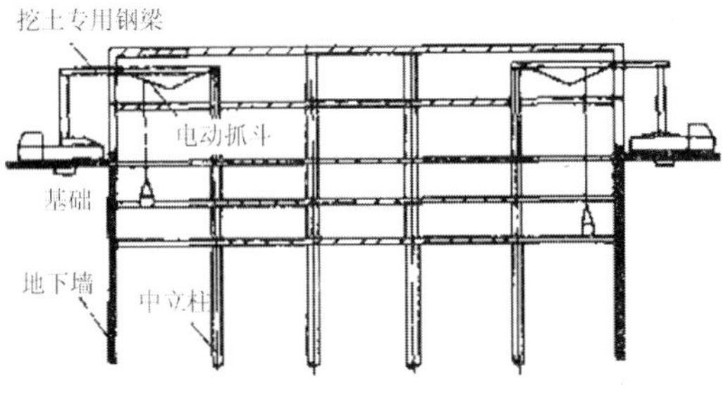

（c）上部二层结构施工、地下二层浇板

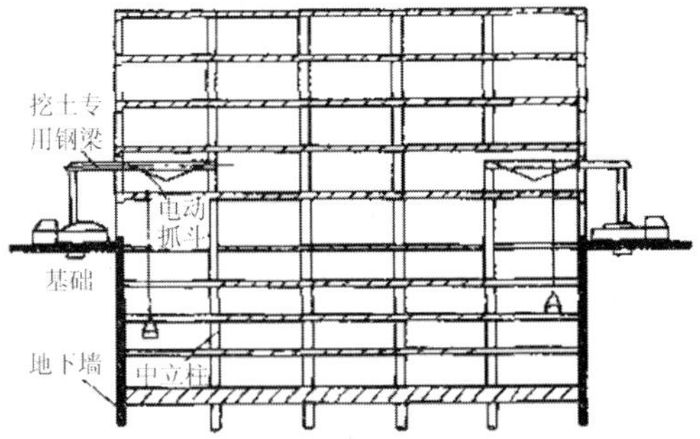

（d）完成底板浇筑

图 2.3.6　土方外运图

（二）垂直运输孔洞的留设

逆筑法施工是在顶部楼盖封闭条件下进行，在进行地下各层地下室结构施工时，需进行施工设备、土方、模板、钢筋、混凝土等的上下运输，所以需预留几个上下贯通的垂直运输通道。为此,在设计时就要在适当部位预留一些从地面顶层直通地下室底层的施工孔洞。也可利用楼梯间或无楼板处作为垂直运输孔洞。出土口的数量,主要取决于土方开挖量、工期和出土机械的台班产量。其计算公式如下:

$$n = k\frac{V}{TW} \tag{2.3.1}$$

式中 n —— 出土口数量;

k —— 其他材料、机械设备等通过出土口运输的备用系数,取 1.2 ~ 1.4;

V —— 土方开挖量(m^3);

T ——挖土工期(d);

W ——出土机械的台班数量(m^3/d)。

垂直运输孔洞经计算决定一般不少于两个。

(三) 坑内降水

深基坑施工在有地下水地区必须降水, 挖土 10 ~ 20 天前必须先采取坑内降水,而逆作法施工更加重要。软土地基在降水后,土性指标会大大提高,不仅能提高人员与机具在地下施工安全与效率,而且也是地下室楼板支模之必需,所以挖土以前要安排足够的井点抽水。一般现有深井井点降水面积约 150 m^2/根,逆作法施工用深井点,其位置要事先设计,包括井深、滤管埋深及深井井点数量等。施工时不能与结构梁相交,以避免给结构施工带来麻烦。以深井降水实施要动态控制,水位要定时观测,应始终让水位控制在挖土面以下 1.5 m 左右。

(四) 地下通风、用电和照明设施

逆作法施工在土方开挖中一定要设地下通风、用电和照明措施。

通风、照明和用电安全是逆作法施工措施中重要的组成部分。这方面稍有不慎将会酿成事故,给工程施工带来严重影响,必须予以充分注意。

在浇筑地下室各层楼板时,按挖土行进路线应预先留设通风口。根据柱网轴线和实际送风量的要求,通风口间距控制在 8.5 m 左右。随着地下挖土工作面的推进,当露出通风口后即应及时安装大功率涡流风机,并启动风机向地下施工操作面送风,将清新空气向各送风口输送,经地下施工操作面再从两个取土孔中流出,形成空气流通循环,保证了施工作业面的安全。地下施工动力、照明线路设置了专用的防水线路,并埋设在楼板、梁、柱等结构中。专用的防水电箱应设置在柱上,不得随意挪动。随着地下工作面的推进,电箱至各电器设备的线路均需采用双层绝缘电线,并架空铺设在楼板底。施工完毕应及时收拢架空线,并切断电箱电源。在整个土方开挖施工过程中,各施工操作面上均需派专职安全巡视员监护各类安全措施和检查落实。

五、地下室结构浇筑

由于逆作法施工,其地下室的结构节点形式与常规施工法有着较大的区别。根据逆作法的施工特点,地下室结构不论是哪种结构形式都是由上而下分层浇筑的。地下室结构的浇筑方法有两种。

(一) 利用土模浇筑梁板

对于地面梁板或地下各层梁板,控制其设计标高后,将土面整平夯实,浇筑一层厚约 50 mm 的素混凝土(土质好抹一层砂浆也可),然后刷一层隔离层,即成楼板模板。对于梁模板,如土质好可用土胎模,按梁断面挖出槽穴[图 2.3.7(b)]即可,如土质较差可用模板搭设梁模板[图 2.3.7(a)]。

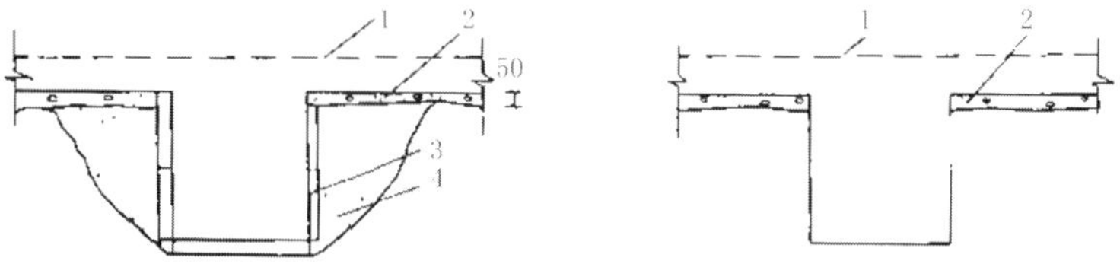

(a)梁模用土胎模　　(b)用钢模板组成梁模

1—楼板面;2—素混凝土层与隔离层;3—钢模板;4—填土

图 2.3.7　逆作法施工时的梁、板模板

安装于柱头模板如图 2.3.8 所示。施工时先把柱头处的土挖出至梁底以下 500 mm 左右处,设置柱子的施工缝模板,为使下部柱子易于浇筑,该模板宜呈斜面安装,柱子钢筋通穿模板向下伸出接头长度,在施工缝模板上面安装柱头模板并与梁板相连接。如土质好柱头可用土胎模,否则就用模板搭设。下部柱子挖出后搭设模板进行浇筑。

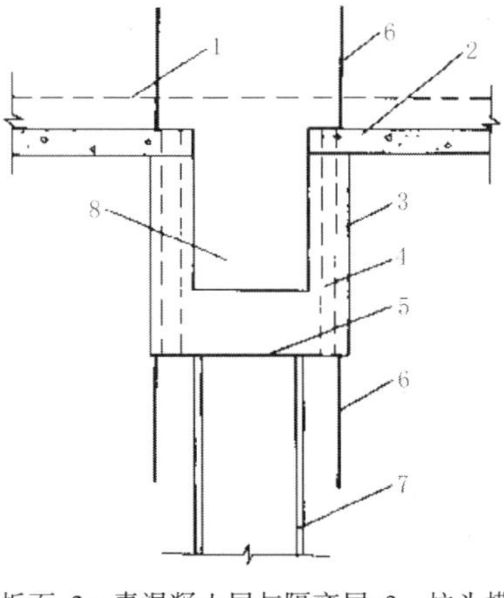

1—楼板面;2—素混凝土层与隔离层;3—柱头模板;4—预留浇筑孔;5—施工缝;6—柱筋;7—H 型钢;8—梁

图 2.3.8　柱头模板与施工缝

施工缝处的浇筑方法,国内外常用的方法有直接法、充填法和注浆法三种。

直接法如图 2.3.9(a)所示。即在施工缝下部继续浇筑混凝土时, 仍然浇筑相同的混凝土,有时添加一些铝粉以减少收缩。为浇筑密实可做出一假牛腿, 混凝土硬化后可凿去。

充填法如图 2.3.9(b)所示。即在施工缝处留出无填接缝,待混凝土面处理后,再于接缝处充填膨胀混凝土或无浮浆混凝土。

注浆法如图 2.3.9(c)所示。即在施工缝处留出缝隙,待后浇混凝土硬化后用压力压入水泥浆充填。

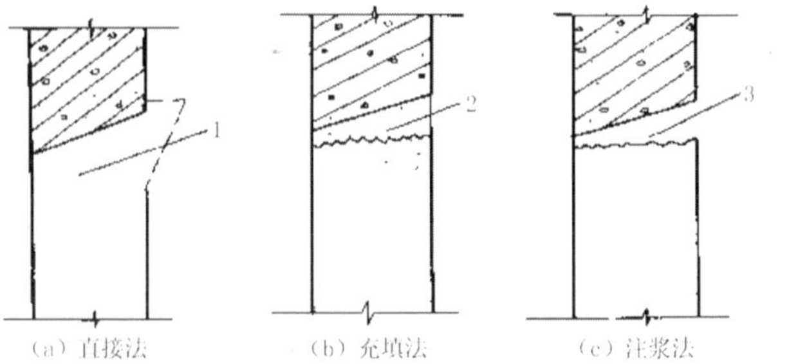

1—浇筑混凝土;2—充填无浮浆混凝土;3—压入水泥浆

图 2.3.9　上下混凝土连接

在上述三种方法中,直接法施工最简单,成本也最低。施工时可对接缝处混凝土进行二次振捣,以进一步排除混凝土中的气泡,确保混凝土密实和减少收缩。

(二) 利用支模方式浇筑梁板

用此法施工时,先挖去地下结构一层高的土层,然后按常规方法搭设梁板模板,浇筑梁板混凝土,再向下延伸竖向结构(柱或墙板)。为此,需解决两个问题,一个是设法减少梁板支撑的沉降和结构的变形,另一个是解决竖向构件的上、下连接和混凝土浇筑。为了减少楼板支撑的沉降和结构变形,施工时需对土层采取措施进行临时加固。加固的方法有:可以浇筑一层素混凝土,以提高土层的承载能力和减少沉降,待墙、梁浇筑完毕,开挖下层土方时随土一同挖去,这就要额外耗费一些混凝土;另一种加固方法是铺设砂垫层,上铺枕木以扩大支承面积(图 2.3.10),这样上层柱子或墙板的钢筋可插入砂垫层,以便与下层后浇筑结构的钢筋连接。有时还可用吊模板的措施来解决模板的支撑问题。

至于逆作法施工时混凝土的浇筑方法,由于混凝土是从顶部的侧面入仓,为便于浇筑和保证连接处的密实性,除对竖向钢筋间距适当调整外,构件顶部的模板需做成喇叭形。

由于上、下层构件的结合面在上层构件的底部,再加上地面土的沉降和刚浇筑混凝土的收缩,在结合面处易出现缝隙。为此,它在结合面处的模板上预留若干压浆孔,以便用压力灌浆消除缝隙,保证构件连接处的密实性。

(三) 墙梁、柱梁的节点施工

先在中柱桩预留的钢圈上与地下连续墙上顶留的埋件上分别焊上钢板,并在钢板上再焊上钢筋,然后绑扎梁的钢筋,浇捣混凝土。待基础大底板完成后,再浇筑外包复合柱和梁墙的混凝土(见图 2.3.11)。

复合柱、墙与梁的节点是当模板垫层

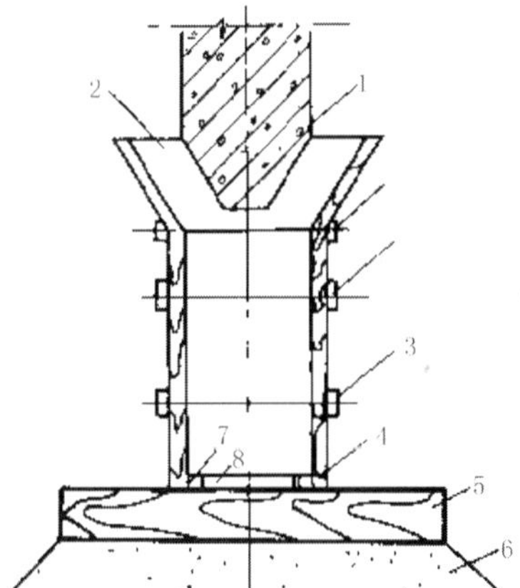

1—上层墙;2—浇筑入仓口;3—螺栓;4—模板;5—枕木;6—砂垫层;7—插筋用木条;8—钢模板

图 2.3.10　墙板浇筑时的模板

完成后，先按施工固定出柱、墙的竖向主筋位置，然后将主筋穿透垫层再按设计的搭接倍数长度插入土中。地下连续墙与地下结构的楼层梁连接当采用刚性接头，连接时见图 2.3.12 所示。采用铰接接头连接时，见图 2.3.13 所示。

从这些节点构造与施工顺序中可见，一般横向构件先浇筑完成，竖向构件再分二次完成，因此施工中预埋件位置必须正确完好，后续焊接必须牢靠。后浇混凝土要采取可靠措施，做到密实无收缩裂缝，这些都是逆作法在地下结构施工中必须要采取的技术措施。

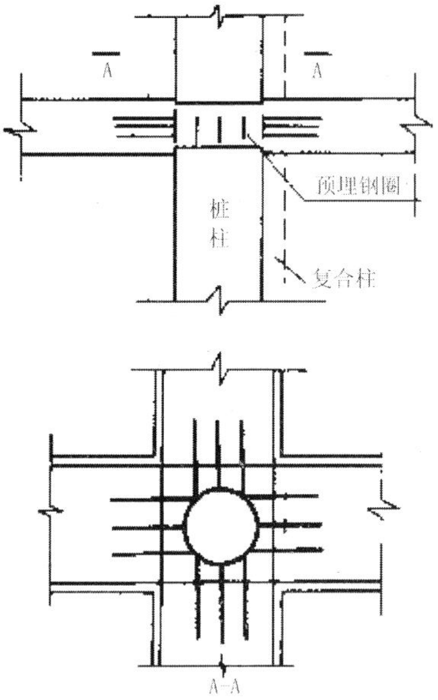

图 2.3.11　梁与复合柱连接

（四）柱桩与底板连接

逆作法的基础底板，在逆作期间须对基坑的围护桩（墙）起水平支撑作用，当地下室有不同的底板标高时，应加强底板的整体水平刚度。并使底板与地下室柱子之间连接成整体。当底板为筏形基础时，应使柱子的轴力传给筏板，如图 2.3.14(a)和图 2.3.14(b)所示；当地下室基础为一柱一桩式基础时，底板应起拉结和围护作用，如图 2.3.14(c)所示；当地下室基础为群桩基础时，宜在与底板相交的钢管外围焊接钢板传力环，如图 2.3.14(d)所示。

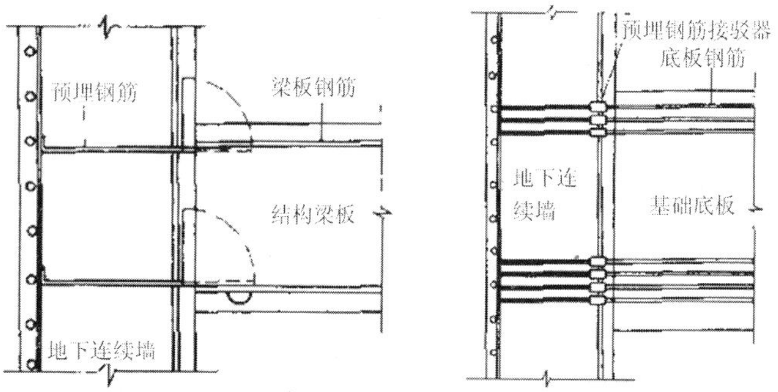

(a) 预埋钢筋连接　　(b) 钢筋接驳器连接

图 2.3.12　刚性接头连接构造简图

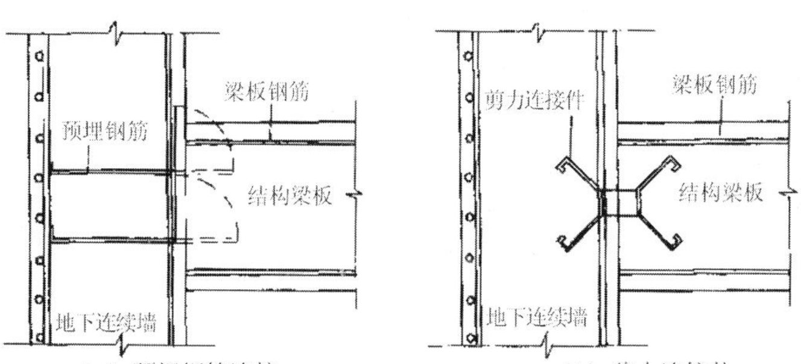

(a) 预埋钢筋连接　　(b) 剪力连接件

图 2.3.13　铰接连接接头构造简图

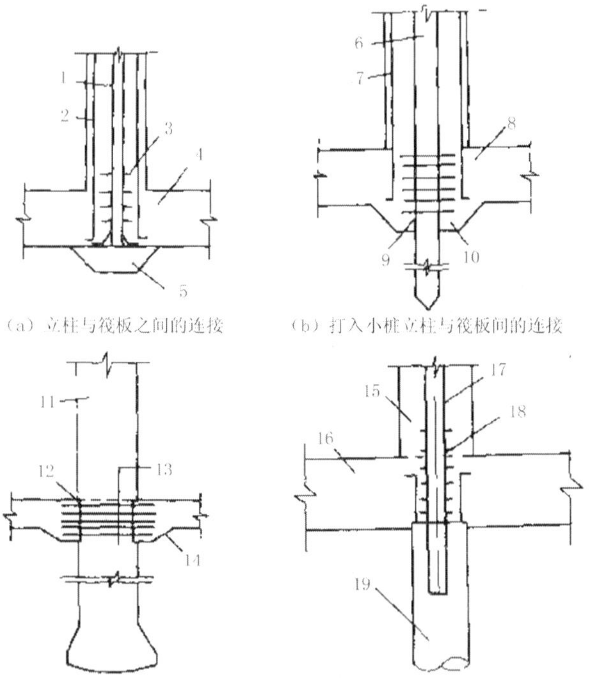

(a) 立柱与筏板之间的连接 (b) 打入小桩立柱与筏板间的连接

(c) 大直径桩与底板间的连接 (d) 钢管混凝土与底板及灌注桩之间的连接

1—钢管立柱；2—柱主筋；3—立柱焊传力环；4—筏板；5—临时基础；6—打入小桩；7—柱主筋；8—筏板；9—桩身打毛；10—底板局部加厚；11—挖孔桩；12—桩身打毛；13—桩中预埋拉结筋；14—底板局部加厚；15—外包混凝土；16—底板；17—钢管混凝土立柱；18—传力环；19—灌注桩

图 2.3.14　基础底板与柱、桩的连接

（五）其他

1. 当地面建筑为钢结构时，地下部分宜采用钢筋混凝土或劲性钢筋混凝土结构。若地下室内部采用钢柱和钢梁时，可利用钢柱作为临时立柱，利用钢梁作水平支撑，钢柱与钢梁间的节点构造与上部钢结构相同，并做好钢柱与底板之间的连接。

2. 若在地下施工期还要进行地上建筑部分层数的施工时，临时立柱宜用钢管混凝土柱，地上建筑底部几层的柱子宜用以钢管混凝土为核心的叠合柱，如图 2.3.15 所示。

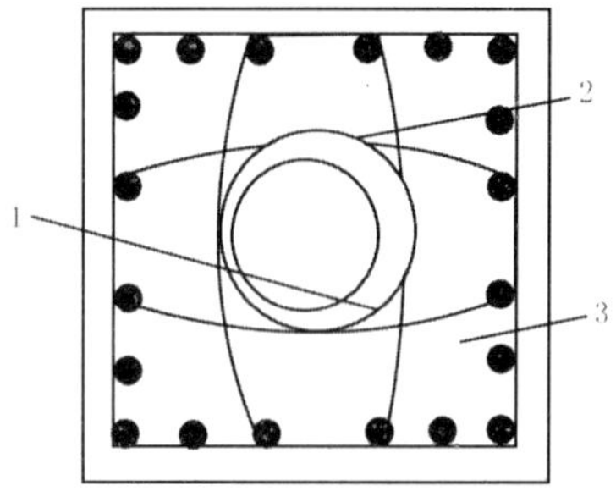

1—钢管；2—箍筋与钢管焊接；3—外包混凝土

图 2.3.15　钢管混凝土叠合柱

3. 当地上建筑设变形缝时，地下建筑宜不设变形缝，对于超长的外露构件，应适量增设抵抗温度应力的构造钢筋或设置间隔时间较短的后浇带。对于地下室必须设置沉降缝的基坑，应在沉降缝处的水平支撑传力节点处设置传力构造装置。

六、逆作法施工中改进与完善的几项技术

1. 成孔桩及钻孔桩的改进

当中桩施工完成之后，如发现套管垂直度偏差较大，有不能安装钢管柱的情况。其

主要原因是基桩按国家规范规定垂直度允许偏差是 1 / 100，而设计要求钢管柱安装垂直度允许偏差是 1 / 600。由于精度不一样给钢管柱安装带来困难,施工时要组织有关单位研究控制钻孔偏差的措施,根据不同的打孔设备制定了相应的防斜措施。例如,对于旋挖钻成孔方式钻孔的改进措施是钻机对中后,检查机台是否水平,钻杆是否垂直;下孔钻孔完成后,测量成孔垂直情况,发现孔斜超标立即纠偏;钻进时少钻、勤提,避免钻机机台下沉。对于泵吸反循环钻孔方式改进措施是设备安装时保证转盘水平。遇卵石层控制钻速钻石。同时下完钢筋笼及套管后加强对套管检测,使其垂直定位。

由于采取了以上一些纠偏措施及时控制了中桩的垂直度偏差，使钢管柱安装顺利完成。

2. 钢筋笼施工的改进

根据设计要求，中桩下部例如是的 Φ1 500 基桩混凝土中设置钢筋笼直径应小 130 mm，与 Φ1 200 钢套筒焊接共同入孔，为确保中桩上部钢管柱安装垂直度满足设计要求,应该将基桩钢筋笼的直径缩小到 Φ1 272,以利在成孔中钢套管垂直度的调整。

3. 定位器安装的改进

原中桩底部定位器一般是由工字钢组成,重量较大,操作安装较困难,目前经改进用钢板代替工字钢既节约了钢材也方便了施工。如图 2.3.16 所示。

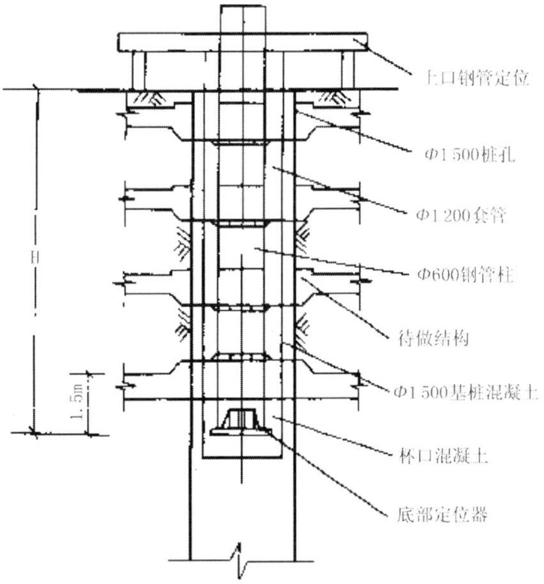

图 2.3.16　中桩施工定位器安装

钢管混凝土柱可调定位底座见图 2.3.17,它必须满足制作简单、安装方便、安装精度能满足钢管安装时要求的平整度和标高精度的要求，具有足够的强度承受施工荷载的作用。

为满足底座轴线定位和标高精度,且在桩孔内易于定位调整和控制的要求,可调定位底座的螺栓和底座设计见图 2.3.18 和图 2.3.19。

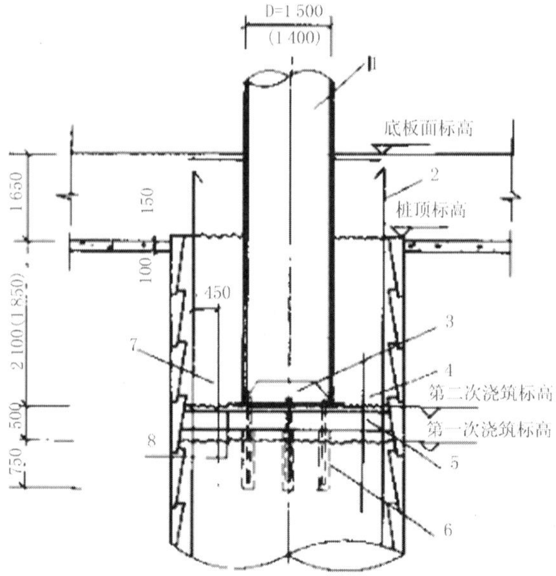

1—钢管;2—桩纵筋;3—十字加强肋板与圆形侧板焊接;4—钢管就为后浇筑（C35 混凝土）;5—安装钢管底座后浇筑（C40 混凝土）;6—预埋定位调节螺栓（3Φ40）;7—预埋插筋（Φ28@400，L = 2 000 mm）;8—钢筋网 2 层(Φ16@150 × 150)

图 2.3.17　钢管管脚构造大样

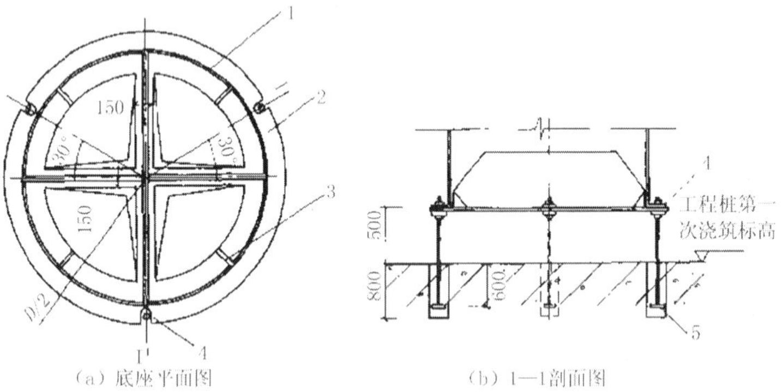

1—柱底座圆形侧板(厚 24 mm);2—定位器底座(24 mm 厚钢板)在定位调节螺栓位置开 U 形口;3—4 件加强肋板(20 mm × 100 mm × 100 mm);4—钢管柱底座定位调节螺栓 3Φ40(在桩芯内预留 3Φ150、深 800 mm 的二次注浆孔);5—3Φ40 螺栓下 180 × 100 垫块

图 2.3.18　钢管可调定位底座示意图

（1）为满足底座安装时的强度、稳定性要求，采用 3Φ40 螺栓与底座底板连接。

（2）为方便底座的定位和加大底座的轴线定位可调整范围，底座与螺栓连接点，设在底座板外边缘。且底座板开口做成 U 形，并加大开口深度和宽度至 100 mm × 100 mm。

（3）3Φ40 螺栓顶部与底座连接上下均采用螺母加垫板。下螺母及垫板可调节底座水平标高，三点确定一个平面，保证底座平面的水平和标高控制，上螺母及垫板可固定底座，保证底座二次灌浆时其定位不变。

（4）垫板规格为 180 mm × 100 mm × 30 mm，由于垫板中间开孔削弱了抗剪能力，为

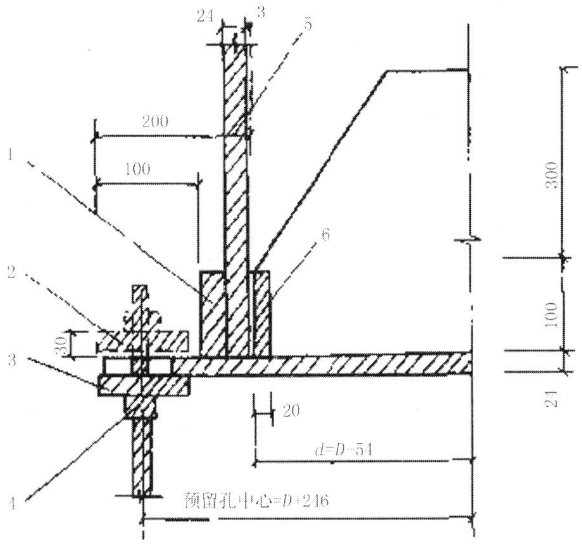

1—钢管端部加强肋板；2—上垫板（1 800 mm × 100 mm × 30 mm）；3—下垫板（1 800 mm × 100 mm × 30 mm）；4—Φ40 螺母；5—钢管管壁；6—十字形导管位板

图 2.3.19　底座节点图

确保在未浇筑柱脚混凝土前有足够强度支承底座和安装时的施工荷载，上下垫板均应采用加厚的垫板。

（5）底座采用 24 mm 厚 16 Mn 钢板制作，为保证混凝土的施工质量，方便底座下混凝土浇注，底座底面中间开孔。

（6）底座钢管导位侧板采用制作容易，有利于安装就位作业的十字形导位板，对 100 mm 高圆形定位侧板另加 4 块三角形竖向加强肋板，以加强侧板刚度。

4. 拔套管方法的改进

钢管柱安装过程是在套管的保护下完成的。当安装钢管柱的各工序完成后，垂直拔出套管。如果竖向提升套管时摩阻力很大，拔管很困难，可采用法兰加斜托板、外法兰包铁皮、拔管前用水冲管等措施降低套管摩阻力，可以收到较好的效果。

5. 注浆工序的改进

根据设计要求，在开工前可作中桩荷载试验，通过试验决定在中桩基底注浆，以提高桩端承载力。但注浆管的安装位置及何时注浆经过实践才会有正确的认识。开始是将四根注浆管单根下到孔内，由于位置不易准确钻芯工序对注浆管损坏严重，后改为将注浆管在钢筋笼内预先焊好，并封好顶端头，待凿除杯口混凝土时凿出管头再注浆就解决了注浆管被破坏问题，使每根中桩都能按计划注入 40 升浆液。见图 2.3.20。经过实测桩的沉降量可以满足设计要求。

总之，推广逆作法施工有不少好的经验，需要及时总结和改进，使逆作法施工大有可为。

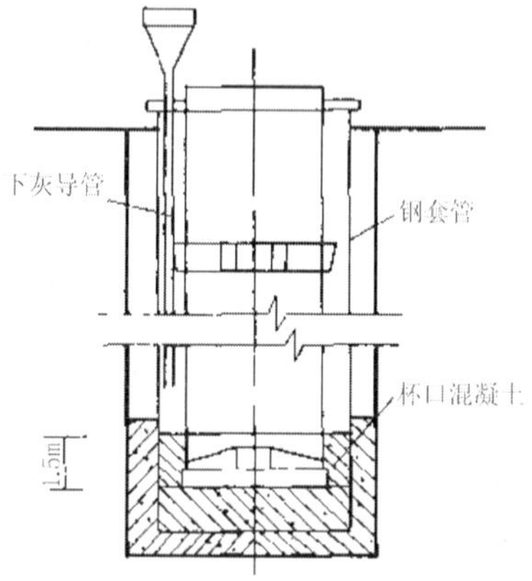

图 2.3.20　杯口混凝土灌注图

第四节　地下防水工程

地下防水工程是指对地下建筑物进行防水设计、防水施工和维护管理等各项技术工作的工程实体。地下防水工程采用的防水方案有:结构自防水和加防水层防水;主要形式有:防水混凝土结构防水、刚性防水、卷材防水和涂膜防水等。地下防水工程所使用防水材料,应有产品的合格证书和性能检测报告,材料的品种、规格、性能等应符合现行的国家产品标准和设计要求。不合格材料不得在工程中使用。

一、防水混凝土结构防水施工

防水混凝土的抗压强度和抗渗压力必须符合设计要求。防水混凝土的变形缝、施工缝、后浇带、穿墙管道、埋设件等设置和构造,均需符合设计要求,严禁有渗漏。

防水混凝土结构是依靠混凝土材料本身的密实性而具有防水能力的整体式混凝土或钢筋混凝土结构。它既是承重结构、围护结构,又满足抗渗、耐腐和耐侵蚀结构要求。

浇筑防水混凝土结构常采用普通防水混凝土和外加剂防水混凝土。普通防水混凝土是在普通混凝土骨料级配的基础上,调整配合比,控制水灰比、水泥用量、灰砂比和坍落度来提高混凝土的密实性,从而抑制混凝土中的孔隙,达到防水的目的。外加剂防水混凝土是加入适量外加剂(减水剂、防水剂),改善混凝土内部组织结构,增加混凝土的密实性,提高混凝土的抗渗能力。

(一) 防水混凝土材料要求

采用的水泥强度等级不应低于 32.5 级;砂宜用中砂,含泥量不得大于 30%,泥块含量不得大于 1.0%;石子的粒径宜为 5 ~ 40 mm,含泥量不得大于 1.0%,泥块含量不得大于 0.5%;用水采用一般饮用水或天然洁净水;外加剂的技术性能,应符合国家或行业标准一等品及以上的质量要求。

(二) 防水混凝土配合比

防水混凝土的配合比应根据设计要求确定。每立方米混凝土的水泥用量不少于 300 kg,水灰比不宜大于 0.55,砂率宜为 35% ~ 40%,灰砂比宜为 1∶2 ~ 1∶2.5,混凝土的坍落度不宜大于 50 mm。

（三）防水混凝土的施工要点

（1)防水混凝土应连续浇筑，尽量不留或少留施工缝。当留有施工缝时，应遵守下列规定：

1）墙体水平施工缝不应留在剪力与弯矩最大处或底板与侧墙的交接处，应留在高出底板表面不小于 300 mm 的墙体上。墙体有预留孔洞时，施工缝距孔洞边缘不应小于 300 mm。施工缝形式可做成如图 2.4.1 所示。

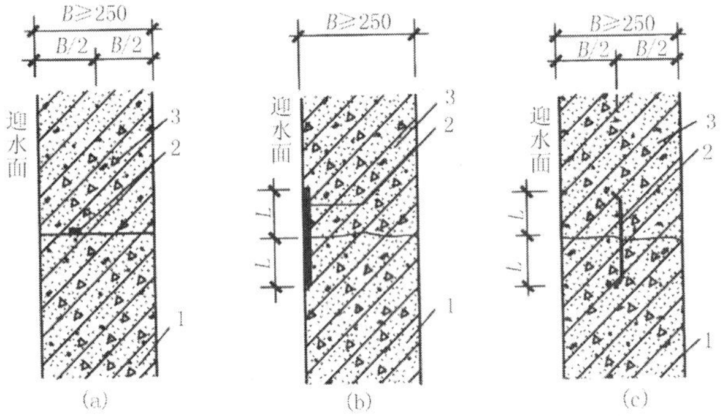

（a）防水基本构造：1—先浇混凝土；2—遇水膨胀止水条；3—后浇混凝土

（b）防水基本构造：外贴止水条 $L\geq150$；外涂防水涂料 $L=200$；外抹防水砂浆 $L=200$
1—先浇混凝土；2—外贴防水层；3—后浇混凝土

（c）防水基本构造：钢板止水带 $L\geq100$；橡胶止水带 $L\geq125$；钢边橡胶止水带 $L\geq120$
1—先浇混凝土；2—中埋止水带；3— 后浇混凝土

图 2.4.1　施工缝防水的构造形式

2）如必须留垂直施工缝时，应避开地下水和裂缝水较多的地段，并尽量与变形缝相结合。

（2）对于大体积的防水混凝土工程，可采取分区浇筑，使用发热量低的水泥或加掺合料（如粉煤灰）等相应措施，以防止温度裂缝的发生。

（3）水平施工缝浇筑混凝土前，应将其表面浮浆和杂物清除，先铺净浆，再铺 30～50 mm 厚的 1：1 水泥砂浆或涂刷混凝土界面处理剂，并及时浇筑混凝土。

（4）支模模板严密不漏浆，有足够的刚度、强度和稳定性，固定模板的铁件不能穿过防水混凝土，结构用钢筋不得接触模板，避免形成渗水路径。

（5）防水混凝土搅拌必须采用高频机械振捣密实，振捣时间宜为 10～30 s 以混凝土泛浆和不冒气泡为准，应避免漏振、欠振和超振。

（6）防水混凝土的养护对其抗渗性能影响极大，因此应加强养护（浇筑后 4～6 h）即应覆盖，浇水湿润养护不少于 14 d。

（7）运输中防止漏浆和离析泌水现象，如果发生泌水离析，应在浇筑前进行二次搅拌。

（8）浇筑、振捣浇筑前应清理模板内的杂质、积水，模板应湿水。

（9）养护与拆模对防水混凝土的抗渗性能影响很大，特别是早期湿润养护更为重要，如果早期失水，将导致防水混凝土的抗渗性大幅度降低。

(10) 结构细部防水的做法:

1) 施工缝的处理:如图 2.4.2 所示,将包装膨胀橡胶止水条的隔离纸撕掉,直接粘贴在平整和清理干净的施工缝处,压紧粘牢。必要时还须每隔 1 m 左右加钉一个水泥钢钉,固定后即可浇灌下一作业的防水混凝土。

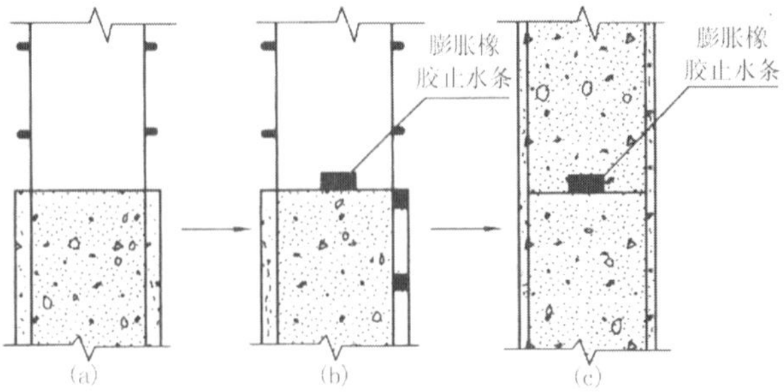

(a)上一工序浇筑的混凝土施工缝平面;(b)在施工缝平面处粘贴膨胀橡胶止水条;(c)施工缝处前后浇筑的混凝土

图 2.4.2　地下室防水混凝土施工缝的处理顺序

2) 穿墙管道的防水处理:如图 2.4.3 所示,在穿墙管部位,一般采用预埋加焊止水环的套管。安装穿墙管道时,先将管道穿过预埋套管,然后一端以封口钢板将套管与穿墙管焊牢,再从另一端将套管与穿墙管之间的缝隙用聚氨酯或聚硫等弹性密封膏嵌填,再用封口钢板封堵严密。

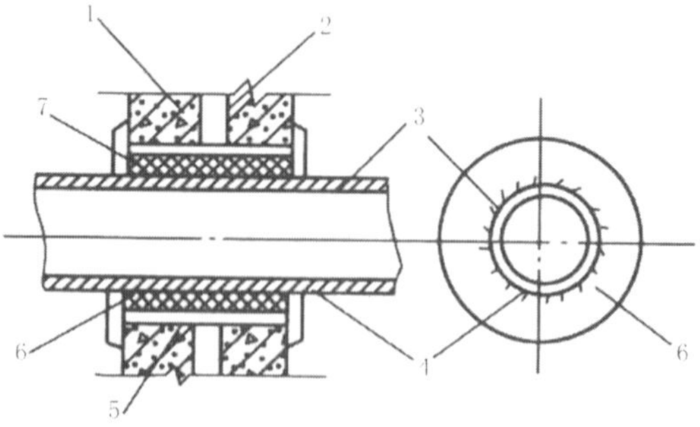

1—防水混凝土结构;2—止水环;3—穿墙管道;4—焊缝;5—预埋套管;6—封口钢板;7—密封膏

图 2.4.3　预埋加焊止水环套管做法

3) 防水混凝土后浇缝的处理:后浇缝留设的位置、形式及宽度应符合设计要求,缝内结构钢筋不能断开(如图 2.4.4 所示)。后浇缝混凝土一般应在其两侧混凝土浇筑完毕,待主体结构达标高或间隔 6 周(42 d)后,再用补偿收缩混凝土进行浇筑,混凝土浇筑后尚应湿润养护 28 d。

二、水泥砂浆防水层施工

水泥砂浆防水层各层之间必须结合牢固,无空鼓现象。

水泥砂浆防水层是在混凝土或砌砖的基层上用多层抹面的水泥砂浆等构成的防水

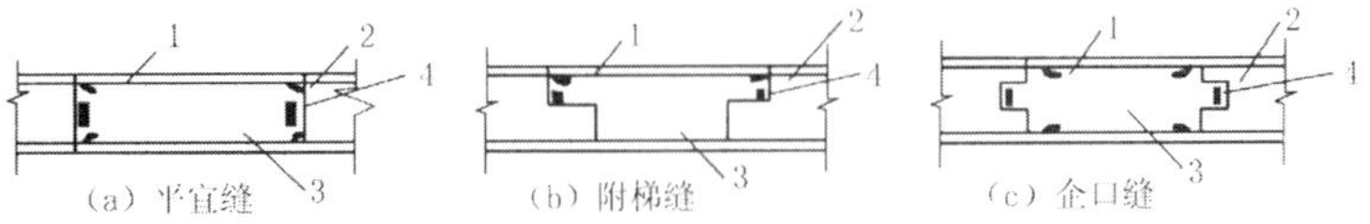

1—钢筋;2—先浇混凝土;3—后浇混凝土;4—遇水膨胀橡胶止水条

图 2.4.4　后浇缝部位的防水做法

层,它是利用抹压均匀、密实,并交替施工构成坚硬封闭的整体,具有较高的抗渗能力(2.5 ~ 3.0 MPa,30 d 无渗漏),以达到阻止压入水的渗透作用。适用于承受一定静水压力的地下和地上钢筋混凝土、混凝土和砖石砌体等防水工程。

(一) 水泥砂浆防水层材料要求

与基层结合的第一层水泥浆是用水泥和水拌和而成,水灰比为 0.55 ~ 0.60;其他层水泥浆的水灰比为 0.37 ~ 0.40;水泥砂浆由水泥、砂、水拌和而成,水灰比为 0.40 ~ 0.50,灰砂比为 1.5 ~ 2.0。

(二) 水泥砂浆防水层基层要求

水泥砂浆铺抹前,基层的混凝土和砌筑砂浆强度不低于设计值的 80%;基层表面应坚实、平整、粗糙、洁净,并充分湿润,无积水;基层表面的孔洞、缝隙应用与防水层相同的砂浆填塞抹平。

(三) 水泥砂浆防水层的施工要点

(1) 水泥砂浆防水层,在迎水面基层的防水层一般采用“五层抹面法”;背水面基层一般采用“四层抹面法”。

(2) 各层施工:第一层,先刮抹 1 mm 厚素灰,用铁抹子刮抹 5 ~ 6 遍,然后再抹 1 mm 厚素灰;第二层,在素灰初凝时,抹 4 ~ 5 mm 厚水泥砂浆,并在水泥砂浆初凝前用扫帚扫出横条纹;第三层,在第二层具有一定强度后(约 24 h)进行,方法同第一层;第四层,方法同第二层,但不扣条纹,而是在水泥砂浆凝固前用铁抹子抹压 5 ~ 6 遍,最后压光;第五层,方法同第三层。

(3) 每层应连续施工,素灰层与水泥砂浆层应在同一天完成。

(4) 防水层的施工缝需留斜坡阶梯形槎;一般留在地面上,具体要求如图 2.4.5 所示。如留在墙面上,必须离开阴阳角处 200 mm。

(5) 水泥砂浆防水层施工完毕后应立即进行养护,对于地上防水部分应浇水养护,地下潮湿部位不必浇水养护。

三、卷材防水

卷材防水层应采用高聚物改性沥青防水卷材和合成高分子防水卷材。所选用的基层处理剂、胶黏剂、密封材料等配套材料,均应与铺贴卷材的材性相容。卷材防水层应在地下工程主体迎水面铺贴。

卷材防水层依靠结构的刚度由多层卷材铺贴而成的,要求结构层坚固、形式简单,粘贴卷材的基层面要平整干燥。

(一) 卷材防水层的铺贴方式

地下防水工程一般把卷材防水层设在建筑结构的外侧,称为外防水;受压力水的作

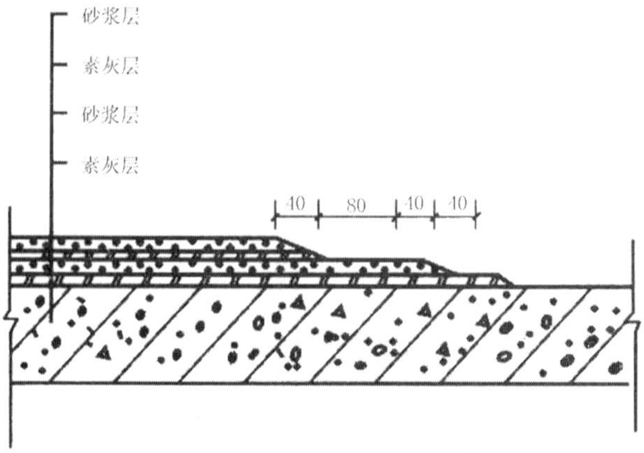

图 2.4.5　防水层施工缝做法

用紧压在结构上，防水效果好。

（二）卷材材料要求

卷材防水层应选用高聚物改性沥青类或合成高分子类防水卷材。卷材外观质量品种和主要物理力学性能应符合现行国家标准或行业标准；卷材及其胶黏剂应具有良好的耐水性、耐久性、耐穿刺、耐腐蚀性和耐菌性；胶黏剂应与粘贴的卷材材性相容。

（三）卷材防水层施工方法

地下室卷材防水层施工一般多采用整体全外包防水做法，按工艺不同可分为外防外贴法和外防内贴法两种。

（1）外防外贴法是待结构边墙施工完成后，直接把防水层贴在边墙上，最后砌保护墙（或做软保护层）的方法。外防外贴法防水构造如图 2.4.6 所示。

卷材外防外贴法施工顺序：混凝土垫层施工→砌永久性保护墙→砌临时性保护

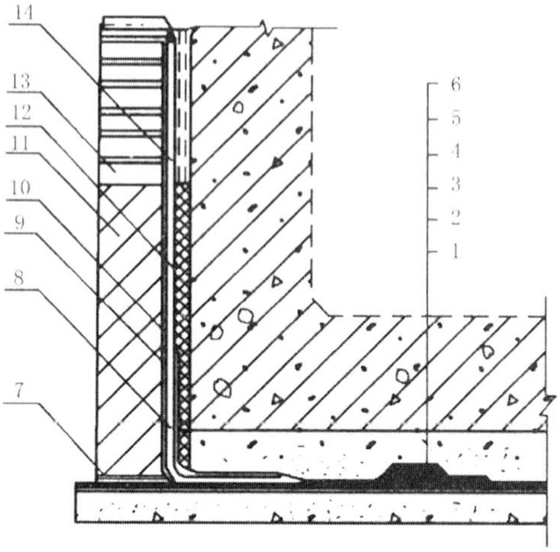

1—混凝土垫层；2—水泥砂浆找平层；3—防水层；4—卷材压条及密封膏；5—细石混凝土保护层；6—混凝土底板及立墙；7—干铺油毡；8—卷材附加层；9—密封膏；10—防水层；11—永久性保护砖墙；12—砂浆找平层；13—临时性保护砖墙；14—5 mm 厚聚乙烯泡沫塑料软保护层

图 2.4.6　地下室外防外贴法卷材防水构造

墙→内墙面抹灰→刷基层处理剂→转角处附加层施工→铺贴平面和立面卷材→浇筑钢筋混凝土底板和墙体→拆除临时保护墙→外墙面找平层施工→涂刷基层处理剂→铺贴外墙面卷材→卷材保护层施工→基坑回填土。

(2)外防内贴法是在施工条件受到限制,外防外贴法施工难以实施时,不得不采用的一种防水施工方法。外防内贴法是结构边墙施工前,先砌保护墙,然后将防水层贴在保护墙上,最后浇注边墙混凝土的方法。外防内贴法防水构造如图 2.4.7 所示。

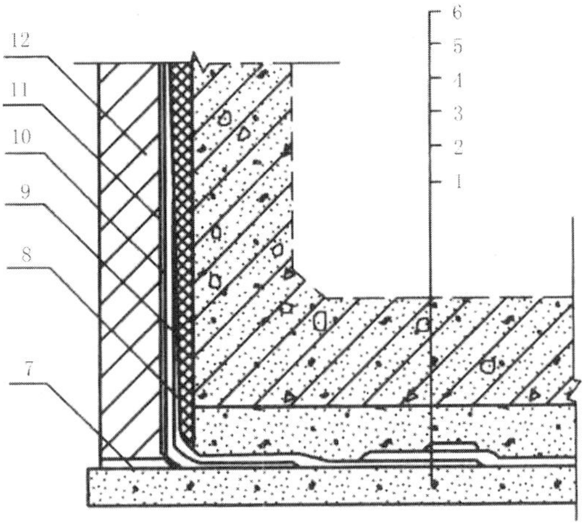

1—混凝土垫层;2—水泥砂浆找平层;13—防水层;4—卷材压条及密封膏;5—细石混凝土保护层;6—混凝土底板及立墙;7—干铺油毡;8—卷材附加层;9—密封膏;10—防水层;11—砂浆找平层;12—永久性保护砖墙

图 2.4.7　地下室外防内贴法卷材防水构造

外防内贴法施工顺序:垫层施工、养护→砌永久性保护墙→水泥砂浆找平、抹圆角→养护→涂布基层处理剂或冷底子油→铺贴卷材防水层、复杂部位增加处理→涂布胶黏剂、附加油毡保护层→保护层施工→地下结构施工→回填土。

外防内贴法卷材防水层施工,主体结构保护墙内表面水泥砂浆找平层配合比宜为 1 : 3。卷材铺贴先铺立面后铺平面,铺贴立面时,先铺转角处,后铺大面。卷材防水层铺贴后应及时做保护层。

(四)卷材防水层的施工要点

(1)铺贴卷材前,应在基面上涂刷基层处理剂,要求薄而均匀,对粗糙表面应涂两遍,当基面较潮湿时,应涂刷湿固化型胶黏剂或潮湿界面隔离剂。

(2)铺贴卷材的基层必须牢固、无松动现象,基层表面应平整干净,阴阳角处均应做成圆弧形或钝角。

(3)铺贴高聚物改性沥青卷材应优先采用热熔法施工,铺贴合成高分子卷材应采用冷粘法施工。

(4)铺贴卷材时,每层的沥青胶要求涂布均匀,其厚度一般为 1.5 ~ 2.5 mm。

(5)外贴法铺贴卷材应先铺平面、后铺立面,平、立面交接处应交叉搭接;内贴法宜先铺垂直面,后铺水平面。铺贴垂直面时,应先铺转角,后铺大面。

(6)卷材搭接长度,要求长边不应小于 100 mm,短边不应小于 150 mm;上下两层和相邻两幅卷材的接缝应错开 1/3 幅宽，并不得互相垂直铺贴；在立面与平面的转角处，卷材的接缝应留在平面距立面不小于 600 mm 处。墙面上铺贴的卷材如需接长时，应用阶梯形接缝相连接，上层卷材盖过下层卷材不应少于 150 mm。

（7）在所有转角处均应铺贴附加层，并仔细粘贴紧密；粘贴卷材时应展平压实。

（8）卷材与基层和各层卷材间必须粘贴紧密，搭接缝必须用沥青胶仔细封严。

（9）临时性保护墙应用石灰砂浆砌筑，内表面应用石灰浆做找平层，并刷石灰浆。代替临时性保护墙时，应在其上涂刷隔离剂。

（10）从底面折向立面的卷材与永久性保护墙的接触部位，应临时贴附在该墙上或模板上，卷材铺好后，其顶端应临时固定。

（11）主体结构完成后，铺贴立面卷材时，应先将接茬部位的各层卷材揭开，并将其表面清理干净，如卷材有局部损伤，应及时进行修补。

卷材接茬搭接长度：高聚物改性沥青卷材为 150 mm，合成高分子卷材为 100 mm。当使用两层卷材时，卷材应错茬接缝，上层卷材应盖过下层卷材。

（12）地下室主体结构（外侧墙）防水层的外侧应做保护层（如聚乙烯泡沫塑料），以防止回填土时打夯碰撞而使防水层受损。

（13）最后一层卷材铺贴好，应在其表面均匀涂刷一层 1 ~ 1.5 mm 的热沥青胶，以保护防水层。

四、地下防水工程质量要求

（1）防水混凝土的抗压强度和抗渗压力必须符合设计要求。

（2）防水混凝土应密实，表面应平整，不得有露筋、蜂窝等缺陷；裂缝宽度应符合设计要求。

（3）水泥砂浆防水层应密实、平整、黏结牢固，不得有空鼓、裂纹、起砂、麻面等缺陷；防水层厚度应符合设计要求。

（4）卷材接缝应黏结牢固、封闭严密，防水层不得有损伤、空鼓、皱折等缺陷。

（5）涂层应黏结牢固，不得有脱皮、流淌、鼓泡、露胎、皱折等缺陷；涂层厚度应符合设计要求。

（6）塑料板防水层铺设牢固、平整，搭接焊缝严密，不得有焊穿、下垂、绷紧现象。

（7）金属板防水层焊缝不得有裂纹、未熔合、夹渣、焊瘤、咬边、弧穿、针状气孔等缺陷；保护涂层应符合设计要求。

（8）变形缝、施工缝、后浇带、穿墙管道等防水构造应符合设计要求。

参考文献

[1] 张凤祥，朱合华，傅德明．盾构隧道[M]．北京：人民交通出版社，2004.

[2] 张凤祥，傅德明，杨国祥．盾构隧道施工手册[M]．北京：人民交通出版社，2005.

[3] [日]土木学会组织．盾构隧道的抗震研究及算例[M]．北京：中国建筑工业出版社，2009.

[4] 竺维彬，鞠世健．地铁盾构施工风险源及典型事故的研究[M]．广州：暨南大学出版社，2009.

[5] 竺维彬,鞠世健.盾构施工监理指南[M].广州: 暨南大学出版社,2007.
[6] 中华人民共和国住房和城乡建设部.GB 50446—2008 盾构法隧道施工与验收规范[S].北京:中国计划出版社,2008.
[7] [日]地盘工学会.盾构法的调查、设计与施工[M].北京:中国建筑工业出版社,2008.
[8] 周文波.盾构法隧道施工技术及应用[M].北京:中国建筑工业出版社,2004.
[9] 陈馈,洪开荣,吴学松.盾构施工技术[M].北京:人民交通出版社,2009.
[10] 王梦恕.地下工程浅埋暗挖技术通论[M].合肥: 安徽教育出版社,2004.
[11] 朱汉华.隧道预支护原理与施工技术[M].北京:人民交通出版社,2008.
[12] 姜晨光.地铁工程建造技术[M].北京: 化学工业出版社,2010.
[13] 徐至钧,赵锡宏.逆作法设计与施工[M].北京: 机械工业出版社,2002.
[14] 中华人民共和国住房和城乡建设部. GB 50007—2002 建筑地基基础设计规范[S].北京:中国计划出版社,2002.
[15] 刘国彬,王卫东.基坑工程手册(第二版)[M].北京:中国建筑工业出版社,2009.
[16] 王立.基坑工程应用技术[M]. 武汉:武汉大学出版社,2008.
[17] 中华人民共和国住房和城乡建设部.GB 50108—2008 地下工程防水技术规范[S].北京:中国计划出版社,2009.
[18]《建筑节点构造图集》编委会.建筑节点构造图集地下防水工程[M].北京:中国建筑工业出版社,2008.
[19] 魏东华.地下防水工程施工细节详解[M].北京:机械工业出版社,2009.
[20] 李楠.《地下防水工程质量验收规范》应用图解 [M]. 北京: 机械工业出版社,2009.
[21] 李守巨.地基基础与地下防水工程监理实务[M].北京:机械工业出版社,2008.

第三章 混凝土工程

第一节 混凝土的概述

一、混凝土的发展

混凝土是指由无机胶结材料（水泥、石灰、硫黄、菱芳土、水玻璃等）或有机胶结材料（沥青、树脂等）、水、骨料（粗骨料、细骨料和轻骨料等）及外加剂、矿物掺合料等，按一定比例配制，经过计量，搅拌捣实成型，并在一定条件下养护硬化而成的一种人造石材。混凝土在宏观上是颗粒状的集料均匀地分散在连续的水泥浆体中的分散体系；在细观上是不连续的非均质材料，而在微观上是多孔、多相、高度无序的非均质材料。

混凝土的发展历史可以追溯到很古老的年代，那时的混凝土强度不是很高，使用范围有限。1824 年波特兰水泥的出现使混凝土的强度及其他性能都有了很大的提高，因而得以飞速发展。以后又出现早强水泥，快硬水泥等特种水泥，使混凝土成为一种主要建筑材料。1928 年法国人发明了预应力的钢筋混凝土施工工艺，进一步弥补了混凝土抗拉强度低的弱点，为钢筋混凝土结构在大跨度桥梁等结构建筑物中的应用开辟了新的途径。

20 世纪 30 年代，混凝土外加剂开始有了快速的发展，混凝土外加剂在现在混凝土材料和技术中起着主要作用，而且为混凝土施工工艺的发展变化创造了很好的条件。

混凝土的有机化又使混凝土这种结构材料走上了一个新的台阶，发展到今天，混凝土不仅广泛应用于工业与民用建筑，还在铁路、公路、桥梁、海洋工程中占有主要地位，并沿着轻质、高强、多功能的方向发展，不断以各种新的面目出现，改善其各种性能。

二、混凝土的分类

混凝土的种类很多，根据不同的角度，一般有以下分类：

（一）按表观密度分类

按照混凝土的表观密度，将混凝土分为重混凝土、普通混凝土、轻混凝土，其表观密度及主要用途见表 3.1.1，一般的土木建筑工程中使用的都是普通混凝土。

（二）按用途分类

按照混凝土在工程中的用途或所使用的部位，分为结构混凝土、防水混凝土、膨胀混凝土、自密实混凝土、道路混凝土、劲钢混凝土、清水混凝土等。

（三）按所用胶凝材料

胶凝材料是混凝土中起重要作用的组成部分，按照所用的胶凝材料种类或品种，分为水泥混凝土、树脂混凝土、石膏混凝土、聚合物混凝土、沥青混凝土、水玻璃混凝土等。

表 3.1.1　混凝土分类及主要用途

混凝土种类	表观密度 / (kg / m^3)	主要用途
重混凝土	> 2 600	防辐射混凝土、核能工程的屏蔽结构材料
普通混凝土	2 100~2 500	一般建筑物,结构物的承重材料
轻混凝土	< 1 900	保温,隔热

(四)按生产和施工方法分类

按照混凝土的生产和浇筑方法,分为现场搅拌混凝土,预拌混凝土(商品混凝土)、泵送混凝土、离心混凝土、热拌混凝土等。

第二节　自密实混凝土

一、概述

自密实混凝土具有流动性高、不离析、均匀性和稳定性好的特点,浇筑时依靠其自重流动,无须振捣即能达到密实。自密实混凝土是近十余年由日本首先研发并付诸应用的一项混凝土技术,以前是采用振动方式使混凝土密实成型的,而自密实混凝土是依靠混凝土本身的性能达到密实成型的。由于混凝土不用振捣,消除了人为因素而造成的混凝土工程质量事故,同时也大大降低了操作人员的劳动强度,减少了施工噪声,加快了施工进度。

自密实混凝土是指具有超高的流动性和抗离析性能的混凝土, 在自重的作用下,不需要任何振捣密实成型措施, 能通过过密的钢筋反而不留下任何孔隙, 自动充满整个模腔。并具有匀质性和体积稳定性的混凝土。另外,自密实混凝土易产生裂缝, 使用时需慎重。

二、技术内容

(一)拌合物性能的评价方法和评价指标

自密实混凝土技术主要包括免振捣混凝土拌合物性能评价方法和评价指标, 混凝土原材料的筛选,自密实混凝土配合比设计以及相应的质量控制技术。

以前对自密实混凝土拌合物性能的评价,重点是抗离析性,充填性、流动性,以及保塑性这四个要素。为弥补这一点,采用一种普通的方法测量坍落扩展以及其发展速度。坍落扩展度不但是衡量混凝土拌合物流动性好坏的一个很直观的指标, 而且还可以从坍落扩展的过程中判断混凝土拌合物的抗离析性能。

扩展速度是通过从坍落筒上开始计时,流至规定直径时的时间来计量的。

(二)原材料的选用

原材料具备以下特点,才满足振捣要求:

1. 混凝土外加剂的选择

配制免振捣自密实混凝土的关键是应采用高性能混凝土外加剂, 高性能混凝土外加剂通常具备以下性能:① 高减水率。这是高性能混凝土外加剂所必备的性能,只有高减水率才能有效地减少混凝土的用水量,才能达到低孔隙率、高密实度,从而提高混凝土的耐久性。② 具有良好的孔结构。在混凝土中引入一定量的气孔,对提高混凝土的施工性能和耐久性能都具有好处。③ 增稠。如何保证使用混凝土的流动性大而抗离析性能不降低呢?唯一的方法就是增加混凝土拌合物的稠度。④ 减缩。要尽量减少细粉总用量,而且外加剂中还必须含有能减少混凝土收缩的成分,使混凝土的体积稳定性大大优于普通混凝土,才能做到高性能。⑤ 保塑性好。为满足施工要求,混凝土拌合物在浇筑前应保持良好的流动性,而当混凝土浇筑完成后,又要求混凝土尽快地硬化,以便加快施工进度。

2. 超细活性掺合料的选择

该材料能改善混凝土拌合物的性能,起到增稠的作用,而且能提高混凝土的耐久性。

3. 砂石的粒型及级配

对普通混凝土而言,原材料质量在一定范围内的波动,混凝土性能影响较小(对此已有相应的国家规范),而对自密实混凝土而言,由于不加振捣,对普通混凝土影响小的因素可能对其产生很大影响,骨料的波动对自密实混凝土质量影响较大,其控制精度最高,这与普通混凝土差异很大,而其掺合料和外加剂的控制精度比普通混凝土的还低。

三、技术指标

(一) 水泥性能

宜对水泥进行抗裂性能的试验,选择抗裂性能较好的水泥。

(二) 水泥性能外加剂性能

宜选择聚羧酸高性能减水剂作为自密实混凝土外加剂,其掺量为 0.05%~0.5%,减水率可达到 35%~50%,与水泥和掺合料的适应性较好。

(三) 掺合料的性能

粉煤灰是自密实混凝土理想的掺合料,主要是控制其烧量应小于 5%。处于干燥或不宜接触水的环境中的混凝土,其掺量不应大于 40%;而在潮湿环境中的混凝土,其掺量可达到 50%~60%。

(四) 骨料的性能

粗骨料的粒型要选择近圆形的骨料。对针片状含量应控制在≤5%。

四、适用的工程范围

适用于配筋过密、薄壁、形状复杂、振捣困难等工程,由于其抗裂性能较差,故在面积较大,容易产生裂缝中的结构中应慎用。

五、主要项目施工方法

(一) 混凝土配比技术

1. 流动性和填充性

(1) 粗骨料体积含量

免振捣自密实混凝土的粗骨料最佳体积含量为 46% ~ 54%。当然粗骨料最佳体积含量与粗骨料的粒径和表面特性有关。在同样表面特性的条件下,粒径越小,粗骨料最佳体积含量百分数越大;反之越小。在同样粒径的条件下,表面特性越光滑,最佳体积含量百分数越大,反之越小。

(2) 砂浆中浆体体积含量

混凝土拌合物的流动性不但取决于粗骨料体积含量,而且也取决于砂浆的流动性。砂浆的流动性取决于砂浆中浆体体积含量。很明显在水灰比一定的条件下,砂浆中浆体含量越大,砂浆流动性越好,但砂浆的体积稳定性也就越差。

2. 抗离析性

混凝土的抗离析性是指混凝土在流动的过程中不泌水、不分层、不离析,始终保持匀质性的能力。要使混凝土拌合物具有高度的抗离析性能,有两个方法:其一是掺加超细矿物掺合料,其二是添加化学增稠剂。由于化学增稠剂的价格比较昂贵,一般采用前一种方法。添加粉煤灰是一种有效而经济的方法,常被采用。

3. 保塑性

自密实混凝土不但要保证泵送要求,而且还要满足流动性、充填性和抗离析性等自密实性能的要求,并要求在整个浇注过程中保持不变。这就给外加剂提出了更高的要求。

(二) 质量控制技术

制定生产质量控制规程,在生产混凝土时严格执行产品的质量标准,制定施工技术规程;在施工时遵循施工技术规程的有关规定,严把质量关,把事故消灭在萌芽状态。

(三) 注意事项

自密实混凝土因抗裂性能不足而造成的工程质量事故在我国频频发生, 大量工程中用自密实混凝土浇注的墙板,产生严重裂缝,不但影响美观,而且严重影响使用功能,甚至影响混凝土的耐久性。这些工程不得不采取环氧灌浆的补救措施,以确保建筑物的使用功能和耐久性。我们不但应正视自密实混凝土的弱点,改善混凝土的抗裂性能,而且更重要的是在设计中应注意自密实混凝土的使用环境和在施工中应采取的技术措施。要实现高性能,不但要掌握自密实混凝土的技术要点,提高自密实混凝土的抗裂性能,在混凝土材料、配合比优化设计上下工夫,而且还需要在设计、施工等方面采取全面的技术措施,才能使自密实混凝土成为应用广泛的高性能混凝土。

六、免振捣自密实混凝土施工实例

免振捣混凝土其形成原理是:通过外加剂、胶结材料、粗骨料的选择与搭配,使混凝土拌合物屈服剪应力减少到适宜范围,同时又具有足够的塑性黏度,使骨料悬浮于水泥浆中,不出现离析、泌水等问题,能自由流淌,充分填充模板内的空间,形成密实并且均匀的结构。

〔应用实例〕

(一) 工程概况

某钢铁厂锻造机基础为框架结构,柱截面尺寸为 700 mm × 700 mm,主筋为 16Φ25,箍筋为 Φ10@200,纵梁截面尺寸为1 000 mm × 1 000 mm,横梁截面尺寸为 1 000 mm × 900 mm,纵横梁主筋均为 Φ25,箍筋 Φ10(双箍筋)@200 mm,底板、顶板为 Φ16 ~ Φ18@200 向布置,混凝土为 C30P8。

（二）该工程施工中所具有的难点

1. 设计要求框架柱、梁、板混凝土一次浇注完成。

2. 梁、板钢筋较密，特别是梁、柱和梁节点处钢筋密集，振捣棒下不去，混凝土振捣十分困难。

3. 施工期间，气温较高，环境温度达到38摄氏度左右，稍有不慎就会造成混凝土裂缝。

为解决以上施工难题，经反复试验，决定采用C30P8免振捣自密实混凝土泵送工艺进行施工。具体施工过程如下：

（1）配合比设计

1）原材料的选择

① 水泥。采用42.5普通水泥。

② 集料。中砂，细度模数2.4；碎卵石，粒径5～20 mm。

③ 粉煤灰。Ⅱ级已处理的粉煤灰。

④ 外加剂。DF-2高效减水剂，UFA复合膨胀剂。

2）混凝土配合比

目标值，坍落度250～270 mm，扩展度600 mm左右。间隙通过性要求，净间距80 mm的钢筋网架配筋模型试验高度差小于15 mm，经过多次试验，最终确定混凝土配合比见下表。

水胶比	砂率	水泥	粉煤灰（Ⅱ级已处理）	水	砂	石	UEA	DFS-2
0.37	47%	350	180	200	750	830	30	0.8%

（2）混凝土的施工

1）基础和底板施工

混凝土由地面的泵车输送，浇筑是从基础的一侧开始，向另一侧推进，混凝土拌合物自行向四周基础底板流向并密实填充，当浇筑完成的底板混凝土失去流动性后，即可开始浇筑柱子混凝土。

2）柱施工

从模板的上方注入混凝土，因柱混凝土量小，要控制浇筑速度，不得太快，以防止混入较多的空气。

3）梁及顶板施工

纵梁钢筋绑扎和模板完毕后，分别在两跨中和两端1/4跨处的侧模板上开口，插入泵管后密封，从梁一端开始压入混凝土，当梁顶开始大量溢出混凝土后转下一布料点浇筑，至整根梁完成。横梁浇筑方法与纵梁相同，并与相邻的顶板混凝土一同浇筑。

（三）混凝土质量控制

在混凝土搅拌、运输和浇筑过程中进行严格的质量控制，精确计量并根据骨料含水率变化及时调整，在搅拌站和施工现场测定混凝土拌合物的工作性能，现场测定混凝土坍落度为250～260 mm，扩展度为560 mm左右，通过模型试验和配筋的混凝土拌合物保持均质，无骨料分离现象。拆除模板后结构表面清洁，无空洞等质量缺陷，现场制作的试件的抗压强度为31.6 MPa、36.8 MPa、37.5 MPa、38.4 MPa,抗渗能力满足P8等级。

（四）结论

免振捣自密实混凝土工艺在该工程中的成功应用，证明了该技术的实用性和优越性,它具有以下显著的优点：

（1）减少了振捣环节,解决了振动噪声问题,降低了劳动强度。

（2）与不振捣混凝土的力学性能一致,由于免振混凝土中高效减水剂和活性掺合料的双重叠加作用,以及较低的水胶比,其收缩要比普通混凝土低,又由于免振捣混凝土密实性提高,断绝了CO_2的侵袭路径,使其具有较好的抗碳化性能和抗渗性能。

（3）常规的原材料和生产工艺,便于推广应用,使用范围广。

（4）有利于环境保护和构件生产的合理化。

第三节　清水混凝土

一、概述

清水混凝土产生于20世纪20年代,国内的较大规模应用开始于80年代。清水混凝土备受青睐和广泛应用的原因主要有以下3点：

（1）不作任何修饰,颜色均匀、光滑、美观、截面尺寸准确,线条顺畅,层间过渡自然。

（2）由于取消了抹灰层而消除了抹灰工程易空鼓、脱落和裂缝的质量通病。

（3）既取消抹灰又取消了湿作业，提高了现场文明施工程度，减少了建筑垃圾产生。正因为清水混凝土有利于环保,有利于提高工程质量,符合建筑节能的理念,广泛地应用于建筑工程。

清水混凝土建筑是最自然的建筑,它体现了人们追求自然,回归自然的一种理念,在国外,清水混凝土起步较早,应用较多。

二、技术内容

1. 混凝土配置

混凝土应使用同一种原材料和相同的配合比,使之具有良好的和易性,不离析、不泌水。

在考虑掺合料活性的同时,充分利用各种掺合料的不同粒径,使混凝土内部形成紧密充填,增强混凝土的致密性,并重视解决外加剂和水泥的适应性,减少混凝土的泌水率,减少混凝土坍落度的经时损失。

同一视觉面的混凝土工程,应采用相同类型的骨料。

2. 混凝土模板

为使混凝土表面光滑无气泡,应根据不同强度等级混凝土选用不同标质的模板。使用脱模剂时,应注意不影响混凝土的外观。

3. 混凝土施工

混凝土浇筑时,混凝土下料口与浇筑面之间距离不能过大,振捣时间以混凝土表面出浆为宜,同时应避免漏振和过振。

4. 混凝土养护

养护时确保混凝土表面不受污染，充分合理的养护是保证混凝土硬化后的表面和内在质量的关键。

三、技术指标

（一）采用清水混凝土，外表平整光滑，可以一次成形，可取消或减少抹灰等湿作业，实现干作业，节约了大量的材料，同时加快了施工进度，该混凝土主要分为普通清水混凝土和饰面清水混凝土，其主要外观质量缺陷表分别如表 3.3.1，表 3.3.2 所示

表 3.3.1　普通清水混凝土外观质量缺陷表

序号	名称	严重缺陷	一般缺陷	质量标准
1	露筋、蜂窝、孔洞、夹渣、疏松、连接部位缺陷等	出现均为严重缺陷		
2	色泽、光洁度	有明显色差、不均匀、光洁度差	局部、个别部位有色差、流淌、冲刷的痕迹	颜色基本均匀一致、光滑、美观
3	缺棱掉角、棱角不直、飞边凸肋等	普遍存在缺棱掉角、棱角不直、飞边凸肋等	出现 3 处以下缺棱掉角不直、飞边凸肋等	棱角基本完整、流畅、顺直
4	构析表面麻面、掉皮、起砂、玷污、气泡	存在大面积表面麻面、掉皮、起砂、玷污的缺陷	局部有麻面、掉皮、起砂、玷污现象	允许局部麻面、掉皮、起砂、玷污，且气泡分散
5	模板拼缝处错台、翘曲不平等	模板拼缝处错台严重翘曲不平等	轻微存在模板接缝处错台、翘曲不平等	无明显、大面积的错台、翘曲不平等
6	表面裂缝	局部有宽度 > 0.2 mm，长度 > 1 000 mm 的裂缝	少量存在宽度 > 0.2 mm，长度 > 1 000 mm 的裂缝	少量、基本无宽度 > 0.2 mm，长度 > 1 000 mm 的裂缝
7	修补痕迹	有单块面积 ≥ 20 cm^2 修补缺陷；一个构件累计的修补面积 ≥ 5 cm^2	有单块面积 < 20 cm^2，1 个构件累计的修补面积 > 5 cm^2	基本无修补痕迹、无流淌、冲刷痕迹

（二）清水混凝土主要表面观感要求

（1）表面有光感或无光感，表面光滑或自然木纹。

（2）表面密实、平整，颜色基本一致，无污染。

（3）表面无明显裂缝，裂缝宽度不得大于 0.2 mm。

（4）控制表面气泡，气泡分布较均匀、细小。

（5）混凝土表面无蜂窝、麻面、孔洞、夹渣，无露筋、隐筋，无砂带、色斑，少量修补。

（6）明缝、蝉缝、凹缝线条顺直，分布规律，与建筑立面分割协调，缝错台 ≤ 1 mm；对拉螺栓排列与线条相对应，整齐有序。

（7）几何尺寸准确，阴阳角棱角方正、顺直、不缺损，圆角和顺。

（8）预埋铁、预留洞、预埋线盒、后浇带位置正确、整齐和顺。

四、适用的工程范围

主要在市政高架工程、桥梁工程、港口码头工程、仓储工程，大型标志性建筑上有较

表 3.3.2　饰面清水混凝土外观质量缺陷表

序号	名称	严重缺陷	一般缺陷	质量标准
1	露筋、蜂窝、孔洞、夹渣、疏松、连接部位缺陷等	出现均为严重缺陷		
2	色泽、光洁度	有明显色差、不均匀，光洁度差	局部、个别部位有色差、流疏	颜色基本均匀一致、光滑、美观
3	缺棱掉角、棱角不直、飞边凸肋等	普遍存在缺棱掉角、棱角不直、飞边凸肋缺陷	出现 3 处以下缺棱掉角、棱角不直、飞边凸肋缺陷	棱角基本完整、流畅、顺直
4	构件表面麻面、掉皮、起砂、玷污、气泡	存在大面积表面麻面、掉皮、起砂、污的缺陷	局部有麻面、掉皮、起砂、玷污现象	允话局部麻面、掉皮、起砂、玷污，且气泡分散
5	模板拼缝处错台、翘曲不平等	模板接缝处错台严重、翘曲不平等	轻微存在模板拼缝处错台、翘曲不平等	无明显、大面积的错台、翘曲不平等
6	表面裂缝	局部有宽度 > 0.2 mm，长度 > 1 000 mm 的裂缝	少量、基本上无宽度 > 0.2 mm，长度 > 1 000 mm 的裂缝	少量、基本上无宽度 > 0.2 mm，长度 > 1 000 mm 的裂缝
7	修补痕迹	有单块面积 ≥20 cm^2 修补缺陷；一个构件累计的修补面积 ≥50 cm^2	有单块面积 < 20 cm^2 修补缺陷；一个构件累计的修补面积 < 50 cm^2	基本无修补痕迹、无流淌、冲刷痕迹
8	对拉螺栓孔、假眼	错位严重、孔眼封堵密，与大面色差大	有局部、轻微的错位、孔眼封堵不密实，与大面有色差	排列基本整齐、孔洞封堵密实、凹孔棱角清晰、光圆
9	明缝	位置无规律，宽度、深度不一致，不交圈	局部位置无规律，宽度、深度有不一致，不交圈现象	位置基本规律、整齐、宽度、深度一致，水平交圈
10	裂缝	无规则、杂乱、不交圈等现象严重	局部存在无规则、不交圈等现象	横平竖直，宽深基本一致，水平交圈，竖直成线

多使用，公共建筑和住宅工程也正逐渐使用。

五、主要施工方法

（一）工艺流程

制订清水混凝土施工方案 → 清水混凝土技术交底 → 测量放线 → 钢筋修理→抹找平层 → 钢筋绑扎 → 模板安装 → 浇筑清水混凝土 → 拆模 → 修理 → 养护。

（二）施工要求

1. 测量放线

测量定位要求与一般混凝土施工基本一致，不仅要弹出每根柱墙的结构轮廓线、中心线，还要弹出模板控制边线、中心线。测量控制贯穿于各个施工环节，它可保证主体外形尺寸满足设计要求，是清水混凝土施工的基础。

（1）水准点、坐标点的设置必须准确，必须进行高程控制网的联测和坐标点的复核。

（2）主体竖向控制采用借线法进行垂直度的控制和轴线的引测。根据各层不少于 3 点的标高基准点，用经纬仪向上投测，并用钢尺校核。除拐角处设竖向控制线外，外墙窗口、电梯井均应弹出中心垂直控制线，以控制层间垂直度。

（3）主体水平控制，楼层标高以一层500 mm线为基准，弹出各层500 mm线，层间偏差不超过3 mm。

2. 钢筋工程

为保证结构的几何尺寸和模板安装到位，首先要保证钢筋的制作尺寸、安装位置准确和绑扎牢固，为此应满足以下几点：

（1）钢筋的品种、质量必须符合要求。

（2）钢筋的规格、形状、尺寸、数量、锚固长度、搭接长度必须符合设计要求。

（3）确保钢筋生根位置准确，可采用定位套箍的方法控制。

（4）钢筋弯钩的角度、朝向符合要求。

（5）绑扎不得有缺扣、松扣现象。

（6）保护层垫块绑扎牢固，且均匀布置。

（7）混凝土浇筑时对钢筋碰撞产生的位移应及时纠正。

为保证混凝土拆模后达到清水饰面效果，钢筋工程还需注意以下几点：

重点控制箍筋、拉筋的下料和绑扎，不得有正超差，负差控制在5 mm以内，墙体拉结钢筋不得过长，柱子箍筋不得过大，确保混凝土构件的钢筋保护层厚度满足装饰清水混凝土的设计要求；垫块采用灰色塑料圆形垫块，按间距500 mm（梅花形）布置，不得漏放，保护层垫块凹口面向内侧，箍筋的开口处需留置在墙体内侧；绑扎墙体钢筋时在墙体内侧绑扎，使绑扎丝头远离清水面；清水混凝土对钢筋绑扎和接头形式的要求与一般混凝土基本一致，并要求根据测量定位和保护层厚度将预留插筋进行校正；钢筋保护层按设计规范定外环境要求取值，一般板、墙、壳≥25 mm；梁、柱≥35 mm，当梁、柱保护层厚度超过40 mm时应采取有效的防裂措施；保护层垫块选用与模板点接触的塑料垫块，垫块颜色与混凝土表面颜色接近；当柱保护层较大时可在采取措施后不用垫块；外露钢筋可采用塑料薄膜缠绕包裹的方式进行保护；在梁、板钢筋绑扎和预埋、预留电焊施工时采取措施保护底模板。

3. 混凝土工程

为保证清水混凝土的配合比，对所用的水泥、粗细骨料、粉煤灰、外加剂的产地、质量应严格控制，做出试配确定坍落度。

（1）水泥：首选硅酸盐水泥，要求“三同”，同一生产厂家、同强度等级、同批号，最好能做到同一熟料。

（2）粗骨料：选用强度高5～25 mm粒径、连续级配、同颜色、含泥量低于0.8%和不带杂物石子，要求“三定”即定产地、定规格、定颜色。

（3）细骨料：选用中粗砂，细度模数在2.5以上，含泥量低于2%，不得含有杂物，同样也要求三定，即定产地，定砂子细度模数，定颜色。

（4）粉煤灰：混凝土中掺入粉煤灰可改善混凝土的流动性和后期强度，宜选用《粉煤灰混凝土应用技术规范》（GBJ 146—1990）规范Ⅱ级粉煤灰以上产品，要求定供应厂家。定细度，且不得含有任何杂物。

（5）外加剂：可采用EA-1（2）普通型减水剂，要求定厂家、定品牌、定参量。对首批进场的原材料经监理工程师取样复试合格后，应立即进行封样，以后进场的每批来料均与封样进行对比,发现有明显色差的不得使用。

(三)清水混凝土的浇筑

合理安排调度,确保清水混凝土连续浇筑,避免引起过大的坍落度差异或冷缝。对于清水混凝土墙体采用自然流淌、斜面分层的方法浇筑,按照“一个坡度、薄层浇筑、顺序推进、分次到顶”十六字方针,确保混凝土浇筑质量。为保证向混凝土无冷缝,待竖向结构清水混凝土浇筑完毕,紧跟着浇筑水平结构清水混凝土,其浇筑方向应从四周向中心平行推进。

清水混凝土的搅拌时间比普通混凝土应延长 30 ~ 40 s。在新浇注混凝土与下层混凝土之间用同强度等级水泥砂浆 20 ~ 50 mm 坐浆,并强调用铁锹入模。混凝土分层浇注,每层不大于 450 mm,振捣器移动间距不大于 500 mm。振动时间应严格控制,使气泡充分上浮消散,以混凝土表面出现浮浆和不再沉落为宜。门窗洞口两边的混凝土应同时浇注,必须时在窗台膜下开放气孔,以确保窗下混凝土密实饱满,无气泡。清水混凝土应达到表面整洁,无砂带、无漏浆、无气泡和接缝平滑。

清水混凝土墙、柱采用直径 35 mm、50 mm 插入式振动棒振捣。混凝土振捣点应从中间开始向边缘分布,且布点均匀、层层搭接,振捣棒应做到“快插慢拔”,使混凝土中的气泡充分上浮消散,使混凝土不土振动均匀、密实。在混凝土振捣中,不得碰撞各种预埋件,不得触碰模板、钢筋等。振捣过程中应使振捣棒与混凝土表面保持不小于 5 cm 的距离。

1. 振捣方法

对于用坍落度控制的混凝土,振捣方法与一般混凝土相同,可采用直线行列式或交错式,两种方式不得混用。对于用扩展度控制的混凝土,振捣方法与一般混凝土不同,待混凝土全部浇捣到顶后,为了减少和改善混凝土表面气泡,对于柱仅用振捣棒在四周表面影响范围内,间距宜为 400 mm 左右进行交错式振捣,每点只振捣 1 次,振捣棒快速插入后,拔出速度约 10 ~ 15 s / m,上拔过程中上下略抽动;对入墙、梁,在能够保持混凝土流淌的状态下,仅需在钢筋密集部位振捣,其余地方不振。

对清水混凝土在拆模后出现的缺陷应立即修理。缺陷一般为砂带、麻面、气孔,阴阳角不方正,梁柱接头、墙面接槎、顶板模板接槎不平整,预留孔洞和接线盒位置不准确。

对砂带、麻面和气孔可用铲刀铲平表面,浇水后用水泥干擦或用水泥浆抹平。阴阳角不方正,梁柱接头、顶板接槎不平整时,可视情况用砂轮机磨平,特别是阴角处,角线一定要磨得平直,再用水泥浆或砂浆抹平达到可刮腻子的程度。外墙板接槎处可限定一定范围,例如接缝上下各 10 cm 作为处理范围,不平整处剔凿或磨平,用胶带纸上下粘贴,确定处理范围,在该范围内用水泥浆或砂浆抹平,去掉胶带纸。对预留空洞、接线盒位置不准确可配合接线盒的安装进行。

2. 收头

混凝土收头应适时用木抹子磨平搓毛 2 遍以上,然后表面用铁板抹子抹平压光不留印痕。适当部位可先用机械磨光机打磨或用铁滚筒压 2 遍以上,再抹平压光。

3. 修磨方法

修磨主要针对表面蜂窝、麻面、孔洞、烂脚、露筋 > 0.2 mm 的裂缝等严重影响表观质量的缺陷,以及新旧混凝土接缝处,棱角不完整出等进行修补和磨光。

修磨工作在拆模后 2 h 内完成,修磨用材料使用与混凝土相同品种的水泥,掺入适量白水泥和黏合胶水，调配成与混凝土色泽接近的腻子，由专人进行修磨。

修磨以手工操作为主，修磨前应先将表面突出部分的混凝土仔细凿除，使表面平整度符合允许偏差要求。混凝土表面修凿平整后应充分浇水湿润，并可用将研磨材料浸入湿润办法，以保证修磨过程中混凝土表面始终保持湿润状态，湿润后的混凝土表面用磨石、砂轮片等材料手工研磨，也可以手提砂轮机等工具研磨，直到混凝土表面磨平、磨光、磨出原浆为止。但不允许在修磨过程中向混凝土表面浇水，以避免将研磨出来的稀浆冲刷掉。待修磨处混凝土表面干燥后，可用废水泥袋、细砂纸、干回丝或干黄砂擦拭1遍，使表面色泽趋于一致。修磨时严禁用细砂皮进行大面积打磨，不需要修磨的地方和清理混凝土表面污渍时也严禁用细砂皮打磨。

4. 养护和保护

混凝土养护时间 > 7 d。对于水平外露的楼板、梁混凝土面采用覆盖土工布，然后浇水湿润养护，或者覆盖塑料薄膜压草包袋养护。对于混凝土浇筑完 18 ~ 24 h 后即拆模的混凝土面，在拆模后或修补完成后及时涂刷混凝土养护液。对于混凝土浇筑完 7 d 后拆模的混凝土面可不再进行养护。冬季混凝土养护不浇水，还需保温养护。

混凝土保护，在清除混凝土表面污渍，以及表面修补完成后，在混凝土表面涂刷养护液，在成品混凝土表面形成一层透明的保护膜。最后竣工时用类似结晶型防水材料将混凝土表面完全封闭。

清水混凝土养护不仅是为了混凝土强度的正常增长，而且是避免形成和减少混凝土表面的色差的重要措施之一。自清水混凝土初凝之前就开始养护，要严控拆模时间，清水混凝土的拆模时间应比普通混凝土延长 1 ~ 2 倍，本工程清水混凝土拆模以同条件混凝土试件强度达到 3.0 MPa 为准。必须保证拆模后墙体不掉角、不起皮。当混凝土达到指定强度后（不得少于 48 h）进行喷淋养护，避免阳光直晒，养护时间不少于 30 h。如果清水混凝土养护不当，表面极容易因失水而出现微裂缝，影响外观质量和耐久性。

（四）清水混凝土的成品保护

浇筑清水混凝土时，模板受混凝土侧压力产生细微变形会造成少量流浆。为防止上层墙体清水混凝土浇筑时水泥浆流坠而污染下层外墙，先在已完工墙面上口凹槽内用透明胶带将 30 cm 宽塑料布牢固粘贴在墙面上，再在塑料布上粘贴海绵条、支设模板、浇筑混凝土，使浆水沿塑料布流至外墙。拆模板前，应先退除对拉螺栓的两端配件，模板应轻拆轻放。拆除模板时，不得碰撞清水混凝土面或污染前面工序已完成的清水混凝土成品，不得乱扒乱撬。模板拆除后，清水混凝土表面阳角等部位用无色易清洗胶点粘，然后再覆盖塑料薄膜，外用木框三合板压紧，以达到保护清水混凝土的目的，保持混凝土表面清洁，不得在外墙清水面上用墨线做任何标记，禁止乱划乱涂。如果必须在清水面上做测量标记时，应采用易擦洗的粉笔。

（五）清水混凝土的外墙涂装

暴露在自然环境中的清水混凝土，随着时间的推移，混凝土的耐久性和感观效果将会下降，所以后期的透明保护喷涂施工对清水混凝土墙面最终的装饰效果起着重要的作用。

表面防护材料选择的基本要求：能形成在混凝土表面牢固附着的致密而透明的涂

膜；有良好的耐候性、防水性和涂膜的自净性；方便操作，能在常温下固化成膜。

涂装完成后表面不做抹灰、贴面砖、外强干挂或玻璃幕墙等装饰，节省资源，同时可以减少相关的人员投入，降低管理成本。

六、污水处理池的清水混凝土工程应用

某污水处理池采用面积为 5 500 m^2 的钢筋混凝土敞口式圆筒形水池，半径为 46.75 m、壁厚 700 mm、深为 5.7 m，混凝土 C30P8。

（一）结构施工方案

测量放线→安装内模板→绑扎钢筋→穿对拉螺栓、垫圈、装混凝土套管→安装外模板及附着式三角架→中心找正、校正半径、紧固对拉螺栓、安装顶撑及环向连杆→铺设操作平台、安装栏杆、挂设安全网→质量检查→浇筑混凝土→堵实对拉螺栓孔→刷内壁涂料。

（二）清水混凝土施工工艺

（1）内、外模板采用 Φ16 mm 对拉螺栓连接，在进行下一板安装前，须将模板表面的尘渣用手式砂轮机打磨干净，再涂刷无色脱模剂。

（2）对每块模板均进行严格检查。若发现模板变形或边角损坏，须立即修整，损坏严重的模板须更换。

（3）为防止模板在竖向拼缝处发生漏浆，在模板拼缝处加设塑料胶条。控制筒壁厚度的混凝土管应按模板节数编号存放，保证安装时准确无误。安装混凝土套管时，在套管的两端垫设油毡垫圈，以利于对拉螺栓抽出并防止漏浆。

（4）外模板安装应以内模板为基准，内外模板应相互对称，安装模板过程中不得将杂物、垃圾等落入施工缝中。

（5）模板安装后的几何中心对筒壁中心的偏差应符合国家现行规范要求，若超过允许偏差值时应及时、逐渐地纠正，每次的纠正值不宜大于偏差值的三分之一。

（6）混凝土搅拌严格按业主指定的现场土建试验室出具的统一配合比执行，同一强度等级混凝土应采用同一配合比。

（7）浇筑混凝土时应沿筒壁四周均匀地分层进行，每层厚度为 250 ~ 300 mm，并用振捣器振捣密实，每层向前延伸的铺设长度为 2~4 m。

（8）筒壁上的螺栓孔中间用 BW 型止水条堵塞 50 mm 厚，两端用石棉水泥堵实。

（9）模板拆除后，混凝土表面立即用高压水泵浇水养护不少于 14 d。

（10）模板拆除后，及时清理。对模板拼缝处的毛槎及混凝土表面的灰渣用批灰刀铲平，较严重部位采用砂轮磨光机微磨。对少数小蜂窝、麻面、明显气泡等缺陷，用 1∶2 水泥砂浆（水泥与混凝土用水泥同等级、同品种、同厂家）进行抹面修整。修补面处理前须用钢丝刷清理和压力清水润湿，砂浆初凝后立即养护。在筒壁混凝土施工中，为防止流浆污染混凝土表面，设专人随时清擦。为防止垂直运输中落灰污染筒壁，在下侧设一圈彩条布，集中堆放落地灰，再用灰斗运下。

以上施工措施确保了污水处理池混凝土内外实光、色泽一致、外形完美。

第四节 超高泵送混凝土技术

一、概况

超高层建筑是人类征服自然，不断取得技术进步的重要标志，也是一个国家和地区科技发展和综合实力的展示。现代高层建筑起源于美国。20 世纪 80 年代以来，在高层建筑中应用泵送混凝土技术已成为现代建筑施工中的新技术。近年来我国的超高泵送混凝土技术有了显著的进步。在上海金茂大厦施工中成功地将 C40 混凝土一次泵送到 382.5 m 的高度。自密实混凝土以及超高压混凝土已达到世界领先水平。

二、技术内容

（一）超高泵送混凝土的原材料

配置超高泵程混凝土，其原材料较一般泵送混凝土有很大的区别。作为最基本的胶结材料——水泥，除了用量以外，还应充分考虑水泥与高性能减水剂的相容性问题，两者相容性好才可获得低用水量、大流动性、坍落度经时损失小的效果。对于细集料其品质除了应符合《普通混凝土用砂质量标准及检验方法》(JGJ 52)外，对于不同强度等级的混凝土应选用不同细度模数的中砂。掺合料作为高性能高泵程混凝土的重要组成材料需从活性、颗粒组成、减水效果、水化热、泵送性能等诸方面加以平衡选择。作为外加剂，单一成分的外加剂已不能最好地发挥其作用，而单纯以减水为目的外加剂也不能达到超高泵程的混凝土的使用目的，外加剂的多组分复合，以及针对具体工程配制特定要求的外加剂已成为外加剂生产厂家加强现场服务的重要方面。

（二）超高泵送混凝土的配制

超高泵程混凝土的配制同时也要研究新拌混凝土的整体性、流动性与泵送性的相互关系。由于高层建筑部分结构配筋稠密，环境不允许振捣，即混凝土必须具有自密实能力，既能达到泵送、密实的目的，又不沉降分层，而硬化后的混凝土具有理想的力学性能和变形性能。

（三）超高泵送混凝土的泵送设备

泵送混凝土离不开混凝土输送泵，因此高压力、大排量、耐磨损、适应性强的泵送设备也是必不可少的。此外泵送管道的设计、如何减小阻力、缩短路线也是泵送技术研究的一个方面。

三、技术指标

混凝土泵送高度 > 200 m。

混凝土坍落度 20 ~ 15 cm，扩展度为 55 ± 7.5 cm，倒锥法混凝土下落时间 < 15 s。

混凝土各项性能指标符合设计要求。

四、适用的工程范围

混凝土泵送高度大于 200 m 的各种超高层建筑。

五、主要项目施工的方法

（一）泵送混凝土配合比

泵送混凝土配合比首先要满足设计强度、耐久性、和易性和可泵性的要求，并根据材料规格、泵送距离、输送管管径条件确定。长距离高扬程泵送混凝土特点是超高程泵送，它不仅要求拌合物具有较好的和易性、稳定性、可泵性，并且对硬化后强度、弹性模量和耐久性等指标均有很高要求，即具有综合优良性能。

1. 水灰比

选择适当的水灰比，才会有好的可泵性。根据有关文献介绍，水灰比与流动阻力的实验结果为：水灰比 0.45 为临界值，当水灰比小于 0.45 时混凝土阻力急剧上升，泵送极为困难；水灰比大于 0.6 时，混凝土易离析，可泵性差。水灰比的取值宜在 0.45～0.6，实践中采用 0.52 的水灰比宜获得较利于泵送的混凝土。

2. 砂率

选择最佳砂率可提高水泥砂浆的润滑作用。根据规范，砂率宜在 38%～45%。高扬程泵可取高一些的砂率（实践中泵送混凝土砂率为 43%），这样混凝土的可泵性更高。

3. 坍落度

混凝土的可泵性目前尚无表示方法和量测手段，一般和易性良好的塑性混凝土，泵送性能也是良好的。泵送高度在 100 m 以上时，泵送混凝土的坍落度宜在 180～200 cm。保证混凝土坍落度的措施有：

（1）控制混凝土配合比，不宜采用提高水灰比的方法来提高混凝土的坍落度，可采用高效减水剂。

（2）缩短混凝土在泵送前的运输时间。

（二）泵的选择与输送管的布设

1. 泵的选择

选择的泵应与输送距离、输送高度及浇筑仓面对混凝土的需求量相匹配。当前施工的倾向是过分看重压送性（特别是压送速度的提高），往往造成输送管内混凝土离析。

2. 泵管的布设

（1）管线尽可能选择直而顺的路线，从而减少弯管的数量。

（2）输送管的各管卡一定要拧紧到位，保证接头密封严密，不漏浆。管卡尽量不与地面支撑物接触，以便拆装。由于扬程大，混凝土泵分配阀换向及吸入混凝土时（或停止泵送时），管中的混凝土将对泵产生逆流压力，该压力会使泵容积效率降低，影响泵排量，造成混凝土离析而堵管。可以在泵出口架设 15 m 或 15 m 以上的水平管，利用水平管中混凝土拌合物与输送管壁间的摩擦阻力来平衡此压力。当受场地限制，无法设置足够长的水平管时，则宜在输送管路的锥行管和直管间设插管，停止泵送时插上插板可以防止混凝土倒流。另外，泵送混凝土应把新的、无磨损的或管壁较厚的输送管配置在管路开始处，以防管内压力过高而产生事故。

3. 泵管的固定

泵管特别是弯管的固定是影响爆管，泵送能否顺利进行的重要因素。在转弯段，泵送时管壁对拌合物的摩擦阻力也加大，停止泵送时混凝土倒流对弯管的冲击力也比直管段大得多，因此弯管是一个薄弱环节，在此处容易因受力过大而爆管，其固定及加固也显得特别重要。

直管段可每隔 15 m 左右在管的两边各设置一根紧贴管外壁的地锚予以加固。当地形复杂而无法打地锚加固时，可用钢丝绳捆绑好泵管，钢丝绳另一端与 5 t 葫芦连接固定于坚实基础，这样不但可以固定好本段泵管，而且使钢丝绳受力段泵管的自重压力尽可能少地传递给下一段泵管，从而使各泵管相对更加稳固。

（三）泵送混凝土的拌和、运输和泵送

混凝土从生产地点到入仓，全过程是由搅拌站、运输车、泵等分散式施工流水线组成的，其中任何一环节出问题（如机械故障、运输线路受阻等）都会直接影响混凝土的浇筑质量。因此，要认真抓好每个环节。

1. 拌和、运输

混凝土的拌和在称量及拌和时间上应符合有关规范的要求，运输的路面要尽可能平整，以免在运输时车辆产生过大的振动而使混凝土发生离析、漏浆、严重泌水和坍落度损失。运输的时间应符合表 3.4.1 的要求。

另外，为保证混凝土的可泵性，可先不加水拌和干料，再由运输车运输至泵送场（其运输时间也应符合表 3.4.1 的要求），由另一台拌合机加水搅拌 90 s 以上。这样混凝土拌和充分，大大地减少混凝土发生离析、泌水、漏浆和坍落度损失等不利于混凝土泵送和影响混凝土质量的因素。

表 3.4.1　混凝土运输时间

运输时段平均气温 / ℃	混凝土运输时间 / min
20~30	45
10~20	60
5~10	90

2. 混凝土的泵送

开始泵送时，先输送适量的同强度等级的无石混凝土润滑输送管壁，紧接着输送正常混凝土。泵送过程中，受料斗内应经常留有足够的混凝土，防止吸入空气，发生堵塞。若要较长时间停止泵送，需隔 4 ~ 5 min 开泵一次，反泵 1 ~ 2 个行程，再正泵 1 ~ 2 个行程，以防止管中混凝土凝结。若停机时间超过 30 min（视气温、坍落度而定）宜将混凝土从泵和输送管中清除，对于坍落度小的混凝土更要严加注意。

3. 泵送混凝土施工中的堵塞及排除

（1）堵塞的可能原因及预防

处理堵塞是一件很麻烦的事，所以对堵塞现象应以预防为主，主要从以下几个方面着手加以防备，减少堵塞的可能性。

1）在混凝土质量方面：混凝土的和易性差，表现为粗骨料粒径太大或级配不符合要求；砂率太低或级配不符合要求；水泥用量不当或质量不符合要求；搅拌不均匀或搅拌时间停留过长已离析；人造轻骨料吸水性过大等。其坍落度不稳定，黏聚性差，保水性差。因混凝土质量是造成堵塞的主要原因，所以现场管理人员应严格加以控制和预防。

2）在管路方面：管子接头漏水造成输送过程坍落度下降、泄压，弯管的弯曲半径过小，管道不直成凹槽，管道未对齐。

3）在操作方面：待料或停机时间过长。

（2）堵管发生后的处理措施

堵管发生后，先进行反泵疏通，若反泵疏通无效，则应立即判定堵塞部位，停机清理管路。堵管部位判定方法是，在泵机操作人员进行正泵—反泵操作的同时，其他人员沿管路寻找堵塞部位。一般来说，从泵的出口起至堵塞部位会发生剧烈振动，而堵塞点以后的管路则是静止的，堵塞段混凝土吸动有响声，堵塞点以后无响声，敲打管道，堵塞部位有发闷的声音和密实的感觉。一旦找到堵塞部位，在进行正—反泵的同时，用木槌敲打该处，有时能恢复畅通，如无效应立即拆卸该管道进行清洗。如堵塞部位判断不准，也可进行分段清洗。

（3）向高处泵送堵塞的一般规律

向高处泵送反泵容易，不容易发生堵塞，但容易出现分配阀堵塞或水平段锥管、弯管堵塞。

（四）泵送混凝土的浇筑和养护

泵送混凝土对模板的侧压力比塑性混凝土大，所以支模设计时，应该考虑加强模板支撑的措施，防止模板变形。发生模板外胀时，要及时加固模板，同时通知降低泵送速度，或转移浇筑点，待模板重新加固好后再进行正常浇筑。泵送混凝土振捣宜在15～30 s，振至混凝土表面气泡减少或无气泡上升为止。养护不得少于规范规定的时间，严格检验混凝土原材料品质，发现问题停止使用；做好试块。

（五）混凝土泵和输送管的清洗

在使用完后混凝土泵要清洗干净，以利下一次泵送的正常进行。在高扬程的洗管中，因水在水平管中对管子的摩擦力比混凝土小，15 m长不足以平衡逆流压力，只有泵出口的水平管在50 m左右长时才能平衡其逆流压力，利用泵进行洗管。当受场地限制无法布设足够长的水平管时，只能拆管泄放、清洗输送管，此时泄流出的混凝土压力很大，要做好安全防护工作。

第五节　劲钢混凝土

一、概述

劲钢混凝土结构的雏形最早于1894年出现于北美，当时出于防火的需要，匹兹堡的一栋建筑采用了外包混凝土的钢梁，具有现代意义的劲钢混凝土组合梁出现于20世纪20年代，并在30年代中期得到较大发展，20世纪50年代，劲钢混凝土开始在建筑工程中得到广泛应用。

二、技术内容

劲钢混凝土结构是由内部的型钢骨加和外包钢筋混凝土所形成的组合构件，与钢筋混凝土构件相比较，具有较高的承载力和良好的结构延性、韧性，抗震性能更为优越。

劲钢混凝土结构比普通钢筋混凝土结构更适合于超高层建筑和采用连体结构、带转换层结构等的高层建筑，其应用范围会更加广泛。

混凝土中配置型钢以后，混凝土与型钢间具有相互约束作用。一方面混凝土包裹在型钢外侧，在构件达到极限承载能力之前型钢不会发生局部屈曲，因此一般情况下型钢不需要设置加劲肋进行加强；另一方面，型钢对核心混凝土也起到一定的约束作用，可以在一定程度上提高混凝土的强度。型钢混凝土构件中配置型钢，与钢筋混凝土构件相比含钢率较高，因此在截面相同的条件下，型钢混凝土构件比钢筋混凝土构件的承载力要高得多；同时，由于集中配置的型钢比分散配置的钢筋具有更大的刚度，使得劲钢混凝土的刚度比普通钢筋混凝土构件显著提高。

三、技术指标

劲钢混凝土结构的综合造价要优于钢结构及钢筋混凝土结构体系。目前，我国钢筋混凝土结构的直接造价明显低于钢结构。劲钢混凝土结构发挥了混凝土的力学及防护性能，使得结构的总体用钢量小于相应的纯钢结构，同时可节省部分防腐、防火的费用。从直接造价上进行比较，劲钢混凝土基本上介于纯钢结构和钢筋混凝土之间。从施工角度看，劲钢混凝土与钢结构的施工速度相当，相对于混凝土结构，则由于节省了大量支模、钢筋绑扎等工序；同时，钢构架又可作为施工平台使用，使得施工速度可以大大增快、工期缩短。在考虑施工时间的节省、使用面积的增加以及结构高度降低等因素后，劲钢混凝土的综合经济指标一般要优于纯钢结构和混凝土结构。

四、适用的工程范围

经过几十年的研究和工程实践，劲钢混凝土在大跨结构、高层和超高层建筑以及大型桥梁等很多领域内得到了推广应用。

近年来，劲钢混凝土体系开始大量用于我国的高层建筑特别是超高层建筑结构，其中已建或在建的100多幢高层钢结构建筑中，一半以上都全部或部分采用了劲钢混凝土结构。目前国内采用劲钢混凝土的高层建筑多在框架结构——剪力墙、筒体、框支剪力墙中的框支层采用劲钢混凝土柱，或在跨度较大的框架结构中采用劲钢混凝土剪力墙，以充分发挥劲钢混凝土承载力大、延性好、刚度大等特点。

五、主要项目施工方法

（一）劲钢骨架的施工和钢筋的绑扎

劲钢骨架施工，应符合《钢结构工程施工质量验收规范》（GB 50205—2001）的规定。在安装柱的劲钢骨架时，首先是在上下劲钢骨架处作临时连接，然后观测纠正其垂直偏差，再进行焊接或高强度螺栓连接，其次是在梁的劲钢骨架安装后，要再次对劲钢骨架进行观测纠正。为防止上层劲钢骨架垂直偏差积累超过允许值，除了力求柱的劲钢骨架下部校正准确外，还应将上部的安装垂直中心线对准。

为使梁柱接头处的交叉钢筋贯通且互不干扰，加工柱的劲钢骨架时，在劲钢腹板上要预留穿钢筋的孔洞，而且要相互错开。预留孔洞的孔径，既要便于穿钢筋，又不能过多削弱劲钢腹板，一般预留孔洞的孔径较钢筋直径大4～6 mm为宜。

在梁柱接头处和梁的劲钢翼缘下部，由于浇筑混凝土时有部分空气不易排出或因梁的劲钢翼缘过宽妨碍浇筑混凝土，为此要在一些部位预留排除空气的孔洞和混凝土浇筑孔。

劲钢混凝土结构的钢筋绑扎与钢筋混凝土结构中的钢筋绑扎基本相同，但也有其特点。由于柱的纵向钢筋不能穿过梁的翼缘，因此柱的纵向钢筋只能设在柱截面的四角或无梁的部位。

在梁柱节点部位，柱的箍筋要在劲钢梁腹板上已留好的孔中穿过，由于整根箍筋无法穿过，只能将箍筋分段，再用电弧焊焊接。不宜将箍筋焊在梁的腹板上，因为节点处受力较复杂。

如腹板上开孔的大小和位置不合适时，需征得设计单位的同意后，再用电钻补孔或用绞刀扩孔，不得用气割开孔。

（二）模板与混凝土浇筑

劲钢混凝土结构与普通钢筋混凝土结构的区别在于劲钢混凝土结构中有型钢骨架，在混凝土未硬化之前，劲钢骨架可作为钢结构来承受荷载，因此施工时可利用这个特点，合理选择模板材料和支模方法。在高层建筑现浇劲钢混凝土结构施工中，经济效益较显著的模板体系有：无支撑模板体系、升梁提（滑）模体系和外挂脚手升降体系等。如上海金茂大厦劲钢混凝土结构的滑模施工、重庆民族饭店的升梁提模工艺等，都是利用劲钢骨架的承重能力为施工创造有利的条件。

劲钢混凝土结构的混凝土浇筑，应符合《混凝土结构工程施工质量验收规范》（GB 50204—2002）的规定。在梁柱接头处和梁劲钢翼缘下部等混凝土不易充分填满处，要仔细进行浇筑和捣实。劲钢混凝土结构外包的混凝土外壳，要满足受力和耐火的双重要求，浇筑时要保证其密实度和防止开裂。

六、工程应用

某大厦主体结构形式为钢筋混凝土框架——核心筒结构，周边框架柱，地下2层至地上8层为劲钢混凝土柱。屋面的3根框架大梁跨度28 m，是本文要讨论的内容。大梁截面尺寸为1 200 mm × 2 800 mm，梁内配H型钢，H型钢规格为1 900 × 500 × 25 × 45，每根梁型钢总长度为28.4 m，重量约21.78 t，混凝土强度等级为C30。

混凝土施工采用分层浇筑混凝土的施工技术。劲钢混凝土与其相连的梁板结构体系采用满堂钢管脚手架排架支撑体系，为确保大梁施工安全、经济、高效的目的，经过综合考虑，施工时采用分层浇筑的施工措施，因大梁施工荷载具有短期的、逐渐加大、又很快趋向安全的特点，只要混凝土浇筑方法和速度控制得当，当达到最大值时，梁底部先浇筑的混凝土已接近初凝或终凝，施工荷对支撑结构的影响也逐渐减小。混凝土全部达到终凝时，大梁已具有自持能力，侧面对支撑体系安全的不利影响会逐渐消失，进入安全期。

分层浇筑施工措施要求型钢梁的混凝土分层浇筑，每层厚度400 mm。同时对配合比设计进行优化，采用高效减水剂及粉煤灰，控制碎石的粒径在5 ~ 10 mm，以保证混凝土骨料流入型钢的底部。严格控制好水8 ~ 10灰比，控制混凝土的缓凝时间为8 ~ 10 h，以延缓混凝土内部最高温度的产生，达到减小混凝土内外温差的目的。

型钢混凝土养护采用自动喷淋养护装置，沿型钢梁侧面平行布置两根 Φ25 的 PVC 自动喷淋管，在 PVC 自动喷淋管每隔 200 钻 Φ10 漏水孔，混凝土浇筑 12 h 后开始养护，保证混凝土终凝后 14 d 内，大梁表面保持在湿润状态。混凝土浇筑后 3 d 内不得堆放重物，以防受载后支撑变形而引起开裂。

第六节　混凝土的耐久性

一、概述

自 20 世纪 90 年代开始，人们逐渐发现混凝土耐久性大不如前，出现很多起砂、疏松、裂缝等现象，特别是裂缝的频频出现更加重了人们对耐久性的担忧，如果过去混凝土耐久性可达 50 年的话，那么现在是多少呢？这虽然没有一个准确的统计数字，但事实告诉我们混凝土耐久性下降了。它给人们敲响了警钟，引起混凝土行业的广泛重视，并且混凝土损坏后难以修复，即使修复，费用极大，而且提高混凝土耐久性不是一朝一夕的事，要等数十年才能看出效果，故提高混凝土耐久性的紧迫性是显而易见的。

但是，目前我国除水利工程和水运工程混凝土结构有耐久性设计或耐久性要求外，一般建筑的混凝土工程均无耐久性要求，如混凝土没有耐久性分级；公路、桥梁等大型混凝土结构的耐久性要求也都是针对某一具体项目，很不全面，这是造成混凝土施工过程中从不考虑耐久性的要求，也是耐久性下降的一个重要原因。开发商往往受经济利益驱使，将施工速度放在第一位，要求混凝土早强，而对其耐久性不承担任何责任，使混凝土早期就出现裂缝，实际上是以混凝土耐久性为代价换取施工速度，这是构成耐久性下降的经济原因。

20 世纪 50 年代以前的混凝土，包括古代的石灰土等耐久性仍还良好，大部分混凝土结构历经百年仍完好无损，而近年混凝土的技术水平提高了，耐久性却反而下降，这一事实将促使人们去研究近年与过去混凝土在原材料与施工工艺上的差异，从而得到提高耐久性的启发。

(1) 20 世纪 50 年代前所用水泥多是低强度、低细度、低早强水泥，混合材料掺量较高，故混凝土水化热不高，收缩不大，也不易受到化学腐蚀。而现在水泥的强度，特别是早期强度越来越高，为达到高强或早强，其细度越来越细，从而提高了 C3A 和 C3S 含量，造成早期水化热大，相应自收缩或塑性收缩提高。20 世纪 60 年代前所用石子大都是天然级配的卵石，其级配良好，空隙率较小，而现在所用石子以碎石为主，由于采石场的石子多为逐级筛分分级供应，使很多混凝土采用单粒级石子，大大提高了混凝土的空隙率，且使工作性下降，混凝土中大量的空隙为侵蚀性介质的侵入提供了通道。

(2) 20 世纪 50 年代以前的混凝土以干硬性混凝土（坍落度小于 10 mm）和塑性混凝土（坍落度为 10 ~ 90 mm）为主，其坍落度大部分采用 30 ~ 60 mm，相对用水量较小，而现在的预拌混凝土大部分为流动性混凝土（坍落度为 100 ~ 150 mm）或大流动性混凝土（坍落度等于或大于 160 mm），虽然采用了高效减水剂，其用水量也比过去加大，使混凝土易产生早期收缩裂缝，并易受到侵蚀。

(3) 施工方法也发生了重大变化，20 世纪 50 年代以前主要采用小车运输振动密实，由于多为塑性混凝土，振动比较费时费力，现在用流动性混凝土，采用泵送，稍加振动，即可完成浇筑，这对减轻劳动强度完成复杂形状的浇筑无疑是技术进步，但流动性混凝土随之带来的弊病是易产生离析、泌水，并在骨料与水泥石界面上留下空隙或微裂缝，给耐久性留下隐患。

综上所述，我们认识到一项技术进步会带来一些副作用，也就是说，混凝土某些技术进步在耐久性方面给我们制造了麻烦，人们无意恢复过去的施工技术，但却可以从中得到很大的启发，并由此找出提高耐久性的各种方法。

二、主要技术内容

混凝土的耐久性是在实际使用条件下抵抗各种环境因素作用，能够长期保持外观的完整性和长久的使用能力。混凝土的耐久性主要包括：抗渗、抗冻、抗侵蚀、抗碳化、抗碱—集料反应及混凝土中的钢筋乃锈蚀等性能。

（一）混凝土的抗渗性

抗渗是混凝土的一项基本性能，此外，它还直接影响混凝土的抗冻性和抗侵蚀性。

混凝土的抗渗性能用抗渗等级 S 表示（也可以用 P）。它是以 28 d 龄期的标准试件，按规定方法试验，以试件不渗水时所能承受的最大水压力来确定。抗渗强度等级有 S2，S4，S6，S8，S10，S12 六个等级，分别表示可承受 0.2 MPa，0.4 MPa，0.6 MPa，0.8 MPa，1.0 MPa，1.2 MPa 的水压。

混凝土的渗水主要是因为内部的空隙形成连通的渗水通道。这些孔道除由振捣不密实外，主要来源于水泥浆中多余水分的蒸发而留下的气孔、水泥浆泌水通道及粗集料下部界面水富集形成的孔穴。其主要与水灰比的大小有关。试验表明，随着水灰比的增大，抗渗性变差，当水灰比大于 0.6 时，抗渗性急剧降低。

（二）抗冻性

混凝土在水饱和状态下，能经受多次冻融循环作用而不被破坏，同时也不严重降低强度的性能。在寒冷地区，特别是接触水又受冻的环境条件下，混凝土要求具有较高的抗冻性。

抗冻等级指标是在规定的冻融制度下试验，检验其强度降低，不超过 25%的循环数，即为所检验混凝土的抗冻等级。混凝土的抗冻等级有 D_{25}，D_{50}，D_{100}，D_{150}，D_{200}，D_{250} 和 D_{300} 七个等级，字母下的脚注，即所能抵抗的循环数。

在混凝土硬化过程中，由于析水而遗有的细微孔道，不仅使渗透性变差，还会使吸水性增大，导致抗冻性降低。低水灰比、密实的混凝土和具有封闭孔隙的混凝土的（引气混凝土）抗冻性较高。掺入引气剂、减水剂等可有效提高混凝土的抗冻性。

（三）混凝土的碳化

空气中的二氧化碳渗透到混凝土内部，与混凝土中的氢氧化钙起化学反应后生成碳酸钙和水，混凝土碱度降低，称为混凝土的碳化。当碳化深度超过钢筋保护层时，在水和空气的作用下，钢筋开始锈蚀。钢筋锈蚀会引起体积膨胀，使混凝土保护层出现裂缝及剥离等破坏现象。此外，碳化还能引起混凝土收缩（即碳化收缩），易使混凝土表面产生微细裂缝。

碳化作用对混凝土也有一些有利影响，即碳化作用产生的碳酸钙填充了水泥石的空隙,以及碳化时放出的水分有助于未水化的水泥水化,从而可提高混凝土碳化层的密实度,对提高抗压强度有利,如混凝土预制桩往往利用碳化作用来提高桩的表面硬度。影响碳化速度的外界因素是二氧化碳的浓度及湿度,影响碳化速度的内在因素是混凝土本身的孔隙率、碱度及抗渗性。

(四)混凝土的抗侵蚀性

当混凝土所处环境中含有侵蚀性介质时,混凝土便会遭受侵蚀。通常有软水侵蚀、硫酸盐侵蚀、一般酸侵蚀和强碱侵蚀等。

混凝土的抗侵蚀性与水泥品种、混凝土的密实程度和孔隙特征等有关,密实和孔隙封闭的混凝土,环境水不易侵入,抗侵蚀性较强。提高混凝土抗侵蚀性的主要措施有合理水泥品种和掺合料、降低水灰比、提高混凝土密实度和改善孔隙结构。

(五)抗碱—集料反应

水泥中的碱与集料中的活性二氧化硅发生反应,在集料表面生成复杂的碱—硅酸凝胶。碱—硅酸凝胶具有吸水膨胀(体积可增大3倍)的特性,当膨胀时,会使包围集料的水泥石胀裂。这种化学反应要具备3个条件才会发生:一是混凝土中碱的含量足够高;二是集料中含有一定的活性成分;三是有水存在。三者中缺一不可,缺少任何一个条件,碱—集料反应都不会发生。

三、主要技术指标

总的来说,影响混凝土耐久性主要技术指标有四大类因素,分别是:化学因素、物理因素、力学因素和生物学因素。

(一)化学因素

影响混凝土耐久性化学因素包括:碱—集料反应,硫酸盐腐蚀,混凝土的碳化,氯离子的侵蚀性腐蚀和钢筋的锈蚀。

1. 碱—集料反应

混凝土碱—集料反应被许多专家称为混凝土的“癌症”。碱—集料反应是指混凝土集料中某些活性矿物与混凝土微孔中的碱溶液产生的化学反应。活性材料主要是SiO_2和硅酸盐、碳酸盐等,碱主要来源于水泥熟料、外加剂。

依据参与反应的岩石种类与反应机理不同,可把混凝土碱—集料反应分为碱—硅反应、碱—碳酸盐反应和碱—硅酸盐反应三种,其中碱—硅反应最为常见。碱—集料反应产生的碱—硅酸盐等凝胶体遇水膨胀,在混凝土内部产生较大的膨胀应力,从而引起混凝土开裂。混凝土结构一旦发生碱—集料反应出现裂缝后,会加速空气、水、二氧化碳等侵入,引起混凝土碳化和钢筋锈蚀速度加快,而钢筋锈蚀产物铁锈的体积远大于钢筋原来的体积,又会使裂缝扩大。若在寒冷地区,混凝土出现裂缝后又会使冻融破坏加速,这样就造成了混凝土工程的综合性破坏。

2. 硫酸盐腐蚀

硫酸盐腐蚀就是硫酸盐侵入混凝土后,与混凝土中的C3A反应生成硫铝酸盐,使混凝土体积膨胀而导致破坏。

3. 混凝土的碳化

混凝土的碳化又称混凝土的中性化,几乎所有混凝土均有碳化现象。即空气中的水分和二氧化碳与水泥石中碱性物质相互作用，使其成分、组织和性能发生变化，并导致机能下降的一种很复杂的物理化学过程。混凝土碳化本身对混凝土并无破坏作用，主要危害是因混凝土碱性降低致使钢筋表面在高碱环境下形成的对钢筋起保护作用的致密氧化膜（钝化膜）遭到破坏、丧失；同时，碳化加剧混凝土的收缩，可能导致混凝土的开裂和结构破坏。所以说，混凝土的碳化与混凝土结构的耐久性密切相关。

4. 氯离子的侵蚀性腐蚀

在冬季，为保证公路交通的畅通，道路养护人员向道路、桥梁及城市立交桥等撒盐或盐水，以化雪和融冰，这使得盐中的氯离子进入混凝土结构的内部。氯离子侵入混凝土腐蚀钢筋的机理，主要表现为，一是破坏钝化膜，因为氯离子进入混凝土到达钢筋表面，吸附于局部钝化膜处时，使该处呈酸性，从而破坏了钢筋表面的钝化膜；二是形成腐蚀电池，腐蚀电池作用的结果使得钢筋表面产生蚀坑，且蚀坑发展十分迅速；三是去极化作用，氯离子不仅促成了钢筋表面的腐蚀电池，而且加速了电池的作用，即凡是进入混凝土中氯离子会周而复始地起到破坏作用，这也是氯离子危害的特点之一。

5. 钢筋的腐蚀

在外界作用下，混凝土材料的耐久性能会发生衰退，逐渐降低对其内部钢筋的保护作用。当钢筋外面的混凝土中性化或出现开裂等情况时，钢筋失去了碱性混凝土的保护，钝化膜破坏并开始锈蚀。锈蚀的钢筋不但截面有所损失，而且材料的各项性能（抗拉强度、伸长率等）发生衰退，从而影响构件的承载能力和使用性能。钢筋锈蚀也是引起混凝土结构耐久性下降的最主要和最直接的因素。

混凝土中钢筋的锈蚀一般是电化学腐蚀。电化学反应的必要条件是钢筋表面呈活化状态，且同时存在水和氯离子。混凝土保护层碳化导致碱度降低是使钢筋表面活化的主要因素，氯离子侵入液可使钢筋表面钝化膜迅速破坏。所以说，氯离子的侵入和混凝土碳化是钢筋锈蚀的主要原因，必须采取措施防止氯离子侵入和碳化深入。

根据钢筋锈蚀的分布情况，可将钢筋锈蚀分为两类，其一是裂缝处锈蚀。构件和体能表面可能由于荷载作用产生结构性裂缝，或因干缩、湿度应力、碳化、碱—集料反应等产生非结构性裂缝。当环境中的水、氧、氯离子沿裂缝侵入时，造成裂缝处的钢筋产生锈蚀。其二是普遍锈蚀。当混凝土碳化至钢筋表面时，一旦存在水、氧、氯离子等条件时，首先在裂缝处出现钢筋锈蚀，进而发展为钢筋横向的环状锈蚀，最终沿钢筋纵向扩展为片状锈蚀。成片的锈蚀因其体积膨胀导致混凝土沿钢筋布置方向发生混凝土保护层裂缝。

（二）物理因素

影响混凝土耐久性的物理因素主要有混凝土的冻融循环、干湿循环、冷热循环和磨蚀。

1. 混凝土的冻融

混凝土是由水泥砂浆和粗集料组成的毛细孔多孔体。在搅拌混凝土时，为了得到必要的和易性，加入的拌合用水总要多于水泥水化所需的水，这些多余的水便以游离水的形式滞留于混凝土内部连通的毛细孔中；另外，在混凝土中还存在一些水泥水化后形成的胶凝孔。这种毛细孔的自由水就是导致混凝土遭受冻害的主要因素，因水遇冷结冰会发生体积膨胀，引起混凝土内部结构的破坏。当混凝土处于饱水状态时，毛细孔中的水结冰，胶凝孔中的水处于过冷状态，这样使得胶凝孔中的水向毛细孔处渗透，于是在毛细孔中又产生一种渗透压力。由此可见,处于饱水状态的混凝土受冻时,其毛细孔壁同时承受膨胀和渗透两种压力。当这两种压力超过混凝土的抗拉强度时,混凝土就会开裂。在反复冻融循环后,混凝土中的裂缝会相互贯通,其强度就会逐渐减低,最后甚至完全丧失,使混凝土由表及里遭受破坏。

2. 干湿循环、冷热循环和磨蚀

混凝土在干湿交替处容易发生水蚀。冷热交替也会使混凝土集料膨胀或收缩变形,并在约束的条件下产生裂缝。混凝土遭受的磨蚀有运输车辆对混凝土路面的腐蚀,砂石对水利工程的冲刷磨蚀。

(三)力学因素

影响混凝土耐久性的力学因素主要有冲击、震动、过载、磨损、徐变、结构位移等。其中冲击、震动、过载和磨损使混凝土破坏的方式主要是使混凝土表面受损,使混凝土的强度降低,对于钢筋混凝土结构,随着时间的推移,还会腐蚀的混凝土里面包裹的钢筋,进而使承载力下降,混凝土耐久性降低;而徐变和结构位移容易使混凝土产生裂缝,使混凝土破坏。

(四)生物学因素

生物学因素对混凝土的影响主要表现为微生物分解菌类和藻类等。

四、适用的工程范围

建造的国家大型重点工程均要求 50 年甚至 100 年以上的使用寿命,特别是关系到我国国民经济长期、持续稳定发展的海洋工程等。

五、提高混凝土耐久性的主要方法

影响混凝土耐久性的因素有很多,而这些影响因素之间又相互联系,共同作用,故危及混凝土耐久性的原因大都不止一种,因此,提高混凝土耐久性也绝不仅仅是靠某一项措施就可奏效的,必须从结构设计、原材料选择、混凝土配合比到施工等综合措施,才能使混凝土的耐久性满足要求。

(一)结构设计

针对混凝土所处环境、存在何种侵蚀介质及结构类型提出耐久性的具体要求,特别是在目前无耐久性等级的情况下,结构设计应提出耐久性要求,使施工单位有章可循。此外,结构设计还可采取一些措施从各方面保证混凝土的耐久性,如在确定强度等级时,应平衡混凝土自重、成本和耐久性的矛盾,在同等条件下避免使用高强混凝土,同时降低单个构件的约束,规定 90 d 强度为验收强度,建筑设计也应避免过多的形体变化,防止应力集中。为防止钢筋锈蚀,应采取措施防止氯离子侵蚀和碳化的深入,还可采用加大保护层厚度等耐久性设计。

(二)合理选用混凝土原材料

(1)采用 C2S 含量较高的水泥,尽量避免使用 C3A 及 C3S 含量高的水泥,或早强水泥。试验证明,C2S 含量高的水泥水化热相对较低,抗化学腐蚀和抑制碱—骨料反应性能良好,故能提高混凝土的耐久性。

(2)水泥浆而言,骨料的耐久性及体积稳定性较好,故应选用级配良好、热膨胀系数较小的骨料，使混凝土达到较高的密实度和较小的变形，同时尽量提高骨料在混凝土中的比例。为此，不应使用单粒级粗骨料，或吸水率较高的粗骨料。

（3）除非混凝土强度等级很高，一般不选用过细的或用水量较大的掺料。

（4）采用高效减水剂，以降低混凝土用水量。或采用能提高混凝土渗透能力的外加剂，如膨胀剂、三乙醇胺等。

（三）混凝土配合比

为提高混凝土耐久性，设计配合比时应考虑以下几点：

（1）降低用水量

为降低用水量首先应降低混凝土坍落度，尽量采用塑性混凝土已能满足的要求的情况下，为加快施工进度而提高坍落度，不但使成本提高，耐久性也大大降低，是十分不合算的。因此，有必要提倡使用塑性混凝土，即使采用泵送也应根据泵送高度等情况确定坍落度，不一定非用大流动性。此外，通过适应性试验，采用与水泥适应性好的减水剂，以便有效地降低用水量。

（2）降低水泥用量

在满足混凝土强度等级的条件下，尽可能降低水泥用量，同时提高矿物掺料用量，由于后者不但能改善混凝土工作性能，而且抗化学腐蚀能力高，能有效地降低水化热，对抗裂也有一定的效果。在强度等级不高而耐久性要求较高时，可使用大掺量矿物掺料。

（3）低早强

除冬季施工以外，应避免使用R型水泥或高强水泥，因为R型水泥大都C3A含量较高，而且粉磨细度较细，使混凝土早期强度虽然高了一点，但因其水化快，水化热高，早期极易产生裂缝。从表面看，使用低早强水泥与施工进度是矛盾的，实际上所谓早强是极其有限的，何况有些工程虽然施工速度加快了，但随之而来的裂缝处理，不但经济上大受损失，有可能施工进度也不得不因此而延长。

（4）设计密实混凝土

保证混凝土耐久性的前提之一是混凝土密实性好，因此在设计配合比时应采取各种措施使混凝土密实达到最大。为此必须选择级配良好的骨料，对于级配不良的粗骨料应予调整。

（5）添加好的外加剂

实践证明，引气是提高混凝土耐久性效果优良而且经济实惠的措施，混凝土引气后能大大改善其工作性能，而且效果是其他外加剂无可比拟的，因此引气剂是提高耐久性的首选外加剂。

（四）施工

按照过去混凝土施工的习惯做法，成型时只要浇筑密实，没有蜂窝、麻面就算满足要求了，但对于混凝土耐久性来说显然不够的。为此考虑采取以下施工措施：

（1）保证混凝土浇筑密实

尽人皆知，实验室内混凝土的密实性与混凝土结构的密实性是两回事，而且施工时保证混凝土的密实性更为重要。所以应从浇筑顺序、密实方法及施工操作上保证混凝土密实。对于施工缝、收缩缝、胀缝及后浇带等处应做好清洁、连接及防水处理。

（2）控制混凝土入模温度

一般认为只有大体积混凝土才控制其入模温度，其实不然，其他混凝土，特别是板型混凝土也应控制其入模温度，因为入模温度过高，在表面降温很快时（如夜间降温、寒流侵袭或向表面浇温度较低的养护水）造成较大的内外温差而使混凝土开裂。

降低混凝土入模温度的措施有：不使用新出厂的水泥；安排夜间施工，如采用泵送，用湿麻袋覆盖泵管；采用合格的地下水搅拌混凝土；分段浇筑混凝土，使其有降温的时间和变形空间。

（3）合理养护

养护对混凝土的耐久性极其重要，它不但关系水泥水化是否完全、强度能否增长、结构是否密实，而且关系到混凝土的变形，很多已损坏的混凝土大都因养护不良，这充分说明养护在施工程序中的重要性。不重视这一工序，会使很多提高耐久性的措施前功尽弃。施工前应根据具体情况制定合理的养护措施，包括养护程序、方法及养护时间。要求混凝土终凝后立即开始养护，在一般情况下都应覆盖混凝土表面，在气候干燥、风速较大时还应覆盖塑料薄膜，冬季在北方还应增加保温养护。

六、工程应用

某水工码头工程设计使用年限为 50 年，为抵御海水对码头构件的腐蚀破坏，技术要求为：

（1）混凝土强度等级为 C45，90 d 抗氯离子渗透性能大于 1 000 库仑，90 d 氯离子扩散系数不大于 $1.3 \times 10^{-12}\ m^2/s$；

（2）混凝土水胶比不大于 0.35，坍落度不小于 120 mm。

高性能混凝土配制采用 PBC 胶凝材料，混凝土水胶比为 0.35，胶凝材料用量为 440 kg/m^3。混凝土细骨料产于福建闽江的中砂，粗骨料为产于浙江的 5 ~ 31.5 mm 碎石，拌合用水为城市自来水，减水剂为华登 HP400 聚羧酸类减水剂。

应用于本项目的高性能混凝土测定结果为：现浇混凝土坍落度为 170 mm 左右，28 d 平均强度 51.6 MPa，电通量平均为 653 库仑，氯离子扩散系数平均为 $0.7 \times 10^{-12} m^2/s$；预制混凝土坍落度为 70 mm 左右，28 d 平均强度 56.9 MPa，电通量平均 353 库仑，氯离子扩散系数为 $0.375 \times 10^{-12} m^2/s$。

第七节　混凝土裂缝防治技术

一、概述

在过去混凝土裂缝并不是一件可怕的事情，在工地现场搅拌、小车运送、料斗浇注形式施工的年代，只要对混凝土原材料的质量和计量、混凝土的搅拌和浇注以及成型、养护稍加控制，混凝土的裂缝是完全可以避免的。然而现在的混凝土已发展为商品混凝土，混凝土原材料质量控制、配合比计量控制以及混凝土搅拌、运送、泵送浇注的技术含量有了空前的提高，尽管混凝土的养护也做到了尽善尽美，但混凝土的裂缝却变成了不可避免的事，真可谓是没有不裂的混凝土。混凝土的裂缝已从特殊性转化为普遍性，从可以控制发展成不可控制，已成为混凝土质量的通病，这也引起了工程技术人员的普遍重视。

在房屋建筑中，虽然有些混凝土的裂缝并不影响混凝土的结构安全，但随着住宅建筑的商品化，购房者对混凝土裂缝的投诉越来越多，因此受到住宅建筑开发商和施工企业的高度重视。

二、技术内容

要避免混凝土产生裂缝，首先应了解混凝土裂缝产生的原因及其过程，也就是必须了解混凝土的物理力学性能。由于混凝土是弹、黏、塑性的混合体，其物理力学性能非常复杂，再加上试验仪器设备条件的限制，对混凝土的开裂现象，一直被简化为完全弹性体来对待的。受约束的混凝土产生收缩时，就会产生拉应力，拉应力的大小就等于收缩应变与混凝土弹性模量的乘积。当混凝土的收缩到达一个极限，即产生的拉应力大于混凝土极限抗拉强度时，混凝土就被拉裂而出现裂缝。但实际上混凝土所产生的部分拉应力会被徐变松弛所释放，释放后的实际应力才决定混凝土是否裂开。

另外，随着混凝土早期强度的提高，混凝土的弹性模量迅速增加，同时也将丧失较大的应力松弛能力。所以要提高混凝土抗裂性能，不但要减小混凝土的收缩，而且还要降低混凝土的早期弹性模量和提高早期应力松弛能力。降低混凝土的早期弹性模量和提高早期应力松弛能力的有效途径是降低混凝土的早期强度。

（一）裂缝防治的设计措施

建筑工程的体量较大、体型复杂时，可通过设置结构缝将其划分为若干相对独立的结构单元，以避免在结构过程中积累过大的约束应力（或应变）而引起间接裂缝。结构缝设计时应综合考虑缝的各种功能要求。

（二）裂缝防治的施工措施

（1）混凝土拌制应有详细的技术要求。商品混凝土应严格记录每车混凝土的搅拌时间、出站时间、进场时间、开始浇筑时间、浇筑完成时间，并分批汇总分析。

（2）混凝土搅拌前应严格按照施工配合比进行各种原材料的计量，并根据原材料的含水率等对设计配合比进行调整。应保证混凝土的搅拌时间，混凝土拌合物的入模坍落度不宜过大，严禁在搅拌机以外二次加水搅拌。

（3）混凝土浇筑时，应保证振捣地时间和位置，防止漏振、欠振和过振。严禁用振捣棒撬拨钢筋或用振动钢筋的方法振捣混凝土。对于钢筋密集部位的混凝土宜采用小直径振捣器或体外振捣方法振捣。

对已初捣的混凝土不应再进行振捣，避免破坏已形成的混凝土结构强度，而应待其充分凝固以后按施工缝的接槎进行处理。

（4）对于断面相差较大的构件或结构，应先浇较深的部分，根据气候条件静停 0.5 ~ 1.5 h 以后再与较薄部分一起浇筑。

（5）楼板混凝土浇筑完成到初凝前，宜用平板振捣器进行二次振捣。终凝前宜对表面进行二次搓毛和抹压，避免出现早期失水裂缝。

（6）在装配式结构的板间拼缝及梁柱构件连接处，不得采用水泥砂浆灌缝，而应采用规定强度等级的细石混凝土灌缝。灌缝宜采用膨胀混凝土。待灌混凝土强度达到 1.2 MPa 后，方可承受施工荷载。

（7）后浇带（缝）两侧的梁板支承模板应予加强，且宜形成独立的支持体系并有足够的刚度，并应在后浇的混凝土强度达到设计强度标准值后方可拆除。

（8）混凝土结构的预应力钢筋锚固区及门、窗、洞口的凹角部位，应按设计规范的要求配置网片钢筋或孔边构造钢筋。孔洞边的构造钢筋不得在凹角处弯折而应直线伸出并保证足够的锚固长度。

（9）对混凝土结构中容易产生裂缝的部位（预应力钢筋的锚固区域、凹角、洞口、孔边等应力集中处以及板面、梁侧、墙面等容易发生干缩裂缝处），宜采用掺入合成纤维（聚酰胺纤维、聚丙烯纤维、聚丙烯腈纤维等）的方法控制混凝土结构的裂缝。合成纤维的掺入量可为 0.4 ~ 3 kg/m^3，根据工程需要通过试验及工程经验确定。

三、技术指标

混凝土裂缝按产生原因可分为荷载裂缝、变形裂缝及其他物理及化学变化产生的裂缝。

（一）荷载裂缝

荷载裂缝是由于混凝土结构承受各种荷载后产生的裂缝。

出现裂缝部位为：多在混凝土结构的尺寸变化处，荷载不同的两结构连接处以及不同结构类型的两结构连接处，其中由于地基不均匀沉降而引起的沉降裂缝多发生在门窗等薄弱部位。

出现时间为：加载后较长时间，其中因地基沉降生成的裂缝可持续数年。

裂缝走向：一般沿荷载方向，如梁底的横向裂缝，或梁端的剪切斜裂缝。

（二）变形裂缝

变形裂缝是因为环境温度、湿度变化，或混凝土结构内部温度、湿度或水分变化使其变形而产生的裂缝，包括塑性收缩裂缝、温度裂缝和干燥收缩裂缝等。

1. 塑性收缩裂缝

出现部位：多发生在竖向尺寸较大的混凝土上表面或侧面。

出现时间：混凝土浇筑后终凝前，约在浇筑后 4 ~ 15 h。

裂缝走向：混凝土上表面裂缝为不规则裂缝，无固定方向，但对长形混凝土结构，其上表面也会产生垂直于长方向的横向裂缝，沉降收缩裂缝多发生在钢筋及预埋间旁，或靠近模板处。

2. 温度裂缝

出现裂缝部位：存在温度差的地方，如大体积混凝土表面，又如有些混凝土墙也会出现温度裂缝，无固定部位。

出现时间：一般出现在内部升至最高温度后，温度开始下降时，约在混凝土浇筑后 2 ~ 7 d。

裂缝走向：无固定走向，裂缝一般内宽外窄。

3. 干燥收缩裂缝

出现部位：存在温度差的地方，如表面系数较大的板式或壁式结构表面，如楼板、混凝土路面、机场跑道、地下室墙及水池池壁等处，大都为表面裂缝，深度约为 10 ~ 15 mm。

出现时间：从混凝土硬化到数年的较长时间内。

裂缝走向：多为长条形混凝土结构的垂直方向，裂缝互相平行，间隔距离比较均匀，也有斜裂缝或不规则的干缩裂缝。

（三）因其他物理及化学变化产生的裂缝

如碱—集料反应裂缝、钢筋锈蚀裂缝等。

四、主要项目的施工方法

（一）大体积混凝土和预应力混凝土的裂缝处置

1. 大体积混凝土的裂缝控制

混凝土结构实体最小尺寸等于或大于 1 m 或水泥水化热引起的混凝土内外温差过大发生裂缝的混凝土结构统称为大体积混凝土结构。大体积混凝土结构裂缝控制的原则是控制混凝土内部绝热温升；配置抗裂钢筋和限制混凝土体积和尺寸等。

大体积混凝土结构施工时宜控制混凝土内部最高温度与表面温度差不大于 25℃；拆除模板或表面覆盖时混凝土表面温度与环境温度差不宜大于 15℃。

大体积混凝土结构宜采用设置后浇带（缝）的方法，控制单块结构长厚比不大于 40，长宽比不大于 4，且单块长度不宜超过 30 m。

大体积混凝土施工时宜采用下列控制裂缝的技术措施：

（1）按国家有关规范规定掺用粉煤灰的混凝土，用 60 d、90 d 等后期强度作为混凝土结构强度评定值，以减少混凝土水泥用量，减少水化热和收缩。

（2）根据混凝土的绝热升温值和环境温度，制定必要的技术措施，控制砂、石、拌合用水温度并采取运输过程的降温方法，降低混凝土的入模温度。

（3）选用低水化热和凝结时间较长的水泥，如低热矿渣硅酸盐水泥、中热硅酸盐水泥，矿渣硅酸盐水泥、粉煤灰硅酸盐水泥、火山灰质硅酸盐水泥等。在满足混凝土强度等级及浇筑时混凝土拌合物和易性的条件下，选择粒较大的骨料和中粗砂；粗骨料宜采用连续级配；通过试验确定掺合料及外加剂的型号和数量以减少水泥的用量。

（4）严格控制坍落度，优先选择分层连续浇筑，并采取有效措施防止施工过程中表面泌水。

2. 大体积混凝土裂缝控制技术措施

大体积混凝土结构浇筑后的养护期内应采取以下控制裂缝的技术措施。

（1）大体积混凝土温度监测应能真实反映混凝土的内外温度差、降温测试数据及时进行整理分析。

如混凝土内外温差及降温速度不符合计算要求，应根据实际情况采取控温措施。

（2）控温养护的持续时间，应根据内外部温度情况确定。应保持混凝土表面的湿润。控温覆盖的拆除应分层逐步进行，不得采取强制、不均匀的降温措施。

3. 预应力混凝土结构的抗裂构造措施

在满足设计混凝土强度等级和施工工艺要求的情况下，宜减少水泥的用量和坍落度。水灰比宜控制在 0.5 以下并适当延长养护时间，增强混凝土的抗裂能力。

宜减少预应力束在梁端的偏心（即减小 e），增大梁端面的宽度以降低局部压力值；增加抵抗横向应力的构造钢筋网片或采用纤维混凝土，增强抗裂能力。

（二）钢筋混凝土结构的裂缝处理

1. 钢筋混凝土结构的裂缝的产生原因

钢筋混凝土结构在各种作用下，都会产生变形，这种现象称为作用效应。随着某种作用的增强，作用效应也在不断的积累，同时钢筋混凝土结构内部的能量（应变能）也在不断积累，当变形值达到其自身对变形的承受能力时，混凝土结构就会出现裂缝，将内部积累的能量释放掉，从而使结构在新的状态下达到平衡。如果这种作用继续增强，则会在和混凝土内部重新积聚能量。随着能量的不断积累与释放，混凝土内部的裂缝也会不断地产生和扩展。如果这个过程继续下去，则最终会导致混凝土结构的破坏。

钢筋混凝土结构上的作用主要包括荷载作用、温度作用、干湿作用、基础位移等。不同的作用产生的裂缝也各有特点。

2. 钢筋混凝土结构的裂缝防治对策

（1）荷载裂缝的应对策略

钢筋混凝土结构荷载裂缝主要产生在受拉面的混凝土上，所以要减少混凝土裂缝就要降低混凝土内的拉应力。

1）在设计方面：增大梁截面的高度、适当增大配筋率以及提高受拉钢筋的强度等级等，可以减少受拉面混凝土的变形，延缓裂缝的出现。

2）在施工方面：提高混凝土拌合物的均匀性，可以使受拉面混凝土上的裂缝分布均匀而细微，从而避免少数大裂缝的出现。

3）成品保护方面：混凝土终凝后及时进行养护，可以提高混凝土的强度，减少内部微裂纹的出现，从而可以减少可见裂纹的出现。

（2）温度裂缝的应对策略

温度裂缝是由于过大的温度梯度引起的。

1）内部埋设冷凝管，用循环水来降低混凝土内部温度。

2）采用外部保温的方法，减少表面混凝土的散热量。从而减少混凝土内温度梯度。

3）采用分层浇筑的施工工艺。

（3）干燥收缩裂缝的应对策略

1）添加高效减水剂，降低水灰比。

2）优化混凝土配合比以及粗骨料的颗粒级配。

3）冲洗砂石，降低含泥量。

4）加强养护。

（4）基础位移的应对策略

钢筋混凝土框架结构当基础沉降时，在沉降部位相邻跨内的梁板内产生很大的剪力和弯矩，为了有效地抵抗这种附加的剪力和弯矩，可以增加里梁内的配筋量，同时加强梁柱节点的刚度，这样有利于内力的扩散。然而，增强地基承载力以及提高基础的整体性来避免基础的不均匀沉降裂缝的最彻底的措施。

（三）混凝土楼板裂缝

1. 混凝土楼板裂缝概述

混凝土楼板裂缝是混凝土结构和构件的一种常见病害，也是近年来房屋消费者比较普遍投诉的质量热点问题。混凝土楼板一旦产生裂缝不仅威胁建筑物的结构安全，也严重影响建筑物的正常使用，尤其是住宅工程涉及千家万户的利益和生活安定。已引起设计、施工企业及有关部门的严重关注。因此混凝土楼板裂缝的防治是亟待解决的技术难题。

水泥混凝土是一种脆性非匀质工程材料，其内部存在大量微细裂缝和不同大小的孔隙，抗拉强度很低，抗裂性也较差。所以混凝土结构物很容易产生裂缝，也可以说混凝土结构的裂缝是一个带普遍性的技术难题。

2. 混凝土楼板裂缝原因分析和防治措施

（1）不均匀沉陷裂缝

1）原因分析：结构构件下面的地基未经夯实和必要的加固处理，再混凝土浇筑后，由于地基浸水而引起不均匀沉降，或模板刚度不足，支撑体系间距过大，支撑底部松动，无设垫板，拆模过早也会导致不均匀沉陷裂缝的出现。

2）防治措施：对软弱土层应按设计要求进行处理。基土严禁用淤泥、腐朽土、冻土、耕植地、膨胀土和含有有机物质大于 8% 的土作为填土，填土应分层夯（压）实，填土质量符合现行国家标准《地基与基础工程施工质量验收规范》（GB 50202）有关规定，填土密实度应符合设计要求，对设计无要求时，不应小于 90%。加强模板施工方案编制计算，正确验算模板支撑体系的强度、刚度和挠度，强化现场模板安装与方案的统一，严格实施同条件试块拆模规定，禁止过早拆模。

（2）混凝土收缩裂缝

1）原因分析：混凝土收缩分湿度收缩和自收缩。湿度收缩是混凝土成型后，养护不当，受到风吹日晒，水分散失快，体积收缩大。而内部湿度变化小，收缩也小，因而内外收缩受到互为约束，出现拉应力导致收缩应变产生。当应变超过混凝土抗拉强度时，就引起裂缝出现。自收缩是水泥水化作用放出大量水化热，使混凝土内部温度升高，引起混凝土自干燥，造成混凝土宏观体积减小，同时也受到外部条件约束，引起混凝土自收缩，导致裂缝产生。

2）防治措施：控制混凝土水泥用量、水灰比和砂率，选用良好级配的砂石骨料和低热或中热水泥，严格把关砂石含泥量和外加剂的掺用量，避免使用过量粉砂，强化混凝土振捣密实的管理，掌握混凝土初凝后、终凝前的二次抹压时间，以提高混凝土的抗拉强度，加强混凝土早期养护，适当延长养护时间，保持混凝土表面的湿润，减小混凝土收缩量。

（3）设计构造缺陷裂缝

一些住宅工程现浇混凝土楼板多在板角出现 45° 斜缝及预埋线管处出现裂缝，且裂缝多为穿透性，宽度在 0.3 mm 以内，其原因大致如下：

1）混凝土楼板厚度小于 100 mm，板中预埋水电管道交叉重叠大于两根，或距板角点 1.2 m 半径内埋设管线斜贯两直角边，以及预留管孔削弱混凝土构件 1/4 截面以上未采取加固措施。

2）建筑平面板角处及板跨度大于 3.0 m 者四角未设放射筋和相邻跨度相差 2.5 倍以上，且小跨板面筋未拉通，混凝土构件配筋率小于《混凝土结构设计规范》最小配筋率要求。

预防措施如下：

① 现浇楼板厚度应符合《混凝土结构设计规范》(GB 50010—2002)表 10.1.1 现浇钢筋混凝土板的最小厚度要求，跨度较大现浇楼板厚度的确定应考虑板在正常使用极限状态下挠度的计算值应符合规范要求，住宅现浇楼板应按不出现裂缝计算。

② 现浇楼板配筋计算应严格执行《混凝土结构设计规范》(GB 50010—2002)第 10.12 条的规定。单向板应沿长边方向布置足够数量的构造筋。板的最小配筋率应符合规范要求并可适当提高。现浇板配筋宜采用"细筋密筋"的配筋方法。在最大裂缝宽度验算时，其值主要取决于钢筋直径和受拉钢筋表面特征系数。所以宜选择细直径的变形钢筋，以增大钢筋和混凝土接触表面，提高钢筋和混凝土的黏结强度。

③ 有针对性的布置构造钢筋。建筑物两端开间受温度应力和收缩应力以及外端约束影响极易出现楼板开裂现象，宜设置双向双层钢筋或在现浇楼板板角处增设以角点为中心，长度为长边 1/3 跨长的负弯矩辐射钢筋，且连续板的中跨支座处负弯矩钢筋不应断开，尤其平面形状不规则的楼板应合理布置构造钢筋，除受力满足要求外，分布筋间距均加密，且≤200 mm，增强混凝土板抗温度、干缩变形能力。

④ 隐蔽管道：现浇楼板内敷设电线管时，应避免交叉敷设，若必须交叉敷设应采用接线盒的形式，电线管道直径大于板厚 1/3 或多根管道集中布置时，应在管道上下部加设宽度不小于 400 mm 的 φ 4@100 mm 的钢丝电焊网片作为加强措施，电线管应尽量平行楼板受力方向(或双向板的短边方向)布设。

(4) 不当施工引起裂缝

从现浇混凝土楼板裂缝的情况分析，裂缝大多数均发生在板角呈 45° 斜裂缝和预埋线管处裂缝。多数裂缝的宽度均在 0.3 mm 以内，非危及结构的穿透性裂缝，其发生的主要施工原因有如下：

1) 梁板模板安装没有编制作业方案，支撑体系没按规定进行模板设计，其强度、刚度和稳定性不能满足规范要求。过早拆模，盲目赶工。特别在早拆体系或后浇带位置出现二次支撑。

2) 钢筋绑扎间距不均，扎丝不牢，特别踩筋造成负弯矩钢筋位移变形，使钢筋位置超过规定要求而又没及时整改，导致现浇混凝土楼板有效厚度减小，降低楼板刚度引发局部开裂。

3) 预拌混凝土泵送施工：泵送混凝土要求骨料粒径较小，坍落度大，一般为 120 ~ 160 mm。通常又掺有缓凝剂。为满足混凝土强度要求又必须增大水泥用量和水灰比。因此在施工后极易形成较厚的浮浆和加速水泥水化过程的热量大量放出，也使混凝土初凝和初凝到终凝时间相对比现场拌制混凝土时间推迟和延长，导致混凝土施工难以把握初凝前二次振捣和终凝前二次抹压施工工艺的最佳时间，引起混凝土离析和水泥水化热作用诱发混凝土表面塑性裂缝和收缩裂缝产生。

4) 盲目追求施工进度：主要表现在模板配备不足，模板周转时间不能满足每一结构层施工时间，而出现不按规定只考虑工期提前拆模，或过早安排上层结构施工放样、堆载钢筋、模板导致养护时间不足，影响早期混凝土养护效果，诱发早龄低强度混凝土断裂内伤。

预防措施如下：

1）强化模板工程作业方案编制和审批制度，认真计算模板支撑体系，确保模板强度、刚度和稳定性。严格按规范要求安装模板，做到方案与现场一致。加强拆模同条件混凝土试块留置，严格控制拆模时间，认真执行《混凝土结构工程施工质量验收规范》第4.3.1条规定，杜绝以往经验拆模做法。

2）对双层板筋间及板面负筋增设有效支承马登，支承马登筋直径不小10 mm，间距不大于600 mm×600 mm，同一方向上的支承筋不少于一道。有效设置足量的混凝土垫块，保证钢筋保护层厚度。加强现场混凝土浇捣施工管理，强化操作平台铺设，防止施工操作人员直接踩踏负弯矩钢筋，落实浇捣过程的钢筋看护，随时将位移、变形的钢筋复位，确保其位置准确。并结合马登筋设置一定数量的标高控制点，同时在浇捣过程用探针等专用工具随时检查混凝土厚度和保护层厚度，确保现浇楼板厚度达到设计要求。

3）在配制混凝土时合理选择水化热低、高标号水泥品种，有效地减少单位混凝土水泥用量和水的用量来降低混凝土收缩量。在预拌混凝土施工中严格按施工规范和操作规程要求组织实施，适当延缓混凝土振捣时间，或在初凝前用二次振捣以及终凝前用二次抹压来减轻因离析引其混凝土表面的裂缝。按不少于14 d要求养护保证混凝土表面湿润，以提高混凝土的抗拉强度减少塑性、干缩产生的不规则裂缝。

4）编制切合实际的施工组织设计，增加模板资源投入，加强同条件试块强度决定拆模时间管理，杜绝经验盲目拆模行为，落实混凝土浇筑完毕12 h后开始浇水养护，克服因施工放样停止养护的不规范做法，禁止在浇筑混凝土强度未达到1.2 MPa/mm^2之前上人施工或堆载钢筋、模板等物料，消除混凝土早龄低强度的断裂内伤。

五、某广场大厦工程裂缝分析与处理

（一）概况

某广场大厦工程共分东西塔楼区、底层区和机械栋及附属车道五大部分。东西塔楼为高层区，地上29层，地下1层，高99.0 m，其余裙楼为底层区。混凝土强度登级由上向下依次为C40，C35和C30，框架柱尺寸为1.05 m×1.05 m，大梁断面尺寸为1.4 m×0.4 m。

该工程地下土层多为软弱黏性土和一般黏性土，在高层区打有H型钢（360 mm×410 mm×18 mm×18 mm）桩基，间距为2 000 mm×2 200 mm，持力层在62.98 mm左右，裙楼桩基持力层在41.5 mm左右，每根柱下2～3根H型钢桩。地下室底板厚3 000 mm，其中中间裙房下部为箱形基础，底板后箱基上地下室主要作为停车场使用。

工程开工后浇筑混凝土，3个月后施工暂停。又过两年后准备继续施工，施工单位对原施工部分现状进行普查时发现车道，车道壁，地下室挡土墙，地下室梁板及部分地上框架梁均发现有大量裂缝，有些部位产生渗漏水现象，有些裂缝贯穿大梁全截面。为找出裂缝产生的原因及危害程度，进而确定补强方案，首先对裂缝进行了调查鉴定。

（二）裂缝调查结果

通过对裂缝的全面现场调查统计和量测，共发现裂缝2 320条，其中贯穿裂缝或深层裂缝达1 608条，占裂缝总数的69%。

地下室墙共发现裂缝179条，A轴64条，K轴31条，1轴45条，18轴39条，裂缝宽度 0.2 ~ 0.9 mm 不等，裂缝间距 1.5 ~ 4.5 mm，18 轴裂缝有渗水，但大部分有盐析并自愈。裂缝绝大多数为竖向裂缝。在墙体开洞处裂缝较多，如 A 轴的 13，14 轴间开洞墙截面变薄，洞口裂缝间距仅 0.7 mm。

地下室梁板裂缝亦较多，梁尺寸一般为 1 000 mm × 600 mm，板为工地预制，隔天后与梁整浇在一起，在调查中发现，部分板已开裂并渗水，大部分有横向及斜向裂缝，宽度 0.2 ~ 0.7 mm，间距 1.5 ~ 2.5 m，梁的裂缝有些为表面裂缝，有些沿截面贯穿，但梁顶部和底部宽度较小，梁腰裂缝较宽。对两个主梁端的典型裂缝进行深度探测，证明裂缝贯穿全截面，整个地下室梁板共发现裂缝 1 700 余条。

东塔楼地上框架梁共发现裂缝 96 条，其中 F–G 轴跨的梁裂缝为 43 条，占 45%，其余裂缝零星分布于其他各跨，F–G 轴每根梁上均开有 4 ~ 5 个 Φ300 的圆孔，裂缝均穿过孔洞，裂缝宽度 0.2 mm 左右，均匀分布于梁的两个侧面。根据设计资料，孔洞周围增加了斜向与周向构造筋，每孔单边配 8Φ13，L = 1 100 mm，但仍未控制住开裂。

西塔楼地上框架梁共发现裂缝 65 条，二层 8 条，三层 2 条，四层 55 条。

另外，车道路面裂缝发现 28 条，部分已渗水，车道壁裂缝 131 条，机械栋地下室梁裂缝 64 条，板裂缝 41 条。

（三）裂缝产生的原因分析

大厦工程地下虽为软弱土层，但打有桩基且底板较厚，保证了地基承载力和沉降的要求，第一阶段施工后的沉降观测量最大仅为 1 mm，不足以引起开裂。地基原因排除。

车道和地下室挡土墙除承受上部压力外，主要外荷载为土的侧压力，从裂缝方向（竖向）分析，挡土墙裂缝并非外荷载和土压力引起。

地下室梁和地上框架梁在调查时仅承受少量施工荷载和堆料，也不会引起梁板开裂。

从结构的截面厚度分析，多属于大体积混凝土工程。根据多年大体积混凝土工程的施工经验可知道，温度收缩作用是一种不可忽略的“荷载”。这是一种“变形荷载”，在裂缝工程中，这种变形荷载引起的裂缝约占 85%。

地下室以上除车道和车道斜壁外，均为 C40 混凝土，混凝土配合比为 525 号水泥，460 kg / m^3，水灰比 0.44，砂细度模数 2.83，含泥量 1%，石子 5 ~ 25 碎石，含泥量 < 1%，减水剂为上海麦斯特生产的 C6210，用量 1.35 kg / m^3，混凝土由上海人防搅拌站提供，现场实测坍落度 13 ~ 15 cm。混凝土浇筑施工大都在八九月，气温较高，浇筑后表面覆盖一层麻袋浇水养护 3 d。养护期过后在高温和日照以及风等作用下表面失水较快，增加了收缩量。据测定，上海市十一二月相对湿度最低可达 30%，使结构在浇筑后的三个月内承受气温下降和长期暴露引起的收缩大大增加。

设计强度过高，水泥用量过大，养护不良，使混凝土水化热高、收缩大，又遇高温季节，导致总降温及收缩引起的约束超过了混凝土的抗拉强度，从而产生大量裂缝。针对本工程的实际条件，我们对地下挡土墙由裂缝专家系统进行了计算分析。

本例中，充分地研究了地基对基础的约束、基础对挡土墙的约束，框架柱对基础的约束、基础对挡土墙的约束，框架柱对横梁的约束，包括外约束与内约束应力。

地下室墙厚 400 mm，配筋为双向 Φ13@200，计算结果温度收缩造成的总降温差达到 60.08℃，由于地基板的外部约束，将产生温度收缩裂缝，平均裂缝间距 2.53 m，平均裂缝宽度 0.445 mm。

地下室的梁尺寸一般为 1 600 mm × 600 mm 或 1 000 mm × 600 mm，截面较大，地下室梁板沿①、⑦、K 轴留了后浇带，设置不尽合理，减少应力有限，没有起到控制开裂的目的。对分区段的框架结构温度应力用有限单元法进行分析得出梁最大拉应力达到 2.905 MPa，超过其抗拉强度。

地下室梁纵向腹筋间距或腹筋与主筋间距较大（300 ~ 400 mm），也不利于有效抵抗温度收缩应力。

地上梁板、车道及侧壁，机械栋的裂缝也要是由温度收缩引起。

总之，在高温季节，高标号水泥和过多的水泥用量将导致过高的温升，在外界气温下降后将产生较大降温差，失水养护和长期暴露也将导致较大收缩，当温度收缩应力超过其抗拉强度，就会引起结构开裂。

（四）裂缝处理建议

本工程裂缝大致分为四类：

（1）宽度≤0.3 mm 的非贯穿裂缝，对结构承载力及持久强度无有害影响，此类裂缝可不做处理。

（2）宽度 > 0.3 mm 的非贯穿裂缝。此类裂缝会引起钢筋锈蚀，影响结构持久承载力，这种裂缝应用环氧胶泥进行封闭。

（3）贯穿性漏水裂缝。此类裂缝会引起钢筋锈蚀，影响使用功能，应采用水溶性聚氨酯进行化学灌浆。

（4）贯穿性非渗漏裂缝，应用环氧树脂灌浆补强。

整个需要处理的裂缝约占出现裂缝的 70%，裂缝处理需工期 2.5 个月，化学灌浆可与上步结构施工同步进行，经处理后工程可以满足建筑结构对承载力和耐久性的要求。

参考文献

[1] 马清浩，杭美艳.水泥混凝土外加剂 550 问[M].北京：中国建材工业出版社，2008.

[2] 徐定华，冯文元.混凝土材料实用指南[M].北京：中国建材工业出版社，2005.

[3] 刘茂军，赵艳林，吕海波.混凝土期刊.2009 年第 9 期.

[4] 王铁梦.工程结构裂缝控制[M].北京：中国建筑工业出版社，2007.

[5] 杨绍林，田加才，田丽.新编混凝土配合比实用手册[M].北京：中国建筑工业出版社，2002.

[6] 北京土木建筑学.混凝土工程现场施工处理方法与技巧[M].北京：机械工业出版社，2009.

[7] 范俊.建筑工人期刊.2009 年第 10 期.

[8] 杨嗣信.建筑业重点推广新技术应用指南[M].北京：中国建筑工业出版社，2003.

[9] 本书编委会.建筑业 10 项新技术（2005）应用指南[M].北京：中国建筑工业出版社，2005.

[10] 聂建国，樊健生.钢与混凝土组合结构设计指导与实例精选[M].北京：中国建筑工业出版社，2008.

第四章 钢筋工程

第一节 高效钢筋应用与发展

一、概述

为了满足我国建筑行业快速发展的需要，近年来，我国热轧钢筋的产量和消耗有了大幅度增长。截至2001年，我国钢筋的年消耗量接近了3 000万t，比1995年增长了一倍。虽然钢筋产销量有了大幅度的提高，但也出现了不少问题，如钢筋的品种结构没有大的改变，相对比较单一、落后。所用钢筋品种大部分集中在Ⅰ、Ⅱ、Ⅲ级上，板筋和箍筋多采用Ⅰ级钢筋，钢筋屈服强度235 MPa；梁筋受力钢筋多采用Ⅱ级钢筋，钢筋屈服强度335 MPa；Ⅲ级钢筋多用于柱子竖向钢筋，屈服强度400 MPa，上述三种钢筋使用量约占95%以上。虽然高强钢筋偶然采用，但因碳当量偏高、可焊性较差等，所以生产和应用均很少。而国外一些发达国家早在20世纪80年代就已开始使用屈服强度为390～460 MPa的钢筋作为钢筋混凝土结构的主要受力钢筋；20世纪90年代，国外又进一步研制使用500 MPa级钢筋。我国高强钢筋的应用水平与国外相比还存在一定差距。为了改变这一不合理状况，在20世纪80年代，原国家科委和冶金部将400 MPa级热轧带肋钢筋作为"六五"和"七五"计划国家科技攻关项目。整个工作大致分为两个阶段：前5年是研制出符合攻关目标要求、性能稳定的产品，经扩大批量生产和工程试点应用后，产品达到了国际标准要求，此项研制工作于1985年末通过技术鉴定；后5年是在完成产品试制和试点应用后，进一步解决该钢筋在结构中的设计和实际应用问题。经过科技工作者近10年的努力，终于研制成功屈服强度为400 MPa级热轧带肋钢筋。为了给HRB400级钢筋在设计和使用上提供依据，1993年3月原冶金部以行业标准形式批准颁布了《混凝土结构400 MPaⅢ级钢筋应用技术规程》（YB 9072—93），其内容是针对HRB400级钢筋的设计应用问题，在混凝土规范（GBJ 10—89）及有关标准、规范的基础上，作了相应的补充规定。

后来建设部和原国家冶金工业局联合成立了"建筑用钢技术协调组"，400 MPa级热轧带肋钢筋的推广应用作为协调组的主要工作。2000年，协调组将河北省、江苏省、湖南省作为400 MPa热轧钢筋推广应用的三个试点省，相继转发推广文件、编制有关标准，并组织钢筋生产部门与建筑设计、施工、监理等单位进行技术交流、加强推广工作。目前，国内如首钢、承钢、马钢、涟钢、湘钢、上海一钢、南京钢铁集团、攀钢、青钢等40多家钢厂，可生产直径6～10 mm及12 mm以上的各种规格的HRB400级钢筋。2002年全国应用HRB400级钢筋190多万t，2003年应用近590万t。近些年，国内生产的400 MPa级钢筋，已广泛应用在高层建筑、民用住宅、水利、电力、港工、桥梁等建筑工程，如北京的国家大剧院、东方广场、中银大厦、深圳市民中心工程、南京中央广场、苏州工业园区、长江三峡、连云港核电站等都大量采用了 400 MPa 级热轧钢筋。

大量的实践证明，HRB400 级钢筋的推广应用在国内已取得较好的成果。为了进一步普及推广，降低成本、保证质量、完善加工工艺等仍是今后的重点。目前国内应用 HRB400 级钢筋主要以 20MnSiV 牌号较多，其原因是用氮化钒取代钒铁，可节约钒 20%～40%，是降低成本的一种有效途径。对于 6～10 mm 小规格的 HRB400 级钢筋，取消纵肋改进外形，改进开卷矫直设备等，对于进一步扩大应用将起积极作用。在我国应用近 40 年的 HRB335 级钢筋不久将被优质高效的 HRB400 级钢筋所取代，HRB400 级钢筋在我国将有广阔的应用前景。

二、国内高强钢筋的特点和优点

高强度钢筋在我国建筑工程中应用的代表是 HRB500 和 HRB400 级钢筋，它们一般是通过对钢筋成分的微合金化而开发出来的，具有材质稳定、物理性能良好等特点。在国家标准《钢筋混凝土用热轧带肋钢筋》（GB 1499—1998）中，规定采用 HRB335、HRB400、HRB500 三个强度级别。其中 HRB400 级作为更新换代产品，包括 3 个牌号：20MnSiV、20MnSiNb 和 20MnTi。由于钢中化学成分含有微量的 V、Nb、Ti 合金，故称 HRB400 级钢筋为微合金热轧带肋钢筋，我国高强钢筋具有下列特点：

（1）能适当提高混凝土结构可靠度水准的有力措施。通过设计比较指出，利用提高钢筋设计强度而不是增加用钢量来提高建筑结构的安全储备是一项经济合理的选择。例如，Ⅰ级（HPB235）$f_y = 210\ \mathrm{N/mm^2}$；Ⅱ级（HRB335）$f_y = 300\ \mathrm{N/mm^2}$；Ⅲ级（HRB400）$f_y = 360\ \mathrm{N/mm^2}$；Ⅰ级/Ⅱ级 = 210/300 = 1/1.429；Ⅰ级/Ⅲ级 = 210/360 = 1/1.71；Ⅱ级/Ⅲ级 = 1/1.2；从比值看，用高强度钢筋代替低强度钢筋，确实能节省钢材。

（2）我国生产高强钢筋由于加入微合金元素（V、Nb、Ti 等），使钢筋性能稳定、碳当量低，焊接性能好，具有良好的工艺性能。不但使钢筋强度提高，而且延性仍较好，且具有较高的伸长率，满足抗震要求。

同以往的 HRB335 Ⅱ级钢筋相比，具有强度高、延伸性好、可焊性和可塑性均好、强度价格比高、安全储备大、抗震性好、节约钢材等特点。最重要的是全面提高与改善了钢筋性能，主要包括屈服强度、抗拉强度和伸长率等，GB 1499—98《混凝土用热轧带肋钢筋》对高强度钢筋的各项性能有明确的规定。2005 年新修订的《混凝土用热轧带肋钢筋》又将高强度钢筋纳入。2002 年新颁布的 GB 50010—2002《混凝土结构设计规范》明确将高强钢筋作为建筑用主导钢筋，并优先推广采用。

三、国内对高强钢筋在应用中特性的研究

高强钢筋从研发到应用，得到了广大科技工作者的大力支持，经过不懈的努力，得出了许多具有价值的科研成果，截至目前，已取得的成果总结如下：

（一）高强钢筋与高强混凝土之间的应力应变关系

根据郑州大学等单位研究，高强钢筋的应力应变曲线与普通钢筋相似，有明显的颈缩和强化阶段，钢筋的屈服强度、强屈比、均匀伸长率、断后伸长率等都符合规范标准要求。高强钢筋与高强混凝土之间的黏结强度随混凝土立方体抗压强度的提高而增大，但并不呈线性关系，与抗拉强度成正比；其他条件相同的情况下，极限黏结锚固长度随钢

筋的强度提高而增大；钢筋与混凝土的黏结锚固破坏形式主要取决于相对保护层厚度，相对保护层厚度较小时，为劈裂破坏，当相对保护层厚度到达一定值后，破坏形式转变为钢筋从混凝土中拔出的延性破坏；高强钢筋高强混凝土的黏结锚固破坏形式、黏结机理与普通钢筋普通混凝土一致。钢筋与混凝土之间协同工作的基础——黏结锚固与普通钢筋混凝土结构一致，因此不存在不匹配问题。

（二）高强钢筋混凝土构件抗裂

通过对配置 HRB400 钢筋的地下室混凝土底板的研究，在混凝土强度相同时，且在满足最大裂缝宽度限值的要求前提下，较高的配筋率对于发挥钢筋的强度有利；在同样的配筋率下，裂缝宽度的增长随钢筋应力的增长而增长，两者呈线性关系，钢筋应力对于裂缝宽度的影响非常明显；高强钢筋并不能充分发挥其强度。但对于较高等级的混凝土，钢筋可以发挥更高的强度。由于需要满足最大裂缝宽度限值的要求，钢筋也不能充分发挥其强度，所以用高强钢筋可以减少钢筋用量，但必须注意验算裂缝宽度，不能盲目按照强度计算，需要选择合理的钢筋直径和配筋率，才能充分发挥高强钢筋的强度。若采用裂缝宽度控制设计，用高强钢筋一般不能充分发挥钢筋的强度，但可以增加结构的安全储备。所以《混凝土结构设计规范》（GB 50010—2002）在钢筋使用方面提倡用 HRB400 级钢筋作为我国钢筋混凝土结构的主力钢筋。由于钢筋强度是影响混凝土结构承载力的主要因素，钢筋强度高的构件一般比较安全，但钢筋的弹性模量并不因其强度而增大，高强钢筋若充分发挥其强度，则与高应力相应的大伸长变形必然导致混凝土结构过大的变形，从而产生较大的结构裂缝。所以《混凝土结构设计规范》对最大裂缝宽度计算公式给予了修正，新公式对于 HRB335 及 HRB400 级的裂缝宽度计算并没有区别。

（三）配置高强钢筋混凝土抗疲劳性

根据国外的钢筋疲劳试验标准，并结合国内的工程实践，确定钢筋疲劳强度试验的试验标准和试验的方法，对规格 Φ16 mm 和 Φ25 mm，强度 400 MPa、500 MPa 钢筋进行疲劳试验，试验结果表明，进行疲劳试验的钢筋表面不应存在缺陷和无明显弯曲，在试验过程中没有出现任何事故，试样试验部分没有产生断裂，试验结果正确可靠。通过对晶粒度的分析，高性能钢筋材料的晶粒度比普通钢材的大，但疲劳试验结果晶粒度对疲劳强度的影响不大，所以高强度钢筋的抗疲劳性与普通钢筋类似。

（四）高强钢筋与混凝土的黏结

通过对高强度钢筋和高强度混凝土黏结试验，结果表明，同一条件下 HRB500 锚筋的平均黏结强度比 HRB400 锚筋要大一些。这可能是随着锚筋屈服强度的提高，锚筋与混凝土之间的机械咬合力也有所提高的原因。

混凝土强度的提高，虽然对摩阻力的影响不大，它与锚筋的化学黏着力和机械咬合力却大大提高，从而提高了混凝土的抗劈裂能力，因此延迟了拔出试件的内裂和劈裂时间，相应地提高了极限黏结强度和黏结刚度。混凝土强度越低，混凝土越易在肋前开裂，新的滑移面就越早产生。开裂角 α 随着新滑移面的产生变大，劈裂分力值相对增大，因此在同一拉拔力作用下，普通混凝土受到的由挤压引起的劈裂力也要比高强混凝土大，从而黏结强度也就比较小。对于高强混凝土，其黏结强度与(f_c)近似成正比。即高强钢筋高强混凝土间的黏结强度随锚固长度减小、配箍率增大、保护层厚度增大、锚筋屈服强度增大、混凝土强度增大而增大。这些影响因素对它的影响趋势相同，但是影响幅度不同。高强钢筋高强混凝土间的粘结刚度较其他基体大，且退化速度也相对较慢。

以高强钢筋高强混凝土为基体的荷载—滑移曲线在达到最高点后，会发生荷载的陡降过程，C60 混凝土的陡降幅度在极限荷载的 10% ~ 15%，陡降幅度随混凝土强度的提高而增大。

（五）高强度钢筋机械连接

为规范建筑产品质量，保证钢筋机械连接的安全，中国建筑科学研究总院会同冶金建筑研究总院等单位，对机械连接接头的设计、应用与验收要求进行了统一规定，出台了行业标准 JGJ 107《钢筋机械连接通用技术规程》，并在规程中根据接头等级和应用条件对接头的单向拉伸、高应力反复拉压和大变形反复拉压等接头变形性能进行了型式试验规定。

四、大力推广使用高强钢筋

（一）大力推广使用高强钢筋的必要性

近年来，伴随我国经济持续高速增长，建筑业逐渐成为国民经济支柱产业，目前我国建筑主要为钢筋混凝土结构形式，钢筋、水泥等建筑材料用量大幅度提升，建筑业作为资源消耗量较大行业之一，要实现可持续发展，就必须走资源节约型道路，着力调整建筑材料消耗结构，推广应用高强钢筋和高性能混凝土，走节约型发展道路。因此，大力推广应用高强钢筋和高性能混凝土，也是建筑节能的重要组成部分。另外，高层和超高层建筑不断涌现，大跨度和大负荷建筑的增多，对建筑结构的安全性和抗震性等问题引起了普遍关注，其关键是提高钢筋的强度及其综合性能来满足设计要求。目前发达国家已不再生产和使用钢筋强度 400 MPa 以下的品种，多数采用 500 MPa 高强钢筋。为了与世界接轨，推广使用高强钢筋势在必行。

（二）大力推广使用高强钢筋的可行性

按照混凝土结构设计规范，在抗震设防要求的构件中使用的钢筋，尚应满足下列要求：

（1）钢筋实测抗拉强度与实测屈服强度值之比不应小于 1.25；

（2）钢筋的屈服强度实测值与强度标准值之比不应大于 1.30；钢筋在最大力下的伸长率 δ_{gt} 不小于 2.5%，根据实际统计结果，很多厂家的 δ_{gt} 远大于此值，约在 10%，国内高强钢筋均能满足上述要求。新版《混凝土结构设计规范》（GB 50010—2002）已将 HRB400 级钢筋作为混凝土结构用钢的主导钢筋。热轧钢筋的强度标准值是根据屈服强度确定，HRB400 级钢筋的强度标准值取 400 MPa，强度设计值定为 360 MPa。

目前我国生产的高强钢筋品种和规格多样化，不但生产热轧带肋钢筋 12 mm 及以上的粗直径，定尺直条供应，而且生产 6 mm、8 mm、10 mm 的小直径热轧带肋钢筋，适宜用作箍筋、板、墙等构件的配筋，并可制作钢筋焊接网。同时，新规范规定：箍筋抗拉强度设计值 f_{yv} 可取为 360 MPa，取消了原规范规定 f_{yv} 取值不得大于 310 MPa 的规定。扩大了高强度钢筋的使用范围，为高强钢筋的推广应力提供了科学的依据。

（三）推广高强钢筋的适用性和经济性

钢筋混凝土是由钢筋和混凝土两种材料共同作用，共同承受荷载，但钢筋和混凝土是两种不同材料，两者之间通过粘结作用，钢筋与混凝土间实现力的相互传递，锚固长度大小主要取决于钢筋与混凝土之间的粘结作用、钢筋强度、钢筋直径与型号及混凝土强度。传统的钢筋混凝土结构主要以普通钢筋和普通混凝土为主，所用钢筋和混凝土强度均较低，所以造成用钢量大、混凝土体积大，不但不经济，而且施工难度大，尤其是在框架结构梁柱节点处钢筋拥挤、不易施工等情况。因此用高强钢筋及高强混凝土取代普通钢筋及普通混凝土是钢筋混凝土结构发展的必然趋势。

在经济方面，高强钢筋的设计强度高，在条件许可时采用高强钢筋代换普通钢筋可以节约钢材，并可节约大量的能源、电力、运输、加工费等，减少烟气、粉尘和污染物的排放。

（四）有利于可持续发展方面

应用高强钢筋后，可延长建筑物的设计使用年限，HRB500、HRB335 钢筋分别为 100 年和 50 年，在相同的荷载、内力组合、构件截面、混凝土强度条件下，如采用相同的钢筋直径和配筋量，则配 HRB500 钢筋的构件承载力可提高约 40%。如果从承载力极限状态考虑，超出使用年限 100 年的工程要求，重要性系数不小于 1.1，即承载力只需提高 10%，可见用 HRB500 钢远可满足要求，由此可知，在建筑结构按相同安全等级设计的情况下，采用高强钢筋可提高结构的安全性能。

高强钢筋的研发成功，加速了钢筋产品的升级换代，减少了资源消耗，推进了技术进步，符合国家环保和可持续发展政策，社会效益显著。根据我国的基本建设发展趋势和经济要求，大型、高层、大跨、特殊结构不断出现，对高强钢筋等新型材料的需求将日益增长，尤其在世界自然资源日益匮乏，发展和应用高性价比材料的要求成为技术发展的必然趋势，市场前景广阔。

第二节 钢筋焊接网应用技术

一、概述

钢筋焊接网是将纵向钢筋与横向钢筋分别以一定的间距排列且互成直角，全部交叉点均以钢筋自身为电阻，通过瞬间短路大电流加热并在外力的作用下点焊而成的钢筋网片。其原料可以是冷轧带肋钢筋、冷拔光圆钢筋、热轧带肋钢筋等。多采用普通低碳钢热轧圆盘条或低碳钢无扭控冷热轧盘条为原料，通过冷轧或冷拔减径处理而成的光面或带肋钢筋，经过矫直定尺切断后，按一定的间距组焊成不同规格的钢筋网。钢筋焊接按形状分为定型焊接网和定制焊接网两种，定型焊接网在两个方向上的钢筋间距和直径可以不同，但在一个方向上应具有相同的钢筋直径、间距和长度，而定制钢筋网的形状尺寸应根据需方要求制作。钢筋焊接点开焊数量不得超过整个网片交叉点总数的 1%，且任一钢筋上开焊点数不得超过该根钢筋上交叉点总数的一半，钢筋网最外边钢筋上的焊点不得开焊。

我国在20世纪90年代后才逐渐开发、推广采用焊接钢筋网,1995年颁布了第一个混凝土用焊接钢筋网标准,1997年颁布了钢筋焊接网混凝土结构技术规程,使焊接钢筋网的生产和应用有了明确的标准和基础。1998年,国家科委、建设部将焊接钢筋网列为重点推广的九大建筑新材料之一,从此在全国得到大力推广。由于钢筋焊接网不但具有强度高、刚性好、布筋准确不变形等特点,而且用于混凝土结构构件施工中较散支绑扎钢筋可降低20%以上钢材,大幅缩短钢筋工期,提高混凝土施工质量,降低6%~8%工程总造价。因此,焊接钢筋网目前在华东、华北、华南、华中地区的多层建筑、高层建筑、高速公路、桥梁、隧道、机场跑道、水利坝基及闸墩、码头等工程中得到了较好的应用,并以每年20%左右的速度增长。西部地区目前仅处于起步阶段。

为推广使用焊接钢筋网技术,国内的科研院所、设备生产厂家也做了不懈的努力,在消化、吸收国外成功经验的基础上研制出符合我国国情的焊接网生产设备,不但可生产冷轧钢筋焊接网,而且可生产热轧带肋钢筋焊接网。不但设备先进、技术含量高,而且具有较好的管理水平,产品质量可靠。

随着焊接钢筋网技术的不断成熟,相关规范也不断出台,行业标准(钢筋混凝土用焊接钢筋网)(YB / T 076)于1995年12月实施。《钢筋焊接网混凝土结构技术规程(JGJ / T 114)也于1997年10月实施。新版焊接网使用规程(JGJ 114—2003)出台更是增补很多新内容,进一步扩大了规程的覆盖面。增加了焊接网在桥梁、路面及隧洞衬砌等方面的应用内容。材料方面除了增加热轧钢筋规定外,在配筋构造、板、墙体及抗震设计等方面又补充许多新规定,增加了梁柱用焊接箍筋笼的内容。

总结国内10多年工程经验,目前焊接钢筋网的应用在国内还未形成规模,与发达国家差距较大,但发展势头良好,前景广阔。

二、钢筋焊接网的优点

焊接钢筋网可直接运到施工现场进行混凝土浇灌作业。改变了在施工现场手工结扎钢筋的落后方式。

1. 提高了工程质量

由于预先制成钢筋网,制造中对其网格尺寸、钢筋规格有严格要求,因此不会出现人工漏扎、不牢固等问题。焊接网的网格尺寸非常规整,远超过手工绑扎网,网片刚度大、弹性好、浇筑混凝土时钢筋不易被局部踏弯,混凝土保护层厚度易于控制、均匀,而且钢筋网可以有效地控制混凝土路面龟裂及路面压力。成型钢筋网可以加工成混凝土墙、楼面、水渠等各种形状的结构,可以保证工程质量,提高构件的安全度,并可杜绝人为因素造成的钢筋工程质量问题。

2. 明显提高施工速度

大量工程实践表明,采用焊接网可降低现场安装工时,省去钢筋加工场地。根据欧洲几个国家统计结果,承受配筋量不同,铺设焊接网与手工绑扎钢筋消耗的工时也不同,在钢筋用量相同的前提下,1 000 kg焊接网如按单层铺设约需4个工时,如采用双层网需6个多工时,而手工绑扎需22个工时。焊接网铺设时间仅为手工绑扎时间的20%~30%。据国内房屋工程和桥面铺装的统计结果,钢筋焊接网与绑扎网相比可节省人工50%~70%。

总之，钢筋焊接网可提高施工效率，节约工时 2/3；降低劳动强度，还可节约工程造价约 10%，由于综合效益和社会效益均好，因而受到工程业主的普遍欢迎。

3. 增强混凝土抗裂性能

传统配筋在纵横钢筋交叉点使用钢丝人工绑扎，绑扎点处易滑动，钢筋与混凝土握裹力较弱，易产生裂缝，而焊接网的焊点不仅能承受拉力，还能承受剪力，纵横向钢筋形成网状结构共同起粘结锚固作用。当焊接网钢筋采用较小直径、较密的间距时，由于单位面积焊接点数量的增多，更有利于增强混凝土的抗裂性能，有利于减少或防止混凝土裂缝的产生与发展。

4. 较好的经济效益和社会效益

采用焊接网可节省大量现场绑扎人员和施工场地，可以做到文明施工，使钢筋工程质量有明显提高。由于焊接网在工厂提前预制，现场不需再加工，无钢筋废料头。钢筋强度达到 500 MPa 以上可减少用钢量 30%，并可节省结扎铁丝用量。若与普通绑扎钢筋相比，即 1 t 冷轧带肋钢筋焊接网可等强代替 1.7 t 普通绑扎钢筋。目前，国内仍有不少工程楼板板筋采用 I 级钢筋，带肋钢筋焊接网的设计强度比 I 级钢筋提高 70%左右，考虑一些构造要求后，仍可节省钢材 25%以上。另外，由于缩短施工周期，可减少吊装机械等费用。根据过去国内部分楼面工程总结，综合考虑采用焊接网可降低钢筋工程造价 2% ~ 8%，具有较好的综合经济效益。

三、钢筋焊接网的技术特点及承载力特性

一般规定，钢筋焊接网混凝土结构构件设计时，其基本设计假定、承载能力极限状态计算、正常使用极限状态验算以及构件的抗震设计等，基本上与普通钢筋混凝土结构构件的设计计算相同。除应符合焊接网使用规程的要求外，尚应满足现行国家标准的有关规定。

钢筋焊接网混凝土结构构件的最大裂缝宽度限值按环境类别规定：一类环境 0.3 mm，二、三类环境 0.2 mm。如在其他环境或使用条件下的结构构件，其裂缝控制要求应符合专门规定。

冷轧带肋钢筋焊接网配筋的混凝土连续板的内力计算可考虑塑性内力重分布，其支座弯矩调幅值不应大于按弹性体系计算值的 15%。热轧带肋钢筋焊接网混凝土连续板的内力重分布计算，可参照现行工程标准的有关规定。

焊接网配筋的混凝土结构构件计算与普通钢筋混凝土构件相同。相对界限受压区高度 ξ 的取值如下：当混凝土强度等级不超过 C50 时，对 CRB550 级钢筋，取 $\xi = 0.37$；对 HRB400 级钢筋，取 $\xi = 0.52$。但是，国内有些钢厂生产的小直径 HRB400 级钢筋，往往没有明显的屈服点，对于这种钢筋，当混凝土强度等级不超过 C50 时，取 $\xi = 0.37$。

斜截面受剪承载力计算时，焊接网片或箍筋笼中带肋钢筋的抗拉强度设计值按 360 N/mm^2 取值。试验表明，用变形钢筋网片作箍筋，对斜裂缝的约束明显优于光面钢筋，试件破坏时箍筋可达到较高应力，其高强作用在抗剪计算时得到充分发挥，提高构件斜截面抗裂性能。封闭式或开口式焊接箍筋笼以及单片式焊接网作为梁的受剪箍筋在国外早已正式列入标准规范中，实际应用有较长时间。试验研究表明，当箍筋构造满足规范要求，控制合理的使用范围，其抗剪性能可得到很好地利用。

钢筋焊接网配筋的混凝土受弯构件，在正常使用状态下，一般应验算裂缝宽度。按荷载效应的标准组合并考虑长期作用影响计算的最大裂缝宽度应不超过规程的限值。为简化计算，对在一类环境（室内正常环境）下带肋钢筋焊接网板类构件，当混凝土强度等级不低于 C20、纵向受力钢筋直径不大于 10 mm，且混凝土保护层厚度不大于 20 mm 时，可不作最大裂缝宽度验算。

根据规程编制组对带肋钢筋焊接网和光面钢筋焊接网混凝土板刚度、裂缝的试验结果表明，焊接网横筋可有效提高纵筋与混凝土间的粘结锚固性能，且横筋间距越小，提高的效果越大，从而可有效地抑制使用阶段裂缝的开展。规程对裂缝宽度的基本公式与原规程没有大的实质性变化，其中对热轧带肋钢筋焊接网混凝土板类构件的受力特征系数 α 取与冷轧带肋钢筋焊接网混凝土板相同。

四、焊接钢筋网的主要技术指标

（一）材料质量控制

钢筋焊接网宜采用 CRB550 级冷轧带肋钢筋或 HRB400 级热轧带肋钢筋制作，也可采用 CPB550 级冷拔光面钢筋制作。

焊接网用钢筋的技术要求应符合现行国家标准《钢筋混凝土用钢筋焊接网》(GB / T 1499.3)的规定。冷轧带肋钢筋焊接网由于钢筋表面带肋、圆度好，开盘矫直方便、易矫直；焊接质量好、价格也偏低，技术成熟，是目前国内外焊接网制作首选材料。热轧带肋也可以用作钢筋焊接网的材料，在国外已经应用，国内也有部分工程开始应用。由于热轧带肋钢筋延性好，除用于一般钢筋混凝土板类结构外，也适用于有抗震要求的构件配筋。光面钢筋焊接网由于与混凝土的粘结性能差，虽然在国内外某些工程中仍有应用，但总体上运用较少。

焊接网钢筋强度标准值和设计值见表 4.2.1 和表 4.2.2。

表 4.2.1　焊接网钢筋强度标准值（N / mm²）

焊接网钢筋	符号	钢筋直径 / mm	fstk 或 fyk
冷扎带肋钢筋 CRB550	ϕ^{R}	5、6、7、8、9、10、12	550
热扎带肋钢筋 HRB400	Φ	6、8、10、12、14、16	400
冷拔光面钢筋 CPB550	ϕ^{CP}	5、6、7、8、9、10、11、12	550

表 4.2.2　焊接网钢筋强度设计标准值（N / mm²）

焊接网钢筋	符号	钢筋直径 / mm	fstk 或 fyk
冷扎带肋钢筋 CRB550	ϕ^{R}	360	360
热扎带肋钢筋 HRB400	Φ	360	360
冷拔光面钢筋 CPB550	ϕ^{CP}	360	360

注：在钢筋混凝土结构中，轴心受拉和小偏心受拉构件的钢筋抗拉强度设计值大于 300 N / mm² 时，仍然按照 300 N / mm² 采用。

（二）焊接网的规格

钢筋焊接网一般分为定型焊接网和定制焊接网两种。定型焊接网有时也称为标准网，通用性较强，一般可在工厂提前预制，有大量库存待用。焊接网应用较发达的国家，标准网占主要比例，如欧洲平均70%左右。定型网在网片的两个方向上钢筋的间距和直径可不同，但在同一方向上应采用同一牌号的钢筋并有相同的直径、间距和长度。网格尺寸为正方形或矩形，网片的宽度和长度可根据设备生产能力或由工程设计人员确定。遗憾的是，目前还没有制订出钢筋网标准图集，不能给出每种网片具体的长、宽尺寸。随着我国焊接网行业的发展和焊接网应用的进一步普及，经过优化设计，必须定出若干种包括网片长度和宽度的标准网片，以利于大规模工业化生产，降低成本。

定制焊接网也称为非标准网，采用的钢筋直径、间距和长度可根据具体工程情况由供需双方确定，并以设计图表示。目前我国应用的焊接网绝大多数为定制网，但随着焊接网进一步推广应用，通过钢筋网标准化模数的积累，逐步增加标准焊接网的比例，这是我国焊接网今后努力的方向。当前钢筋焊接网的规格宜符合下列规定：

（1）钢筋直径：冷轧带肋钢筋为4～12 mm，且在4～12 mm范围内可采用0.5 mm进级，受力钢筋焊接网的钢筋直径宜采用5～12 mm。从构件耐久性考虑，直径5 mm以下的钢筋不宜用作受力主筋；热轧带肋钢筋宜采用6～16 mm。

（2）焊接网长度不宜超过12 m，宽度不宜超过3.3 m，主要考虑焊网机的能力及运输条件的限制。

（3）焊接网制作方向的钢筋间距宜为100 mm、150 mm或200 mm，与制作方向垂直的钢筋间距宜为100～400 mm，且宜为10 mm的整倍数。当双向板采用双层配筋时，非受力方向钢筋间距可适当增大。

（三）焊接网的锚固与搭接

带肋钢筋焊接网的锚固长度与钢筋强度、焊点抗剪力、混凝土强度、钢筋外形以及截面单位长度、锚固钢筋的配筋量等因素有关。根据锚固拔出试验结果得出临界锚固长度，在此基础上考虑1.8～2.2倍的安全储备系数作为设计时采用的最小锚固长度值。考虑设计现场工程技术人员的习惯和使用方便，在广泛征求各方面意见后，锚固长度仍按混凝土强度等级分档。

当焊接网在锚固长度内有一根横向钢筋，且此横筋至计算截面的距离不小于50 mm时，由于横向钢筋的锚固作用，使单根带肋钢筋的锚固长度减少25%左右。当锚固区内无横筋时，锚固长度按单根钢筋锚固长度值。新版规程增加了HRB400级钢筋焊接网的锚固长度。

焊接网的搭接均是两张网片的所有钢筋在同一搭接处完成，国内外几十年的工程实践证明，这种搭接方式是合适的，施工方便，性能可靠。

焊接网搭接处受力比较复杂，试验表明，试件破坏时绝大部分发生在搭接区域，特别是当钢筋直径较大时，表现得更明显。布网设计时必须避开在受力较大处设置搭接头。在国外的标准中也有类似规定。由于搭接一般都设置在受力较小处，接头强度一般能满足设计要求。当要求需复核搭接处（特别是采用叠搭法或扣搭法时）截面强度时，此时截面的有效高度应取内层网片受力钢筋的重心到受压区混凝土外边缘的距离。

为了施工方便、加快铺网速度且在截面厚度也适合时，常采用叠搭法。此时要求在搭接区内每张网片至少有一根横向钢筋。为了充分发挥搭接区内混凝土的抗剪强度，两网片最外一根横向钢筋间的距离不应小于 50 mm。两片焊接网钢筋末端之间的搭接长度不应小于 1.3 倍最小锚固长度，且不小于 200 mm。

有时受截面厚度或保护层厚度所限可采用平搭法，即一张网片的钢筋镶入另一张网片中，使两张网片的受力主筋在同一平面内，构件的有效高度 h 相同，各断面承载力没有突变。当板厚偏小时，平搭法具有一定优点。平搭法只允许搭接区内一张网片无横向钢筋，另一张网片在搭接区内必须有横向钢筋，平搭法的搭接长度比叠搭法约增加 30%。

根据路面设计规范规定及国内上千座桥面铺装工程经验，采用平搭法可有效地减少钢筋所占的厚度，桥面铺装常用的钢筋直径在 6 ~ 11 mm。搭接长度不应小于 35 d（平搭法）或 25 d（叠搭法），且在任何情况下不应小于 200 mm。

考虑地震作用的焊接网构件，规程按不同抗震等级给出了增加钢筋受拉锚固长度 5% ~ 15%的规定，在此基础上乘以 1.3 倍增大系数，得出考虑抗震要求的受拉钢筋搭接长度。

对采用环氧涂层的钢筋焊接网片，试验表明：采用环氧涂层与否对焊接钢筋网的粘结和锚固特性影响不大。从试件开裂形式来看，无论采用环氧涂层与否，平均裂缝间距、最大裂缝宽度均相差无几。但其中，与光面焊接钢筋网相比，带肋焊接钢筋网的最大裂缝宽度更小，因为后者的粘结性能更好，平均裂缝间距较小。与普通钢筋不同，焊接钢筋网的锚固不仅依靠钢筋与混凝土的粘结，还依靠焊接在一起的横向钢筋的梢栓作用。采用环级涂层后，虽然粘结作用减弱，但梢栓作用增强。从综合试验结果来看，采用环氧涂层对焊接钢筋网的粘结和锚固性能没有不利的影响，不需要增大其搭接长度。

（四）焊接钢筋网在不同构件应用中的构造要求

1. 在墙板中应用

采用钢筋焊接网的墙板比同配筋率的普通钢筋配筋墙板的极限荷载大，平均裂缝间距及最大裂缝宽度均小，且前者的粘结性能更好。

（1）板的构造要求

板伸入支座的下部纵向受力钢筋，其间距不应大于 400 mm，截面面积不应小于跨中受力钢筋截面面积的 1/2，伸入支座的锚固长度不宜小于 10 d，且不宜小于 100 mm，网片最外侧钢筋距梁边的距离不应大于该方向钢筋间距的 1/2，且不宜大于 100 mm。

板的焊接网配筋应按板的梁系区格布置，尽量减少搭接。单向板底网的受力主筋不宜设置搭接。双向板长跨方向底网搭接宜布置在梁边 1/3 净跨区段内。满铺面网的搭接宜设置在梁边 1/4 净跨区段以外，且面网的搭接宜错开，不宜在同一断面搭接。

根据国内外焊接网工程实践经验，给出两种现浇双向板底网经济合理的布网方式，可减少搭接或不用搭接。一是将双向板的纵向钢筋和横向钢筋分别与非受力筋焊成纵向网和横向网，安装时分别插入相应的梁中；二是将纵向钢筋和横向钢筋分别采用 2 倍原配筋间距焊成纵向底网和横向底网，安装时分别插入相应的梁中，此种布网，长跨方向搭接宜采用平搭法。纵向网和横向网的计算高度相同，安装时应使纵向、横向网的钢筋均匀分布，此法用钢量省，相当或低于绑扎钢筋的用量。

（2）墙的构造

焊接网可用作钢筋混凝土房屋结构剪力墙中的分布筋，其适用范围应符合下列规定：

1）可用于无抗震设防要求的钢筋混凝土房屋的剪力墙，以及抗震设防烈度为 6 度、7 度和 8 度的丙类钢筋混凝土房屋中的框架——剪力墙结构、部分框结构、部分框支剪力墙结构和筒体结构中的剪力墙。

2）关于抗震房屋的最大高度应满足：当采用热轧带肋钢筋焊接网时，应符合混凝土结构设计规范中的现浇混凝土房屋适用的最大高度的规定；当采用冷轧带肋钢筋焊接网时，应比规范规定的适用最大高度低 20 m。

3）筒体结构的核心筒以及一级抗震等级剪力墙底部加强区的分布筋，宜优先采用热轧带肋钢筋焊接网。

规程修订组对冷轧带肋钢筋焊接网混凝土剪力墙的抗震性能进行了专门的试验研究。结果表明，当合理设置端部边缘构件且边缘构件的纵筋采用热轧钢筋，轴压比不超过混凝土设计规范限值时，冷轧带肋钢筋焊接网作为分布筋的矩形截面剪力墙，其变形能力满足抗震要求，I 形截面剪力墙的变形能力优于矩形截面墙。当矩形截面墙体的设计轴压比为 0.5 以及 I 形截面墙体的设计轴压比为 0.67 时，位移延性比均不小于 4.0，试件破坏时，受拉竖向分布钢筋的最大拉应变不超过 0.001。结合试验，对长度为 4 m 和 6 m 的冷轧带肋钢筋焊接网剪力墙计算分析表明，对设置约束边缘构件的墙，当轴压比不小于 0.3、层间位移角不大于 1 / 120 时，受拉区最外侧一根冷轧带肋竖向分布钢筋的拉应变一般不超过 0.015，个别最大值可达 0.018，而钢筋的最大平均拉应变在 0.025 以上。根据近年来对各地冷轧带肋钢筋（CRB550 级）的试验结果得出，最大平均拉应变在 0.03 ~ 0.04 的水平。

对一级、二级、三级抗震等级的剪力墙的竖向和水平分布钢筋，配筋率均不应小于 0.25%，四级抗震等级不应小于 0.2%。当钢筋直径为 6 mm 时，分布钢筋间距不应大于 150 mm；当分布钢筋直径不小于 8 mm 时，其间距不应大于 300 mm。冷轧带肋钢筋焊接网用于剪力墙的分布筋，在国内的部分高层建筑中已经采用。

剪力墙的分布筋为热轧（HRB400）钢筋焊接网，约束边缘构件纵筋为热轧带肋钢筋，约束边缘构件的长度和配箍特征值均符合规范规定的剪力墙。试验结果表明，墙体的破坏形态为钢筋受拉屈服、压区混凝土压坏，呈现以弯曲破坏为主的弯剪型破坏，计算与试验结果符合良好要求。轴压比设计值为 0.5 的矩形墙和工形墙，试验的位移延性系数分别不小于 3.0 和 4.0。热轧钢筋焊接网可积极用于抗震设防烈度不大于 8 度的丙类钢筋混凝土房屋剪力墙的分布筋。

2. 在梁中应用

当前常用焊接钢筋网取代箍筋的混凝土梁对其受力特性影响如下：

（1）对梁的延性、承载力的影响

通常，焊接钢筋网采用冷轧带肋钢筋或冷拔光面钢筋制作而成，其强度大于常规箍筋。然而，冷处理的过程使焊接钢筋网的延性比常规箍筋要低。为保证梁的延性，必须对焊接用筋网的延性作出规定。通过相关试验可知，采用的焊接钢筋网的伸长率为 6%。

（2）焊接钢筋网受力特征

焊接钢筋网中的焊缝会带来应力集中。破坏时所有竖向钢筋的破坏均发生在与斜向裂缝相交处，而不是在焊点处，说明焊接带来的应力集中并不影响焊接钢筋网的承载性能。

（3）焊接钢筋网的锚固

如采用焊接钢筋网作为梁中抗剪钢筋，为抑制斜向裂缝的发展，必须保证钢筋网中起抗剪作用的竖向钢筋能有可靠的锚固。与常规箍筋相比，焊接钢筋网的锚固不仅依靠竖向钢筋与混凝土的粘结，还依靠与竖向钢筋焊接在一起的水平方向钢筋的梢栓作用。

（4）裂缝开展特点

因为焊接钢筋网具有整体良好的粘结锚固性能，且直径较小，因此相对来说，焊接钢筋网对裂缝开展的控制作用要好于常规箍筋。其中，与光面焊接钢筋网相比，带肋焊接钢筋网的锚固性能更好，能进一步减小最大裂缝宽度。

（5）梁的箍筋笼应符合下列要求

梁的箍筋笼应做成封闭式或开口式。当梁考虑抗震作用时，箍筋笼应做成封闭式，箍筋末端应做成 135° 的弯钩，弯钩端头平直段长度不应小于 10 倍箍筋直径；对一般结构的梁，平直段长度不应小于 5 倍箍筋直径，并在角部弯成稍大于 90° 的弯钩。当梁与板整体浇筑不考虑抗震要求，且不需计算要求的受压钢筋亦不需进行受扭计算时，可采用"U"形开口箍筋笼，箍筋应尽量靠近构件周边位置，开口箍的顶部应布置连续（不应有搭接）的焊接网片。

3. 在柱子中应用

出于抗震的需要，柱中须配置大量的横向钢筋约束混凝土，提高柱的强度和变形性能。普通矩形柱中采用常规粗筋作为横向钢筋，当所需钢筋量较大时，必须采用复合箍筋。这样会带来箍筋的重叠，以及大量的箍筋弯钩，往往会造成柱中钢筋的拥挤，大大增加施工的难度。改变上述情况的一种方法是采用焊接钢筋网代替常规粗筋。预制的焊接钢筋网可以提供准确的尺寸，并且避免了钢筋的重叠以及大量的弯钩，从而节省材料。

与配置常规箍筋的普通矩形柱相比，配有焊接钢筋网的矩形柱变形能力和延性性能略好，承载力有 5% ~ 10%的提高，这是因为每个节点都焊接起来，增加了刚度，增强了对柱混凝土的约束特性。但柱的箍筋笼应符合下列要求：

（1）柱的箍筋笼应做成封闭式并在箍筋末端做成 135° 的弯钩，弯钩末端平直段长度不应小于 5 倍箍筋直径；当有抗震要求时，平直段长度不应小于 10 倍箍筋直径。

（2）箍筋直径、箍筋间距不应大于 400 mm 及构件截面的短边尺寸，且不应大于 15 d。

（3）箍筋直径不应小于 d / 4（d 为纵向受力钢筋的最大直径），且不应小于 5 mm。箍筋笼长度应根据柱高可采用一段或分成多段，并应考虑焊网机和弯折机的工艺参数。

五、焊接钢筋网适用范围

焊接钢筋网应用于钢筋混凝土结构，特别是平面式结构，如路面、桥面和墙面，具有绑扎钢筋无可比拟的优点，如施工周期短、劳动强度低、钢筋布置定位准确、网面刚度好、提高钢材综合性能、预制结构构件有利于防止裂纹的产生等，对提高我国建筑工程质量、降低工程造价等方面具有十分重要的意义，已被建设部列为科技成果重点推广项目。其生产过程对生态环境不造成污染，符合国家对环保要求。国家多次发文推广该项目，鼓励和支持有能力的钢铁企业利用自身原料、基础设施、质量控制体系、生产规模、销售网络等优势，发展焊接钢筋网，以推动我国建筑焊接钢筋网应用的健康、快速发展。

六、施工工艺流程及操作要点

（一）钢筋焊接网生产工艺流程

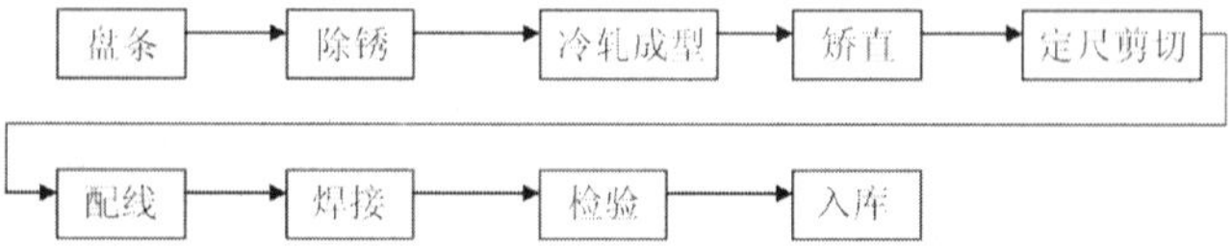

（二）焊接钢筋网设备选择

焊接钢筋网设备由网焊主机、工作台及传送装置、供气及气路、控制柜等部分组成。当前国内焊接钢筋网生产线，钢筋矫直剪切生产线，GWC3300 钢筋焊接网成套设备。

（三）原材料质量要求

制造钢筋焊接网用原料应符合 GB / T 701—91《低碳钢热轧圆盘条》或 YB / T 4027—91《低碳钢无扭控冷热轧盘条》标准，其牌号和化学成分应符合表 4.2.3 要求。

表 4.2.3　原材料牌号及各质量分数

牌号	C	Si	Mn	S	P	Ti
Q215	0.9 ~ 0.15	≤0.3	0.25 ~ 0.55	≤0.05	≤0.045	—
Q235	0.14 ~ 0.22	≤0.3	0.3 ~ 0.65	≤0.05	≤0.045	—
24MnTi	0.19 ~ 0.27	0.17–0.37	1.2 ~ 1.6	≤0.045	≤0.045	0.01 ~ 0.05

（四）生产工艺及主要参数

盘条经检验合格后投入生产，材料机械性能指标应符合设计及规范要求。成品检验合格后，经除锈进入第一组轧辊，轧制成弧三角形后进入第二组轧辊制成符合 GB 13788—92 标准的冷轧带肋钢筋。盘条经拉拔减径后直接轧制成符合 YB / T 076—95 标准附录 A 中冷轧光圆钢筋。成品检验合格后，进行矫直剪切定尺，然后根据配线单配线后，进行焊接。焊接的主要工艺参数为：焊接电级 2 ~ 8 级；焊接气压≥0.4 MPa；焊接时间 2 ~ 5 s。

（五）焊接钢筋网安装要求

钢筋网安装时应捆扎整齐、牢固，每捆重量不应超过 2 t，必要时应加钢筋支承或支架，以免吊装过程中受力不均造成焊接点空脱，钢筋焊接网的搭接、构造应按照设计要求操作，两张网片搭接时采用扣接法固定，纵向扣接长度不少于 20 cm，横向扣接长度不少于 30 cm，在搭接区中心及两端采用铅丝绑扎，附加钢筋与焊接网的每个节点处也需绑扎牢固。安装时，钢筋网片下部应设置与保护层厚度相当的水泥砂浆垫块，相隔 600 ~ 900 mm 设一处支承。施工过程中车辆不得直接在网片上行走。

（六）质量检查与验收

为方便施工，钢筋焊接网片以叠成套运输，由供货商负责运到施工现场，运输过程中要求用防水雨布遮盖，避免产品被雨淋后产生浮锈。进场的钢筋焊接网片应按套堆放在指定区域，并布置篷布遮盖，防上雨水浸泡生锈。进场后的钢筋焊接网片按批验收，每20 t作为一个验收批。验收时要求核对钢筋焊接网片的质保单和母材质保单等有关验收书面文件。

进场钢筋焊接网每批次抽取5%（不少于3片）的网片检验，其外观质量和几何尺寸、强度、伸长率、冷弯及抗剪试验应符合JGJ/T 114—97中附录C，D的规定。在每批钢筋焊接网，应随机抽取一张网片，在纵、横向钢筋上各截取2根式样，分别进行强度（包括伸长率）和冷弯试验，焊接网的拉伸、冷弯试验结果如不合格，则应从该批焊接网中再取双倍式样进行不合格项目检验。复验结果全部合格时，该批焊接网方可判定为合格。检查时同时应注意钢筋焊接网片表面是否有锈蚀现象。现场施工过程中，一般钢筋强度较好，而其伸长率、抗剪试验指标有时达不到要求，为确保质量，凡检测不合要求的钢筋网片均作退货处理。

（七）钢筋焊接网质量影响因素及控制办法

（1）焊网原料各项性能必须满足相应标准要求

焊网原料各项性能必须满足相应标准要求，否则，即使焊点焊接质量符合国家标准要求，其焊点抗剪力也可能达不到国家标准要求，如果原料表面生锈或有油污等问题，则焊接点不牢固，易脱焊，且焊点抗剪力达不到国家标准要求，导致钢网质量不合格。

（2）钢筋直径的影响

当纵向钢筋均为单根钢筋时，如纵向钢筋直径大于横向钢筋直径的1.67倍，或纵向钢筋为双根，且纵向钢筋直径小于横向钢筋直径的0.7倍，则会因焊接不牢或较细的钢筋熔断而导致钢网质量不合格。

（3）焊接电流大小即导通率对钢网焊接性能的影响

1）通过试验我们发现，钢筋焊接导通率与钢筋直径密切相关，直径较小的钢筋，其焊接导通率通常较小，直径较大的钢筋，其焊接导通率通常较大。对某一规格钢筋而言，如果导通率过大，则焊点温度过高，冷却后焊点附近钢筋易弯断，其弯曲达不到国家标准要求；如果导通率过小，则焊点温度较低，不能实现正常焊接，焊点抗剪力较低，不能满足标准要求，严重地出现脱焊现象。

2）试验表明，钢筋的材质和规格与焊接导通率密切相关，对同一规格的钢筋而言，在焊点质量和抗剪力均满足国家标准要求的情况下，Q235冷轧带肋钢筋成网时，其焊接导通率较20MnSi热轧带肋钢筋的低，而20MnSiV热轧带肋钢筋又较20MnSi热轧带肋钢筋的高。导通率低，则焊接不牢，焊点抗剪力达不到国家标准要求，甚至出现脱焊；导通率过高，钢筋的金相组织会发生变化，破坏钢筋的力学性能，导致钢网力学性能受到破坏。

（4）焊接时间即周波次数对钢网焊接质量的影响

焊接时间不够，钢筋温度较低且钢筋接触不够，影响焊点焊接质量，甚至脱焊或焊接不上；焊接时间过长，钢筋就会被熔断，钢筋力学性能受到破坏，致使钢网质量不合格，如弯断、脆断等。

（5）压头气压大小对钢网焊接质量的影响

气压过低，横向钢筋与纵向钢筋接触不上或接触不够，导致不能焊接或焊接不牢，气压过高，必然会损害钢筋表面，甚至纵筋和横筋相互大面积嵌和，造成断筋现象，导致钢网质量不合格。

（八）安全生产与文明施工

认真贯彻“安全第一，预防为主”的方针，坚持管生产必须管安全的原则。根据国家有关规定、条例，结合施工实际情况和工程具体特点，组成专职安全员和班组兼职安全员，以及工地安全用电负责人参加的安全生产管理网络，执行安全生产责任制，明确各级人员的责任，抓好工程的安全生产工作。落实安全管理措施，使施工安全管理目标在施工过程中得到有效的控制，项目经理部应建立安全生产文明施工管理体系，健全安全生产组织机构。做好下列安全技术措施：

（1）安全用电管理

各项用电必须分闸，实行“一机一闸一漏一箱”，严禁一闸多用。电工每天早晚必须检查用电安全，雷电天气应停止作业。配电系统应采用三相五线制保护系统，即采用TN–S 制电器柜也必须按二级漏电保护配置，随机电缆线必须保证绝缘良好。

（2）机械事故防范

焊接网材料加工前，应认真检查机械设备性能，发现问题，及时解决，不留隐患。设备运转时严禁任何人触摸或跨越转动、传动部位。施工作业后，切断电源，电路开关停机制动后方可离开。

（3）高处作业管理

焊接钢筋网在安装的过程中存在高处作业，特别是在竖向结构中，作业人员必须身体健康，衣着要灵便，禁止穿硬底和带钉易滑的鞋，必须按规定使用安全带，安全带应高挂低用，挂设点必须安全、可靠，不适宜登高作业的人员（如患高血压、心脏病、惧高症等）不得上岗作业。

（4）文明施工

施工区域内材料要堆放整齐，车辆停放有序，保持道路畅通；加强对全体职工的环保思想教育，重视环境保护的文明施工；采取规范化施工，把施工对环境的污染和居民生活的影响减少到最低限度。

七、钢筋焊接网未来发展趋势

我国是世界上线材产量比例较高的国家，但目前主要用于建筑业，而线材深加工程度不高。在德国有30%的线材加工成冷轧带肋钢筋和焊接钢筋网。而目前我国进行深加工的线材仅为1.6%，相差甚远。我国若有10%的线材进行深加工，年产量即将达到200多万t。为了节约钢材，提高建筑构件质量和劳动生产率，钢筋焊接网是未来发展的趋势。

目前焊接钢筋网现有产量仅能满足市场1%～2%的需要，因而市场前景广阔。若每年以4%～6%的速度递增，不仅可满足国内市场需求，而且出口东南亚市场前景也会很好。

总之，推广焊接钢筋网的应用是世界发展潮流，也是钢筋深加工的有效途径。钢筋焊接网既是一种新型、高性能结构材料，也是一种有效施工技术，是提高钢筋工程质量的有效技术保证。同时进一步提高国产焊网机质量及其相应配套设备（如弯折机等），进一步完善布网设计软件，编制焊接网结构构造图集；加强对热轧带肋钢筋焊接网应用技术的研究，改进热轧钢筋外形，以适应生产加工的需要；在单体工程的布网设计中，注意标准化模数的积累，逐步增加“标准网”的应用比例，为最终走向“标准网”作准备。同时，要培养一批高素质的布网设计人员。

八、焊接钢筋网应用实例

1. 工程概况

由某企业施工的某大桥主桥部分全长 354 m,引桥部分长度 346 m,上部结构主桥采用后张法预应力混凝土简支 T 梁，引桥采用现张法预应力混凝土简支空心板，桥宽 33.5 m ,设计荷载为汽—超 20,挂—120,设计行车速度 80 km / h,桥面铺装分联长度一般为 100 m,现浇桥面铺装厚 10 cm;采用 C40 水泥混凝土。桥面铺装设计采用焊接钢筋网,采用冷轧带肋钢筋制作。

2. 施工情况

采用正规厂家生产的焊接钢筋网,由专业队伍施工,施工过程中严格按照上述要求施工,严把工序质量关。

3. 质量评价

施工完毕后经检测,各项指标满足设计及规范要求。

4. 效益总结

(1) 经济效益

采用焊接钢筋网可节约钢材,降低造价,与采用Ⅰ级钢用量对比,按一联 6 孔 20 m 半桥面对比,半桥面每联节约钢材 10.5 t,全桥共节约 122.8 t,考虑钢筋网与普通钢筋的价差,全桥节约 9.23 万元,如考虑人工费的减少和施工进度的加快,采用焊接钢筋网比普通Ⅰ级钢筋更经济。

(2) 社会效益

由于焊接钢筋网由厂家加工,无须现场制作,既保证了质量又缩短了工期,加速资本运行速度,投资效益明显提高,为公司赢得较高的社会信誉,施工技术和管理水平也得以进一步提升,现场管理、安全、文明施工方面也有很大提高。

实践证明,钢筋网直接供应到场,只需按图施工,无须布筋、绑扎,同时由于钢筋强度高、韧性好,即使施工时踩踏也易恢复原状,因此该工艺可提高施工进度,保证工程质量。所以焊接钢筋网具有一定的优势和较广的应用前景。

第三节　粗直径钢筋连接技术

一、概述

20 世纪 70 年代,国外多数工业发达国家就开始发展钢筋机械连接技术,包括套筒挤压接头、锥螺纹接头、直螺纹接头、水泥灌浆接头、溶融金属充填接头等多种机械连接类型,并在混凝土工程中得到广泛应用。由于机械连接对钢筋无可焊性要求,接头质量比较稳定,操作比较简单,不仅受到施工承包商的欢迎,也得到设计工程师的青睐。美国混凝土房屋建筑规范 ACI 318—1999 修改了 1995 年以前历届规范版本中将焊接连接置于首要位置的惯例,明确将钢筋机械连接置于焊接之前,并提高钢筋机械接头的强度要求,允许高质量的机械接头不受限制地用于结构中的任何部位。

近年来,随着对钢筋接头强度要求的进一步提高,以及制作工艺的改进,直螺纹钢筋接头得到很大发展，国外目前采用的直螺纹钢筋接头主要有镦粗直螺纹钢筋接头和剥肋滚轧直螺纹钢筋接头两种，镦粗直螺纹接头中又分镦粗后切削螺纹和镦粗后滚轧螺纹两种工艺，国外对螺纹接头的螺纹质量要求都比较高，滚轧前均先将螺纹钢筋的纵横肋剥去后再进行滚轧螺纹。

而我国钢筋连接技术，由于长期受到推行预制装配式结构的制约发展缓慢，传统的连接技术基本上只有闪光对焊、点焊和电弧焊等。近20年来，随着高层现浇混凝土结构的不断涌现，粗钢筋的运用日益广泛，质量问题日益突出，传统的电弧焊不仅耗用钢材多、劳动强度大、工效低，而且质量难以保证。自从北京长城饭店和西苑饭店工程在施工中研制开发了电渣压力焊以来，先后又研制开发了多种适应现场现浇结构施工的粗钢筋连接新技术，如氧—乙炔气压焊、套筒径向和轴向挤压连接、锥螺纹连接及直螺纹连接等机械连接技术。其中电渣压力焊由于操作简便、工效高、成本低，现已成为现浇结构竖向粗钢筋焊接的主要方法，但缺点是仅限于竖向结构。且钢筋机械连接方法不受钢筋化学成分、可焊性和气候条件的影响，并可用于垂直、水平、倾斜等粗钢筋连接，具有操作便捷、接头质量稳定等特点。为此，我国1996年正式公布实施《钢筋机械连接通用技术规程》(JGJ 107—96)、《带肋钢筋套筒挤压连接技术规程》(JGJ 108—96)和《钢筋锥螺纹接头技术规程》(JGJ 109—96)，这三项技术规程的公布与实施，大大促进了钢筋机械连接技术的发展。经过近几年的实施，不仅积累丰富的实践经验，而且新的机械连接技术也在不断涌现，如等强锥螺纹连接技术、镦粗直螺纹连接技术、滚压直螺纹连接技术、削肋滚压直螺纹连接技术等。截至1999年对《钢筋机械连接通用技术规程》(JGJ 107—96)进行了局部修订，同时还颁布实施了《镦粗直螺纹钢筋接头》(JG / T 3057—99)。20世纪90年代后期，我国还自主开发了钢筋镦粗设备，该设备不但重量仅为法国镦粗设备重量的1 / 3，而且轻巧好用，操作速度快，设备成本低，使镦粗直螺纹钢筋接头推广应用极为迅速。我国大量高层建筑、大跨桥梁、越江隧道等大型结构工程都大量采用了镦粗直螺纹钢筋接头，并已开始出口国际市场。此外，我国的滚轧直螺纹钢筋接头，由于滚丝设备投资少，滚丝工艺简单，接头成本低，发展也非常迅速，尤其在房屋建筑中的应用更为广泛。上述两种直螺纹钢筋接头已逐步成为我国混凝土工程中钢筋机械连接的主导产品。

随着钢筋连接技术和质量控制水平的提高，2003年我国又公布实施了新修订版《钢筋机械连接通用技术规程》(JGJ 107—2003)，规范根据抗拉强度以及高应变和大变形条件下反复拉压性能差异作了较大调整，接头分为Ⅰ级、Ⅱ级、Ⅲ级三个级别，并且规定了每种接头的抗拉强度和在经受规定的高应力和大变形反复拉压循环后接头的变形性能要求。从而为准确地断定接头质量和工程质量验收提供了科学的依据，从而为钢筋机械连接技术的应用奠定了理论依据，为该技术推广创造了条件。推广应用新型粗直径钢筋接头可提高钢筋工程质量、加快工程进度、节约钢材、降低成本，对提高我国建筑工程的技术水平和综合社会经济效益具有现实意义。

二、国内传统粗直径钢筋连接原理、技术特点和适用范围

(一)钢筋绑扎连接

钢筋绑扎连接是指两个相互连接的钢筋，按照国家规范所要求的搭接长度，通过细

铁丝绑扎连接在一起,传递力的连接方法。这是一种传统的钢筋连接方法,只适用于直径较小的钢筋,当钢筋的直径大于 22 mm 时,除特殊情况外,已基本不再使用。该技术施工时,要求同一构件中相邻纵向受力的绑扎搭接接头宜相互错开,搭接接头中的横向净距不小于钢筋直径,且不小于 25 mm;搭接接头连接区段的长度为 1.3L1(L1 为钢筋搭接长度),同一连接区段内,纵向受力钢筋搭接接头面积百分率应符合设计要求。该施工方法操作简单,无须对技术工人进行专业培训,且气候和环境对施工质量的影响较小。一般不适宜作为粗钢筋的连接方法,尤其是轴心受拉或小偏心受拉构件中的受力钢筋。

主要有以下几个方面原因:

(1)搭接连接的钢筋,两钢筋轴线未在同一轴线上,在搭接范围内力的传递易产生偏心效应;

(2)钢筋受力后并非钢筋与钢筋之间的直接传递,而是通过混凝土媒介,所以在力的传递效果方面会产生应力损失,从而导致受力薄弱环节的产生;

(3)由于薄弱环节的产生,使某个长度范围内同一截面上搭接的接头数量有限制;

(4)由于搭接较长,造成用钢量大,不但增加接头成本和工程造价,而且减小了钢筋间的净距,造成钢筋粘结力差,混凝土浇筑时不易密实,使混凝土振捣困难,质量不易保证。

绑扎连接技术要求不高,在人工、附加材料、设备、用电等方面消耗很低,优势明显,但总体上经济性不好。

(二)电弧焊连接技术

实际工程中电弧焊的接头形式可以有搭接焊、帮条焊和坡口焊等,成本与受力性能要优于绑扎连接技术。焊前应根据不同钢筋级别,不同的焊接接头型式和焊接部位,选择相应型号焊条、焊接工艺和焊接参数。焊接时引弧应在垫板、帮条或形成焊缝的部位进行,不得烧伤主筋,操作技术要求高,操作人员应经过严格的专业培训;耗电量大,施工时受气温和周边环境影响较大。受力钢筋在同一连接区段内的连接接头面积百分率较绑扎稍大。传统的搭接绑扎和手工电弧焊的钢筋连接方法已不能满足高层、超高层、高耸构筑物、大型水工构筑物的施工需要。

(三)气压焊连接技术

气压焊是利用氧气—乙炔火焰把钢筋结合面及其附近金属加热至塑性状态,同时施加适当的压力,使其结合的固相焊接法。用该工艺焊接的钢筋适合在垂直位置、水平位置或倾斜位置,适合焊接钢筋直径相差不大于 7 mm 的钢筋连接。

其基本原理是由于加热和加压使结合面附近金属受到微锻式压延,被焊接金属产生强烈的塑性变形,促进粘结面距离减小,接近到原子间的距离,进入原子力作用的范围内实现原子间的相互嵌入扩散及键合,并在热变形过程中完成晶粒的重新组合的再结晶过程而获得牢固接头。气压焊接按加热温度和工艺方法不同,可分为熔态气压焊和固态气压焊。因气源不受电源及周围环境限制,减少了其他焊接法用电给施工造成的不便,特别是在刚开工不久,三通工程尚未完善的工程和高层建筑,其优点显得更加突出。在房屋建筑施工中,多应用于梁、柱中钢筋直径在 16 ~ 40 mm 的Ⅰ级、Ⅱ级钢筋焊接接长。

气压焊接法连接钢筋，不存在电弧焊接时伴随着钢筋熔化所产生的问题，不需要其他附加材料，故减小了由于焊条、焊药的不同对连接部位质量的影响。气压焊的经济性比较好，成本优势非常显著，与绑扎工艺相比，可节约 20%左右的钢材。

气压焊接头的整体性好，结合部位钢筋的轴线与原轴线相一致，避免了钢筋偏心带来的负面影响，减少了混凝土浇筑困难，增强了混凝土对钢筋的握裹力，主筋受力性能好，提高了整体抗震性能。在焊接过程中，焊接夹具夹紧钢筋，当钢筋承受最大轴向压力时，钢筋与夹头之间不得产生相对位移；钢筋两端面要求平整，预压顶紧后，两根钢筋端面局部间隙不大于 3 mm，且不得有锈蚀和气割氧化物质。在焊接生产中，焊工应自检，发现质量问题应及时处理。钢筋连接质量的好坏，要通过取样试验或专业设备测定。气压焊设备如图 4.3.1 所示。

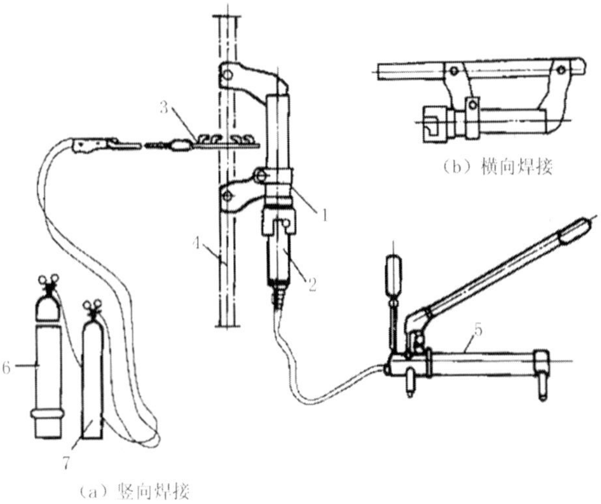

1—压接器；2—顶压油缸；3—加热器；4—钢筋；5—加压气器；6—氧气；7—乙炔

图 4.3.1　气压焊设备

（四）现场闪光对焊

闪光对焊是将钢筋对接的一种焊接方式，适用于钢筋直径 12 ~ 40 mm 的普通钢筋和高强度钢筋连接，使用范围广，操作技术要求高，按施工工艺的不同闪光对焊又可分为：连续闪光焊、预热闪光焊和闪光—预热闪光焊，施工时根据钢筋直径大小选择相应工艺。一般情况下，钢筋直径小于 22 mm，选择连续闪光对焊，直径大于 22 mm，且钢筋端面较平整，宜采用预热闪光对焊；当钢筋直径大于 22 mm，且钢筋端面不平整时，应采用预热闪光对焊。操作工人岗前需要经过专业技术培训，经考核合格后方能上岗作业。目前该工艺广泛用于施工现场钢筋连接，其原理如图 4.3.2 所示。

三、国内粗直径钢筋连接新技术

（一）电渣压力焊

1. 基本原理和适用范围

将两根钢筋安放成竖向对接形式，利用焊接电流通过两根钢筋间隙在焊药作用下形成电弧过程和电渣过程，产生电弧热和电阻热，熔化钢筋，加压完成的一种焊接方法。

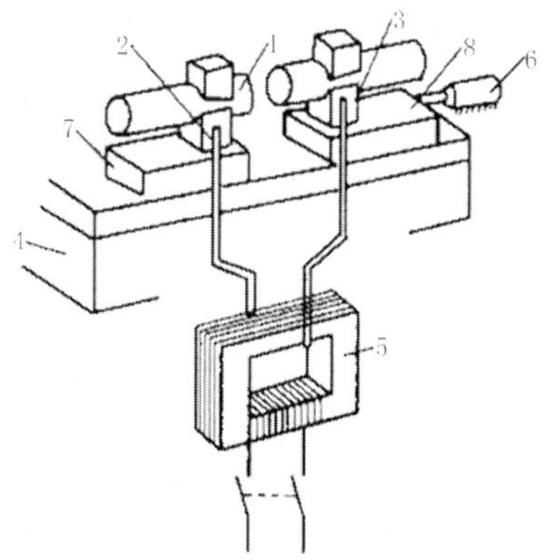

1—焊接的钢筋；2—固定电极；3—可动电极；4—基座；5—变压器；
6—平动顶压机构；7—固定支座；8—滑动机构

图 4.3.2　钢筋闪光对焊原理

它包括引弧过程、电弧过程和顶压过程，适宜于现浇钢筋混凝土结构中竖向或斜向（斜度 4∶1 范围内）钢筋的连接。钢筋的级别为Ⅰ～Ⅲ，直径为 14～40 mm。目前在高层建筑物、高耸构筑物和大型水工构筑物中广泛使用。利用该项技术进行粗钢筋连接在 2005 年建设部颁发的《建筑业 10 项新技术应用指南》中，已作为推广项目之一。

2. 技术经济特点

（1）钢筋电渣压力焊接技术能提高工效、加快施工进度，且能节约钢材、降低工程成本，具有良好的经济效益。

（2）钢筋电渣压力焊接技术操作方便，质量可靠，施工程序简单，一般工人经过短期的培训，即可上岗操作，且能保证质量。

（3）钢筋电渣压力焊在供电条件差、电压不稳、大风、雨季期间须停止施工，并且在防火要求高的场所应谨慎使用。

3. 施工工艺及施工参数选择

电渣压力焊焊接工艺包括闭合电路、引弧、电弧过程、电渣过程、挤压断电等五个过程。在对焊接工艺参数的选择时应注意以下几点：

（1）焊接电流

钢筋电渣压力焊宜采用次级空载电压较高的交流或直流焊接电源。一般 32 mm 直径及以下的钢筋焊接时，可采用容量为 600 A 的焊接电源；32 mm 直径及以上的钢筋焊接时，应采用容量为 1 000 A 的焊接电源。当焊机容量较小时，也可以采用较小容量的同型号，同性能的两台焊机并联使用。

（2）焊接电压

当电弧开始引燃至焊剂熔化形成渣池阶段，即电弧过程。电压较高，一般控制在 35～45 V 为宜；当进入电渣过程后电压迅速下降，一般控制在 18～22 V，即电渣过程。该电压称为电渣电压或渣池电压。

（3）焊接时间

焊接时间分为电弧过程时间和电渣过程时间，两者之间所需时间比约为 3∶1，总时间的长短与钢筋直径成正比，总时间为 15～34 s。

（4）挤压力

焊接夹具的上下钳口应夹紧于上下钢筋上，夹紧后就不能晃动，待引燃电弧后，加快上钢筋向下传送速度，使钢筋端面与液态渣池接触，转变为电渣过程，最后在断电的同时，迅速下压钢筋，所需挤压力很小，钢筋熔化量以 20 ~ 30 mm 为宜；焊成的接头外形应是光亮圆滑的环状，其接头直径以 1.6 倍钢筋直径为宜。操作如图 4.3.3 所示。

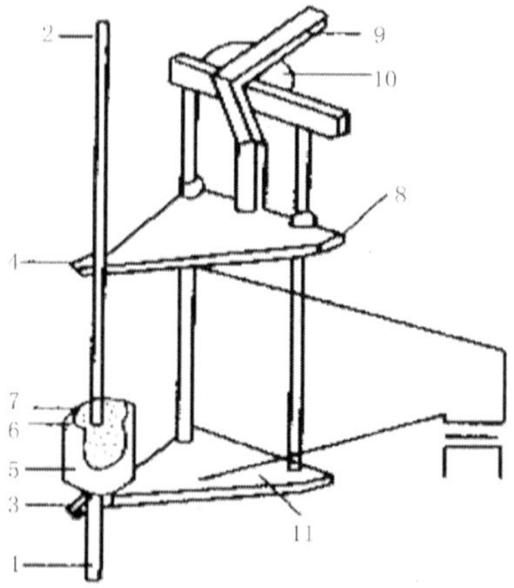

1、2—钢筋；3—固定夹具；4—活动夹具；5—焊接盒；6—导电剂；7—焊药；8—活动架；9—操作手柄；10—支架；11—固定架子

图 4.3.3　钢筋电渣焊示意图

4. 质量验收及标准要求

电渣压力焊接头的质量检验，应分批进行外观质量检查和力学性能检验，并应按下列规定作为一个检验批：在现浇混凝土结构中，应以 300 个同牌号钢筋接头作为一批，在房屋结构中，应在不超过二楼层中 300 个同牌号钢筋接头作为一批，当不足 300 个接头时，仍作为一批。每批随机切取 3 个接头做拉伸试验。

电渣压力焊的外观结果，应符合下列要求：

（1）四周焊包凸出钢筋表面高度不得小于 4 mm；

（2）钢筋与电极接触处，应无烧伤缺陷；

（3）接头处的弯折角不得大于 3°；

（4）接头处的轴线偏移不得大于钢筋直径的 0.1 倍，且不得大于 2 mm。

图 4.3.4 为不合格电渣压力焊接条接头。

图 4.3.4　不合格的电渣压力焊接条接头

（二）套筒挤压连接技术

1. 基本原理和适用范围

套筒挤压连接是把两根带肋钢筋的端头先插入一个优质钢套筒，然后用挤压机在侧向加压，套筒产生塑性变形后即与带肋钢筋紧密咬合而达到连接目的，连接方式如图4.3.5所示。

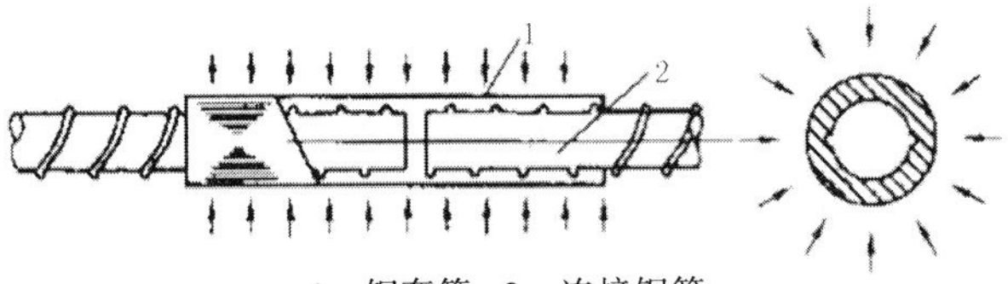

1—钢套管；2—连接钢筋

图 4.3.5　钢筋径向挤压连接原理图

套筒挤压粗钢筋连接为机械连接，热影响区小，挤压工艺性能稳定，接头强度高，施工质量容易保证。适应性强，可用于垂直、水平、倾斜、高空、水下等各方位的钢筋连接，还特别适用于不可焊钢筋、进口钢筋的连接。

2. 经济性与技术特点

（1）套筒挤压连接技术可保证挤压接头达到钢筋母材的强度，并具有良好的延性指标，能用于结构的任何部位，且耗钢量比搭接焊节省 10%～15%，比绑扎法节省 70%～80%。

（2）该技术可以连接不同直径、不同品种的变形钢筋，能用于可焊性差的钢筋及进口钢筋的连接。

（3）每个接头所需的现场挤压时间仅为 2～3 min，工效比一般焊接方法快数倍。施工时无易燃、易爆气体，无火灾隐患，也不受风雨、寒冷气候的影响。

3. 施工工艺要求

（1）施工准备

1）参与接头加工和连接的操作工人、技术管理和质量管理人员均应参加技术培训，操作工人应经考核合格后持证上岗。

2）钢筋和套筒等所用材料均应经过检验，其检验结果均应符合现行规范的规定和设计要求。挤压前要清除钢筋挤压部位的铁锈、砂浆等，钢筋端部必须平直，对少数超公差后不能插入套筒内的钢筋，用砂轮对其端部纵肋进行打磨，端部要做上能准确判断钢筋伸入套筒内长度的标记。

3）套筒应有出厂合格证，应对套筒外观质量检查，套筒表面不得有影响性能的裂缝、节瘤等缺陷。压前必须做好明显的压痕位置标记，并应按不同规格分类存放，防止不同直径钢筋之间套筒的相互混用。

4）挤压前应对设备进行调试。钢筋挤压前应按设备操作说明书的有关规定调整设备，检查设备是否正常，调整油泵的压力，根据待接钢筋的直径选配相应的压模，符合要求后方可作业。

（2）钢筋的挤压操作

1）施工时先将套筒与钢筋的一端挤压，形成带帽筋，在施工作业区插入待接钢筋后再挤压另一端，挤压时务必检查钢筋端头的标记，使钢筋插到套筒中线。

2）挤压时应将钢筋扶直，挤压过程中挤压钳子与钢筋轴线应保持垂直，使挤压的接头不发生明显弯曲。挤压应从套筒中间开始，顺次向两端挤压，压痕位置与标记线误差不宜大于 5 mm。挤压力必须调节到规定的数值，油压表读数的误差不应大于 2.0 MPa，回程油压不应小于 5 MPa 或使活塞不完全回到底。不同钢筋直径采用不同工艺参数，具体如表 4.3.1 所示。

表 4.3.1　不同直径的挤压参数

钢筋直径 / mm	20	22	25	28	32	36	40
套筒规格	TC20	TC22	TC25	TC28	TC32	TC36	YCC40
压模型号	M20	M22	M25	M28	M32	M36	M40
挤压道数	3	3	3	4	5	6	7
挤压力 / kN	450	500	600	600	650	740	800
油压 / MPa	40	44	53	53	57	48	52

具体操作如图 4.3.6 所示：

图 4.3.6　套筒挤压钢筋连接操作示意图

4. 钢筋挤压接头的质量控制和检查验收

（1）连接工程开始前及施工过程中，应对每批进场钢筋进行挤压连接工艺检验，每种规格钢筋的接头试件不应少于 3 根，其目的是检验施工参数是否能满足设计及规范要求。

（2）挤压接头的现场检验按验收批进行，同一施工条件下采用同一批材料的同等级、同形式、同规格接头，以 500 个为一个验收批进行检验与验收，不足 500 个时也作为一个验收批。

（3）对接头的每一个验收批，必须在工程结构中随机抽取 3 个试件做单向拉伸检验，其抗拉强度应符合相应接头等级的要求。如有一个试件的抗拉强度不符合要求，应再加倍试件进行复检，复检中如仍有一个试件检验结果不符合要求，则该检验批单向拉伸检验不合格。

（4）在每一批随机抽取 10%的挤压接头做外观质量检验，并应符合下列要求：

1）挤压后套筒长度应为原套筒长度的 1.1 ~ 1.15 倍，或压痕外套筒的外径波动范围为原套筒外径的 0.8 ~ 0.9 倍。

2）挤压接头的压痕道数应符合型式检验确定的道数，接头处弯折不得大于 4°，挤压后的套筒不得有肉眼可见的裂缝。

接头挤压完成后用检查卡规对每道压痕进行检查，挤压面应为人字面，不得挤压带肋面，符合标准后对合格的接头用红油漆涂上标记。

（三）锥螺纹套筒连接技术

1. 基本原理和适用范围

锥螺纹连接是用锥形螺纹套筒将两根钢筋端头对接在一起，利用螺纹的机械咬力传递拉力或压力。所用的设备主要是套丝机，通常在施工现场安放钢筋端头进行套丝，加工的钢筋锥螺纹丝的锥度、牙形、螺距等必须与连接套筒的锥度、牙形、螺距相一致。加工后经检查合格的锥形丝扣的钢筋应加设保护帽，以防在搬运、堆放过程中受损。套筒一般在工厂内预先加工好，连接钢筋时利用质检的力矩扳手拧紧套筒至规定的力矩值即可完成钢筋的对接。

锥螺纹套筒连接技术操作不受钢筋种类、机构性能、化学成分的限制，连接速度快，可预制。锥螺纹套筒连接技术适用范围很广，可连接直径 16 ~ 40 mm 的Ⅱ级、Ⅲ级别的钢筋，尤其是对可焊性不太好的钢筋应优先选用。

2. 经济性和技术特点

钢筋锥螺纹丝扣容易损坏，并且市场无现货，需向专业厂家预定；备料比较困难，如有损坏会造成现场连接困难。套筒要按连接钢筋直径配套，设备投入较大。此外，质量的稳定性受人为因素的影响较大。主要是由于螺纹的旋紧力对接头强度较为敏感，是否拧紧，难以从外观上目测确定。检测也不是很方便，需用力矩扳手逐个检查力矩值。管理不严和人为因素都会影响接头质量，给连接质量留下隐患，因此必须严格按照规范要求施工，严把质量关。

锥螺纹接头破坏大都发生在接头处，现场加工的锥螺纹质量、漏拧或扭紧力矩不准、丝扣松动等对接头强度和变形有很大影响。因此，必须重视锥螺纹接头的现场检验，严格执行《钢筋锥螺纹接头技术规程》（JGJ 106—96）中接头施工现场检验与验收的相关规定，技术提供单位应提供有效的型式检验报告，作为判定接头强度等级的依据。

3. 施工工艺要求

（1）施工前的准备

凡参与施工的操作工人、技术管理和质量管理人员，均应参加技术规程培训经考核合格后持证上岗。钢筋应先调直再下料，切口端面应与钢筋轴线垂直，不得有马蹄形或挠曲，不得气割下料。提供锥螺纹连接套应有产品合格证，两端锥孔应有密封盖，套筒表面应有规格标记，进厂时进行复核。

（2）锥螺纹加工

加工的钢筋锥螺纹丝头的锥度、牙形、螺距等必须与连接套的锥度、牙形、螺距一致，且经配套的量规检测合格。加工锥螺纹时，应采用水溶性切削液。当气温低于 0℃时，应掺入 15% ~ 20%亚硝酸钠，不得用机油作为润滑液或者不加润滑液套丝。操作人员应逐个检查钢丝头的外观质量,经自检合格的钢筋丝头,应对每种规格加工批量随机抽取10%检验,且不少于10个。如有一个丝头不合格即应对该加工批进行全数检查,不合格丝头应重新加工经再次检验合格方可使用。

(3)锥螺纹套筒的加工与检验

锥螺纹套筒的加工,宜在专业工厂进行,以保证产品质量。各种规格的套筒外表面均应有明显的钢筋级别及规格标记。套筒加工后,其两端锥孔必须用与其相应的塑料密封盖封严。

锥螺纹套筒的检验包括:套筒的规格、型号与标记,套筒的内螺纹圈数、螺距与齿高,螺纹有无破损、歪斜、不全、锈蚀等现象。其中套筒检验的重要性一环是用锥螺纹塞规检查同规格套筒的加工质量,当套筒大边边缘在锥螺纹塞规大端缺口范围内时,套筒为合格品。如图4.3.7所示。

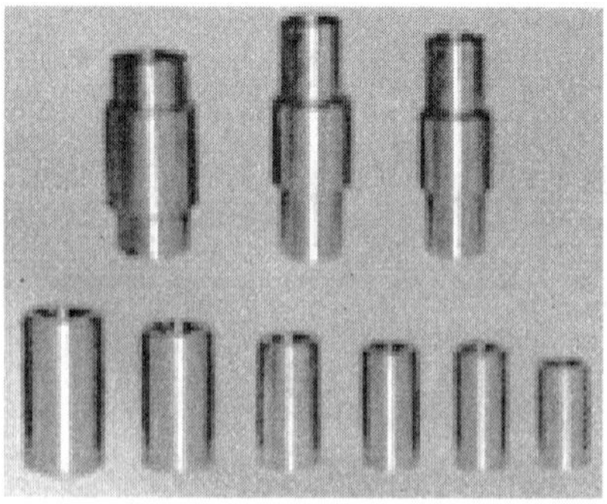

图 4.3.7　钢筋锥螺纹套筒

(4)连接

连接钢筋时,钢筋规格和连接套的规格应一致,并确保钢筋和连接套的丝扣干净完好无损。采用预埋接头时,连接套的位置、规格和数量应符合设计要求。带连接套的钢筋应固定牢,连接套的外露端应有密封盖,必须用力矩扳手拧紧接头,力矩扳手的精度±5%,要求每半年用力矩仪检查一次,连接钢筋时,应对正轴线将钢筋拧入连接套,然后用力矩扳手拧紧。如图4.3.8所示。

(5)质量控制与验收

1)连接钢筋时,应检查连接套出厂合格证、钢筋锥螺纹加工验收记录,开工前及施工过程中应对每批进厂钢筋和接头进行工艺检验,对每种规格钢筋母材进行抗拉强度试验。每种规格钢筋接头的试件数量不少于3根,接头试件应达到现行行业标准《钢筋机械连接通用技术规程》(JGJ 107)中相应等级的强度要求。

2)用力矩扳手对接头拧紧值进行抽检,梁、柱接头按照接头数量的15%抽检,且每个构件的接头抽检数量不得少于一个接头;基础、墙、板按照各自接头数,每100个接头数作为一个检验批,不足100个时也作为一个检验批;每批抽检3个,抽检的接头应全部合格,如有一个接头不合格,该批接头应逐个检查。

3)接头的现场检验应按照同一施工条件下的同一批材料,同等级、同规格接头,以500个为一个检验批,不足500个时也作为一个检验批。

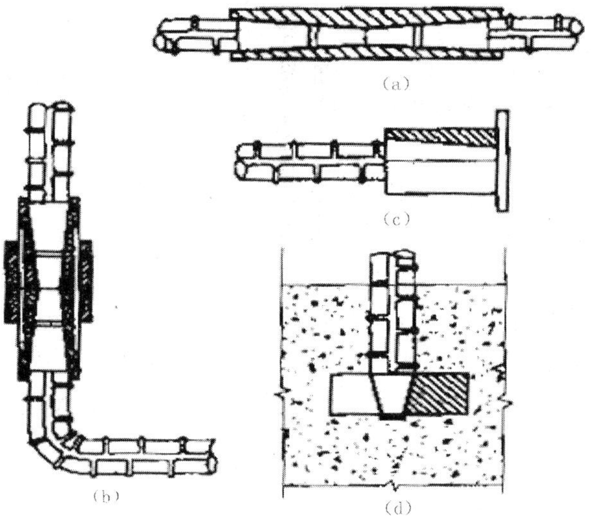

(a)连根钢筋连接；(b)一根钢筋与一根弯钢筋连接；
(c)在钢板上连接钢筋；(d)在混凝土构件上插接钢筋

图 4.3.8 钢筋锥螺纹套筒连接示意图

(四) 直螺纹连接技术

1. 基本原理与技术特点

直螺纹连接是近年来开发的一种新的螺纹连接方式。该技术工艺是先把钢筋端部镦粗，然后再切削直螺纹用套筒实行钢筋对接，利用带内螺纹的连接套筒对接钢筋，达到传递钢筋拉力和压力的一种钢筋机械连接技术。

由于镦粗段钢筋切削后的净截面仍大于钢筋原截面，即螺纹不存在扭紧力矩对接头性能的影响，从而提高了连接的可靠性，也加快了施工速度。直螺纹接头比套筒挤压接头省钢 70%，比锥螺纹接头省钢 35%，技术经济性好。该项连接技术在应用中又分为几种不同的形式，如热镦粗直螺纹连接、冷镦粗直螺纹连接、去肋滚轧的直螺纹连接和滚轧直螺纹连接。根据直螺纹制作工艺的不同，钢筋直螺纹连接也分为镦粗直螺纹钢筋连接技术、滚轧直螺纹钢筋连接技术、精轧螺纹钢筋连接技术。对于目前我国普通单纯凝土结构中所用的 HRB335 和 HRB400 级钢筋的连接主要是前述两种连接方式。后一种精轧螺纹钢筋连接技术主要是针对预应力单纯凝土结构用的高强度（屈服强度为 785 ~ 930 MPa 级）钢筋的连接，这类钢筋在钢厂轧制时可通过特制的轧滚直接轧制出没有纵肋，仅有螺旋状横肋的表面外形。因此，在任何位置切断钢筋，均可通过特制的连接套筒直接对接钢筋。近年来，国外也有在普通混凝土结构中采用精轧螺纹钢筋的，钢筋的强度级别接近我国Ⅲ级钢筋，用特制连接套筒对接钢筋，同时要求在套筒和钢筋缝隙间灌注水泥将以减少接头变形。如图 4.3.9 所示。

2. 直螺纹钢筋接头的种类及应用

按照行业标准《钢筋机械连接通用技术规程》(JGJ 107—2003)的规定，直螺纹钢筋接头分为六种接头形式，分类及应用如下：

钢筋在可以自由转动的场合时，采用标准形，连接螺纹丝头也均为标准丝头；钢筋转动不方便，但可以少量转动时，采用加长丝头形，套筒采用标准形时，连接螺纹丝头一

图 4.3.9　直螺纹连接用套筒

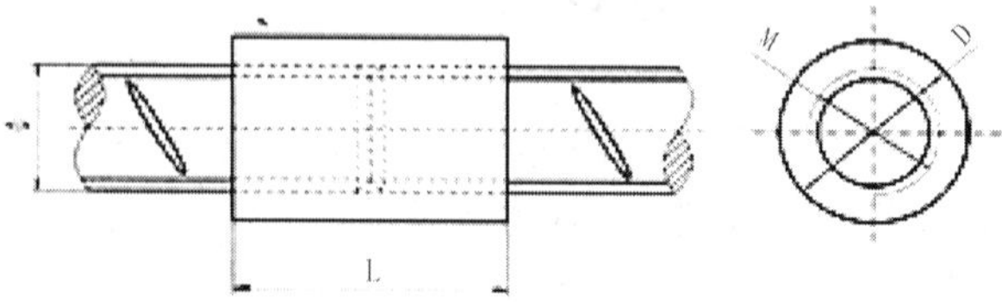

图 4.3.10　直螺纹连接原理图

个为标准丝头，另一个为加长丝头。钢筋笼整体对接时，套筒采用扩口形，套筒采用扩口形时，连接螺纹丝头一个为标准丝头，另一个为加长丝头。连接直径不同的钢筋时，套筒采用异径形,套筒采用异径形时,连接螺纹丝头均为相应规格的标准丝头。钢筋转动困难但可以轴向移动时,套筒采用正反丝扣形,套筒采用正反丝扣形时,连接螺纹丝头一个为正旋标准丝头,另一个为反旋标准丝头。两根钢筋均不能自由转动时,套筒采用加锁母形,套筒采用标准形及锁母形时,连接螺纹丝头一个为标准丝头,另一个为加长丝头。

3. 直螺纹钢筋接头的质量控制

无论是镦粗直螺纹钢筋接头还是滚轧直螺纹钢筋接头,均参照《钢筋锥螺纹接头技术规程》(JGJ 109—96)其质量控制主要点如下：

1）套筒原材料:应选用强度高、延性好、易加工且价格较低的钢材制造,通常采用45号优质碳素结构钢，也可选用低合金高强度结构钢制造。连接套的受拉承载力不应小于被连接钢筋的受拉承载力标准值的1.1倍。

2）接头应避开有抗震设防要求的框架梁端和柱端的箍筋加密区,当无法避开时,接头应采用A级接头,且接头百分率不应超过50%。

3）接头端头距离钢筋弯曲点不得小于钢筋直径的10倍，不同直径钢筋连接时,一次连接钢筋直径不应超过二级。

4）钢筋连接套的混凝土保护层厚度宜满足现行《混凝土结构设计规范》中受力钢筋混凝土保护层最小厚度要求,且不小于15 mm,连接套之间的横向套净距不宜小于25 mm。

5）生产过程的质量控制：套筒生产从毛坯到制成品各道工序均应有严格的抽检制度和质量控制标准,成品表面应有生产批号标记,以便必要时可以核查与追溯。

（五）滚轧直螺纹钢筋连接

滚轧直螺纹钢筋连接目前主要分为直接滚轧直螺纹钢筋接头和剥肋滚轧直螺纹钢筋接头两种类型，我国最早出现的是直接滚轧直螺纹钢筋接头，该工艺是使用滚丝机直接在钢筋端部滚丝。剥肋滚扎直螺纹钢筋接头是对上述工艺的一种改进，是在滚轧螺纹前先将钢筋的纵横肋剥去，然后再进行滚丝。两者滚丝机结构大体相同，只是滚丝机的机头及机头前后机械限位部分略有所区别，前者将套丝机头改为磁丝机头。

1. 直接滚轧直螺纹钢筋连接

（1）基本原理

滚轧直螺纹钢筋接头的基本原理是利用钢筋的冷作硬化原理，在滚轧螺纹过程中提高钢筋材料的强度，用来补偿钢筋净截面面积减小而给钢筋强度带来的不利影响，使滚轧后的钢筋接头能基本保持与钢筋母料等强。

（2）技术特点

滚轧直螺纹钢筋连接技术工艺操作简单，且设备投资少，受到用户的普遍欢迎。滚轧直螺纹钢筋连接技术也被列入建设部《建筑业十项新技术》推广项目之一，其主要技术特点是：

滚轧直螺纹钢筋接头强度高、工艺简单，最适合钢筋尺寸公差小的式况；当钢筋尺寸公差或形位公差过大时，易出现缺牙、秃牙、表面光洁度差等现象，影响接头质量。因此，选择技术和质量管理水平高的单位供应或分包钢筋接头是非常重要的。如用不良设备、工艺制作螺纹丝头会使螺纹丝头出现较大锥度或椭圆度。此外，严格控制丝头直径及圆柱度也是非常重要的，否则，滚轧直螺纹钢筋接头易出现接头滑脱。

（3）适用范围

滚轧直螺纹连接可用于工业与民用建筑的现浇钢筋混凝土结构构件的钢筋对接，该工艺施工时不受工地环境的限制，不受天气的影响，可实现安全快捷、方便可靠的效果。

（4）施工工艺及质量要求

1）材质要求：所有连接套的材质必须符合 GB 699—88《优质碳素结构钢钢号和一般技术条件》，应有出厂质量保证书。连接套经切断、钻孔、镗孔、螺纹成型、检验等程序制作完成。由于各生产厂家的钢筋实际尺寸有所不同，如果偏差较大，在生产滚轧直螺纹连接套时，必须根据钢筋的实际尺寸进行调整和试验，试验合格后方可批量生产。

2）外观要求：端面平直、外圆不得有裂纹、牙形饱满且螺纹表面无损坏，没有杂质或毛刺、连接套外径和长度符合产品设计要求，并进行了表面防锈处理。

3）螺纹加工质量要求：尺寸、螺纹规格及牙形、公差带及精度等级应符合产品设计图纸的要求。

（5）钢筋加工与检查

所有需连接的钢筋须符合 GB 1499—98《钢筋混凝土用热轧带肋钢筋》（Ⅱ级钢筋 HRB335 和Ⅲ级钢筋 HRB400）的要求。加工工艺流程如下。

加工完成的丝头螺纹的牙形和螺距应一致，并逐个检查丝头的外观质量。丝头螺纹的断牙数不能大于 4 个，丝扣部分牙齿缺陷每圆周内不能大于 1/4 个，有效牙的累计长度不能大于 8 个同径圆周的相加长度。用配套的环规检查能旋入的有效长度在允许的误差范围内为合格。

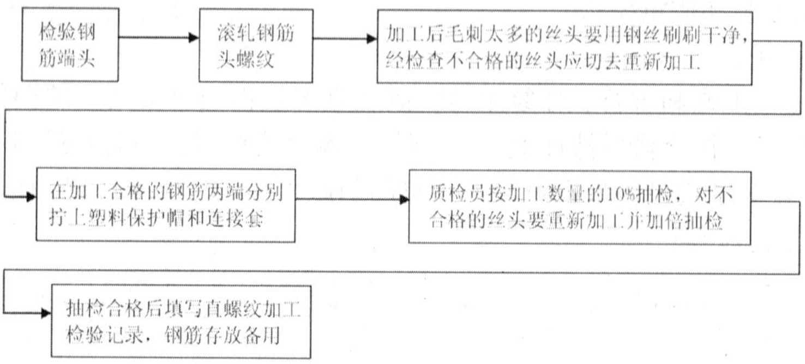

加工好的丝头按接头数的10%进行外观检查(要求同上),并用卡尺测量丝头的直径与长度是否合格,如有不合格的接头必须加倍抽检,如再有不合格的,整批接头要逐一检查。不合格的接头必须返工。最后填写直螺纹加工检验记录。

(6) 连接

首先检查连接出厂合格证和连接套原材料质量保证书。所有连接套连接钢筋时,均须检查牙形有无损坏、生锈或油污等,钢筋端头也要达到同样条件方可进行连接。连接工艺流程如下:

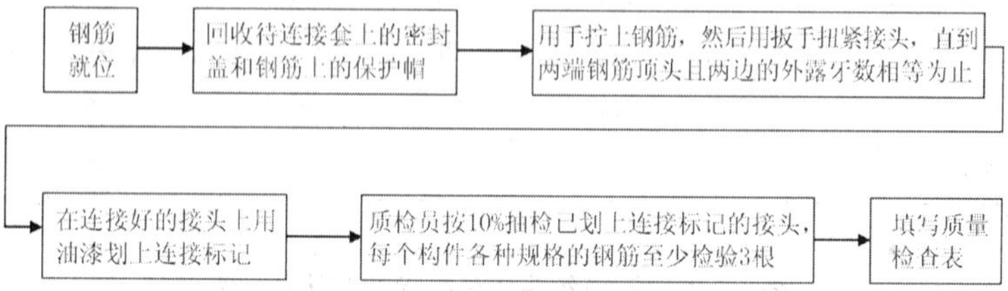

钢筋规格与连接套的规格必须一致,外露有效丝扣必须在3牙以内,如发现有一个不合格,则该批接头应逐个检查。对查出的不合格接头应按要求重新连接,并填写钢筋直螺纹接头质量检查表。

2. 剥肋滚轧直螺纹连接

(1) 工作原理和适用范围

在不减小钢筋截面面积的基础上,通过冷轧工艺形成直螺纹,加大接头部分的钢材密度,提高接头的抗拉强度,然后用直螺纹套筒将两根待对接的钢筋连在一起。由于工序少,连接强度高,施工方便,单个接头成本大大降低。可连接横、竖、斜向的HRB335,HRB400级同径或异径钢筋。适用性强,在狭小场地钢筋排列密集处均能灵活操作。适用于要求充分发挥钢筋强度或对接头延性要求高的各类混凝土结构。

(2) 经济性与技术特点

剥肋滚轧直螺纹连接不需使用力矩扳手,施工方便,对操作人员技术要求不高,对检测工具的依赖性小,而劳动强度低,工效高可大幅度提高施工速度,降低人工费用。与镦粗后切削螺纹相比,用本工艺制作钢筋丝头可以降低钢筋端部的镦粗量,减小套筒尺寸。与普通滚轧直螺纹钢筋接头相比,可以克服滚轧出的螺纹易出现缺牙、秃牙、螺纹光洁度差等弊端,进一步提高接头的强度及可靠性。

（3）施工工艺和质量要求

1）施工准备：

为了保证施工顺利进行，对参加剥肋滚轧直螺纹钢筋连接施工的操作人员进行了技术培训，并经考核合格后持证上岗。钢筋直螺纹接头型式均需经过相关检验，具有《钢筋直螺纹接头型式检验报告》；配备足量的与施工相配套的牙形规、卡规和塞规。

2）施工工艺流程：

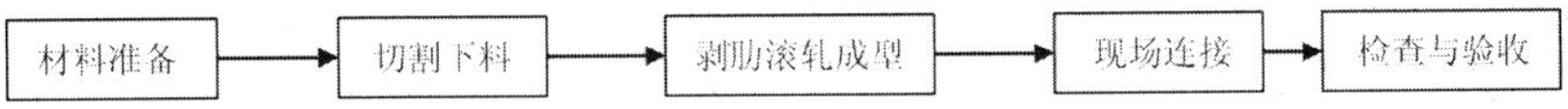

3）钢筋剥肋滚轧直螺纹加工：

① 直螺纹加工采用专门的滚轧机床，对钢筋端部进行滚轧，一次成型直螺纹。直螺纹的加工质量是这项技术成败的关键，为了确保加工质量，螺纹加工必须有检验记录，所用的钢筋必须有出厂合格证及复验报告。

② 按钢筋规格所对应的对刀棒调整滚丝头内孔最小尺寸及胀刀环，调整剥肋挡块及滚轧行程开关位置，保证剥肋段的直径及滚轧螺纹的长度符合表 4.3.2 的规定。

表 4.3.2　标准型套筒的几何尺寸

规格	螺纹直径 / mm	套筒外径 / mm	套筒长度 / mm	规格	螺纹直径 / mm	套筒外径 / mm	套筒长度 / mm
20	20 × 2.0	29	55	28	28.1 × 2.5	41	70
22	22 × 2.0	31	60	32	32 × 2.5	46	80
25	25.1 × 2.5	35	65	36	36 × 3.0	52	90

表 4.3.3　钢筋丝头质量检验的方法及要求

序号	检验项目	工具名称	检验要求
1	螺纹牙形	目测	牙形饱满,牙顶宽超过 0.6 mm 的秃牙部分的长度不超过 1.5 倍螺纹周长
2	丝头长度	卡尺、专用量规	应满足表 4.3.2 的要求
3	螺纹直径	通端螺纹环规	能顺利旋入螺纹,功能达到旋合长度
		止端螺纹环规	允许环规与端部螺纹部分旋合，旋入量不应超过 3*P*（*P* 为螺纹距）

③ 加工丝头时应采用水溶性切削液，严禁用机油作切削液或不加切削液加工丝头。操作工人应逐个检查丝头的加工质量，检查牙形是否饱满、有无断牙、秃牙等缺陷。每加工 10 个丝头，用通端螺纹环规、止端螺纹环规检查一次，并剔除不合格丝头。经自检合格的丝头，应由质检员对每种规格加工批量随机抽检 10%，且不少于 10 个，并同时填写钢筋螺纹加工检验记录。当合格率小于 95%，应加倍抽检。复检中合格率仍小于 95%，应对全部钢筋丝头逐个进行检验，并切去不合格丝头，查明原因并解决后重新加工螺纹。

（4）套筒质量要求

所用的套筒必须有生产厂家出具的产品质量证明书及合格证，详细标明套筒的型号、数量、所用钢材的炉批号、机械性能等。两端螺纹孔应有保护帽，套筒表面应有规格标记，并符合现行国家标准《优质碳素结构钢》（GB / T 699—1999）和《低合金高强度结构钢》（GB / T 1591—1994）中的相应规定。

（5）连接

连接钢筋时应对正轴线将钢筋拧入连接套筒，连接过程直螺纹接头处严禁弯曲，如果需要弯曲成型时，必须在接头以外 10 d（d 为钢筋直径）处进行。如果需要弯曲钢筋，可以先弯钢筋再连接。接头可选用单向或双向可调接头。滚压直螺纹接头的连接，宜用把手长度不小于 45 cm 的管钳拧紧，使钢筋丝头在套管中央位置相互顶紧。对已经拧紧的接头做标记，与未拧紧的接头区分开。

标准型钢筋接头连接完毕后，套筒每端外露的完整丝扣数不宜超过 1.5 扣。如果外露过多，说明有丝扣损坏或有脏物进入接头丝扣等。连接套和钢筋之间如有一圈明显的间隙，说明用了与连接钢筋不配套的连接套。出现上述情况应立即查明原因，排除故障，重新连接。

图 4.3.11　采用剥肋滚轧直螺纹连接好的钢筋

（六）镦粗直螺纹钢筋连接技术

1. 基本原理

镦粗直螺纹钢筋连接技术其基本原理是先将钢筋端部镦粗，再在镦粗段上制作直螺纹，后用带内螺纹的连接套筒对接钢筋。按照施工工艺不同分为热镦和冷镦。热镦是采用电加热的方法，先将需镦粗的钢筋端部加热至摄氏几百度的高温后再进行镦粗，待镦粗段冷却后再加工螺纹。由于热镦工艺需在高温下进行，电力消耗大、工艺复杂、加工成本高，给现场加工带来诸多不便，因此限制了其推广使用。而冷镦粗只需在常温下进行，工艺简单，不受环境影响，因此已在国内被广泛采用。通过冷镦粗工艺，不仅扩大了钢筋端部横截面积，同时钢筋经冷镦加工后，钢材的屈服和极限强度均有所提高，从而可确保接头的实际强度高于钢筋母材强度。

2. 钢筋镦粗技术特点及优越性

钢筋的镦粗是采用专用的钢筋镦头机来实现的。镦头机为液压设备，由高压油泵作为动力源。镦头机有两种类型：分置油缸型和串联油缸型，其共同的特点是将需要镦粗的钢筋推入镦头模形成镦粗头，镦头完成后，转动换向阀，此时高压油进入回程油腔，接着夹紧活塞和镦头活塞反向移动，松开夹片，取出带镦头的钢筋。操作十分简单，生产效率也比较高，一般镦粗一个头 30 ~ 40 s。

多年的工程实践证明，镦粗直螺纹钢筋接头是一种可靠、高效、经济的钢筋接头，得到了国内外土木工程界的普遍认可。建设部和科技部分别将镦粗直螺纹钢筋连接列为《建筑业十项新技术》推广项目之一。我国镦粗直螺纹钢筋连接技术发展如此迅速，原因归结如下：

（1）我国生产的 HRB335 级、HRB400 级钢筋有良好的延性，非常适合镦粗工艺。加上自己研制的良好钢筋镦粗的设备为该技术的推广应用奠定了坚实的物质基础和技术支持。

（2）钢筋镦粗后屈服强度提高，镦粗后钢筋直径与原钢筋相比直径并未减少，所以镦粗直螺纹钢筋接头强度高、丝头螺纹质量好，接头的整体质量稳定可靠、适合范围广。尤其适合加长丝头对接钢筋笼和钢筋无法转动时的钢筋对接。如钢筋笼的整体对接。

（3）钢筋镦粗段的表面有时会出现与钢筋轴线平行的表面微小裂纹，这类裂纹对钢筋强度没有影响，也是国内外有关规程所允许的。

（4）镦粗直螺纹钢筋接头虽然偶尔也会出现接头的脆断，但主要原因大多数是人为因素所造成的，如个别钢厂生产的钢筋质量较差，尤其是有害微量元素含量偏高和设备差，工艺参数控制不当等。只要提高认识，提高质量意识，淘汰陈旧设备，改变落后工艺，以上问题就能避免。所以采用镦粗直螺纹钢筋接头总体上质量是可靠的。

镦粗过程对钢筋有冷拉硬化的作用，可使钢筋的强度提高，延性降低。

3. 钢筋镦粗连接技术适用范围

钢筋镦粗直螺纹连接是先将钢筋端部镦粗，再在镦粗段上制作直螺纹，其螺纹制作时可以采用上述滚轧直螺纹也可以采用剥肋滚轧直螺纹，所以适用现浇混凝土结构中各向Ⅱ级、Ⅲ级同径或异径钢筋的连接。不受钢筋可焊性的影响，受环境影响小，适用性强。

4. 施工工艺及质量要求

（1）施工工艺流程

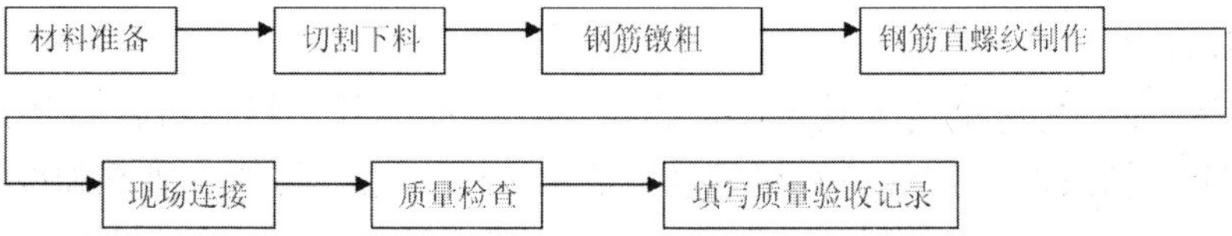

（2）钢筋端部螺纹的质量控制

在钢筋镦粗段上制作直螺纹的技术分切削螺纹和剥肋滚轧螺纹两种类型。切削螺纹是用专用钢筋直螺纹套丝机对钢筋镦粗段加工直螺纹；剥肋滚轧螺纹是通过冷轧工艺形成直螺纹，不但加大接头部分的钢材密度，而且提高接头的抗拉强度。钢筋端部螺纹的质量控制是正确实施本技术的关键，其要点如下：

1）必须选择良好的设备和科学的工艺参数，操作工人必须进行岗前培训，经考核合格后方能持证上岗。

2）经自检合格的钢筋丝头，应随机抽取同类规格数量不少于 10%，如有一个不合格应全数检查。用专用量规检查丝头长度,加工工人应逐个检查丝头的外观质量。

3）接头安装时,应保证丝头在套筒中央位置相互顶紧;用专用扭矩扳手对安装好的接头进行抽检,检查是否满足规定的力矩值。

4）接头的现场检验按验收批进行。同一施工条件下采用同一批材料的同等级、同型式、同规格接头,以 500 个为一个验收批进行检验与验收,不足 500 个时也作为一个验收批。

对接头的每一验收批,必须在工程结构中随机截取 3 个接头试件做抗拉强度试验,按设计要求的接头等级进行评定。当 3 个接头试件的抗拉强度均符合相应等级的要求时,该验收批评为合格。如有 1 个试件的强度不符合要求,应再取 6 个试件进行复检。复检中如仍有 1 个试件的强度不符合要求,则该验收批评为不合格。

（七）钢筋机械接头的使用规定

我国行业标准《钢筋机械连接通用技术规程》(JGJ 107—2003)(以下简称规程)对钢筋机械接头的分级、性能要求和接头在结构中的应用都作了明确规定,现作简单介绍:

接头应根据抗拉强度以及高应力和大变形条件下反复拉压性能的差异，分下列三个等级:

Ⅰ级：接头抗拉强度不小于被连接钢筋实际抗拉强度或 1.10 倍钢筋抗拉强度标准值,并具有高延性及反复拉压性能。

Ⅱ级:接头抗拉强度不小于被连接钢筋抗拉强度标准值,并具有高延性及反复拉压性能。

Ⅲ级:接头抗拉强度不小于被连接钢筋屈服强度标准值的 1.35 倍,并具有一定的延性及反复拉压性能。

不同等级的钢筋接头有其相应的使用范围,规程对Ⅰ级、Ⅱ级、Ⅲ级接头的应用作了如下规定:

接头宜设置在结构构件受拉钢筋应力较小部位,当需要在高应力部位设置接头时,在同一连接区段内Ⅲ级接头的百分率不应大于 25%； Ⅱ级接头的接头百分率不应大于 50%；Ⅰ级接头的接头百分率可不受限制。

接头宜避开有抗震设防要求的框架的梁端、柱端箍筋加密区,当无法避开时,应采用Ⅰ级接头或Ⅱ级接头,且接头百分率不应大于 50%。

受拉钢筋应力较小部位或纵向受压钢筋,接头百分率可不受限制。对直接承受动力荷载的结构构件,接头百分率不应大于 50%。

长期以来，我国工程技术界已习惯于对钢筋接头的应用部位和接头百分率作严格限制,在钢筋连接技术和质量水平不高的情况下,采用上述方法对保证结构安全起过重要作用。但是随着我国钢筋连接技术的高速发展,出现了一批强度高、质量稳定的钢筋机械接头,从而为放松接头使用部位和接头百分率限制创造了条件,也是我国钢筋工程技术的重大进步,不仅可显著节约钢材、方便施工,而且满足了某些工程中新工艺、新技术的发展需要。如地下连续墙与水平钢筋的连接,新旧结构连接处的钢筋连接等都要求在同一截面中实施 100%钢筋连接等。新规程促进了上述问题的合理解决。

规程的条文说明中指出，Ⅰ级、Ⅱ级接头均属于高质量接头,对重要的房屋结构,如无特殊需要，选用Ⅱ级接头并控制接头面积百分率不大于50%是合适的。尽管规程允许在同一连接区段实施100%钢筋连接，但并不鼓励那样施工，条件满足时连接区段应错开。

实际上，规程对Ⅰ级、Ⅱ级接头的使用部位已不作限制，即可以在结构中的任何部位使用，包括梁端、柱端箍筋加密区。Ⅰ级、Ⅱ级接头的应用仅仅是在允许的接头百分率上有差别。

（八）直螺纹钢筋连接应用实例

某图书文献中心总建筑面积29 439 m^2，建筑高度36 mm。基础为人工挖孔灌注桩基础，桩端持力层为强风化千枚岩，桩径有800～2 400 mm不等共12种，总桩数为123根，工程周围环境优美，整个工程分为主楼和裙楼。框架梁、柱主筋采用直螺纹连接技术。

1. 施工情况

（1）施工队伍和施工机械的选择

选择技术和质量管理水平高的单位供应或分包钢筋接头是非常重要的，采用不良设备、工艺制作的螺纹丝头还常带有较大锥度或椭圆度。严格控制丝头直径及圆柱度也是非常重要的，否则，滚轧直螺纹钢筋接头易出现接头滑脱。本工程经过择优选择，最后选择了在南昌长期进行直螺纹连接的专业承包商。该承包商经验丰富，技术过硬，设备齐全，为工程的顺利进行提供了人力、物力保证。

（2）施工过程控制

施工时采用滚轧直螺纹连接，施工前严把检查材料质量关，施工过程中严格检查每道工序质量，钢筋连接接头如图4.3.12所示。

图4.3.12　钢筋连接接头

2. 质量评价

钢筋连接工程开始前及施工工程中，应对每批进场钢筋进行接头工艺检验，每种规格钢筋的接头试件取3根进行抗拉试验，均达到合格标准。

3. 效益总结

与传统做法相比，新连接技术工艺简单、操作容易；设备投资少，接头连接强度高，具体如下：

（1）技术效益

接头强度高，质量稳定，方便施工，结构安全。

（2）经济效益

由于工艺简单、操作容易，施工效率提高后，工人劳动强度降低，人工工日可减少2～3倍。和普通焊接相比，节约钢材12.5 t，节约经费10万元。

（3）社会效益

直螺纹钢筋连接技术无噪声、油污、烟尘和弧光污染。改善了施工环境，减少了污染，保护了工人的身体健康，促进了文明施工，极大地提高了施工现场的文明整洁程度。该技术的应用有利于提高企业的整体施工素质，以优质工程获得社会信誉，增强企业在市场中的竞争能力。

参考文献

[1] 本书编委会.建筑业十项新技术应用指南[M].北京:中国建筑工业出版社,2005.

[2] 李美云.HRB400级钢筋混凝土构件受力性能的试验研究[D].郑州:郑州大学,2003.

[3] 毛达岭.HRB500钢筋粘结锚固性能试验研究[D].郑州:郑州大学,2004.

[4] GB 1499—1998,钢筋混凝土用热轧带肋钢筋[S].

[5] 王希伟,等.高强钢筋与高强混凝土的匹配问题[J].基建优化,2006年第27卷第四期,101-104.

[6] 柯宇.高强钢筋应用中的裂缝控制[J].广东建材,2006年第5期,50-52.

[7] 林晨,等.400 MPa和500 MPa钢筋疲劳强度规范的研究[J].青岛理工大学学报,Vol.28 No.4,2007.

[8] 欧阳煜,赖校君.高强钢筋高强混凝土粘结性能的试验与分析[J].工业建筑,2007年第37卷第5期,79-81.

[9] Alavi-Fard M,Marzouk H.Bond of High-Strength Concrete Under Monotonic Pull- Out Loading. Magazine of Concrete Research,2004,56(9):545-557.

[10] 邹定强,等.高强钢筋机械连接接头变形性能的试验研究[J].实验室研究与探索,2007年11月第26卷第11期,236-237.

[11] 裴智,王友权. HRB500钢筋的研究开发与应用[J].建筑结构, 2003(8).

[12] 李义长,蒲华林,康斌.混凝土用焊接钢筋网的工艺研究[J].四川冶金,2005年4月第27卷第2期,7-9.

[13] lconhard Bermold et al. GAIN THEROUG welded wire Fabric reinforce. Journal of Construction Engineering and Management, 1992,118(2): 244-257.

[14] 李志华,张广义.焊接钢筋网应用研究综述[J].山东建筑工程学院学报,2005年12月第20卷第5期,81-84.

[15] 钢筋焊接网混凝土结构技术规程(JGJ 114-2003).

[16] 张晋,许清,等.焊接钢筋网研究应用的新进展[J].工业建筑,2001年第31卷第7期, 42-44.

[17] 梁爱玉.冷轧带肋钢筋及焊接钢筋网的发展前景[J].轧钢,2001年4月第18卷第2期,33-34.

[18] 王国良.钢筋混凝土焊接钢筋网的开发与运用[J].金属制品,2006 年 2 月第 28 卷第 3 期,18–20.
[19] 焊接及验收规程[M](JGJ 18–2003).
[20] 马全安,朱立军.带肋钢筋套筒挤压连接技术应用[J].山东建材,2001 年 4 月:41–42.
[21] 带肋钢筋套筒连接技术规程[M](JGJ 108–96).
[22] 殷友根.粗钢筋连接技术比较研究[J].山西建筑,2007 年 9 月第 33 卷第 27 期:19–20.
[23] 李建平,杨涛.粗钢筋连接技术在工程中的应用[J].应用技术,47–49.
[24] 何云文,梁建昌.钢筋剥肋滚轧直螺纹连接技术的应用[J].技术讲座,18–19.

第五章　新型模板及脚手架应用技术

新型模板及脚手架应用技术中，新型模板技术主要介绍清水混凝土模板技术、早拆模板成套技术。新型脚手架应用技术主要介绍爬升脚手架应用技术、外挂式脚手架和悬挑式脚手架应用技术等两类四项新技术。

第一节　早拆模板成套技术

一、概述

（一）基本原理

早拆模板技术是现浇楼板、梁模板施工的先进施工工艺。早拆模板技术指在楼板模板支撑体系中设置早拆装置，楼板模板浇筑 3～4 天后，当构件混凝土强度达到设计强度的 50% 以上，混凝土达到早拆强度时，早拆装置升降托架降下，提前拆除横楞和模板。支撑系统实施两次拆除，第一次拆除部分支撑，形成间距不大于 2 m 的楼板支撑局面，所保留的支撑待混凝土构件达到 GB 50204—2002《混凝土结构工程施工质量验收规范》拆模条件时再进行第二次拆除的模板施工技术。

早拆装置由支撑顶板、升降托架等组成，安装在顺向支撑上。支撑顶板直接支撑楼板底部，升降托架支撑主龙骨，调节升降托架高度，可将龙骨及模板降下，达到早拆模板而保留竖向支撑的装置。

（二）早拆模板的技术特点

（1）结构合理，施工安全可靠

早拆模板采用碗扣式支架、模块式支架和钢支柱等为支撑，其杆件构造及节点连接方式规范，减少了搭设时的随意性，避免出现不稳定状态，并能确保上下层支撑杆件受力传递准确，形成了可靠的刚度和强度，确保施工安全。使用早拆柱头在拆除模板时，还能两次控制模板和横梁的降落高度，从而避免拆模时发生整体坍落的现象，确保施工过程中的安全，并可延长模板的使用寿命。

（2）构造简便，提高装拆工效

早拆模板体系的构造简单，操作灵活方便，施工工艺容易掌握，装拆速度快，与传统装拆施工工艺（扣件式脚手架）相比，一般可提高施工工效 1～2 倍，并可加快施工进度，缩短施工工期。

（3）操作简单，降低劳动强度

早拆模板体系操作简单，使用方便，对工人技术素质要求不高，工人只需带一个钢卷尺和一把榔头即可完成全部作业。由于部件的规格小、重量轻，模板和支撑用量少，倒运量小,因此降低了工人劳动强度。

(4) 减少模板体系用量,降低施工费用

施工企业在现有模板和支撑的条件下，只需购置早拆柱头，再配置一层模板和1.6 ~ 1.7 层支撑,与传统支撑体系至少配置三层支撑、三层模板相比,不仅降低模板和支撑费用,而且可以减少人工费。模板和支撑的运输费、丢失及损坏赔偿费、维修费等也可相应减少,经济效益显著。

(5) 利于现场管理

早拆模板体系在施工过程中,避免了周转材料的中间堆放环节,模板支撑整齐、规范,施工人员通行方便,有利于文明施工和现场管理。

二、主要技术内容

(一) 早拆模板及支撑设计技术

(1) 早拆模板可以采用竹(木)胶合板模板、钢框胶合板模板、组合钢模板和塑料模板等。

(2) 支撑系统由早拆柱头、支柱、主梁、可调千斤顶等组成。

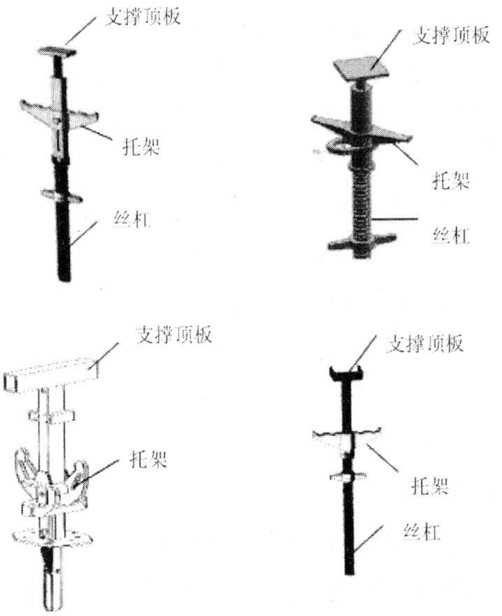

图 5.1.1　早拆装置示意图

(3) 早拆柱头有螺杆式升降头、滑动式升降头和螺杆与滑动相结合的升降头三种形式,宜推广使用螺杆与滑动相结合的升降头。早拆装置承受竖向荷载力的最低设计值不小于 25 kN。早拆模板支撑采用的调节丝杆直径不小于 36 mm,丝杆插入钢管的长度不应小于丝杆长度的 1/3。丝杆与钢管插接配合偏差应保证支撑顶板的水平位移不大于 5 mm。

(4) 支柱可以采用门式支架、碗扣式支架、钢支柱及扣件式支架等,宜推广使用钢支柱和门式、碗扣式支架。

(5) 早拆模板的设计与施工,必须保证第一次拆除模板支架后,支撑体系与结构荷载传递的转换可靠。模板早拆必须保证竖向保留支撑始终处于承受荷载状态，模板第一次拆除过程中，严禁扰动保留部分的支撑原状，严禁拆除设计保留的支撑，严禁竖向支撑随模板拆除后再进行二次支顶。

（二）早拆模板施工技术

（1）早拆模板应根据施工图纸及施工组织设计，结合现场施工条件进行设计。模板及其支撑设计计算必须保证足够的强度、刚度和稳定性，满足施工过程中承受浇筑混凝土的自重荷载和施工荷载，确保安全。

（2）依据楼板厚度、最大施工荷载，采用的模板早拆体系类型，进行受力分析，设计竖向支撑间距控制值。依据开间尺寸进行早拆装置的布置。计算出所需的模板和支撑的规格与数量。

（3）早拆模板设计应明确标注第一次拆除模架时保留的支撑。早拆模板设计应保证上下层支撑位置对应准确。根据楼层的净空高度，按照支撑杆件的规格，确定竖向支撑组合，根据竖向支撑结构受力分析确定横杆步距。确定需保留的横杆，保证支撑架体的空间稳定性。第一次拆除模架后保留的竖向支撑间距应不大于 2 m。并制定确保质量和安全施工等有关措施。

（4）根据上述确定的控制数据（立杆最大间距及早拆装置的型号、横杆步距等），绘制早拆模板支撑体系施工方案图，明确模板的平面布置及材料用量统计。

（5）采取“小流水段”施工方法，提高模板使用效果。根据早拆模板施工方案图及流水段的划分，对材料用量进行分析计算，明确周转材料的动态用量，并确定最大控制用量，保证周转材料的及时供应及退场。

（6）进行上层楼板模架设计时，常温施工在施工层下应保留不少于两层支撑，特殊情况可经计算确定。早拆模板冬期施工楼板支撑至少应保留三层，水平悬挑构件冬期施工支撑立杆应保留五层。承担最下层立杆的楼板，抗压强度应达到设计强度。

三、主要技术指标

（1）早拆模板成套技术可以大量节省模板一次投入量，节省模板配置用量 1/3 ~ 1/2，节省支撑用料 60%。

（2）可以缩短施工工期，加快施工速度，提高工效 2 倍，加快模板周转速度 2 ~ 3 倍。

（3）可以延长模板使用寿命，减少人工费用 40%左右，减少模板材料现场运输费用 2/3。

四、适用的工程范围

早拆模板技术可适用于各种类型的公共建筑，住宅建筑的楼板和梁，剪力墙结构，框架剪力墙结构，框架结构建筑的楼板和梁，以及桥、涵等市政工程的结构顶板模板的施工。

五、早拆模板的施工

(一) 模板的支搭

(1) 工艺流程

按照早拆模板备齐所需构配件→弹控制线→确定端角支撑位置并与相邻的支撑搭设,形成稳定结构→展开搭设→整体支撑搭设完毕→安装早拆装置,调到工作状态(支撑顶板调整到位)→铺设主龙骨、次龙骨→安装模板→模板及支撑体系预检。

(2) 技术要点

在顶板模板安装前检查各早拆部位,保留部位的构配件是否符合要求。模板安装前,支撑位置要准确,支撑搭设要方正,构配件联结牢固。架体根部纵横向水平杆距地不大于 300 mm。上下层支撑位置对应准确,支撑底部铺设垫板,保证荷载均匀传递。主次龙骨交错放置,一端与墙体顶实,另一端留出拆模空隙。

早拆装置处于工作状态时,竖向支撑应处于垂直受力状态。铺设模板前,利用早拆装置的丝杆将主、次龙骨及支撑顶板调整到设计标高,早拆装置的支撑顶板与现浇结构混凝土模板支顶到位,目测不可有空隙,确保早拆装置受力的二次转换,保证拆模后楼板平整。

模板铺设按施工方案进行,位置准确,确保模板能够实现早拆。

(二) 模架的拆除

工艺流程:满足拆模条件→降下升降托架→拆除主、次龙骨→拆除模板→按照设计拆除部分支撑→按照设计要求保留必要支撑。

现浇钢筋混凝土楼板第一次拆模强度由同条件养护试块试压强度确定,拆模时试块强度不得低于 10 MPa。

常温施工现浇钢筋混凝土楼板第一次拆模时间不宜早于混凝土初凝后 3 d。

在施工层无过量施工荷载时,方可进行下层第一次模架拆除。

第二节 清水混凝土模板技术

一、概述

(一) 清水混凝土的定义

清水混凝土是指成型后的混凝土表面不作任何装饰,以混凝土自然表面为饰面或表面直接作涂料等饰面的混凝土。清水混凝土模板技术是指模板设计和应用能确保混凝土表面质量、外观效果达到清水混凝土的质量要求。

(二) 清水混凝土的分类

清水混凝土根据混凝土表面的装饰效果和施工质量验收标准分为普通清水混凝土,饰面清水混凝土,装饰清水混凝土三类。

1. 普通清水混凝土工程

普通清水混凝土工程指混凝土硬化干燥后表面的颜色、平整度及光洁度能满足建筑设计要求或高于国家验收规范,对拉螺栓孔眼、明缝、蝉缝不作明确要求的建筑物或构筑物。

2. 饰面清水混凝土工程

饰面清水混凝土工程指混凝土本身的自然质感和有规律的对拉螺栓孔眼、明缝、蝉缝组合形成自然状态作为饰面效果，能满足建筑师的设计要求或国家验收规范的混凝土工程。根据饰面清水混凝土的效果和质量要求分为低要求的饰面清水混凝土，一般要求的饰面清水混凝土，高要求的饰面清水混凝土三类。

3. 装饰清水混凝土工程

装饰清水混凝土工程指利用混凝土的拓印特性在混凝土表面形成装饰图案或预留预埋装饰物，能满足建筑师的建筑设计要求的清水混凝土工程。根据装饰清水混凝土的效果和质量要求分为低要求的装饰清水混凝土，一般要求的装饰清水混凝土，高要求的装饰清水混凝土三类。

（三）清水混凝土的特点

（1）清水混凝土淳朴的自然美备受人们的喜爱，它独有的厚重与清雅是其他现代建筑材料无法仿效和媲美的。清水混凝土建筑是实现高效率利用资源并最低限度地影响环境的生态建筑。

（2）清水混凝土比普通混凝土在表面质量方面要求高，它的最终效果取决于模板设计、加工、安装、节点细部处理、钢筋绑扎、混凝土配制、浇筑、振捣、养护等多种因素，在成品保护、施工管理等方面也有较高的要求。

（四）清水混凝土表面类型和做法要求

清水混凝土表面类型和做法如表 5.2.1 所示。

表 5.2.1　清水混凝土表面类型和做法要求

代号	清水混凝土类型	清水混凝土表面做法要求	混凝土表面质量相当于抹灰等级	备注
Q1	普通清水混凝土	以混凝土表面自然质感为饰面	普通抹灰	
Q2	饰面清水混凝土	以混凝土表面自然质感为饰面	高级抹灰	蝉缝、明缝清晰，孔眼整齐
		混凝土表面上直接作保护透明涂料	高级抹灰	孔眼按需设置
		将混凝土表面砂磨平整为饰面	高级抹灰	蝉缝、明缝、孔眼按需设置
Q3	装饰清水混凝土	混凝土本身质量质感以及表面形成装饰图案或预留预埋装饰物	高级抹灰	蝉缝、明缝、孔眼按需设置

（五）清水混凝土模板

清水混凝土模板指能保证达到清水混凝土质量要求和外观效果的模板。可选择多种材质制作，以达到清水混凝土的饰面特征，模板分块、面板分割和穿墙螺栓孔眼排列规律整齐，几何尺寸准确，拼缝严密的要求。

（六）清水混凝土的术语

1. 蝉缝

利用有规则的模板拼缝或面板拼缝在混凝土表面上留下的隐约可见、犹如蝉衣一样的印迹。设计整齐匀称的蝉缝是混凝土表面的装饰效果之一。当建筑施工图中有明确的尺寸时，可按此施工图进行配模设计与施工，当没有图示要求时，则按配模设计进行施工，配模设计时考虑设缝合理、均匀对称、长宽比例协调的原则，确定模板分块、面板分割尺寸。

2. 明缝

明缝是凹入混凝土表面的分格线或装饰线，是清水混凝土重要的装饰效果之一。明缝位置也可作为模板上下连接和分段、分块连接的施工缝，可设在模板周边，也可设在面板中间。

3. 对拉螺栓孔眼

清水混凝土工程精心设计编排，精心施工的用于混凝土表面起装饰作用的孔眼。它形成于模板工程中受力构件对拉螺栓，是清水混凝土的重要表现手法之一。

4. 堵头

用于固定模板，安装在模板内侧，对拉螺杆两边的配件，为了拆模后，在混凝土表面形成统一的孔洞作为混凝土表面的装饰效果。它可以为尼龙、塑料、金属物。

5. 假眼

为了统一对拉螺栓孔设计效果，在模板工程中，没有设置对拉螺杆位置设置堵头，拆模后与对拉螺杆位置相一致的孔眼。其外观尺寸要求与其他对拉螺栓孔眼一致。

6. 装饰片

镶嵌在混凝土表面的装饰物，它可为金属、塑料等。

7. 装饰纹案

指在混凝土表面留置的凸出或凹进混凝土墙面的、有一定造型的不做其他装饰的混凝土图案。

二、主要技术内容

（一）清水混凝上模板设计与制作技术

1. 清水混凝土模板体系的选型

清水混凝土模板体系的选型如表 5.2.2，表 5.2.3 所示。

表 5.2.2　普通清水混凝土模板体系选型

序号	面板类型	模板名称	模板构造
1	竹胶板或木多层	木模板	面板为竹或木胶合板或厚木板，以方木作肋骨架，与面板采用螺钉或钢钉连接的模板
2	板或木面板	钢框或铝框胶合板模板	面板为竹或木胶合板，边框和肋以特制空腹或实腹钢（铝）型材作边框和肋骨架，与面板采用螺钉或抽芯铆钉连接的模板。有面板包边和不包边两种形式
3	竹胶板或木多层	全钢大模板	以型钢为骨架，5～6 mm 厚钢板为面板，焊接而成
4	板	铝模板	面板和边框、肋骨架都为合金铝
5	钢板	玻璃钢模板	面板和边框、肋骨架均采用玻璃钢制作
6	铝板	塑料模板	面板和边框、肋骨架均采用塑料制作

表 5.2.3 饰面清水混凝土模板体系选型

序号	饰面清水混凝土等级	面板类型	模板名称	模板构造
1	低要求	木胶合板	木模板或型材框架胶合板模板	面板为木胶合板，以方木作肋骨架，与面板采用螺钉或钢钉连接的模板，或边框和肋以特制空腹或实腹型材作边框和肋骨架，与面板采用螺钉或抽芯铆钉连接的模板
2		钢板	全钢大模板	以型钢为骨架，5～6 mm 厚钢板为面板，焊接而成
3	一般要求	木胶合板	型材框架胶合板模板	面板为木胶合板，边框和肋以特制空腹或实腹型材（如钢或铝）作边框和肋骨架，与面板采用螺钉或抽芯铆钉连接的模板。有面板包边和不包边两种形式
4		钢板	全钢大模板	以型钢为骨架，5～6 mm 厚钢板为面板，焊接而成
5		铝板	铝模板	面板和边框、肋骨架都为合金铝的模板
6		玻璃纤维	玻璃钢模板	面板和边框、肋骨架均采用玻璃钢制作的模板
7		塑料	塑料模板	面板和边框、肋骨架均采用塑料制作的模板
8	高要求	较好木胶合板	型材框架胶合板模板	面板为木胶合板，边框和肋以特制空腹或实腹型材（如钢或铝）作边框和肋骨架，与面板采用螺钉或抽芯铆钉连接的模板。模板间的连接宜采用具有三维受力要求的模板连接件，有面板包边和不包边两种形式
9		玻璃纤维	玻璃钢模板	面板和边框、肋骨架均采用玻璃钢制作的模板，模板间的连接宜采用具有三维受力要求的模板连接件
10		塑料	塑料模板	面板和边框、肋骨架均采用塑料制作的模板，模板间的连接宜采用具有三维受力要求的模板连接件

2. 模板面板

清水混凝土模板面板的质地应能满足不同等级清水混凝土表面的一致性要求，满足重复使用的要求，并满足使用中面板材料强度与刚度的要求。

模板面板可采用胶合板、钢、玻璃钢、铝等，要确保所选择的材料满足所需要的混凝土表面纹理要求。对于钢质材料，要按照钢材的防锈要求进行处理。

3. 模板的结构框架

支撑模板面板的木制、钢制或铝制等模板结构框架材料应具有足够的强度、刚度及平整度，以满足使用效果的要求。

4. 模板支撑

清水混凝土模板的支撑应符合现行行业标准《建筑工程大模板技术规程》（JGJ 74—2003）相关规定，并应有材料报告，出厂合格证明及产品标志。

5. 连接固定件

清水混凝土模板间的连接宜采用具有三维受力性能的模板连接固定件，如模板夹具等。以保证模板间的连接和防止模板错台，确保模板平整度等要求。

6. 穿墙螺栓

穿墙螺栓应能够紧固模板同时不会损伤混凝土表面。穿墙螺栓应具有足够的强度，穿墙螺栓孔眼应封闭严密。如果建筑设计对混凝土表面有纹理要求，则应对其适用性、形式、漏浆情况以及美学特性仔细评估。

7. 套管及套管堵头

根据穿墙螺栓的直径选用螺栓套管，套管内径一般为 22 mm 或 26 mm，应选用 PVC 材料制作的螺栓套管，堵头安装于螺栓套管两端头，用于模板定位和形成饰面清水混凝土的装饰孔，内径一般为 18 mm 或 22 mm，宜选用尼龙等材料制作。

8. 装饰材料

为特殊表现在清水混凝土表面的明缝、装饰圆孔、十字孔等效果，而制作的装饰条、装饰孔等附着在模板表面的材料；宜选用塑料或 PVC 材料制作。

9. 模板衬垫

模板衬垫是贴于模板的内表面，用来改变或提高混凝土表面观感的材料。它可以采用木、硬塑料、人造橡胶或玻璃钢等材料，塑料制品应特别关注在使用过程中温度变化对材料的影响。

10. 混凝土保护层定位器

混凝土保护层定位器须采用塑料、橡胶或其他非腐蚀性材料，对于清水混凝土尤其重要。以保证钢筋具有足够的混凝土保护层，从而防止钢筋的锈蚀。其数量和放置位置应根据现场条件确定以保证足够的保护层厚度。

（二）清水混凝土模板施工技术

（1）清水混凝土模板施工必须编制模板施工方案和操作工艺。

（2）墙体模板应组拼成大模板，整体吊装施工。柱梁模板也可采用整体预制安装，整体脱模和整体转移的“三整体”组拼方式。

（3）采取“小流水段”施工工艺，缩小施工工作面，减少模板配置量，达到加快施工速度、缩短工期、减少施工费用的目的。

（4）选择脱模剂应利于脱模，外观效果满足清水混凝土质量要求。

三、主要技术指标

清水混凝土模板的制作允许偏差与检验方法如表 5.2.4 所示。结构允许偏差如表 5.2.5 所示。外观质量验收如表 5.2.6 所示。

表 5.2.4　清水混凝土模板的制作允许偏差与检验方法表

项次	项目	允许偏差 / mm	检验方法
1	模板高度	± 3	卷尺量检查
2	模板长度	–2	卷尺量检查
3	模板板面对角线	≤3	塞尺量检查
4	板面平整度	2	2 m 靠尺及塞尺量检查
5	相邻面板拼缝高低差	≤1	平尺及塞尺量检查
6	相邻面板拼缝间隙	≤1	塞尺量检查

表 5.2.5　结构允许偏差表

项次	项目		允许偏差 / mm			检验方法
			普通清水混凝土	饰面清水混凝土	装饰清水混凝土	
1	轴线位移	柱、墙、梁	5	5	5	吊线和尺量检查
2	截面尺寸	柱、墙、梁	5	5	5	吊线和尺量检查
3	垂直度	层高	±5	±5	±5	用经纬仪、吊线和尺量检查
		全高	H / 1 000 且不大于 30	H / 1 000 且不大于 30	H / 1 000 且不大于 30	
4	表面平整度		4	3	3	2 m 靠尺、楔形塞尺检查
5	角线顺直		4	3	3	拉线、尺量检查
6	预留洞口中心线偏移		10	10	10	拉线、尺量检查
7	标高	层高	±5	±5	±5	用水准仪和尺量检查
		全高	±30	±30	±30	
8	阴阳角	方正	3	2	2	用经纬仪或吊线和尺量检查
		顺直	4	3	3	
9	阳台、飘窗、雨棚位置		±5	±3	±3	拉 5 m 线，不足 5 m 拉通线，钢尺检查
10	分隔线条直线度		4	3	3	拉线、尺量检查
11	蝉缝错台		3	2	2	尺量检查
12	蝉缝交圈		10	5	5	拉 5 m 线，不足 5 m 拉通线，钢尺检查
13	楼梯踏步高度、宽度		±3	±3	±3	尺量检查
14	保护层厚度		±3	±3	±3	吊线和尺量检查

表 5.2.6　清水混凝土外观质量验收表

项次	检查项目	普通清水混凝土	饰面清水混凝土	装饰清水混凝土	检查方法
1	颜色	颜色基本一致	颜色基本均匀，没有明显色差	颜色基本均匀一致，没有明显色差	距离墙面 5 m 观察
2	修补	少量修补痕迹	基本无修补	基本无修补，图案及装饰片整齐无缺陷	距离墙面 5 m 观察
3	气泡	气泡分散	最大直径不大于 8 mm，深度不大于 2 mm，每平方米不大于 20 mm^2	最大直径不大于 8 mm，深度不大于 2 mm，每平方米不大于 20 mm^2	距离墙面 5 m 观察，尺量
4	裂缝	宽度小于 0.2 mm 且长度不大于 1 000 mm	宽度小于 0.2 mm 且长度不大于 1 000 mm	宽度小于 0.2 mm 且长度不大于 1 000 mm	尺量、刻度放大镜

续 表

项次	检查项目	普通清水混凝土	饰面清水混凝土	装饰清水混凝土	检查方法
5	光洁度	无明显的漏浆、流淌及冲刷痕迹	无漏浆、流淌及冲刷痕迹，无油漆、墨迹及锈斑，无粉化物	无漏浆、流淌及冲刷痕迹，无油漆、墨迹及锈斑，无粉化物	观察
6	对拉螺栓孔眼	—	排列整齐，孔洞封堵密实，颜色同墙面基本一致，凹孔棱角清晰圆滑	排列整齐，孔洞封堵密实，颜色同墙面基本一致，凹孔棱角清晰圆滑	观察、尺量
7	明缝	—	位置规律、整齐，深度一致，水平交圈	位置规律、整齐，深度一致，水平交圈，图案及装饰片均匀一致	观察、尺量
8	蝉缝	—	横平竖直，均匀一致，水平交圈，竖向成线	横平竖直，均匀一致，水平交圈，竖向成线，图案及装饰片均匀一致	观察、尺量

四、适用的工程范围

清水混凝土施工技术主要使用于各种类型的高级公共建筑、住宅建筑、工程构筑物、铁路工程的桥头建筑和市政道路、桥梁工程等。

五、主要施工方法

（一）清水混凝土工程施工准备

1. 技术准备

根据设计要求，合同约定以及施工规范要求，通过建筑师界定或由样板墙确定清水混凝土的质量验收标准。

进行图纸会审，深化图纸设计，确保施工期间不进行较大变更。

综合结构、建筑、设备、电气、水暖等图纸，进行全面深化设计，考虑装修预埋件以及设备管线的预留预埋，避免专业施工和装修的剔凿。

与建设、监理、设计单位就钢筋保护层、影响对拉螺杆和混凝土浇筑的钢筋间距、构造部位配筋等进行协商，既要满足施工需要，又要满足结构耐久性的要求。

同设计单位针对层间施工缝与装饰缝的一致性，楼梯间、梁、后浇带等可能对清水混凝土效果产生影响的部位进行协商，并进行详细的交底，既满足施工要求，又满足清水混凝土饰面效果要求。

针对各专业分包对清水混凝土工程的影响，在相应分包合同中提出专项技术要求，并进行详细的施工技术交底。

编制清水混凝土施工方案，制定钢筋、模板、混凝土专项施工措施、季节性施工措施、成品保护措施以及安全操作措施等。

对建筑物各部位的结构尺寸进行仔细核查，根据设计师的设计意图及清水混凝土的饰面效果进行模板深化设计，并在施工前应得到设计师批准。

熟悉建筑及结构施工图，按照设计要求，确定清水混凝土表面类型及其施工范围。当设计有明缝、蝉缝或其他装饰图案时，检查各部位的明缝、蝉缝是否交圈，与阳台、窗台、柱、梁及突出线条相交处的处理等。

工程开工前应对现场测量所用的经纬仪、水准仪、钢尺等进行校验，同时也应对加工所用的钢尺进行校验，保证其精度准确一致。

2. 材料准备

（1）混凝土工程

1）材料的关键要求：

① 所用的水泥应有质量证明文件。质量证明文件内容应包括本标准规定的各项技术要求及试验结果。水泥厂在水泥发出之日起 7 d 内寄发的质量证明文书应包括除 28 d 强度以外的各项试验结果。28 d 强度数值，应在水泥发出之日起 32 d 内补报。依据施工进度要求和混凝土浇筑总量，水泥应按照同一生产厂，同一熟料和组分的要求进行存储，存储总量满足 3 个月内的使用要求。

② 骨料的选用应符合下列要求：

a. 粗骨料最大粒径不得大于混凝土结构截面最小尺寸的 1/4，并不得大于钢筋最小净间距的 3/4。

b. 混凝土用的细骨料，对 0.315 mm 筛孔的通过量不应少于 15%，对 0.16 mm 筛孔的通过量不应少于 5%。

c. 泵送混凝土用的骨料还应符合泵车技术条件的要求。

③ 骨料在生产、采集、运输与存储过程中，严禁混入影响混凝土性能的有害物质。

④ 骨料应按照品种、规格分别堆放，不得混杂。在其装卸及存储时，应采取措施，使骨料颗粒级配均匀，保持清洁。堆放场地应平整、排水畅通，宜铺筑混凝土地面，如粉尘污染较严重时，应覆盖。

⑤ 混凝土拌合物的各项质量指标应按下列规定检验：

a. 每车混凝土拌合物均应检验其坍落度；

b. 掺引气型外加剂的混凝土拌合物应检验其含气量；

c. 根据需要应检验混凝土拌合物的水灰比、水泥含量及均匀性。

⑥ 混凝土拌合物的坍落度应均匀，坍落度其允许偏差 ± 20 mm。

⑦ 混凝土拌合物应拌和均匀，颜色一致，不得有离析和泌水现象。

2）技术关键要求:

① 每一工作班正式称量前，应对计量设备进行零点校验。

② 运送混凝土的容器和管道，应不吸水、不漏浆。容器和管道在冬期应有保温措施，夏季最高气温超过 40℃时，应由隔离措施。

③ 混凝土拌合物运至浇筑地点时的温度，最高不宜超过 35℃，最低不宜低于 5℃。

④ 在浇筑混凝土时，应经常观察模板、支架、钢筋、预埋件和预留洞的情况，一旦发现有变形、移位时，应立即停止浇筑，并应在浇筑的混凝土凝结前修整完好。

⑤ 在浇筑与柱、墙连接成整体的梁和板时，应在柱和墙浇筑完毕停歇 1 ~ 1.5 h，使混凝土获得初步沉实后，再继续浇筑，或者采取二次振捣的方法进行。

⑥ 在浇筑混凝土时，应制作供结构拆模、强度合格评定用的标准养护和与结构混凝

土同样条件养护的试件。

⑦ 对于有预留洞、预埋件和钢筋密集的部位，应采取技术措施，确保顺利布料和振捣密实。在浇筑混凝土时，应经常观察，当发现混凝土有不密实等现象时，应立即予以纠正。

⑧ 浇筑完成的混凝土表面，应适时用木抹子抹平，搓毛两遍以上，且最后一遍宜在混凝土收水时完成。

⑨ 应控制混凝土处在有利于硬化及强度增长的温度和湿度环境中。

⑩ 浇筑过程中，应用木槌敲击模板，使原浆面混凝土致密，并防止石子外露。

3）质量关键要求：

① 进场原材料必须按有关标准规定取样检测，并符合有关规定标准要求。

② 生产过程中应测定骨料的含水率，每一工作班不应少于一次，当含水率有显著变化时，应增加测定次数，依据检测结果及时调整用水量和骨料用量。

③ 应采用强制式搅拌机搅拌混凝土。

④ 混凝土搅拌最短时间应符合规范的规定。搅拌混凝土时，原材料应计量准确，上料顺序正确，每一工作班至少应抽查两次。

⑤ 混凝土拌合物的坍落度应在搅拌地点和浇筑地点分别取样检测。所有坍落度应符合设计和施工要求。每一工作班不应少于一次。评定时应以浇筑地点为准。在检测坍落度时，还应观察混凝土拌合物的黏聚性和保水性。

⑥ 混凝土从搅拌站机卸出后到浇筑完毕的延续时间应符合规范规定。

⑦ 混凝土运至浇筑地点，应立即浇筑入模。如混凝土拌合物出现离析或分层现象，应对混凝土拌合物进行二次搅拌。

⑧ 浇筑混凝土应连续进行。如必须间歇时，其间歇时间宜缩短，并应在前层混凝土凝结之前，将次层混凝土浇筑完毕。

混凝土运输、浇筑及间歇的全部时间不得超过混凝土初凝时间，严禁随意设置施工缝。

⑨ 混凝土应振捣成型，根据施工对象及混凝土拌合物性质选择适当的振捣方法，如：用插入式振捣器机械振捣、用竹竿人工辅助振捣、用木槌敲击振捣，并确保振捣时间。

⑩ 混凝土浇筑及静置过程中，应采取措施防止产生裂缝。由于混凝土的沉降及干缩产生的非结构性的表面裂缝，应在混凝土终凝前予以修整。

⑪ 施工现场应根据施工对象、环境、水泥品种、外加剂以及对混凝土性能的要求，提出具体的养护方法，并应严格执行规定的养护制度。

（2）模板工程

见本章清水混凝土模板设计与制作技术相关内容。

（3）钢筋工程

钢筋的加工尺寸（弯心、角度、长度等）偏差符合规范要求。

冷拉钢筋应随拉随使用，避免因钢筋浮锈污染模板，影响清水混凝土效果。

原则上不允许钢筋代换，只能用小直径代替大直径钢筋，且必须经过设计同意。

用合理的连接方式，避免接头处影响保护层厚度。

扎丝无锈，宜选用 20# ~ 22# 扎丝。

（4）涂料工程

清水混凝土表面的保护涂料应具有以下几个方面的要求。

为保持混凝土表面自然的机理及质感，应选用透明涂料。涂料应具有对混凝土保护性修复调整作用，使表面质感及颜色均一，提高混凝土观感效果。

涂料最好选用具有超长耐久性涂料，可以对混凝土进行长时间的有效保护，保护混凝土不受中性化破坏，还可以避免混凝土受到侵害而生产裂缝。

涂料应具有防污染性能，具有突出的憎水性，有效防止污痕，保持清水混凝土表面长久洁净。

涂料具有极好的防水性，防止水分浸入混凝土，从而起到保护混凝土的作用。

表 5.2.7　清水混凝土涂料种类

序号	种类	类 别		备 注
1	涂膜性涂料	热塑型涂料	丙烯树脂涂料	着色透明
		热硬化性合成树脂	聚氨酯树脂涂料	着色透明
		混合型合成树脂	干燥型氟树脂涂料	着色透明
			丙烯硅酮树脂涂料	着色透明
		氟碳树脂涂料	水性氟碳树脂涂料	完全透明、着色透明
			油性氟碳树脂涂料	完全透明、着色透明
2	渗透防水性涂料	非硅酮类	丙烯树脂单体类	着色透明
			丙烯树脂齐聚物类	着色透明
			聚氨酯树脂齐聚物类	着色透明
		硅酮类	硅网类	着色透明
			硅烷化合物类	着色透明
			硅酮类	着色透明

3. 作业条件

混凝土的配合比通过试块试配确定后，在现场按照施工方案做试验墙，通过试验墙对混凝土的配合比以及模板体系、施工工艺等进行验证，积累相关经验进行详细的技能培训和技术交底。

场内外混凝土搅拌、运输设施应充足完备，道路畅通，能保证混凝土连续均匀供应，避免造成施工冷缝。

做好清水混凝土技术交底，使每名施工人员都熟悉操作规程和职责，并严格遵守。

清水混凝土模板排版、模板龙骨、模板细部设计以及对拉螺栓设计已经完成，并得到建筑师认可，模板在现场经过预拼能够满足要求。

已经完成测量放线工作，并且上道工序检查验收合格。

所有物资、机具、人员都已经准备完毕，现场具备清水混凝土施工条件。

工程开工前除对现场测量所用的经纬仪、水准仪、钢尺等进行校验外，对加工所用的钢尺同时进行校验，保证其精度准确一致。

进行测量放线，建立精确的平面控制网和标高控制点，从基础开始逐层对墙线、柱线进行校核调整，在确保轴线通顺垂直、尺寸准确的基础上，投放墙、柱、梁截面边线、模板边线、洞口位置线等，进行水准测量抄平，确保梁板标高、模板标高准确。

4. 样板墙制作

设计要求较低的普通清水混凝土面，例如地下室墙面，或者在主要是工业用途的区域内，可制作清水混凝土样板墙。

设计要求一般的清水混凝土面。例如楼梯间，支撑墙面等，宜制作清水混凝土样板墙。

设计要求高的饰面清水混凝土面。例如地上建筑的立面等，应制作清水混凝土样板墙。

有特别高的设计意义的装饰清水混凝土面。例如具有一定标志性与代表意义的建筑部分，必须制作清水混凝土样板墙。

（二）模板工程

1. 模板设计

（1）设计准备

根据清水混凝土的效果、质量要求及清水混凝土施工的可能性，确定清水混凝土的范围、类别及相应类别中的等级，对特殊点的处理，允许误差，穿墙螺栓的间距和规格，模板面板的优选，模板连接点的设置等进行认真考虑，以便于模板体系的选择与模板的设计。

认真研究清水混凝土效果与实现途径，并与建筑师及时沟通，以保证模板设计能满足清水混凝土建筑效果与施工的要求。

根据清水混凝土的浇筑方式以及外部振捣，重复振捣，缓凝剂的作用，减水剂的作用，混凝土塌落度等情况，确定混凝土的侧压力，以便于模板体系的选择与设计。

对模板的结构形式和模板体系进行选择，设计时应考虑由于模板重复使用可能造成的模板弯曲等因素。

穿墙螺栓孔眼若是建筑效果的一部分，则穿墙螺栓的位置与模板体系应是对称、均匀的布置（见图 5.2.1）。若穿墙螺栓孔眼不是建筑效果的一部分，则穿墙螺栓孔眼应尽可能设置在如装饰性粗糙带下，结构节点或其他比较隐蔽的位置。

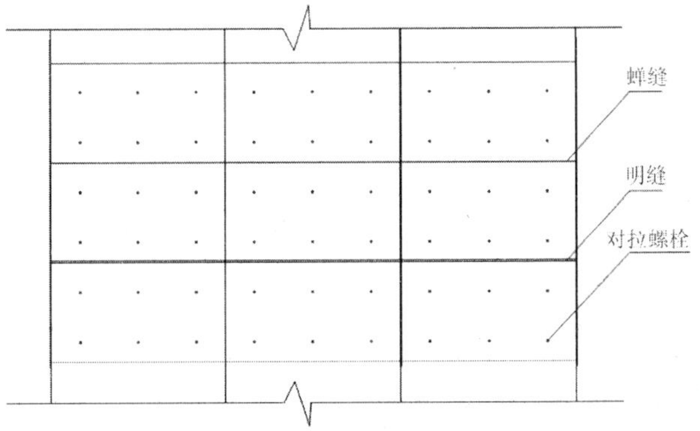

图 5.2.1　穿墙螺栓孔和明缝、蝉缝均匀、对称布置示意图

装饰性清水混凝土工程宜考虑采用外部支撑的办法来取代穿墙螺栓的使用，以有效保证清水混凝土的饰面效果。

清水混凝土的施工缝宜设置在模板的连接处。在施工缝的位置应设置装饰条或装饰带,并将其与模板面板牢固连接。模板的角部应仔细处理以防止漏浆。浇筑部位如存在小于或等于 90° 的锐角墙角,该部位模板宜增加三角倒角条形,使锐角墙角以斜面代替。

(2) 模板设计原则

清水混凝土模板的设计应符合现行标准中的相关规定。

模板设计应根据工程类型,清水混凝土的饰面设计要求,荷载大小,质量要求,施工设备以及施工工艺等进行。

模板设计应依据墙面的长度、高度、门窗洞口的尺寸和模板的配置高度,配置位置,计算确定面板在模板上的分割线位置,必须保证模板分割线位置在模板安装就位后与建筑立面设计的蝉缝、明缝完全吻合。同一楼层的蝉缝、明缝水平方向应交圈,竖向垂直,有一定的规律性、装饰性。

模板设计应根据混凝土侧压力等施工荷载,合理排布模板的横竖背楞,保证模板结构构造合理,强度、刚度满足要求,牢固稳定,拼缝严密,规格尺寸准确,便于组装和支拆。

模板设计时,必须选择合理的分割方案,尽量使用整块模板,以保证模板的尺寸和精度。模板的高度应根据墙体浇筑高度和清水混凝土墙体的分缝效果确定,宜高出浇筑墙体高度 50 mm。

饰面清水混凝土螺栓孔的排布应纵横对称,距门口洞边不小于 150 mm,在满足设计的排布时,螺栓应满足受力要求。装饰清水混凝土应根据装饰效果采用钢板带对拉或采用外部斜撑加固的方式。

当标准层模板用于非标准层,高度不足时,应拼接同标准层模板等宽的接高模板,不得错缝排列。水平拼缝应在同一标高位置处,且应保证清水混凝土饰面效果的整体性。

圆柱模板的两道竖缝应设于轴线位置,竖缝方向群柱一致。

方柱或矩形柱模板一般不设竖缝,当柱宽较大时,其竖缝宜设于柱宽中心位置。

柱模板横缝应从楼面标高至梁柱节点位置作均匀布置,余数宜放在柱顶。

阴角模与大模板面板之间不留调节余量,脱模后的效果同其他蝉缝。确需留置时,需与建筑师协商,对其调节余量部分采用明缝等方式进行处理。

水平结构模板宜采用木胶合板作面板,应按均匀、对称、横平竖直的原则作排列设计,有特殊要求时,应考虑水平缝、水平分格与竖向缝、竖向分格的统一性,对于弧形平面宜沿径向辐射布置。

(3) 模板分块原则

在机械设备起重力矩允许范围内,模板的分块力求定型化、整体化、模数化、通用化,可按大模板工艺进行配模设计。

外墙模板分块以轴线或窗口中线为对称中心线,做到对称、均匀布置。

内墙模板分块以墙中线为对称中心线,做到对称、均匀布置。

外墙模板上下接缝位置宜设于楼层标高位置,当明缝设在楼层标高位置时利用明缝作施工缝。明缝还可设在窗台标高、窗过梁底标高、框架梁底标高、窗间墙边线及其他分格线位置。

(4) 面板分割原则

清水混凝土模板面板分割缝尺寸宜为 1 800 mm × 900 mm、2 400 mm × 1 200 mm、2 440 mm × 1 220 mm,面板宜竖向布置,也可横向布置,或根据建筑师所要求的清水饰面效果进行布置。当整块胶合板排列后尺寸不足时，宜采用大于600 mm宽胶合板补充，设于中心位置或对称位置。当采用整张排列后出现较小余数时，应调整胶合板规格或分割尺寸。

以钢板为面板的模板，其面板分割缝宜竖向布置，一般不设横缝，当钢板需竖向接高时，其模板横缝应在同一高度。同一块大模板上的面板分割缝应做到均匀对称。

以聚氨酯或塑料作装饰清水混凝土模板的内衬模板时，其面板的分割应保证装饰图案的连续与施工的可操作性。

（5）装饰片设计

通过在饰面清水混凝土表面镶嵌铝合金等装饰片，形成一种装饰效果。其大小要与明缝、蝉缝的分块相协调，宜选定几种固定尺寸，安装的位置及方向具有随机性，金属不宜太厚。通过在模板面随机安装的预埋装饰片形状的模板，形成饰面清水混凝土表面的预留安装槽，安装槽的深度及尺寸必须与装饰片相符。

2. 模板制作

（1）模板制作原则

清水混凝土模板制作应符合现行标准《建筑工程大模板技术规程》（JGJ 74—2003）、《组合钢模板技术规范》（GB 50214—2001）中的相关规定。

清水混凝土模板加工制作应严格按照模板设计图和工艺文件加工制作，不得随意更改。

清水混凝土模板的框架、面板、支撑件及其配件都必须有材质单、出厂合格证、质量保证书和试验报告，并符合国家有关标准。

焊接所用焊条的品种、规格、型号应与焊件的材质、规格相适应，并符合相应的国家标准。

模板加工制作，必须控制模板的刚度及拼缝、平整度、截面尺寸等指标。

加工木胶合板模板面板时，模板面板应突出边框1～2 mm。

模板零、构件下料的尺寸应准确，料口应平整；面板、肋、背楞等部件组拼组焊前应调平、调直。木龙骨要求有足够的刚度，以保证模板的整体刚度。模板龙骨尽量不用接头，如确需连接，接头部位必须错开。

模板组拼组焊应在专用工装胎具和操作平台上进行，并采用合理的焊接、组装顺序和方法。

组拼组焊后的模板变形应在专用平台上校正，该平台应有足够的强度、刚度，并配有调平装置。

清水混凝土模板制作成大模板时，应该设置模板吊环，采用钢吊环、操作平台梁挂钩等构件时，应采用热加工形式并利用工装成型。

木模板加工要按细木工活的工艺标准进行，材料裁口应弹线后切割，尺寸准确，角度到位。横向切割时，若面积较小可从中间向两边分，若面积较大也可从一边向另一边分，竖向分割时，一般从下向上分割，但要注意面与面结合处分割线吻合。

模板面板应仔细地安装在后部框架体系上，模板面板的面层表面应保持干净整齐。如没有特殊设计要求，模板面板的接缝应做到横平竖直，交错排列。面板的接缝处应设置装饰带或其他特征节点，隐藏和减少混凝土表面的接缝。

面板的钉装应用锤子等工具仔细操作，钉子头应被很好地处理并防止在浇筑的混凝土表面留下印痕。对于较高设计要求的建筑，模板面板宜使用背部上钉或使用纹钉，保证面板表面干净整齐。在任何情况下，模板面板连接处的背后都设有支托。

防锈漆、封边漆应涂刷均匀，标识明确，构件活动部位应涂油润滑。

为了保证模板的组合效果，使用前应对模板进行预拼，对模板表面平整度、截面尺寸、阴阳角、相邻板面高低差以及对拉螺栓组合安装情况进行校核，以保证模板质量，并根据预拼情况在模板背面编号，以便安装需要。

（2）模板制作细部处理

1）胶合板模板阴阳角：

① 角模棱角边的连接方式有两种：一种是角模棱角处面板平口连接，其中外露端刨光并涂上防水涂料，连接端刨平并涂防水胶粘结。另外一种角模棱角处面板的两个边端都为略小 45° 的斜口连接，斜口处涂防水胶粘结。

② 当选用轻型钢木模时，阴角模宜设计为柔性角模。

③ 胶合板模板在阴角部位也可不设阴角模，在棱角处由两面面板直接拼接。

④ 在阳角部分不设阳角模，采取一边平模包住另一边平模厚度的做法，连接处加海绵条防止漏浆。

2）蝉缝的处理：

① 胶合板面板竖缝设在竖肋位置，面板边口刨平后，先固定一块，在接缝处涂透明胶，后一块紧贴前一块连接。

② 胶合板面板水平缝拼缝宽度不大于 1.5 mm，位置一般无横肋，（木框模板可加短木方）为防止面板拼缝位置漏浆，模板接缝处背面切 85° 坡口，并注满胶，然后用密封条沿缝贴好，再用木条压实，钉子钉牢，贴上胶带纸封严。

③ 钢框胶合板模板可在制作钢骨架时，在胶合板水平缝位置增加横向扁钢，面板边口之间及面板与扁钢之间涂胶粘结。

④ 全钢大模板在面板水平缝位置，加焊扁钢，并在扁钢与面板的缝隙处刮铁腻子，待铁腻子干硬后，模板背面再涂漆。

3）钉眼处理：龙骨与面板连接，采用木螺钉从背面固定，保证进入面板一定的有效深度，螺钉间距控制在 150 mm 以内。圆弧清水墙模板，如从反面钉难以保证面板与龙骨的有效连接，面板与龙骨采用沉头螺栓正钉连接，为减少外露印迹，钉头下沉 1 mm，表面刮油腻子，待腻子表面平整后，在钉眼位置喷清漆，以免在混凝土表面留下明显痕迹。

面板采用胶合板的各类模板，连接方法大都采用木螺钉或抽芯拉铆钉，若木螺钉、拉铆钉的沉头在面板正面，为确保面板的平整度和外观质量，沉头宜凹进板面 2 ~ 3 mm，用修理汽车的铁腻子将凹坑刮平，腻子干燥后具有一定硬度，不影响墙面质量，腻子里还可掺入一些深棕色漆，以确保清水混凝土颜色的统一性。

4）装饰片的处理：根据金属片的设计位置在模板上进行放样，在模板上弹上可以清除的线。预埋模板用 3 mm 的多层板进行加工制作，木板侧边必须平整，不得有毛边，边缘采用透明胶带封严密，木板用 1 cm 长的射钉与模板固定。

5）假眼做法：饰面清水混凝土的螺栓孔布置必须按设计的效果图进行，对无法设置对拉螺栓，而又必须有对拉螺栓孔效果的部位，采用设置假眼的方式进行处理，假眼采用同直径的堵头用同直径的螺杆固定。

3. 对拉螺栓的设计与施工

（1）对拉螺栓的设计

1）对拉螺栓设计原则：根据清水混凝土饰面要求、模板体系的特点及螺栓间距选用对拉螺栓，普通清水混凝土和饰面清水混凝土的模板体系可选用通丝型对拉螺栓或三节式对拉螺栓，装饰清水混凝土的模板体系根据饰面特征选用通丝型对拉螺栓或钢带式对拉螺栓。所用对拉螺栓的材料、结构和强度的设计都必须保证清水混凝土工程的施工要求。

2）对拉螺栓的形式：

① 通丝型对拉螺栓由直通丝杆、螺栓套管、套管堵头、垫板和山型螺母组成。垫板和山型螺母可以是一体，也可以分体。

② 三节式对拉螺栓，由三节螺杆、锥形接头、垫板、山型螺母和塑料保护垫组成。垫板和山型螺母同样可以是一体，也可以分体。

③ 钢带式对拉螺栓由强度和刚度比较好的扁钢制成，钢带上有一定规律的方孔，便于模板的定位和钢带的限位。

3）对拉螺栓的排列设计：普通清水混凝土对拉螺栓孔若没要求，则根据模板体系和施工需要设置对拉螺栓，若有要求，则参照饰面清水混凝土对接螺栓孔的方式处理。饰面清水混凝土工程，对于蝉缝、明缝和对拉螺栓孔眼位置有明确规定的，模板设计和对拉螺栓孔位置均以图纸为准。

模板面板规格为 900 mm × 1 800 mm 或 1 200 mm × 2 400 mm 时，孔眼间距一般为 450 mm、600 mm、900 mm，边孔至板边间距一般为 150 mm、225 mm、300 mm，孔眼的密度比其他模板高。对于无孔眼位置要求的工程，其孔距参考大模板和清水混凝土的饰面效果设置，一般为 600 ~ 1 200 mm。

4）假眼的处理：外墙装饰性孔眼排列位置同丁字墙、阴角模等部位相对而不能设对拉螺栓时，可单设锥形接头或堵头作为假眼，用螺栓紧固在面板上，以起到装饰效果。

（2）对拉螺栓的施工

1）通丝型对拉螺栓的施工：通丝型对拉螺栓施工操作方便，墙体厚度好控制。穿墙套筒采用硬质塑料管、PVC 套管或钢管套管，拆模后将拉杆和套管取出可以重复使用。通丝型对拉螺栓尽量配套选择强度大的套管、堵头，以免造成孔眼变形或漏浆，影响墙体平整度。另外为防止漏浆和保护面板，在对拉螺杆的两端加贴 15 mm 海绵条或橡胶垫圈，与塑料堵头黏结，使板面与堵头之间严密，保护板面、使螺杆孔不跑浆。

2）三节式对拉螺栓的施工：三节式对拉螺栓的锥形接头与模板面接触面积较大，中间加海绵垫圈或塑料垫圈以保证不漏浆。三节拉杆和 2 个锥形接头均为定尺，并带限位机构，拧紧即可保证墙体厚度。中间一节拉杆留在混凝土内，两端锥形接头和拉杆拆除后可以周转使用。为防止接头处因封堵不严导致漏浆，要求锥形接头之间尺寸控制准确，锥截面与板面紧贴。

3）在防水要求高和保安要求高的工程中必须采用三节式对拉螺栓。一般工程要求，应尽可能采用直通式对拉螺杆，提高材料周转使用，加快模板安装速度，降低模板工程成本。

4）锥体对拉螺栓刚度较大，而竹木胶板面刚度较小，在锥体螺栓与模板板面接触部位易产生变形，故在锥体对拉螺栓两侧面板上适当加密竖龙骨，其他竖龙骨进行微调，控制龙骨间距不超过设计，从而保证板面平整。

5）为保证门窗洞口模板与墙模接触紧密，在门窗洞口四周宜加密墙体对拉螺栓。从而保证门窗洞口处不漏浆。

6）对拉螺栓孔定位要精确，墙体两侧模板螺栓孔位应对应，模板拉接紧密，以保证对拉螺栓孔眼位置精确，美观无偏移。

7）对拉螺栓安装定位时，不允许焊接。

8）清水混凝土模板拆除后，应在对拉螺栓孔中放入遇水膨胀的防水胶条，孔眼用专用模具制作的砂浆堵头封堵修饰。

9）对拉螺栓孔眼封堵：

① 对拉螺栓采用由2个锥型接头连接的三节式螺栓，中间一节螺栓留在混凝土内，两端的锥形接头拆除后用水泥砂浆封堵，并用专用的封孔模具修饰，使修补的孔眼直径和孔眼深度一致。这种做法有利于外墙防水，但要求锥形接头之间尺寸控制准确，模板与锥形接头连接紧固，防止接头处因封堵不严产生漏浆现象。

② 对拉螺栓采用可周转的通丝型螺栓，在截面范围内对拉螺栓采用塑料套管，两端为套管堵头和胶黏海绵垫。拆模后孔眼封堵砂浆前，应在孔中放入遇水膨胀防水胶条，并用专用模具封堵砂浆修饰。

③ 内墙模板拆除后，螺栓所形成的孔眼采用砂浆封堵平整，不留凹槽作装饰。

（3）对拉螺栓孔的修复

为保持清水混凝土表面的自然质感，在满足清水混凝土饰面效果和规范要求的情况下尽量不要进行修复；确需修复的，采用以下方式进行：

1）螺栓孔修复：在堵孔前对孔眼变形和漏浆严重的螺栓孔眼先进行修复。首先清理孔表面浮渣及松动混凝土，将尼龙堵头放回孔中，用界面剂的稀释液（约50%）调同配比砂浆（砂浆稠度为10～30 mm），用刮刀取砂浆补平尼龙堵头周边混凝土面，并刮平，待砂浆终凝后擦拭混凝土面上砂浆，轻轻取出尼龙堵头，喷水养护2天。

2）螺栓孔封堵：首先清理螺栓孔，并洒水润湿，用特制堵头堵住墙外侧，将颜色稍深的补偿收缩砂浆从墙内侧向孔里灌浆至孔深，用Φ25～30 mm平头钢筋捣实，轻轻旋转出特制堵头并取出，砂浆终凝后喷水养护7天。

4. 模板施工细部处理

清水混凝土模板施工关键是控制模板的垂直度、明缝、蝉缝的交圈、拼缝的严密、阴阳角、装饰图案等细部节点的处理。

（1）明缝与施工缝

施工缝应设置质量较好的明缝条，保证在施工缝处形成一条整齐的直线。

二次支模时，在施工缝处的模板应设置牢固的连接方式，以防止接缝处的漏浆。在模板的接缝处或连接处须使用具有防漏作用的衬垫。如海绵条，防渗胶，止水带，黏合剂等或通过结合使用，保证模板的密封性。装饰清水混凝土模板严禁漏浆。

明缝处主要控制线条的顺直和明缝条处下部与上部墙体错台问题，利用施工缝作为明缝，明缝条采用二次安装的方法进行施工。

外墙模板的支设是利用下层已浇混凝土墙体的最上一排穿墙孔眼，通过螺栓连接槽钢来支撑上层模板。安装墙体模板时，通过螺栓连接，将模板与已浇混凝土墙体贴紧，利用固定于模板板面的装饰条（明缝条），杜绝模板下边沿错台、漏浆，贴紧前将墙面清理干净，以防因墙面与模板面之间夹渣的存在，产生漏浆现象。

对于设计表面留有建筑装饰纹路的清水混凝土，如采用分段施工，施工缝处应设置装饰性粗糙带或使用装饰条形成明缝开口来处理。这是因为分段施工有可能使得表面的纹路不协调，而且施工缝处的密封也可能不很严密。

（2）阳角

阳角处采用两面模板搭接的方式，必须保证拼缝严密，避免造成漏浆，可采用专用模板连接卡具配合模板的型材边框，使受力点直接与模板接触力点对应，并适当增加卡具的数量，另外在模板的拼接处垫海绵条，模板安装就位后在受力点增加附加斜向支撑。

（3）阴角

为避免阴角处模板变形，宜配置阴角模，角模边框宜选用与模板夹具相配合使用的型材；当角模与模板通过具有三维受力性能的模板卡具连接后，能保证阴角部位模板的稳定性，角模不变形，接缝不漏浆。

（4）堵头模板

墙体端部造成漏浆的原因与阳角相似，可采取内嵌堵头模板的方法处理，未采用型材边框的清水混凝土模板，可在模板两端用槽钢将墙两侧模板夹紧，以保证阳角处模板拼缝严密。若采用型材边框的清水混凝土模板，可利于模板卡具将模板夹紧，以保证阳角处模板拼缝严密。

（5）假眼的施工处理

清水混凝土工程中，对于部分墙、梁、柱节点等由于钢筋密集，或者由于相互两个方向的对拉螺栓在同一标高上，无法保证两个方向的螺栓都安装，但为了满足设计需要可采用设置假眼的方式进行处理，假眼采用同直径的堵头用直径螺杆固定。

（6）清洁剂、保护剂和脱模剂

应避免模板的保护剂或脱模剂接触到邻近的施工缝或钢筋，确保不会对混凝土表面造成污染或不会削弱对其他混凝土表面的附加物的连接强度。

模板密封剂的使用须确保不会对模板纹路材料如塑胶内衬，造成不利影响。确保穿墙螺栓不会与混凝土粘连并能从混凝土中容易取出。

模板在周转使用过程中应注意表面清洁和维护，凝固的混凝土灰浆应尽快从模板表面完全清除干净。

（7）图案装饰带和内衬

形成建筑装饰清水混凝土的表面装饰图案的图案装饰带或内衬通常由人造橡胶，木，塑料或石膏等材料制作。装饰带或内衬的边缘应切割成楔形，保证连接可靠。避免模板受力状态下形成微小弯曲，影响而造成装饰带或内衬拼接不严或不连续。装饰带和内衬的拼接缝应连接隐蔽。

装饰带或内衬须被仔细牢固地安装在模板内侧。其边缘部位的图案不宜嵌入太深，以使得其较容易拆除而不破坏混凝土表面。

模板内衬应使用可靠的卡扣或由供应商推荐的胶固定在模板内侧上。内衬的表面应保持清洁便于胶的黏结。如气温低于供应商推荐的温度，不应进行胶粘。

5. 模板安装

模板安装除应符合现行标准《建筑工程大模板技术规程》(JGJ 74—2003)、《组合钢模板技术规范》(GB 50214—2001)、《混凝土结构工程施工质量验收规范》(GB 50204—2002)、《建筑工程施工质量验收统一标准》(GB 50300—2001)中的相关规定外,还应符合以下规定:

(1) 安装准备

1) 清水混凝土模板施工前必须制定合理的施工方案，必须保证工程结构各部分形状、尺寸、明缝、蝉缝、预留和预埋、装饰图案位置的正确,必须进行清水混凝土模板施工技术交底,必须对施工操作班组进行清水混凝土模板使用前的培训。

2) 模板进场后,应根据配板设计要求和技术交底资料,清点模板和配件的型号和数量,核对模板编号。

3) 模板安装前复核基层上的模板内侧和外侧控制线，作好控制标高，作为安装基准。

4) 合模前对模板进行检查，特别是模板面板与龙骨的连接，保证龙骨间距符合要求。对于固定在模板面板内侧上的附件如埋件,装饰线条,装饰块等的安装应确保连接可靠,在模板就位过程中,要以防止对其造成破坏。

5) 检查面板清洁情况,是否涂刷脱模剂,严禁带有污物沾粘在模板上。刷过脱模剂的模板遇雨淋水浇或其他因素失效后必须补刷,以确保清水混凝土光洁表面。

6) 合模前必须通过隐蔽工程验收。

(2) 清水模板吊装

1) 模板最大吊装区的设置必须满足最大单块模板重量小于塔吊起吊重量，确保模板能安全吊装到作业区。

2) 吊装模板时必须有专人指挥,模板起吊应平稳,不得偏斜和大幅度摆动。操作人员必须站在安全可靠处,严禁人员随同模板一同起吊。

3) 吊装大模板必须带卡环吊钩,吊装其他模板必须有相应安全措施。当风力超过5级时应停止吊装作业。

4) 清水模板吊装过程中,必须慢起轻放,严禁碰撞,以免影响清水模板的使用及清水混凝土墙体的效果或造成其他事故的发生。

5) 清水模板入模和出模过程中,都必须采用牵引的办法,并加强模板面板的保护。

(3) 模板拼装

1) 根据预拼编号进行模板安装,保证明缝、蝉缝的垂直度及水平交圈,吊装时注意对钢筋及塑料卡环的保护,注意避免钢筋对模板面的划伤。

2) 套对拉螺栓时,必须调整好位置后轻轻入位,保证每个孔位都加塑料垫圈,避免螺纹损伤穿墙孔眼。模板紧固前,应保证面板对齐,严禁在面板校正前上模板夹具等连接件加固。

3) 拧紧对拉螺栓和模板夹具等连接件时用力要均匀，保证塑料垫圈与模板板面正确接触,避免混凝土浇筑后孔眼发生不规则形变。保证相邻的对拉螺栓和模板夹具等连接件受力大小一致,避免模板产生不均匀变形。

4) 模板水平方向的连接:

① 木梁胶合板模板之间可采取加连接角钢的做法，相互之间加海绵条，用螺拴连接,也可采用背楞加芯带的做法,面板边口刨光,木梁缩进 5 ~ 10 mm,相互之间连接靠芯带、钢楔紧固。

② 以木方作边框的胶合板模板,采用企口方式连接,一块模板的边口缩进 25 mm,另一块模板边口伸出 35 ~ 45 mm,连接后两木方之间留有 10 ~ 20 mm 拆模间隙,模板背面以 $\Phi 48 \times 3.5$ mm 钢管作背楞。

③ 铝梁胶合板模板及钢木胶合板模板,设专用空腹边框型材,同空腹钢框胶合板一样采用模板卡具连接。

④ 实腹钢框胶合板模板及全钢大模板,可采用螺栓连接,也可采用专用连接器或模板夹具进行模板之间的连接。

5）模板上下之间的连接：

① 混凝土浇筑施工缝的留设宜同建筑装饰的明缝相结合，即将施工缝设在明缝的凹槽内。清水混凝土模板接缝设计时,应将明缝装饰条同模板结合在一起。当模板上口的装饰线形成 N 层墙体上口的凹槽,即作为 N+1 层模板下口装饰线的卡座,为防止漏浆,在结合处贴密封条和海绵条。

② 木胶合板面板上的装饰条宜选用铝合金、塑料或硬木制作，宽 20 ~ 30 mm,厚 10 ~ 15 mm,并做成梯形以利脱模。

③ 钢模板面板上的装饰线条用钢板制作,可用螺栓连接也可塞焊连接,宽 30 ~ 60 mm,厚 5 ~ 6 mm,内边口刨成 45°。

④ 清水模板上下连接需要采用螺栓或模板专用连接件(如模板卡具等),用接高背楞加强模板连接处的强度和整体刚度。

6）墙体模板安装时应遵循先内侧、后外侧,先横墙、后纵墙,先角模后墙模的原则。

7）已浇混凝土强度未达到 1.2 N/mm 以前不得踩踏和进行下一道工序作业，以确保清水混凝土表面的平整度。

8）使用外挂架时,墙体混凝土强度必须达到 7.5 N / mm 以上方可安装,以确保混凝土表面无缺陷和保证外挂架的安全使用。

9）模板安装前应在模板侧边贴好海绵条,模板安装就位后,对模板下部的缝隙,可采取堵缝措施,以防止漏浆、错台现象。

10）门窗洞口模周边以及导墙部位均应粘贴海绵条，以确保浇筑混凝土时不漏浆，保持墙面洁净。

11）丁字、拐角洞处的模板必须进行加强处理,能确保清水混凝土墙体的饰面效果。

6. 模板支架

（1）模板的支架系统

模板的支架系统应按施工组织设计布置。不同等级的清水混凝土要求采用不同构造的模板体系及其相适应的支架体系。

（2）模板支撑的选配设计

模板支撑可以有独立支撑、单侧斜支撑、双侧支撑、网架支撑等各种形式。模板支撑的方式和密度应根据工程结构形式、荷载大小、模板结构构造、地基土类别、施工设备和材料供应等条件进行选配设计。

（3）模板支撑的设计计算

模板支撑应具有足够的承载能力、刚度和稳定性，能可靠地承受浇筑混凝土的重量、侧压力以及施工荷载。在模板工程的施工方案中，必须对模板支撑进行严格计算，确保混凝土表面平整度，确保混凝土工程施工安全。

（4）模板安装和浇筑混凝土时，应对支撑的稳定性进行观察和维护。发生异常情况时，应及时进行有效处理。

（5）针对不同结构的支架布置必须有相应的设计计算、安全验算，包括强度、稳定性和变形控制验算。还必须有支撑件的检测报告和支架施工方案。必要时，还应进行单项或整体的荷载试验，确保安全和工程质量。

（6）模板支撑必须牢固、稳定。立柱和斜撑两端支撑点应设在坚固可靠处，并有足够的受压面。支撑两端不得同时垫楔片。

（7）模板严禁与无专门设施的脚手架或爬架连接。

（8）有清水要求的楼板模板支撑体系的立柱布置应上下对齐、纵横一致，并设置剪刀撑和水平撑。

7. 模板拆除

（1）清水模板拆除与堆放应符合现行标准《建筑工程大模板技术规程》（JGJ 74—2003）、《组合钢模板技术规范》（GB 50214—2001）、《混凝土结构工程施工质量验收规范》（GB 50204—2002）、《建筑工程施工质量验收统一标准》（GB 50300—2001）中的相关规定。

（2）清水混凝土需要有比普通混凝土高的拆模强度。宜通过调整混凝土的配合比或延长拆模时间来实现。如果混凝土的强度小于模板与混凝土的黏结力而拆模，会造成混凝土表面的剥落或破碎。因此要得到较高质量的混凝土表面就要让模板保持支模状态较长时间。然而，支模时间越长，混凝土的颜色会越深。因此，模板工程师或建筑师应事先确定一个混凝土拆模强度。

（3）模板拆除时的混凝土结构强度应达到所确定的强度值。当设计无具体要求时，对于墙体模板应保证混凝土表面及棱角不受破坏。对于梁、楼板等底模拆除应符合《混凝土结构工程施工质量验收规程》的有关规定。

（4）模板拆除要严格按照施工方案的拆除顺序进行拆除，并加强对清水混凝土的保护，特别是对拉螺栓孔的保护，否则功亏一篑。

（5）墙体模板拆卸顺序应与安装顺序相反。拆除有支撑架的大模板时，应先拆除模板对拉螺栓及与混凝土结构之间的其他连接件，松动地脚螺栓，使模板后倾与墙体脱离开。拆除无固定支撑架的大模板时，应对模板有挂吊或采取临时固定措施。楼板模板拆卸时，在模板下落部位有安全撑托措施，严禁将模板直接从楼顶板撬砸摔落到地面。

（6）拆模时轻轻将模板撬离墙体，然后整体拆离墙体，严禁直接用撬杠挤压或大锤敲砸，拆下的模板轻轻吊离墙体，不得碰撞墙体，可在模板与墙体间加塞木方，保护清水混凝土墙体的同时，也保护清水模板。起吊前必须确认模板与混凝土结构或其他固定建筑物无任何连接。

（7）拆除的对拉螺栓、连接件及拆模工具必须妥善放置，严禁随意散放在要起吊的模板操作平台上，以免吊装时坠落伤人。

（8）模板拆除后应立即进行清理、修整，并均匀涂刷脱模剂，模板经修整后吊至存放处备用。模板面板使用与维修情况根据清水混凝土的分类和各类等级要求确定。

(9) 清水混凝土宜保持模板拆模时间和混凝土的养护条件及程序的一致。要使混凝土具有一致的外观,宜让模板保持支模状态的时间比普通混凝土的支模时间长。较早地使混凝土暴露在空气中会影响混凝土表面干燥的过程。周围环境的不同变化会造成混凝土最终表面颜色的差异。

(10) 清水模板的存放应符合下列要求:

1) 清水模板现场存放区应在起重机的有效工作范围之内，存放场地必须坚实平整,不得堆放在松土或凹凸不平的场地上。

2) 清水模板存放时，有支撑架的清水模板必须满足自稳角要求或有另外措施确保模板放置平稳。没有支撑架的大模板应存放在专用的插放支架上,不得倚靠在其他物体上,防止模板下脚滑动倾倒。

3) 模板在水平放置在地面时，应采取模板面对面或背靠背放置的方法，模板的底部应离开地面不小于 100 mm。

第三节　附着式升降脚手架技术

一、概述

附着升降脚手架的基本原理就是将专门设计的升降机构固定(附着)在建筑物上，将脚手架同升降机构连接在一起,但可相对运动,通过固定于升降机构上的动力设备将脚手架提升或下降,从而实现脚手架的爬升或下降。首先将脚手架和升降机构分别固定(附着)在建筑结构上,当建筑物已浇筑混凝土的承载力达到一定要求时开始爬升,爬升前先将脚手架悬挂在升降机构上,解开脚手架同建筑物的连接,通过固定在升降机构上的升降动力设备将脚手架提升,提升到位后(一般提升一层),再将脚手架固定在建筑物上，这时可进行上一层结构施工。当该层施工完毕新浇筑混凝土达到爬架要求的强度时,解除升降机构同下层建筑物的固定约束,将其安装在该层爬升所需的位置,再将脚手架悬挂其上准备下次爬升。这样通过脚手架和升降机构的相互支撑和交替附着即可实现爬架的爬升;爬架的下降作业同爬升基本相同,只是每次下降前先将升降机构固定在下一层位置。

附着升降脚手架的出现为高层建筑外脚手架施工提供了更多的选择，同其他类型的脚手架相比,附着升降脚手架具有如下特点:

(1) 节省材料

无论建筑物有多少层仅需搭设 4 ~ 5 倍楼层高度的脚手架,同落地式脚手架相比可节约大量的脚手架材料。

(2) 节省人工

爬架是从地面或者较低的楼层开始一次性组装 4 ~ 5 倍楼层高度的脚手架,然后只需进行升降操作,最后到底拆除,中间不需倒运材料,可节省大量的人工。

(3) 保证工期

由于爬架独立升降,可节省塔吊的吊次,爬架爬升后底部即可进行回填作业,爬架爬升到顶后即可进行下降操作，进行装修，屋面工程和装修工程可同时进行，不必像吊篮要等到屋面强度符合要求以后才能安装进行装修作业。

（4）防护到位

爬架的高度一般为4～5倍楼层高，这一高度刚好覆盖结构施工时支模绑筋和拆模板支承的施工范围，解决了挂架遇到阳台、窗洞和框架结构时拆模拆支撑无防护的问题。

（5）安全可靠

爬架是在低处组装低处拆除，并配备防倾覆防坠落等安全装置，在架体防护内进行升降操作，施工安全可靠，而且避免了挑架反复搭拆可能造成的落物伤人和临空搭设给搭架人员带来的不安全隐患。

（6）管理规范

由于爬架设备化程度比较高，可以按设备进行管理，而且，因其只有4～5倍楼层高，附着支承在固定位置，很规律，便于检查管理，避免了落地式脚手架因检查不到连墙撑可能被拆而带来的安全隐患。

（7）专业操作

因爬架不仅包含脚手架，而且含有机械、电器设备、起重设备等要求操作者必须经专门培训，操作专业化提高了施工效率，保证了施工质量和施工安全。

（8）文明施工

爬架是经专门设计、专业施工，且管理规范，极易满足文明施工的要求。

二、主要技术内容

（一）附着升降脚手架的组成

1. 架体结构

架体结构是附着升降脚手架的主要组成结构，由架体构架、架体竖向主框架和水平梁等三部分组成。架体构架是一般采用普通脚手架杆件搭设的与竖向主框架和水平梁架连接的附着升降脚手架架体结构部分；竖向主框架是用于附着升降脚手架架体、垂直于建筑物外立面、与附着支撑结构连接、主要承受和传递竖向和水平荷载的竖向框架；架体水平梁架是用于构造附着升降脚手架架体、主要承受架体竖向荷载，并将竖向荷载传递至竖向主框架和附着支撑结构的水平结构。

2. 附着支撑结构

附着支撑结构是直接与工程结构连接，承受并传递脚手架荷载的支撑结构，是附着升降脚手架的关键结构，由升降机构及其承力结构、固定架体承力结构、防倾覆装置和防坠落装置组成。其中升降机构是控制架体升降运行的机构，防倾覆装置是防止架体在升降和使用过程中发生倾覆的装置，防坠落装置是架体在升降或使用过程中发生意外坠落时候的制动装置。

3. 升降动力控制设备

升降动力控制设备由升降动力设备及其控制系统组成。其中控制系统包括架体升降的同步性控制、荷载控制和动力设备的电气控制等。

（二）附着升降脚手架的几项关键技术

附着升降脚手架的安全与否、技术是否先进可靠，取决于以下几项关键技术解决的程度：

1. 附着支撑构造技术

附着升降脚手架赖以悬空附着的关键就是附着支撑结构，是承受和传递架体荷载的最根本的支撑结构。升降机构、提升设备、防倾覆、防坠落等装置都是通过附着支撑结构实现其功能。因此，其构造形式、设计性能对附着升降脚手架具有全面影响。

2. 升降机构的设计技术

附着升降脚手架通过升降机构实现升降，因此，升降机构的设计直接关系到附着升降脚手架的操作方便性和安全性，体现了附着升降脚手架的先进水平。

3. 同步性及荷载控制技术

控制附着升降脚手架能够同步升降，并且控制升降的荷载在设计荷载范围以内，是确保架体安全的重要环节，其同步性及荷载控制技术反映了附着升降脚手架的自动化水平。近几年，人们对爬架同步性及荷载控制技术的研究最为深入。同步性方面，相邻两机位的升降差可控制在 10 mm 以内，所有机位的最大升降差可以控制在 30 mm 以内，并且实现了自动调平，调平后自动升降。在荷载控制方面，通过荷载传感器可以将提升荷载控制在设定范围内，做到超载自动停机，有些传感器还可以显示荷载大小，精度可达 100 kg 甚至更精。

4. 防倾覆控制技术

附着升降脚手架是用于高空作业的脚手架，风荷载较大，再者，由于施工荷载的变化，提升吊点很难保持在架体重心上，这就会使架体产生倾覆力，因此，设置防倾覆装置是附着升降脚手架所必需的。防倾覆不但要防外倾，而且还要防内倾，目前，一般使用导轨导式刚性防倾覆装置，并且每个提升点设置一套，导向间隙要求在 5 mm 以内，即保证架体在升降过程中不能有太大的晃动。

5. 防坠落控制技术

防坠落是对附着升降脚手架的安全要求，以防止架体发生意外坠落时，及时将架体制动在可靠结构上，是一种保险措施。

对防坠装置的研究也是百花齐放，有电动式（通过荷载传感器控制信号）和机械式两类，而机械式又有通过速度和通过提升动力是否承力来控制信号两种。对于整体爬架，由于各提升点不可能同时坠落，爬架坠落事故往往是缓慢撕裂过程，因此，通过控制速度获取控制信号的可靠度值得商榷。目前要求防坠制动距离整体式不大于 80 mm，单片式不大于 150 mm。

6. 保护构造技术

物落伤人是建筑施工安全事故中发生率最高的一项，防护已经成为附着升降脚手架最重要的一项功能，设置有效的防护以防止架体及其所覆盖范围内的物料和人员坠落尤为重要。

爬架除了按照脚手架的一般防护要求外，特别要求在爬架最底层脚手板要铺严，并在爬架和建筑物之间设置严密的可拆起的翻板，确保爬架所覆盖的方位任何物体不得掉至架体以外。

7. 平面布置设计技术

附着升降脚手架各提升点的平面布置直接影响到架体的整体性和提升点的受力状

况，平面布置不合理会导致受力不均，更易造成安全事故。平面布置的关键是提升点同架体重心相匹配。

8. 操作与管理控制技术

正确的操作和有效的管理是确保附着升降脚手架安全的重要环节。“三分技术、七分管理”是附着升降脚手架对操作及管理重要性的客观评价。

三、技术指标

（1）附着升降脚手架的架体高度一般控制在 15 m 以下，考虑到提升设备能力 100 kN 左右，提升点的间距宜控制在 7 m 以内。

（2）附着升降脚手架是一种专用脚手架体系，由基本的提升系统、架体承力系统以及防外帧防坠落系统协调工作。因此，必须经足尺试验，证明其系统设计合理，运行稳定，安全可靠。

（3）附着升降脚手架应有可靠的防外倾措施，可靠的超载报警以及防坠落装置。

（4）附着升降脚手架实施应有专项施工方案，尤其为提升点干面布置应合理。可多提升点同步整体提升，也可分区分片局部同步提升。

四、适用的工程范围

（1）附着升降脚手架适用于外立面基本没有变化的高层和超高层建筑的结构施工和装修作业。

（2）对于 20 层以上，结构层平面规整的高层或超高层建筑混凝土主体施工经济效果比较显著，因附着升降脚手架的材料用量仅与建筑物的周长有关而与建筑物的层数无关，因此建筑物层数越多、高度越高，经济效益越显著。

（3）附着升降脚手架也适用桥梁高墩、特种结构高耸构筑物施工的外脚手架。

（4）由于土地资源的匮乏，城市特别是特大城市的高层建筑还会越来越多，附着升降脚手架的应用前景会更加广阔。

五、导座式升降架主要项目施工方法

（一）适用范围

导座式附着升降脚手架可适用于高层、超高层建筑工程结构上使用的升降脚手架。

（二）导座式升降脚手架结构

升降脚手架结构主要由导轨主框架、水平支撑框架、附墙导向座、提升设备、防坠装置等组成。

1. 导轨主框架

导轨主框架由导轨和竖向桁架构成，并成一个整体。

2. 水平支撑框架

水平支撑框架由定型焊接的标准节和可调连杆组装而成，支撑框架的水平、竖直四个面都是由杆件组成的成型桁架。

3. 附墙导向座

附墙导向件由固定导向座和可调动的导向滚轮座组成，固定导向座通过穿墙螺栓与结构混凝土固定，固定导向座可在水平方向微调，以适应预留孔垂线方向的误差，滚轮座通过螺栓固定在固定导向座腰形槽上，可在前后方向调节与结构表面的距离，导向滚轮座有四个滚轮，导轨的“T”形翼缘的两根立杆插在导向滚轮座中，四个滚轮分别约束着导轨翼缘立杆，形成滚动滑套连接。

4. 提升设备与吊挂件

提升设备由电动葫芦和吊挂件钢丝绳组成，通过吊挂件固定在建筑结构上，形成独立的提升体系。

5. 摆针式防坠装置简介

本装置是一种用于升降脚手架、升降机等高空坠落的摆针式防坠装置。目前，施工用升降脚手架、升降机等设备，在使用或升降运行过程中，有的无防坠安全装置，有的安全装置容易失效或成本较大，一旦发生意外，很容易造成高空坠落而发生重大人员和设备事故。

摆针式防坠装置是一种适用于结构轨道或具有类似结构的升降脚手架升降机等高空坠落的以速度变化为信号，机械自动卡阻式防坠器，其主要技术特征为：摆针通过摆针轴与固定在导座上的轴座相连接，摆针弹簧的两端分别连接在摆针与轴座上，导座与由连接杆和竖向立杆构成的导轨之间为滑套连接。

（三）导座式升降脚手架特点

1. 操作简便、迅速

导座式升降脚手架操作程度十分简单，相对工程量大的操作仅是提升设备的安装和拆除及导座的移动，其工作劳动强度低，操作容易方便，误操作可能性相对较少。另外由于导向座的移动简便迅速，因此可实现该架连续多层的提升或下降，特别是装修阶段，该架可一次性下降四层，能较好地满足装修施工的要求。

2. 主框架多点附着，提升装置独立设置

多个导向座既起导向作用又能独立承受架体荷载，且在每个导向座中均设有防坠器，加之提升设备独立设置，因此该架不论是在使用工况中或是在升降工况中，任何时候每一方框架处均与建筑结构有不少于独立的三个附着（升降工况时，独立的附着提升设备视为一点附着），其中任何一点的附着失效，该架不会坠落或倾翻。

3. 防坠装置多重设置、多道防坠、灵活可靠

在任何工况下，每一主框架处都至少设置有相互独立的2个以上的摆针式防坠器，该防坠器可随时检查防坠功能是否正常，因此还大大消除了由于防坠器失效或误操作带来的危险。

4. 导轨刚度大，其他加工定型件也无塑性变形

导轨本身为桁架式构件，更主要的是与其他构件一道形成空间框架，因此刚度较大。在正常使用中，和其他所有定型加工件一样都无塑性变形，维修量较小，重复使用可靠性好。

5. 承力结构可靠，传力简单明晰

该架荷载的传递顺序为：架体→水平支撑框架→导轨主框架→导向座→建筑结构。

6. 架子具有无级调整建筑结构或预留孔较大误差的功能，导向座还具有能自动调节与导轨之间推挤等造成过大次应力的功能。

7. 具有性能先进、可靠保护的专用电控线路，该电控线路设有过载保护，漏电保护，错、断相保护，接地保护和单独升降、整体升降和总停功能。

（四）导座式升降架的布置

1. 导座式升降架平面布置

（1）提升单元设置由单体建筑平面图进行布置，做到在井架和塔吊附墙处架体断开，每个提升单元采用电动整体提升。升降架在电梯井架的位置断开约 5 m，升降架与井架电梯的间距不小于 300 mm。升降架在塔吊附墙的相应位置合理断开，升降架与塔吊附墙的间距不小于 200 mm，断开处用短钢管连接。

（2）架体最底部采用定型水平支撑框架，提升机构采用电动葫芦吊挂在架体离导轨主框架处约 350 mm 处的双管吊点处，双管吊点搭设在第三步架处。水平支撑框架与导轨主框架之间采用两根钢管加固，立杆和底部增加一根小横杆兜挂搭设。

（3）提升机构的布设根据设计图纸确定，离墙、梁边一般大于 100 mm，预埋点的位置，按平面图所示的位置准确预埋。

（4）通行斜道搭设位置，应考虑搭设在相邻提升点水平距离较小处。

2. 导座式升降架立面布置

（1）架体立面

1）架体高度按各单体设计，架体步高 1.8 m。架体宽度一般为 0.90 m（内外排立杆中心距）。

2）剪刀撑与每根立杆均必须用扣件扣牢，相邻剪刀撑间距为 5 ~ 6 m，与水平夹度应在 45° ~ 60°。外排剪刀撑搭设至顶。

3）扶手杆：在外排每步架的 0.6 m，1.2 m 处搭设扶手杆。

4）架体上部悬臂高度不得大于架体高度的三分之一。否则与楼层必须做水平临时拉结。

（2）附墙承传力、提升动力构件

1）附墙固定导向座：该构件将承传力构件与导向和防坠装置联合成一体，每个机位处不少于 3 个附墙导向座，用穿墙螺栓固定在建筑结构上，穿墙螺栓规格为 M27 螺栓组件。

2）提升动力构件：使用型号为 5 t 的电动葫芦。

（3）安全防护

1）密封层：采用 50 mm × 100 mm 短木方铺绑在大横杆上，木方捆绑牢固，不滑动。再在其上满铺 18 mm 厚夹板，夹板用铁钉钉牢在木方上。密封板要满铺严密，对接要平整，严禁有探头板。在拐角、斜道、平台处的密封板，应与横向水平杆牢固连接，以防止滑动。所有木方、夹板必须质地良好，不得变质。

2）翻板：在架体最底步、第四步架或第五步架的密封层与墙之间用多层板、合页（或胶皮）、铁钉制作翻板，翻板为活动构件，升降时翻开，静止施工作业时盖好。翻板必须满铺严密，不允许有较大的孔洞存在。

3）每步架底部安全网内侧铺设脚手板。安全网外侧铺设踢脚板，踢脚板高度不小于 180 mm。底端用铁丝固定于大横杆或立杆上，且牢固不松动。

4）架体外排满挂密目式安全网，用 18 号铁丝固定于横杆立杆上，安全网之间搭接宽度不小于 200 mm,安全网满足安全施工防火要求。

5)架体杆件刷黄色油漆,剪刀撑、踢脚板颜色刷成黄黑相间斜条纹。

(五)附着式升降架施工工艺

1. 升降架的组装

(1)组装程序

当主体施工到标准层后,开始组装架体,进度必须跟上主体施工需要(两步架一般在 1 ~ 2 天内完成)。

组装水平支承框架→预留穿墙螺栓孔洞→吊装导轨主框架→组装架体→安装导向件→组装其余架体。

(2)施工方法

1)组装水平支承框架:

① 主体进入标准层施工阶段,在标准层外围组装水平支承框架,支承框架与拟建结构之间的距离严格按设计要求控制好,并及时与主体施工人员取得联系,协商好标准层主体模板工程的支模空间,控制在设计要求范围内。

② 组装时应按主体施工的先后需要,尽量做到同时从两处以上的拐角开始组装。或在地面组装转角处水平支承框架,然后整体吊装,再逐片连接。

③ 水平支承框架一般由标准节连接而成,当连接到架体分组处时,在其端部安装一个非标准节,即端头型,在折转处水平支承框架布设困难时,可用钢管搭接,但其长度必须小于 2 m,水平支承框架一般放置在裙楼楼面上,如标准层相对裙楼没有内缩面,则放置在裙楼上已找平加固的双排架上,双排架须用钢丝绳斜拉至结构上进行卸荷,卸荷后可满足上面继续搭设五层楼高双排架及在双排架上施工的承载能力即可。

④ 组装时应注意控制水平支承框架内侧离墙 460 mm,架体宽 900 mm,最小不少于 600 mm。

⑤ 内、外侧支承框架连接到一定长度后,组装小横杆连结内、外支承框架。小横杆伸出架体外侧 10 cm。

⑥ 组装前应明确塔吊附臂的具体位置, 注意组装水平支承框架时在有塔吊附臂的地方断开,并用短钢管连接。

2)预留穿墙螺杆孔洞:主体施工的同时,及时做好穿墙螺杆预留孔洞的预埋工作。穿墙螺杆孔洞预留位置尺寸,事先提供给操作班组,做好技术要求及交底,按要求预埋塑料管。升降架附墙螺栓采用 M27 螺杆。塑料管选择 Φ32 mm(内径),在埋设时必须垂直于结构外表面,吊挂件附墙螺栓孔与导向件附墙螺栓孔相距 350 mm。

3)吊装导轨主框架:

① 当水平支承框架组装一部分后,随后吊装导轨主框架,起吊时要合理选择吊点,以能垂直升降。

② 导轨主框架按设计位置与水平支承框架相连。导轨主框架与水平支承框架采用螺栓连接,在水平支承框架底部用小横杆穿进导轨主框架底部钢管内,兜住水平支承框架,两端再用扣件扣牢。导轨主框架吊装后要安装必要的斜撑固定,相邻两榀主框架安装后立即组装几步大横杆固定其间距,防止其倾斜、倾倒,并与建筑物安装可靠的临时拉结。

③ 与水平支承框架连接后，立即装好抛撑杆，再解开上面的吊点钢绳。

④ 导轨主框架吊装、固定后，把固定导向座套在导轨上移至将要安装的位置，临时固定，并校正导轨主框架两个方面的垂直度，安装临时拉结，垂直度≤3 mm，顶步晃动≤5 mm。

4）组装架体：随着主体工程的施工进度，安装其余固定导向座，逐跨组装立杆、大、小横杆、铺脚手板，挂安全网，先搭设二步（或三步）架体供主体施工使用。架体搭设随着主体的上升而逐步向上搭设，始终保证超过操作层一步架。

① 组装顺序。立杆→大横杆→小横杆→剪刀撑→脚手板→踢脚板→安全网→底层密封板。

② 立杆间距≤1.8 m，垂直度≤2 mm。

③ 大横杆间距 900 mm，一般不小于 500 mm，水平度≤5 mm，使用铁网片脚手板时要设三根大横杆。

5）安装固定导向座：

① 当主体混凝土结构脱模后，将固定导向座从导轨的临时固定处，移到穿墙螺杆处，安装穿墙螺杆拧紧所有螺母，螺母拧紧后，螺杆伸出螺母长度不少于 3 个丝扣及 10 mm。

② 固定导向座背板必须满贴结构混凝土面，并立即在导轨上扣两个定位扣件，并检查防坠器的灵活性、可靠性。

③ 穿墙螺杆如要现场下料时，长度必须根据原材料长度综合考虑后才可下料。

6）组装其他部分架体：随着主体的施工架体向上搭设，固定导向座逐个向上安装，直至架体组装完毕。

架子在第一步与第四步或第五步处的部位用木板完全密封。密封板拼接要严密，拼缝≤3 mm，不准有孔洞。

架体搭设中始终要注意架体顶部的晃动情况，晃动值超过 5 mm，必须与主体进行临时拉结。

7）架体端部悬挑处应以导轨主框架为中心成对搭设斜拉杆，其水平夹角不小于 45°。

8）安装配电线路：配电线路的安装必须由专业电工按设计安装，具体标准按现行有关标准。

2. 导座式升降架的升降

升降脚手架在组装完成后要进行一次全面的检查。

升降脚手架的升降应采用电动葫芦升降，并配设专用电气控制线路。该控制系统设有漏电保护，错断相保护，过载保护，正、反转、单独升降，整体升降和接地保护等装置，且有指示灯指示。线路绕建筑物一周布设在架体内。

升降架升降程序：准备工作→固定吊挂件→架体升降。

（1）准备工作

1）升降前应做好必需的准备工作，检查架体节点附着情况，吊钩、吊环、吊索及构件焊缝情况，摆针式防坠器的工作情况，弹簧是否失效等，并对使用工具，架子配件进行自检，发现问题及时整改，整改合格后使用。

2）上层需附着固定导向座的墙体结构的混凝土强度必须达到或超过 10 MPa 方可

进行升降，从上往下数的第二层结构混凝土强度达到设计要求的 70%，第三层的混凝土强度达到 100%。

（2）固定吊挂件

吊挂件采用 M27 穿墙螺栓固定在结构混凝土上，螺栓两边加垫片（部分吊挂件只能一边加垫片），螺母拧紧后保证螺栓伸出螺母端面至少 3 个丝扣和 10 mm。

将吊挂件固定好后，电动葫芦固定于吊挂件上，通过吊索或吊环将架体勾挂住，并张紧链条，使每个葫芦的受力情况基本一致。

（3）架体的升降

1）升降架提升时，应在每榀导轨主框架最上一个导向座旁固定好吊挂件，挂好葫芦，链条的另一端应挂住架体的吊点位置。全部工作完成后，所有葫芦同步提升，提升约 500 mm 高度后拆掉定位传力扣件，继续提升到一定高度后，拆下最下面的导向座，并装在最上面继续提升。当达到要求高度后，进行调平。两榀导轨承力架高差应控制在 10 mm 内，每组架中最大高差应控制在 30 mm 内，满足上述要求后，应立即盖好翻板，安好固定扣件，使用中所有定位传力扣件必须全数上齐。当遇有六级以上大风时，不应进行升降工作，并在固定导向座的下方加装固定扣件。

2）架子下降前，首先应挂好葫芦，然后将链条张紧，其后方可松掉所有定位传力扣件,慢速下降架子。当导轨脱出上部的固定导向座后，应立即拆除该固定导向座安装于导轨下面无固定导向座的建筑结构上。当下降一层楼高度后，立即安装定位传力扣件。

3）架子升降时，必须卸除架体上的荷载，人员必须撤离，且得到工长的正式通知后方可进行升降。装修工程时，还必须经质检部门同意后方可下降。

4）同时升降的升降架必须做到同步升降，当不同步时应对不同步的升降架进行单独升或降来予以调整。

5）升降架分组提升时应在组与组之间搭设栏杆，并用安全网密封，防止坠人掉物。

3. 升降架的使用与维护

升降架每次升降后要经过检查验收，合格并领取升降架准许使用证后方能使用。

（1）使用荷载

架体使用时，一步架使用时荷载应小于 3 kN / m²，三步架同时使用时荷载小于 2 kN / m²，严禁超载使用，荷载应尽量分布均匀，避免过于集中。

（2）架体在使用中必须与建筑物进行临时的连接、支承，一般可在结构最上面一层每榀机位附近预埋钢管，然后在预埋钢管与架体间用钢管可靠连接，以防止架体顶部晃动过大，晃动值最大 10 mm。

（3）架体的维护保养

为了保证升降架的正常使用，避免事故隐患，应定期对升降架进行维护和保养。

1）升降架每次升降前，施工班组应对所升降的架体的固定导向座内的防坠摆针弹簧进行检查，发现问题应及时更换，由工程部验收签字后方可进行升降。

2）定期对电动葫芦进行维护保养，加注润滑油，检查电动葫芦自锁装置，链条情况等。

3）检查构件焊接情况，悬挂端下沉情况，扣件松紧情况等。

4）检查吊挂件、钢丝绳及钢丝绳夹的松紧情况等。

5）每次升降后应用模板或编织袋等物体保护好固定导向座，避免水泥砂浆及灰尘杂物等进入导向件防坠装置内，以保护防坠摆针能灵活动作。

4. 升降架的拆除

（1）升降脚手架下降到底层后，按以下程序进行架体的拆除

1）应在拆除架子的下方划出安全区域；

2）拆除架子上部的悬臂部分；

3）从上至下拆除架子的水平连接结构和杆件；

4）拆除底层密封层；

5）将导轨主框架和固定导向座一道用塔吊吊到地面或用绳索放到地面解体。

（2）注意事项

1）整个拆除过程中，操作人员应严格遵守普通钢管脚手架的有关安全规定，系好安全带，严禁抛扔。

2）架子拆除后应及时将设备、构配件及架子材料运走或分类堆放整齐。

3）架子拆除中，应注意配合外装修作业，及时将螺栓预留孔处的装修完成。

5. 安全注意事项

（1）升降架操作人员必须是经过现行国家标准《特种作业人员安全技术考核管理规则》（GB 5036—85）考核合格的专业架子工。

（2）上岗人员须定期体检，合格者方可持证上岗。对操作人员还须经常进行体格检查，凡患有高血压、心脏病等不适宜高空作业者或酒后人员，不得上岗操作。

（3）操作人员必须戴安全帽、系安全带、穿防滑鞋。

（4）作业层上的施工荷载须符合设计要求，不得超载。荷载必须均匀堆放，不得将模板支架、缆风绳、卸料平台等固定或连接在升降架上，架子升降时架体上活荷载必须卸掉且与架体需要解除的约束必须提前拆开等。

（5）遇五级（含五级）以上大风、大雨、大雪、浓雾和雷雨等恶劣天气时，禁止进行升降和拆卸作业。并应预先将架体采取加固措施。夜间禁止进行升降作业。

（6）升降架在升降及使用阶段，严禁拆除下列部件：

1）防坠、防倾装置；

2）双管吊点上抗滑扣件及导座上的定位扣件；

3）主节点处的纵、横向水平杆。

（7）附墙导向座在使用中不得少于三个，升降过程中不得少于 2 个，直线布置的架体的支承跨度不应大于 8.0 m，折线或曲线布置的架体支承跨度不应大于 5.4 m；上下两导座之间距离必须大于 2.6 m；端部架体的悬挑长度必须小于 3.0 m，悬挑端应以导轨主框架为中心呈对称设置斜拉杆，其水平夹角应大于 45°。

（8）每次提升前须检查，每次提升后、使用前须经专业技术人员按《导座式升降架施工检查验收标准》验收，合格并办理交付使用手续后才允许投入使用。

（9）架体底层的密封板必须铺设严密，且应用平网及密目安全网兜底；翻板必须将离墙空隙封严，防止物料坠落。

（10）升降架在安装、升降及拆除时应在地面设立围栏和警戒标志，并派专人把守，严禁一切人员入内。

第四节　外挂式脚手架和悬挑式脚手架应用技术

一、外挂式脚手架

（一）主要技术内容

外挂式脚手架已经应用多年。新型的外挂式脚手架应为挂架经产品化定型设计，制作精良，有足够的安全度。固定挂架的螺栓不穿墙，与墙柱模板一起定位临时固定，沉头埋入混凝土构件内。拆模后将专用挂件螺母旋接到预埋螺栓上，形成承载力可靠，墙面不穿孔，有利于外墙防水的新型挂钩固定方法。

外挂式脚手架可用塔吊协助翻转使用。

（二）技术指标

对于外挂式脚手架的推广应用由原先的随意设置，就地简单制作，过渡到施工企业结合自身应用习惯，有完整的定型化产品设计和定型加工图，并经工厂规范化加工制作后，统一涂刷标志颜色后运至现场使用。

挂架的构造应合理，传力明确，便于组拼和拆卸存放。挑架的下撑杆要做稳定性计算校核，上拉杆应如同爬升脚手架吊拉杆要求。

（三）适用范围

外挂式脚手架适用于与全现浇剪力墙结构或外墙钢大模支模配合的脚手架，也适用于作为砌筑和装饰用的挂架。

外挂式脚手架在北京地区应用较多，与大钢模的墙模体系相匹配，由于承力架传力明确，定型加工质量有保证，目前仍有其良好的应用前景。

二、悬挑式脚手架主要技术内容

悬挑式脚手架的主要技术包括两大部分，一是悬挑承力结构的制作安装技术，二是依靠悬挑承力结构向上搭设外脚手架的搭设技术。依靠承力结构向上搭设外脚手架的技术与普通外脚手架搭设的技术要求一致，架体高度一般控制在 25 m 以下。

悬挑承力结构从结构承力形式上可分为挑梁式、挑拉式、挑撑式、撑拉结合式四类。

（一）挑梁式

采用型钢挑梁作为向上搭设外脚手的承力结构。这种挑梁结构的受力如同悬臂梁，在梁的根部承受较大的弯矩和剪力，为了确保承力安全，型钢的规格往往较大，以采用工字钢或双槽钢做挑梁较为合适。由于工字钢的腹板薄而高，在挑梁尾部的锚固点、中部搁置点及前部脚手架立杆搭设点应用加劲肋钢板加强。钢挑梁一般应避免用槽钢，槽钢的抗扭性差。挑梁锚固于混凝土楼板时，应注意楼板的抗冲切能力，必要时增加配筋。挑梁式可应用于各类结构施工，在框架结构施工中应用更为便利。为增加外脚手架的安全性，可考虑在架体高度一半处的节点上设置钢丝绳，吊拉于混凝土结构的边缘构件进行卸载。

（二）挑撑式

采用型钢挑梁与斜撑杆构成的倒三角承力结构（斜撑杆可采用普通钢管扣件搭设）

承担上部的外脚手架荷载,主要应用于剪力墙结构。当应用于框架结构时,三角架的布置可结合梁柱位置或采取三角架的高度为一个楼层层高的方法,设计时应确保斜撑杆的压杆稳定性。悬挑的钢梁可直接预埋入混凝土边缘构件或固定于楼板。斜撑杆为防止压杆失稳,应增加具有双向约束的支点,可用扣件钢管搭设形成支点。

(三) 挑拉式

采用型钢挑梁与斜拉杆构成的正三角承力结构承担上部的外脚手架荷载。由于斜拉杆对比斜压杆而言没有压杆稳定性的问题,因而挑拉结构作为悬挑外脚手的承力结构具有较高的承载力,为推荐的悬挑脚手架主承力结构形式。型钢挑梁的设置间距同外脚手架立杆的柱距,挑梁与结构的连接一般设计成固接,也可设计成铰接。为保障斜拉杆与挑梁的共同工作,斜拉杆在构造上应设计成长度可调式。施工现场常用带麻芯的钢丝绳做拉杆,此时应注意三点:

(1) 钢丝绳的弹性模量较低,在受力后有较大的伸长量,会影响外脚手架的垂直度,安装位于脚手架底部的主承力架时,应预紧并适当调短斜拉钢丝绳。

(2) 调钢丝绳长短的花篮螺丝应选用正式厂家生产的有质保单的“OO”型。“OC”型或“CC”型花篮螺丝在脚手架荷载大时 C 形钩易拉直失效,故不建议使用。

(3) 注意吊拉处钢丝绳的弯曲半径不能过小,应避免钢丝绳散股、磨毛,避免钢丝绳直接与混凝土构件棱角摩擦。

(四) 撑拉结合式

采用型钢挑梁与斜拉杆及斜撑杆构成的承力结构承担上部的外脚手架荷载。由于结构的超静定次数增加,斜拉杆与斜压杆间的协同工作程度难以控制,因而设计时应以挑拉或挑撑中的一种结构形式承力为主。另外的撑或拉的方式为辅(作为第二道防线),以确保结构安全。

悬挑承力结构可在每道立杆下布置,也可间隔几道立杆布置。间隔几道立杆布置时需在悬挑承力结构上方增加横梁作为脚手架荷载向悬挑承力架分配荷载的传力构件,此种形式在中心城市闹市区的临街面高层或超高层分段悬挑全封闭外脚手架中采用。

三、基本原理和特点

悬挑式脚手架的工作原理是通过悬挑承力结构将外脚手架的荷载传递到建筑结构上,避免外脚手架一次搭设过高而导致外脚手架结构承载力不够或稳定性能的下降。

由于悬挑式脚手架通过悬挑承力结构将整个高层外脚手架多次分段并向建筑结构卸载传力,分段的外脚手架结构自成体系,因而悬挑式脚手架不仅能够满足不同高度的外脚手架的搭设需要,还可根据施工的实际需要进行相对独立的拆除或翻搭。

四、技术指标和技术措施

悬挑式脚手架结构承力系统首先应满足悬挑承力架结构的安全,包括:

(1) 构成悬挑承力结构的各个构件的安全;

(2) 悬挑承力结构与建筑结构连接的安全;

(3) 建筑结构构件本身的安全。

其次应满足在悬挑承力结构之上搭设的外脚手架的结构安全,包括脚手架的局部

表 5.4.1 悬挑外脚手架一览表

序号	悬挑脚手架形式	主要特点	适用范围
1	挑梁式	承力架采用挑梁;悬臂的挑梁支座固结于结构上,属静定结构,传力明确。由于挑梁为悬臂受力,型钢尺寸较大,悬臂长度不宜过大	普遍适用 应用于框架结构时挑梁的支座构造简单,因而常应用于框架结构
2	挑拉式	承力架采用挑梁与挑梁前端的斜拉杆构成的正三角结构;挑梁支座一般应设计成固结,此时承力架结构为一次超静定,应采取措施来满足斜拉杆的内力分配符合设计受力要求	普遍适用 较挑梁式其上部可搭设更高的外脚手架;由于挑拉的承力架结构受力合理,承载力高,并可分散向结构传力,因而目前在高层建筑施工中广泛应用
3	挑撑式	承力架采用挑梁与斜撑杆构成的倒三角结构;斜撑杆可采用普通钢管扣件搭设,也可采用型钢制作	普遍适用 用型钢制作的挑撑承力架主要应用于剪力墙结构;采用普通钢管扣件搭设的斜撑杆承力架主要应用于框架结构
4	撑拉结合式	承力架采用挑梁及斜撑杆、斜拉杆共同构成的结构;挑梁支座设计成固结时,承力架结构为二次超静定,应采取措施确保斜拉杆及斜撑杆的内力分配符合设计的受力要求	普遍适用 由于撑拉结合的承力架承载能力更高,且向结构分数传力,因而承力架上方可搭设更高的支架

稳定与整体稳定,与结构连墙件拉结的间距符合要求及可靠等。

为了减少悬挑承力结构向建筑结构的传力,保障建筑结构本身的安全,分段悬挑搭设的外脚手架不宜超过 24 m(一般控制在 5 个楼层高度以内)。为保证悬挑承力架与结构连接的节点安全,应尽可能将传力进行分散,避免局部的受力破坏。在选用撑拉结合悬挑承力结构时,应采取措施确保斜拉杆与斜压杆的共同工作。

悬挑脚手架应由施工企业结合自身应用习惯,进行定型化产品设计和具有完整的定型加工图,并经工厂规范化加工制作后,统一涂刷标志颜色后运至现场使用。挑架的构造应合理,传力明确,便于组拼和拆卸存放。

五、适用范围和应用前景

悬挑脚手架适用于闹市区需要外立面做全封闭的多高层建筑施工,也适用于翻搭外脚手架多段悬挑的高层建筑施工。悬挑外脚手架可根据不同的结构形式及搭设高度选择不同结构形式的悬挑承力结构承力,因而可适用于各种高层建筑结构的施工。这种承力方式还可与一些特殊的高空悬挑结构支模施工相结合发挥它的重要作用,因而具有广阔的应用前景。

六、普通型钢悬挑脚手架搭设要求

(一)材料要求

悬挑脚手架的悬挑梁及 U 形螺栓连接件,应符合现行国家标准 GB / T 700《碳素结构钢》中 Q235—A 级钢或 GB / T 1591《低合金高强度结构钢》的有关规定。架体部分应符合《建筑施工扣件式钢管脚手架安全技术规范》(JGJ 130—2001)。钢丝绳应符合现行国家标准 GB / T 8918《钢丝绳》的规定。

悬挑梁制作采用的型钢,其型号、规格、固定端和悬挑端尺寸的选用应经设计计算确定,与建筑结构连接应采用水平支承于建筑梁板结构上的形式,固定端长度应不小于 1.5 倍的外挑长度,与建筑物连接必须可靠(如由不少于两道的预埋 U 形螺栓与压板采用双螺母固定,螺杆露出螺母应不少于 3 扣),悬挑支承点应设置在结构梁上,不得设置在外伸阳台上或悬挑板上(有加固的除外),悬挑端应按梁长度起拱 0.5% ~ 1%,连接强度应经计算确定。水平悬挑梁的纵向间距与上部脚手架立杆的纵向间距相同,立杆支承在悬挑型钢上有两种,一是立杆直接落在型钢支承架上,另一种是在型钢支承架上再设置纵横钢梁,立杆作用在纵向钢梁上。

采用钢筋焊接连接时,应采用 HPB235 级钢筋。钢丝绳等柔性材料仅可以作为一种安全储备措施,不得作为悬挑结构的受力杆件,更不得参与方案中的计算。

(二)搭设要求

悬挑架施工前应编制专项施工方案,必须有施工图和设计计算书,且符合安全技术条件,经施工企业技术负责人、总监理工程师批准后再施工。

悬挑钢梁通过建筑物外剪力墙时应避免直接从剪力墙暗柱中通过。如必须通过,应经过设计人员同意,经加固措施后方可施工。

悬挑架的专项施工方案应包括架体与建筑物连接及支承等构造详图、荷载取值、使用要求、架体搭设、维护及拆卸等安全技术措施。悬挑架依附的建筑结构应是钢筋混凝土结构或钢结构,不得依附在砖混结构上。并应对所依附的结构构件进行搭设后的承载能力及变形验算,满足要求后方可实施悬挑构件及架体的搭设。

悬挑式脚手架的特殊部位处理(如阳台、转角、采光井、架体开口处、楼梯间、电梯井道等部位),必须在专项安全施工组织设计中提出详细搭设要求,绘制节点详图指导施工,并做到架体立杆底部有可靠支承点且确保不发生位移。

悬挑架架体应采用刚性连墙件与建筑物牢靠连接,连墙件应设置在与悬挑梁相对应的建筑物结构上。脚手架每两步三跨应设置一道刚性连墙件。严禁采用钢筋等柔性连墙件。连墙件应靠近主节点设置,偏离主节点的距离不应大于 300 mm;连墙件应从底部第一步纵向水平杆开始设置,设置有困难时,应采取其他可靠措施固定。主体结构阳角或阴角部位,两个方向均应设置连墙件。

构架底部与悬挑结构应连接牢靠,不得滑动或窜动。构架底部应设置纵向和横向扫地杆,横向扫地杆应贴近悬挑梁(架),纵向扫地杆距悬挑梁(架)不得大于 20 cm;首步架纵向水平杆步距不得大于 1.5 m。

架体结构在下列部位应有加固措施:

① 架体立面转角及一字形外架两端处;

② 架体与塔吊、电梯、物料提升机、卸料平台等设备需要断开或开口处;

③ 其他特殊部位。

卸料平台应单独搭设,其荷载应直接传递给工程结构或地面,不得传递给脚手架架体。不得将模板支架、缆风绳、泵送混凝土和砂浆的输送管等固定在脚手架上，严禁悬挂起重设备。

（三）搭设

（1）悬挑式脚手架必须严格按照设计及施工方案进行搭设。悬挑支撑结构安装完成后，应对其进行检查验收，合格后方可进行构架搭设。

（2）悬挑架高度应与施工进度同步，悬挑架构架的搭设应按现行规范《建筑施工扣件式钢管脚手架安全技术规范》（JGJ 130—2001）的要求及专项施工方案进行。

（3）悬挑式脚手架搭设过程中，须指定监护人员进行监护。

（4）脚手架采用租赁形式或由专业施工单位进行脚手架搭设施工的，总包单位对其搭设过程负有督促落实各项安全措施的义务。

（5）同一单体工程的外脚手架不得采用不同规格的钢管搭设。

（四）验收的安全事项

悬挑式脚手架搭设完毕后，方案编制人员、审批人员必须参加验收，确认符合设计要求，并签署意见后方可投入使用。悬挑式脚手架搭设按《建筑施工安全检查标准JGJ 59—99》第3.0.4-2“悬挑式脚手架检查评分表”进行检查验收，各项验收应办理相关验收手续。上道工序未经验收或验收不合格，不得进行下道工序的施工。对检查验收中发现的问题，要落实专人负责整改。检查验收结果及整改情况应如实记录，验收人员签字后存档。

参考文献

[1] 建筑业重点推广新技术应用指南[M].北京:中国建筑工业出版社.
[2] 建筑业十项新技术（2005）应用指南[M].北京:中国建筑工业出版社.
[3] 中华人民共和国住房和城乡建设部标准.清水混凝土应用技术规程（JGJ 169—2009）.
[4] 北京市地方标准.《早拆模板施工技术规程》.
[5] 北京市地方标准.《钢管脚手架、模板支架安全选用技术规程》（DB11 / T 583—2008）.
[6] 深圳市特辰升降架工程有限公司技术规程.

第六章 钢结构工程

第一节 钢结构概述

钢结构通常由钢板、型钢或冷加工成形的薄壁型钢等制成的拉(压)杆、梁、柱等构件组成,各构件之间采用焊接或螺栓连接。钢结构在建筑工程中有着悠久的历史,在工业与民用建筑中得到了广泛的应用,目前钢结构在我国应用范围逐步扩大,并迎来了一个高速增长的新时期。钢结构在建筑工程中能得到广泛应用和发展,是由于钢结构具有其他结构不可比拟的特点。

一、钢结构的特点

1. 材料强度高且韧性好

钢材强度高。尤其适用于跨度大,高度大、承载能力强的结构,也适用于易装拆、可移动的结构。由于强度高,一般构件截面小而壁薄,在受压时容易受稳定性能和刚度性能所控制,强度难以得到充分的利用。

由于钢材的塑性好,使得结构在一般条件下不会因超载而突然断裂,只会增大变形,故容易被发现。

钢材的韧性好,适宜在动荷载下工作,故在地震区宜采用钢结构建筑。

2. 钢结构容重大且质量轻

钢材容重大,但强度高,做成的结构较轻。结构的轻质性可以用材料的质量密度 ρ 和强度 f 的比值 α 来衡量,α 值越小,结构相对越轻。建筑钢材的 α 值等于 $(1.7 \sim 3.7) \times 10^{-4}/m$;木材为 $5.4 \times 10^{-4}/m$;钢筋混凝土约为 $18 \times 10^{-4}/m$。以同样跨度承受同样的荷载,钢屋架的重量最多不过为钢筋混凝土屋架的 1/4~1/3,冷弯薄壁型钢屋架甚至接近 1/10。质量轻,可减轻基础的负荷,降低地基处理的费用和基础部分的造价,同时还方便运输和吊装。

3. 钢结构制作简便,工期又短

钢结构构件通常是在金属结构厂制作,施工机械化,准确度和精密度都较高。钢结构所有材料均已轧制成各种型材,加工简易而迅速。钢构件重量相对较轻,连接简单,安装方便,施工周期短,工程造价低,经济效益高。小量钢结构和轻型钢结构尚可在现场制作,简易吊装。钢结构由于易连接的特性,因此易于加固、改建和拆迁。

4. 质地均匀且安全可靠

钢材质地均匀,各向同性;钢材的弹性模量大,荷载作用下结构的变形较小。这些特性符合结构计算时通常所作的假定,因而钢结构的受力计算结果与其实际情况最为相符，计算可靠。钢材有良好的塑性性能，可自动调节构件中可能出现的局部应力高峰，且结构在破坏前一般都会产生显著的变形，事故有预告，可及时防范。钢材还具有良好的韧性，对承受动力荷载适应性强。钢结构抗震性能好。因此，钢结构安全可靠。

5. 强度变化小，具有一定的耐热性

温度在250℃以内，钢的强度变化很小，温度达到300℃以后，强度逐渐下降，达到450～650℃时，强度为零。因此，钢结构的防火性能比钢筋混凝土差，一般适用于温度不高于250℃的场合。在有特殊防火要求的建筑中，钢结构必须用耐火材料予以围护。特别对于高层钢结构，应根据建筑物重要性等级和防火规范予以特别处理。

6. 易于锈蚀，维护费用较高

钢结构最大的缺点是易于锈蚀。新建造的钢结构一般都需仔细除锈，镀锌或刷涂料（油漆），以后隔一定时间需要重新维修，这种经常性除锈、油漆和维护的费用较高。现在有一种喷涂新工艺，即在严格清洗、除锈的基础上喷铝或锌，其防锈寿命可长达20～30年。

7. 密闭性好

钢材质地致密，不漏水，不漏气。

8. 绿色环保

施工现场占地面积少，环境污染少，无现场作业，材料可回收再生，适于城市厂区加工制造。

二、钢结构应用范围

根据钢结构的特点，可适用于许多工程结构，但由于材质及规格方面的缺陷，不能满足所有工程建设的需要，钢结构在建筑工程中的应用范围大致如下：

（1）重型工业厂房重型车间的承重骨架和吊车梁结构

例如：冶金工厂的炼钢、轧钢等车间和重型机器制造厂的铸钢、水压机、锻压、总装配等车间。由于生产工艺的需要，这些车间的高度和跨度大，通常设有大吨位的中级或重级工作制吊车。有些车间并有较宽的柱间距，或有较强的设备振动作用（锻压车间等），或结构表面经常受到高温辐射作用（热加工车间等）。因此，这些重型车间的承重骨架和吊车梁常采用钢结构。

（2）大跨度建筑物的屋盖结构

例如：体育馆、影剧院、大会堂等公共建筑以及飞机装配车间或检修库等工业建筑。此类建筑物要求有较大的内部自由空间，屋盖结构的跨度常常很大，减轻屋盖结构的自重成为结构设计的突出问题，因而常需采用材料强度高而相对质轻的钢结构。

（3）多层和高层建筑的骨架

如工业建筑中多层框架和民用建筑中高层建筑的骨架结构，因其所受荷载和其高度尺寸较大，或为提高其抗震性能，或为固定和安装工艺设备的方便等原因而常采用钢结构。

（4）塔桅结构

例如：高压输电线路塔架、石油化工排气塔架、环境气象塔架和桅杆，以及无线电（广播、电视等）塔架和桅杆等高耸结构常采用钢结构。这类结构的特点是高度大和主要承受风荷载能力强，采用钢结构可以减轻自重、方便架设和安装，并因构件截面小而使风荷载大大减小。

(5) 可装拆和搬迁的结构

例如：流动式展览馆、移动式混凝土搅拌站、装配式活动房屋结构等，由于有便于装拆和运输的要求而常采用钢结构。

(6) 容器和大直径管道

例如：储液库、储气库、囤仓、料斗等容器以及大直径输气和输油管道等常需采用钢结构(主要用钢板制成)，以保证其在所需压力作用下不渗漏并经久耐用。

(7) 轻型结构

例如：跨度小、屋面轻的工业、民用和商业房屋，常采用小角钢、圆钢或冷弯薄壁型钢组成的轻型钢屋盖结构。对于这种荷载和尺寸很小的结构和构件，采用自重很小的轻型钢结构特别有利，因为只要很小的型钢或圆钢截面就能满足承重要求。如果采用钢筋混凝土结构，则结构自重将占荷载主要部分而使受力不利。轻型钢结构还使结构布置灵活，制造安装和运输方便。

除上述工业与民用建筑结构工程外，钢结构还常在大跨度铁路和公路桥梁、水工闸门、起重机结构和海洋采油平台结构等工程中采用。

从上述情况看，钢结构在建筑业和其他行业都有广泛的应用。在 20 世纪中叶新中国刚刚建立，由于当时钢材缺乏，我国采用限制使用钢结构的政策，因此我国建筑钢结构发展较慢，直到改革开放以后才得到改观，其中以大跨度空间钢结构和轻钢结构发展为最快。轻钢结构是区别于传统建筑钢结构的一种新型结构。改革开放以来，随着国外一些新的钢结构理念传入我国，镀锌薄板和彩色钢板等轻型屋面材料的生产工艺和生产流水线的引进，以及我国钢材产量的快速增长；国家实施合理利用钢材和积极采用钢结构政策的实施等因素，都促进了轻钢结构在我国的发展。轻钢结构目前还无统一的定义，一般是指使用轻质屋面和轻质墙体采用新的结构形式和高效钢材，导致单位面积用钢量相对较轻、施工建造期短的钢结构，主要用于荷载不是最重的单层和多层房屋。轻质屋面常采用冷弯 C 型钢或 Z 型钢檩条、压型钢板或轻质复合板材屋面，轻质墙体采用冷弯薄壁型钢做墙梁以彩色钢板等薄板做墙面，结构用材采用热轧 H 型钢、冷弯薄壁型钢和低合金高强度结构钢等高效钢材。目前我国应用最多的轻钢结构是门式刚架，轻钢结构有用于多层房屋的趋向，如住宅建筑、学生宿舍和办公楼等民用建筑，发展空间很大。轻钢结构的飞速发展，大大扩展了钢结构的应用范围，同时也改变了钢结构只适用于重型结构的设计理念。

三、钢结构的发展趋势及存在问题

新中国成立以来，随着经济建设的发展，钢结构得到一定程度的应用。但由于受到钢产量的制约，钢结构仅在重型厂房、大跨度公共建筑、铁路桥梁以及塔桅结构中采用。几个大型钢铁联合企业如鞍山、武汉、包头等钢厂的炼钢、轧钢、连铸车间等都采用钢结构。在公共建筑中以平板网架应用最多。1962 年建成的北京工人体育馆采用圆形双层辐射式悬索结构，直径为 94 m。1967 年建成的浙江体育馆采用双曲抛物面正交索网的悬索结构，椭圆平面，长轴 80 m，短轴 60 m。1975 年建成的上海体育馆采用三向网架，跨度已达 110 m。武汉和南京长江大桥都采用了铁路公路两用双层钢桁架桥。广州、上海等地都建造了高度超过 200 m 的多边形空间钢桁架电视塔。

1978 年改革开放以后，我国经济突飞猛进，钢结构也有了前所未有的发展，应用的领域也有了较大的拓展。高层和超高层房屋、多层房屋、单层轻型房屋、体育场馆、大跨度会展中心、大型客机检修库、自动化高架仓库、城市桥梁和大跨度公路桥梁、粮仓以及海上采油平台等都已采用钢结构。高层和超高层钢结构已有几十幢，其中：地上 88 层、地下 3 层、高 365 m 的上海金茂大厦的建成，标志着我国的超高层钢结构已进入世界前列。在大跨度建筑和单层工业厂房中，网架、网壳等结构的广泛应用，已受到世界的瞩目。1994 年建成的天津体育馆屋盖采用圆形平面球形网壳，直径已达 108 m。1996 年建成的嘉兴电厂干煤棚采用矩形平面三心圆柱面网壳，跨度为 103.5 m。1988 年建成的长春体育馆采用错边蚌形网壳结构，平面为 120 m ×160 m。在大跨度空间结构中，上海体育馆马鞍形环形大悬挑空间钢结构屋盖和上海浦东国际机场航站楼张弦染屋盖钢结构的建成，更标志着我国的大跨度空间钢结构已进入世界先进行列。在桥梁方面，钢结构的应用更是举世瞩目。1994 年建成的铁路、公路两用的双层九江长江大桥，其中主联跨长(180+216+180) m，并用柔性拱加劲。1995 年建成的上海市杨浦大桥，采用双塔双索面斜拉桥，主跨跨长为 620 m。1999 年建成的江阴长江大桥，主跨采用悬索桥，跨长 1 385 m。这些桥梁的建成标志着我国已有能力建造多种形式的现代化的桥梁。

1996 年我国钢产量已是世界第一，年产量超过 1 亿 t。钢材质量及钢材规格也已能满足建筑钢结构的要求。1997 年由建设部颁发的《中国建筑技术政策》(1996—2010)中也明确提出了发展钢结构的要求。市场经济的发展与不断成熟，为钢结构的发展创造了条件。目前，我国钢结构正处于迅速发展的前期。

随着 2008 年北京奥运会和 2010 年上海世博会的召开，钢结构在我国进入了一个更加快速发展的时期，由于钢结构在我国一般用于跨度较大的建筑，其自身性质及应用方面也存在一些新的问题亟待解决。

(1) 高性能钢材的应用

逐步发展高强度低合金钢材，除 Q235 钢、Q345 钢外，Q390 钢和 Q420 钢在钢结构中的应用尚有待进一步开发，并应不断研制新品种的钢材。

(2) 钢结构设计方法的改进

概率极限状态设计方法还有待发展，因为它计算的可靠度还只是构件或某一截面的可靠度，而不是结构体系的可靠度，同时也不适用于疲劳计算的反复荷载或动力荷载作用下的结构。结构的优化设计问题也有待进一步研究。

(3) 结构形式的革新

促进结构形式改革的重要因素之一是推广高强钢索的应用，如索膜结构和张拉整体结构的出现。钢筋混凝土组合结构的应用也日益推广，但结构的革新仍有待进一步发展。

(4) 钢结构的加工制造

钢结构本身体积较大，加工制作工序较为复杂，制造的机械化水平还需要进一步提高。

第二节　钢结构材料性能

一、钢结构对材料的要求

用作钢结构的钢材必须符合下列要求。

(1) 较高的抗拉强度

较高的强度是指具有较高的抗拉强度(f_u)和屈服点(f_y)。f_y 是衡量结构承载能力的指标，f_y 高可减轻结构自重，节约钢材和降低造价；f_u 是衡量钢材经过较大变形后的抗拉能力，它直接反映钢材内部组织的优劣，同时 f_u 高可以增加结构的安全保障。

(2) 足够的变形能力

足够的变形能力是指具有较好的塑性和韧性。塑性好，结构在静载和动载作用下具有足够的应变能力，可减轻结构脆性破坏的倾向，同时可通过较大的塑性变形调整局部应力。韧性好，结构具有较好的抵抗重复荷载作用的能力。

(3) 良好的工艺性能

良好的工艺性能包括冷加工、热加工和可焊性能。良好的工艺性能不但易于加工成各种形式的结构，而且不致因加工而对结构的强度、塑性和韧性等造成较大的不利影响。

此外，根据结构的具体工作条件，有时还要求钢材具有适应低温、腐蚀性环境和疲劳荷载作用的能力。

二、钢材的破坏形式

钢材具有两种性质完全不同的破坏形式，即塑性破坏和脆性破坏。

塑性破坏是由于变形过大，超过了材料或构件可能的应变能力而产生的，仅在构件的应力达到了钢材的抗拉强度 f_u 后才发生，塑性破坏前构件有较大的塑性变形。且变形持续的时间较长，容易及时被发现而采取补救措施，不致引起严重后果。

脆性破坏前塑性变形很小，甚至没有塑性变形，计算应力可能小于钢材的屈服点，断裂从应力集中处开始。冶金和机械加工过程中产生的缺陷，特别是缺口和裂纹，常是断裂的发源地。破坏前没有任何预兆，破坏是突然发生的。由于脆性破坏前没有明显的预兆，无法及时察觉和采取补救措施，而且个别构件的断裂常会引起整体结构塌毁，后果严重，损失较大。因此，在设计、施工和使用过程中，应特别注意防止钢结构的脆性破坏。

三、钢材的主要性能

(一) 单向均匀拉伸时钢材的性能

钢材标准试件在常温、静载情况下，单向均匀受拉试验时的应力—应变(σ—ε)曲线如图 6.2.1 所示。由此曲线可获得钢材的性能指标。

1. 强度性能

从图 6.2.1 中可以看出，曲线的 OP 段为直线，表示钢材具有完全弹性性质，这时应力可由弹性模量 E 定义，即 $\sigma = E\varepsilon$，而 $E = \tan\sigma$，P 点应 f_p 称为比例极限。

曲线 PE 段仍具有弹性，但呈非线性，即为非线性弹性阶段，这时的模量称为切线模量，$E_t = d\sigma / d\varepsilon$。$E$ 点的应力 f_e 称为弹性极限。弹性极限和比例极限相距很近，实际上很难区分。

随着荷载的增加，曲线出现 *ES* 段，这时表现为非弹性性质，即卸荷曲线成为与 *OP* 平行的直线(图 6.2.1 中的虚线)，留下永久性的残余变形。此段上限 *S* 点的应力称为屈服点。对于低碳钢，出现明显的屈服台阶 *SC* 段，即在应力保持不变的情况下，应变继续增加。

高强度钢没有明显的屈服点和屈服台阶(图 6.2.2)。这类钢的屈服条件是根据试验分析结果人为规定的，故称为条件屈服点(或屈服强度)。条件屈服点是以卸荷后试件中残余应变为 0.2%所对应的应力定义的，可用 $f_{0.2}$ 表示。

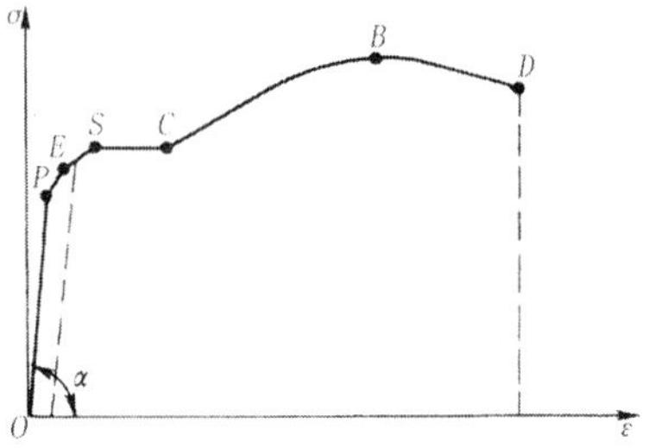

图 6.2.1　碳素结构钢的应力—应变曲线

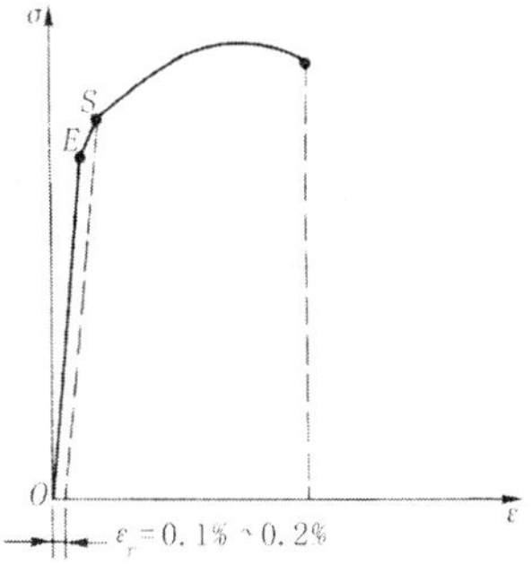

图 6.2.2　高强度钢的应力—应变曲线

如图 6.2.1 所示，超过屈服台阶，材料出现应变硬化，曲线上升至曲线最高处的 *B* 点，这点的应力 f_u 称为抗拉强度或极限强度。当应力达到 *B* 点时，试件发生颈缩现象，至 *D* 点而断裂。当以屈服点 f_y 作为强度限值时，抗拉强度 f_u 成为材料的强度储备。

2. 塑性性能

试件被拉断时的绝对变形值与试件原标距之比的百分数称为伸长率。当试件标距长度与试件直径 *d*(圆形试件)之比为 10 时，以 δ_{10} 表示；当比值为 5 时，以 δ_5 表示。伸长率代表材料在单向拉伸时的塑性应变的能力。

3. 钢材物理性能指标

钢材在单向受压(粗而短的试件)时，受力性能基本和单向受拉时相同。受剪的情况也相似，但屈服点 f_{vy} 及抗剪强度 f_{vu} 均较受拉时小，剪变模量 *G* 也低于弹性模量 *E*。

钢材和钢铸件的弹性模量 *E*、剪变模量 *G*、线性膨胀系数 α 和质量密度 ρ 列于表 6.2.1。

表 6.2.1　钢材和钢铸件的物理性能指标

弹性模量 *E* / (MPa)	剪变模量 *G* / (MPa)	线性膨胀系数 α (以每℃计)	质量密度 ρ / (kg / m³)
206×10^3	79×10^3	12×10^{-6}	7 850

(二) 冷弯性能

冷弯性能由冷弯试验确定(图 6.2.3)。试验时按照有关规定的弯心直径在试验机上采用冲头加压，使试件弯成 180°，如试件外表面不出现裂纹和分层，即为合格。冷弯试验不仅能直接检验钢材的弯曲变形能力和塑性性能，还能检验钢材内部的冶金缺陷。因此，冷弯性能是鉴定钢材在弯曲状态下的塑性应变能力和钢材质量的综合指标。

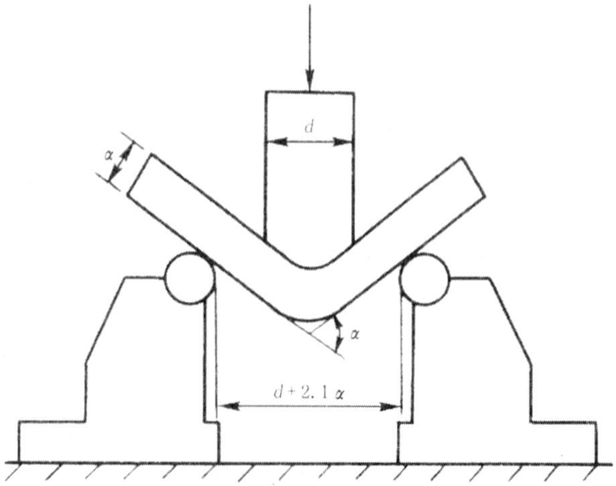

图 6.2.3　钢材冷弯试验示意图

（三）冲击韧性

拉伸试验所表现的钢材性能（如强度和塑性性能）属于静力性能，而韧性试验则可获得钢材的一种动力性能。韧性是钢材抵抗冲击荷载的能力，它用材料断裂时所吸收的总能量量度，其值为图 6.2.1 中 σ—ε 曲线与横坐标所包围的总面积，总面积愈大韧性愈高，故韧性是钢材强度和塑性性能的综合指标。通常钢材强度提高，韧性降低，表示钢材趋于脆性。

国家标准《碳素结构钢》规定采用国际上通用的夏比（Charpy）V 形缺口试件（图 6.2.4）在夏比试验机上进行试验，试件折断消耗的功用 C_v 表示，单位为 J。

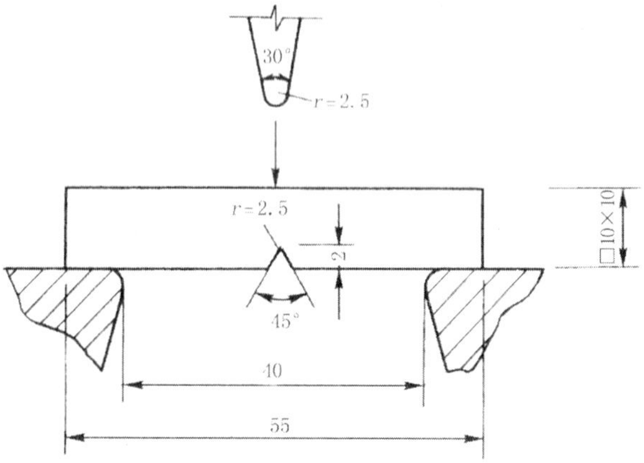

图 6.2.4　冲击韧性试验的示意图

由于低温对钢材的脆性破坏有显著影响，在寒冷地区建造的结构不但要求钢材具有常温（20℃）的冲击韧性指标，还要求具有 0℃和负温（-20℃或 -40℃）的冲击韧性指标，以保证结构具有足够的抗脆性破坏能力。

（四）可焊性

可焊性是指采用一般焊接工艺就可完成合格的(无裂纹的)焊缝的性能。

钢材的可焊性受碳含量和合金元素含量的影响。碳含量在0.12%～0.20%范围内的碳素钢可焊性最好。碳含量再增高可造成焊缝和热影响区变脆。Q235B的碳含量就定在这一适宜范围。Q235A的碳含量略高于B级,这一钢号通常不能用于焊接构件。另外提高钢材强度的合金元素大多也会对可焊性有不利影响。

四、各种因素对钢材主要性能的影响

1. 化学成分

钢是由各种化学成分组成的,化学成分及其含量对钢的性能(特别是力学性能)产生重要的影响。铁(Fe)是钢材的基本元素,在碳素结构钢中约占99%;碳和其他元素仅占1%,但对钢材的力学性能却产生着决定性的影响。其他元素包括硅(Si)、锰(Mn)、硫(S)、磷(P)、氮(N)、氧(O)等。低合金钢中还含有少量(低于5%)金属元素,如铜(Cu)、钒(V)、钛(Ti)、铌(Nb)、铬(Cr)等。

在碳素结构钢中,碳是仅次于纯铁的主要元素,它直接影响钢材的强度、塑性、韧性和可焊性等。碳含量增加,钢的强度提高,而塑性、韧性和疲劳强度下降,同时恶化钢的可焊性和抗腐蚀性。因此,尽管碳是使钢材获得足够强度的主要元素,但在钢结构中采用的碳素结构钢,对含碳量要加以限制,一般不应超过0.22%,在焊接结构中还应低于0.20%。

硫和磷(特别是硫)是钢中的有害成分,它们可降低钢材的塑性、韧性、可焊性和疲劳强度。在高温时,硫使钢变脆,称之热脆;在低温时,磷使钢变脆,称之冷脆。一般硫、磷的含量应不超过0.045%。但是,磷可提高钢材的强度和抗锈性,可使用的高磷钢,磷含量可达0.12%,这时应减少钢材中的含碳量,以保持一定的塑性和韧性。

氧和氮都是钢中的有害杂质。氧的作用和硫类似,可使钢热脆;氮的作用和磷类似,使钢冷脆。由于氧、氮容易在熔炼过程中逸出,一般不会超过极限含量,故通常不要求做含量分析。

硅和锰是钢中的有益元素,它们都是炼钢的脱氧剂。它们可使钢材的强度提高,含量适宜时,对塑性和韧性无显著的不良影响。

钒和钛是钢中的合金元素,能提高钢的强度和抗腐蚀性能,又不显著降低钢的塑性。

铜在碳素结构钢中属于杂质成分,它可以显著地提高钢的抗腐蚀性能,也可以提高钢的强度,但对可焊性有不利影响。

2. 冶金缺陷

钢材常见的冶金缺陷包括偏析、非金属夹杂、气孔、裂纹及分层等。偏析是指钢材中化学成分不一致和不均匀,特别是硫、磷偏析严重造成钢材的性能恶化;非金属夹杂是指钢中含有硫化物与氧化物等杂质;气孔是浇铸钢锭时,由氧化铁与碳作用所生成的一氧化碳气体不能充分逸出而形成的。这些缺陷都将影响钢材的力学性能。浇铸时的非金属夹杂物在轧制后能造成钢材的分层,会严重降低钢材的冷弯性能。

冶金缺陷对钢材性能的影响,不仅表现在结构或构件受力时,也表现在加工制作过程中。

3. 钢材硬化

冷拉、冷弯、冲孔、机械剪切等冷加工使钢材产生很大塑性变形，从而提高了钢的屈服点，同时降低了钢的塑性和韧性，这种现象称为冷作硬化（或应变硬化）。

在高温时熔化于铁中的少量碳和氮，随着时间的增长逐渐从纯铁中析出，形成自由碳化物和氮化物，对纯铁体的塑性变形起遏制作用，从而使钢材的强度提高，塑性、韧性下降，这种现象称为时效硬化，俗称老化。时效硬化的过程一般很长，但如在材料塑性变形后加热，可使时效硬化发展特别迅速，这种方法称为人工时效。

此外还有应变时效，是应变硬化（冷作硬化）后又加时效硬化。

4. 温度影响

钢材性能一般随温度改变而有所变化（图 6.2.5），总的趋势是温度升高，钢材强度降低，应变增大；反之，温度降低，钢材强度会略有增加，同时钢材会因塑性和韧性降低而变脆。

当温度升高时，在 200℃以内钢材性能没有很大变化，但在 430 ~ 540℃强度急剧下降，至 600℃时强度很低已不能承受荷载。但在 250℃左右，钢材的强度反而略有提高，同时塑性和韧性均下降，材料有转脆的倾向，钢材表面氧化膜呈现蓝色，称为蓝脆现象，为此钢材应避免在蓝脆温度范围内进行热加工。当温度在 260 ~ 320℃时，在应力持续不变的情况下，钢材以很缓慢的速度继续变形，此种现象称为徐变现象。

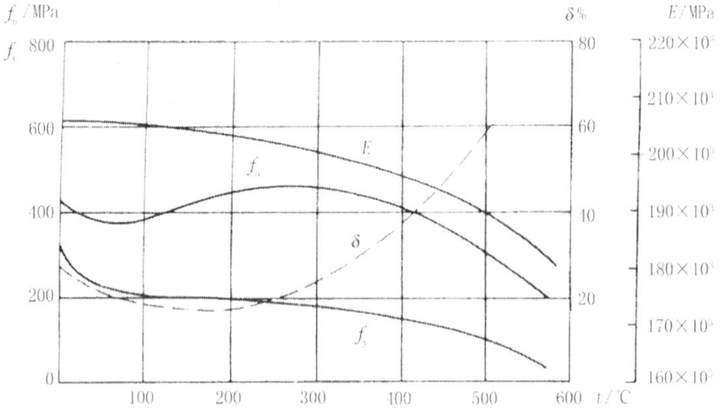

图 6.2.5　温度对钢材力学性能的影响

当温度从常温开始下降，特别是在负温范围内时，钢材强度虽然提高，但其塑性和韧性降低，材料逐渐变脆，这种性质称为低温冷脆。

5. 应力集中

钢材的工作性能和力学性能指标都是以轴心受拉杆件中应力沿截面均匀分布的情况为基础。实际上钢结构的构件中可能存在孔洞、槽口、凹角、截面突然改变以及钢材内部缺陷等。此时，构件中的应力分布将不再保持均匀，而是在某些区域产生局部高峰应力，在另外一些区域则应力降低，形成所谓应力集中现象（图 6.2.6）研究表明，在应力高峰区域总是存在着同号的双向或三向应力，这种同号的平面或立体应力场有使钢材变脆的趋势。由于建筑钢材塑性较好，在一定程度上能使应力进行重分配，应力分布严重不均的现象趋于平缓。故受静荷载作用的构件在常温下工作时，在计算中可不考虑应力集中的影响。但在负温环境或动力荷载作用下工作的结构,应力集中的不利影响将十分突出,往往是引起脆性破坏的根源,故在设计中应采取措施避免或减小应力集中,并选用质量优良的钢材。

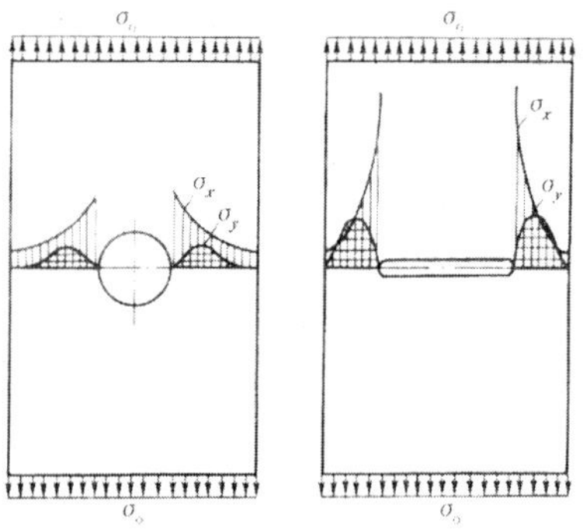

图 6.2.6　孔洞及槽孔处的应力集中

6. 反复荷载作用

钢材在反复荷载作用下，结构的抗力和性能都会发生重要变化，甚至发生疲劳破坏。试验表明:在直接、连续反复的动力荷载作用下,钢材的强度将降低,即低于一次静力荷载作用下的拉伸试验的极限强度f_u,这种现象称为钢材的疲劳。疲劳破坏表现为突然发生的脆性断裂。

实际上疲劳破坏是累积损伤的结果。材料总是有"缺陷"的,在反复荷载作用下,先在其缺陷处发生塑性变形和硬化而生成一些极小的裂痕，此后这种微观裂痕逐渐发展成宏观裂纹,试件截面削弱,而在裂纹根部出现应力集中现象,使材料处于三向拉伸应力状态,塑性变形受到限制,当反复荷载达到一定的循环次数时,材料终于破坏,并表现为突然的脆性断裂。

实践证明，构件的应力水平不高或荷载反复次数不多的钢材一般不会发生疲劳破坏,在计算时不必考虑疲劳的影响。但是,长期承受频繁的反复荷载的结构及其连接,在设计中必须考虑结构的疲劳问题。

五、钢材的疲劳

钢材的疲劳断裂是微观裂纹在连续反复荷载作用下不断扩展直至断裂的脆性破坏。

钢材的疲劳强度取决于构造状况(应力集中程度和残余应力)、作用的应力幅度大小以及反复荷载的循环次数,而和钢材的静力强度无明显关系。截面突然改变处的应力集中,对疲劳很不利。在高峰应力处形成双向或三向同号拉应力场,在反复荷载作用下,首先在应力高峰处出现微观裂纹,然后裂纹逐渐开展形成宏观裂缝。在反复荷载的继续作用下,裂缝不断开展,有效截面面积相应减小,应力集中现象越来越严重,更加促使裂缝的继续开展。同时,由于是双向或三向同号拉应力场,材料的塑性变形受到限制。因此,当反复循环荷载达到一定的循环次数时,裂缝的开展使截面削弱过多,不再能承受外力的作用,产生脆性断裂,这就是钢材的疲劳破坏。如果钢材中存在着残余应力,在反复荷载作用下将加剧疲劳破坏。

第三节　钢材的种类和钢材的选择

一、钢材的种类

钢按用途可分为结构钢、工具钢和特殊钢（如不锈钢等）。结构钢又分建筑用钢和机械用钢。按冶炼方法，钢可分为转炉钢和平炉钢。目前的转炉钢主要采用氧气顶吹转炉钢，平炉钢质量好，但冶炼时间长，成本高。氧气转炉钢质量与平炉钢相当而成本较低。按脱氧方法，钢又分为沸腾钢（代号 F）、半镇静钢（代号 B）、镇静钢（代号 Z）和特殊镇静钢（代号 TZ），镇静钢脱氧充分，沸腾钢脱氧较差，半镇静钢脱氧介于镇静钢和沸腾钢之间。按成型方法分类，钢又分为轧制钢（热轧和冷轧）、锻钢和铸钢。按化学成分分类，钢又分为碳素钢和合金钢。

在建筑工程中采用的钢材种类是碳素结构钢、低合金高强度结构钢、优质碳素结构钢以及高强钢丝和钢索。

1. 碳素结构钢

按质量等级分为 A、B、C、D 四级，A 级钢只保证抗拉强度、屈服点和伸长率，必要时尚可附加保证冷弯试验的要求，化学成分对碳、锰可以不作为交货条件。B、C、D 级钢均保证抗拉强度、屈服点、伸长率、冷弯性和冲击韧性（分为 +20℃，0℃，-20℃）等力学性能。化学成分保证碳、硫、磷的极限含量。

钢的牌号由代表屈服点的字母 Q、屈服点数值、质量等级符号（A、B、C、D）、脱氧方法符号四部分按顺序组成。

根据钢材厚度（直径）≤16 mm 时的屈服点数值，分为 Q195、Q215、Q235、Q255、Q275。钢结构一般仅用 Q235，冶炼方法一般由供方自行决定，设计者不再另行提出，如需方有殊特要求时可在合同中加以注明。

2. 低合金高强度结构钢

采用与碳素结构钢相同的牌号表示方法，即根据钢材厚度（直径）≥16 mm 时的屈服点数值，分为 Q295、Q345、Q390、Q420 和 Q460。

钢的牌号仍有质量等级符号，分为 A、B、C、D、E 五个等级。E 级主要是要求 -40℃的冲击韧性。低合金高强度结构钢一般为镇静钢，因此钢的牌号中不注明脱氧方法。冶炼方法也由供方自行选择。

3. 优质碳素结构钢

以不进行热处理或热处理（退火、正火或高温回火）状态交货，要求热处理状态交货的应在合同中注明，未注明者，按不进行热处理交货。如用于高强度螺栓的 45 号优质碳素结构钢需经热处理，强度较高，对塑性和韧性又无显著影响。

4. 高强钢丝和钢索

悬索结构和斜张拉结构的钢索、桅杆结构的钢丝绳等通常都采用由高强钢丝组成的平行钢丝束、钢绞线和钢丝绳。高强钢丝是由优质碳素钢经过多次冷拔而成，分为光面钢丝和镀锌钢丝两种类型。钢丝强度的主要指标是抗拉强度，其值在 1 570 ~ 1 700 MPa 范围内，而屈服强度通常不作要求。根据国家有关标准，对钢丝的化学成分有严格要求，硫、磷的含量不得超过 0.03%，铜含量不超过 0.2%，同时对铬、镍的含量也有控制要求。高强钢丝的伸长率较小，最低为 4%，但高强钢丝(和钢索)却有一个不同于一般结构钢材的特点——松弛，即在保持长度不变的情况下所承受拉力随时间延长而略有降低。

平行钢丝束由 7 根、19 根、37 根或 61 根钢丝组成。钢丝束内各钢丝受力均匀，弹性模量接近一般受力钢材。

二、钢材的规格

钢结构采用的型材包括热轧成型的钢板和型钢，以及冷弯(或冷压)成型的薄壁型钢。

1. 热轧钢板

热轧钢板分为厚钢板(厚度 4.5 ~ 6 mm)、薄钢板（厚度 0.35 ~ 4 mm)以及扁钢（厚度 4 ~ 60 mm，宽度 30 ~ 200 mm)。钢板的表示方法为在钢板横断面符号“—”后加“厚 × 宽 × 长”(单位 mm)，如—8 × 600 × 1 200。

2. 热轧型钢

热轧型钢包括角钢、工字钢、槽钢和钢管等(图 6.3.1)。

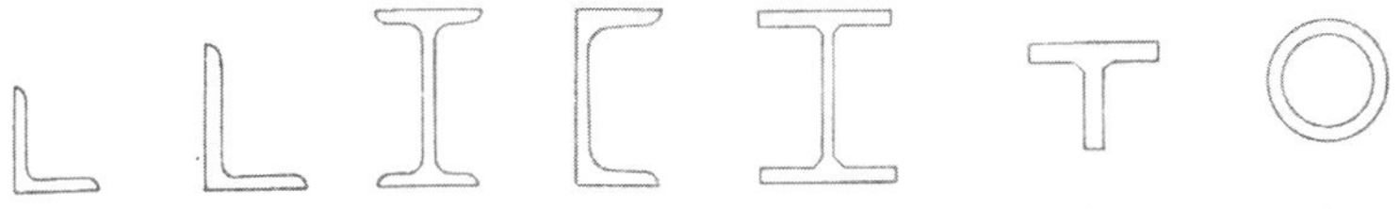

图 6.3.1　热轧型钢截面

角钢分为等边和不等边两种。不等边角钢的表示方法为在符号“□”后加“长边宽 × 短边宽 × 厚度”，如□110 × 80 × 8；等边角钢则以边宽和厚度表示，如□80 × 8，单位均为 mm。

工字钢分为普通工字钢和轻型工字钢。普通工字钢和轻型工字钢用号数表示，号数即为其截面高度的厘米数。20 号以上的工字钢，同一号数有三种腹板厚度，分别为 a、b、c 三类，如 I30a、I30b、I30c，a 类腹板较薄。轻型工字钢的腹板和翼缘均较普通工字钢薄，因而在相同重量下其截面模量和回转半径均较大。

H 型钢是目前使用很广泛的热轧型钢，与普通工字钢相比，其翼缘内外两侧平行，便于与其他构件相连。它可分为宽翼缘 H 型钢(代号 HW，翼缘宽度 B 与截面高度 H 相等)、中翼缘 H 型钢[代号 HM，$B = (1/2 \sim 2/3)H$]、窄翼缘 H 型钢[代号 HN，$B = (1/3 \sim 1/2)H$]。各种 H 型钢均可剖分为 T 形钢供应，代号分别为 TW、TM 和 TN。H 型钢和剖分 T 形钢的规格标记均采用“H(高) × B(宽) × t_1(腹板厚度) × t_2(翼缘厚度)”表示。例如 HM340 × 250 × 9 × 14，其剖分 T 形钢为 TM170 × 250 × 9 × 14，单位均为 mm。

槽钢分为普通槽钢和轻型槽钢两种，以其截面高度(单位 cm)编号，如 [30a。号码相同的轻型槽钢，其翼缘和腹板较普通槽钢宽而薄，回转半径较大，重量较轻。

钢管分为无缝钢管和焊接钢管两种，用符号“Φ”后面加“外径 × 厚度”表示，如 Φ100 × 16，单位为 mm。

3. 薄壁型钢

薄壁型钢是用薄钢板(一般采用 Q235 或 Q345 钢)经模压或弯曲而制成,其壁厚一般为 1.5 ~ 5 mm, 在国外薄壁型钢厚度有加大范围的趋势, 如美国可用到 1 英寸(25.4 mm)厚。有防锈涂层的彩色压型钢板,所用钢板厚度为 0.4 ~ 2 mm,可用作轻型屋面及墙面等构件。

三、钢材的选择

钢材的选择目的是保证结构安全可靠和用材经济合理。选择钢材时应考虑下列因素。

1. 选好钢材

对重型工业建筑结构、大跨度结构、高层或超高层的民用建筑等重要结构,应选用质量好的钢材。

2. 荷载性质

直接承受动力荷载的结构和强地震区的结构,应选用综合性能好的钢材。

3. 连接方法

钢结构的连接方法有焊接和非焊接两种。由于在焊接过程中会产生焊接变形、焊接应力以及其他焊接缺陷,可能导致结构产生裂纹或脆性断裂,因此,焊接结构对材质的要求应严格一些。例如,焊接结构必须严格控制碳的极限含量,而非焊接结构对含碳量可降低要求。

4. 结构所处的工作条件

钢材处于低温时容易发生冷脆,因此在低温条件下工作的结构尤其是焊接结构,应选用具有良好抗低温脆断性能的镇静钢。此外,露天结构的钢材容易产生时效,有害介质作用的钢材容易腐蚀、疲劳和断裂,也应加以区别地选择不同材质。

5. 钢材厚度

薄钢材辊轧次数多,轧制的压缩比大,厚度大的钢材压缩比小,所以厚度大的钢材不但强度较小,而且塑性、冲击韧性和焊接性能也较差。因此,采用厚度大的钢材的焊接结构应采用材质较好的钢材。

综上所述,《钢结构设计规范》规定如下:

(1) 下列情况的承重结构和构件不应采用 Q235 沸腾钢

1) 对于焊接结构:

① 直接承受动力荷载或振动荷载且需要验算疲劳的结构;

② 工作温度低于 -20℃时的直接承受动力荷载或振动荷载, 但可不验算疲劳的结构以及承受静力荷载的受弯及受拉的重要承重结构;

③ 工作温度等于或低于 -30℃的所有承重结构。

2) 对于非焊接结构: 工作温度等于或低于 -20℃的直接承受动力荷载且需要验算疲劳的结构。

(2) 对钢材质量的要求

一般地说,承重结构采用的钢材应具有抗拉强度、屈服点、伸长率和硫、磷含量的合格保证, 对焊接结构尚应具有碳含量的合格保证 (由于 Q235A 钢的碳含量不作为交货条件，故不允许用于焊接结构）。

焊接承重结构以及重要的非焊接承重结构的钢材应具有冷弯试验的合格保证。

（3）对于需要验算疲劳的焊接结构的钢材，应具有常温冲击韧性的合格保证

当结构工作温度不高于 0℃但高于 –20℃时，Q235 钢和 Q345 钢应具有 0℃冲击韧性的合格保证；对 Q390 和 Q420 钢应具有 –20℃冲击韧性的合格保证；当结构工作不高于 –20℃时，对 Q235 钢和 Q345 钢应具有 –20℃冲击韧性的合格保证；对 Q390 钢和 Q420 钢应具有 –40℃冲击韧性的合格保证。

对于需要验算疲劳的非焊接结构的钢材也应具有常温冲击韧性的合格保证。当结构工作温度不高于 –20℃时，对 Q235 钢和 Q345 钢应具有 0℃冲击韧性的合格保证；对 Q390 钢和 Q420 钢应具有 –20℃冲击韧性的合格保证。

第四节　钢结构的防腐及防火

一、钢结构防腐涂装

1. 施工准备

钢结构防腐涂装工艺适用于建筑钢结构工程中钢结构的防腐蚀涂层涂装。

（1）材料

1）建筑钢结构工程防腐蚀材料品种、规格、颜色应符合国家有关技术指标和设计要求，应具有产品出厂合格证。

2）建筑钢结构防腐蚀材料有底漆、中间漆、面漆、稀释剂和固化剂等。

3）建筑钢结构工程防腐蚀材料有油性酚醛涂料、醇酸涂料、高氯化聚乙烯涂料、氯化橡胶涂料、氯磺化聚乙烯涂料、环氧树脂涂料、聚氨酯涂料、无机富锌涂料、有机硅涂料、过氯乙烯涂料等。

（2）钢结构防腐涂装工程主要机具（见表 6.4.1）

表 6.4.1　钢结构防腐涂装工程主要机具

序号	机具名称	型号	单位	数量	备注
1	喷砂机		台	使用数量根据具体工程量确定	喷砂除锈
2	回收装置		套		喷砂除锈
3	气泵		台		喷砂除锈
4	喷漆气泵		台		涂漆
5	喷漆枪		把		涂漆
6	铲刀		把		人工除锈
7	手动砂轮		台		机械除锈
8	砂布		张		人工除锈
9	电动钢丝刷		台		机械除锈

序号	机具名称	型号	单位	数量	备注
10	小压缩机		台	使用数量根据具体工程量确定	涂漆
11	油漆小桶		桶		涂漆
12	刷子		把		涂漆

2. 施工工艺

(1) 工艺流程(图 6.4.1)

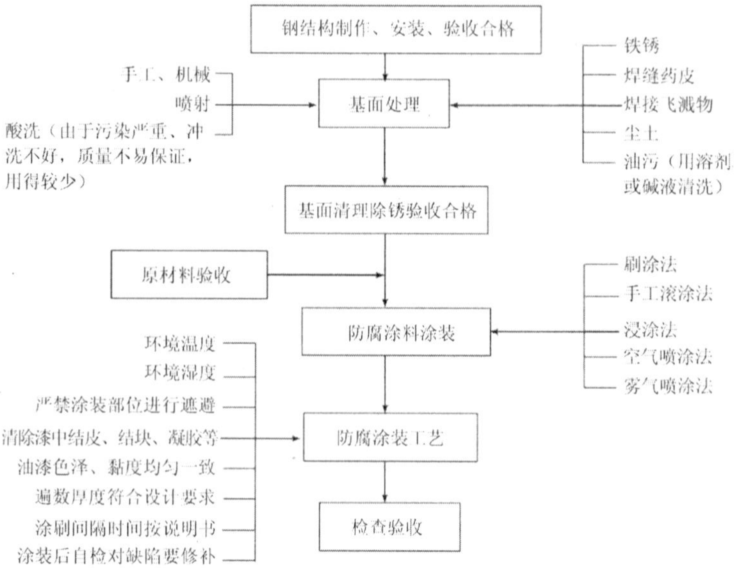

图 6.4.1　防腐涂装工艺流程

(2) 操作工艺

1) 基面清理：

① 建筑钢结构工程的油漆涂装应在钢结构制作安装验收合格后进行。

② 油漆涂刷前，应采取适当的方法将需要涂装部位的铁锈、焊缝药皮、焊接飞溅物、油污、尘土等杂物清理干净。

③ 基面清理除锈质量的好坏，直接影响到涂层质量的好坏。因此涂装工艺的基面除锈质量等级应符合设计文件的规定要求。钢结构除锈质量等级分类执行 GB 8923—1988《涂装前钢材表面锈蚀等级和除锈等级》标准规定。

④ 为了保证涂装质量，根据不同需要可以分别选用除锈工艺。

油污的清除方法根据工件的材质、油污的种类等因素来决定，通常采用溶剂清洗或碱液清洗。清洗方法有槽内浸洗法、擦洗法、喷射清洗和蒸汽法等。

钢构件表面除锈方法根据要求不同可采用手工除锈、机械除锈、喷射除锈、酸洗除锈等方法。

2) 涂料涂装：合理的施工方法，对保证涂装质量、施工进度、节约材料和降低成本有很大的作用。所以正确选择涂装方法是涂装施工管理工作的主要组成部分。常用涂料方法有:刷涂法、手工滚涂法、浸涂法、空气喷涂法、雾气喷涂法。

3）涂装工艺:涂装施工环境条件的要求是:

环境温度应按照涂料产品说明书的规定执行。

环境湿度一般应在相对湿度小于80%的条件下进行，具体应按照新产品说明书的规定执行。

控制钢材表面温度与露点温度：钢材表面的温度必须高于空气露点温度3℃以上，方可进行喷涂施工。露点温度可根据空气温度和相对湿度从表6.4.2中查得。

表6.4.2　露点值查对表

环境温度 / ℃	相对湿度 / %								
	55	60	65	70	75	80	85	90	95
0	–7.9	–6.8	–5.8	–4.8	–4.0	–3.0	–2.2	–1.4	–0.7
5	–3.3	–2.1	–1.0	0.0	0.9	1.8	2.7	3.4	4.3
10	1.4	2.6	3.7	4.8	5.8	6.7	7.6	8.4	9.3
15	6.1	7.4	8.6	9.7	10.7	11.5	12.5	13.4	14.2
20	10.7	12.0	13.2	14.4	15.4	16.4	17.4	18.3	19.2
25	15.6	16.9	18.2	19.3	20.4	21.3	22.3	23.3	24.1
30	19.9	21.4	22.7	23.9	25.1	26.2	27.2	28.2	29.1
35	24.8	26.3	27.5	28.7	29.9	31.1	32.1	33.1	34.1
40	29.1	30.7	32.2	33.5	34.7	35.9	37.0	38.0	38.9

在雨、雾、雪和较大灰尘的环境下,必须采取适当的防护措施,方可进行涂装施工。

① 对设计要求或钢结构施工工艺要求禁止涂装的部位,为防止误涂,在涂装前必须进行遮蔽保护。如地脚螺栓和底板、高强度螺栓结合面、与混凝土紧贴或埋入的部位等。

② 涂料开桶前应充分摇匀。开桶后,原漆应不存在结皮、结块、凝胶等现象,有沉淀应能搅起,有漆皮应除掉。

③ 涂装施工过程中,应控制油漆的黏度、稠度,兑制时应充分地搅拌,使油漆色泽、黏度均匀一致。调整黏度必须使用专用稀释剂,如需代用,必须经过试验。

④ 涂刷遍数及涂层厚度应执行设计要求规定。

⑤ 涂装间隔时间根据各种涂料新产品说明书确定。

⑥ 涂刷第一层底漆时,涂刷方向应该一致,接槎整齐。

⑦ 钢结构安装后,进行防腐涂料二次涂装。涂装前,首先用砂布、电动钢丝刷、空气压缩机等工具将钢构件表面处理干净,然后对涂层损坏部位和未涂部位进行补涂,最后按照设计要求规定进行二次涂装施工。

⑧ 涂装完成后，经自检和专业检查并记录。涂层有缺陷时，应分析并确定缺陷原因,并及时修补。修补的方法和要求与正式涂层部分相同。

3. 成品保护措施

(1) 涂装后,应加以临时围护隔离,防止踏踩,损伤涂层。

（2）涂装后，在 4 h 之内如遇大风或下雨时，应加以覆盖，防止沾染灰尘或水汽，避免影响涂层的附着力。

（3）涂装后的钢构件需要运输时，应注意防止磕碰，防止在地面拖拉，防止涂层损坏。

（4）涂装后的钢构件勿接触酸类液体，防止损伤涂层。

二、钢结构防火涂装

钢结构防火涂装工艺适用于建筑钢结构工程中厚涂型钢结构防火涂料和薄涂型钢结构防火涂料的涂装。

（一）施工准备

1. 材料

（1）建筑钢结构工程防火涂料的品种和技术性能应符合 GB 14907—2002《钢结构防火涂料》和 CECS 24—1990《钢结构防火涂料应用技术规范》的规定和工程设计要求。

（2）所选用的防火涂料应是经主管部门鉴定合格，并经当地消防部门批准的产品。

（3）防火涂料按照涂层厚度可划分为两类：

B 类：薄涂型钢结构防火涂料，涂层厚度一般为 2 ~ 7 mm，有一定的装饰效果，高温时涂层膨胀增厚，具有耐火隔热作用，耐火极限可达 0.5 ~ 2 h，又称为钢结构膨胀防火涂料。

H 类：厚涂型钢结构防火涂料，涂层厚度一般为 8 ~ 50 mm，粒状表面，密度较小，热导率低，耐火极限可达 0.5 ~ 3 h，又称为钢结构防火隔热材料。

各种防火涂料材料应符合国家有关技术指标的规定，应具有产品出厂合格证。

2. 钢结构防火涂装工程主要机具见表 6.4.3。

表 6.4.3　钢结构防火涂装工程主要机具

序号	机具名称	型号	单位	数量	备注
1	便携式搅拌机		台	根据实际工程量确定	配料
2	压送式搅拌机		台		厚涂型涂料喷料
3	重力式喷枪		台		薄涂型涂料喷料
4	空气压缩机	0.6~0.9m^3 / min	台		喷涂
5	抹灰刀		把		手工涂装
6	砂布		张		基层处理

（二）施工工艺

1. 钢结构防火涂装工艺流程

钢结构防火涂装工艺流程如图 6.4.2 所示。

2. 操作工艺

（1）厚涂型钢结构防火涂料涂装工艺及要求

1）施工方法及机具：

① 一般采用喷涂方法涂装，机具为压送式喷涂机压机，配备能够自动调压的空压

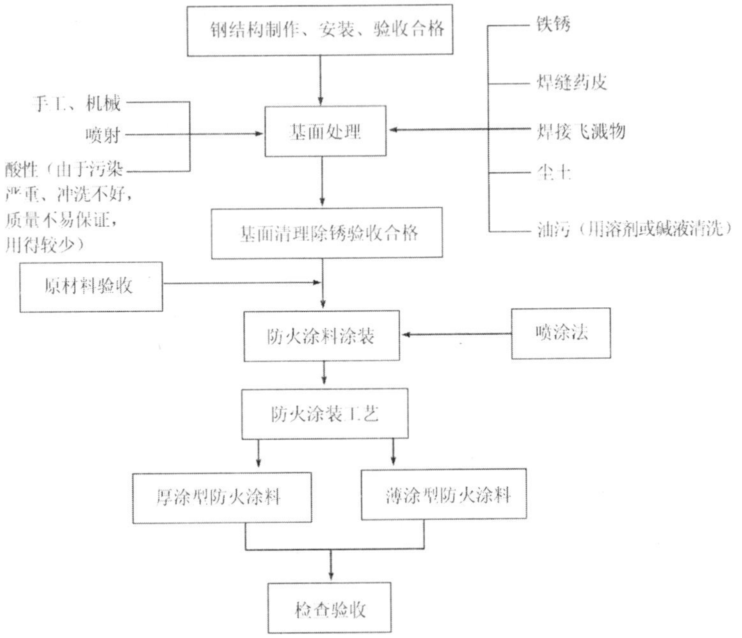

图 6.4.2　防火涂装工艺流程

机,喷枪口径为 6～12 mm,空气压力为 0.4～0.6 MPa。

② 局部修补和小面积构件采用手工抹涂方法施工,工具是抹灰刀等。

2）涂料配备:

① 单组分湿涂料,现场采用便携式搅拌器搅拌均匀;单组分干粉涂料,现场加水或其他稀释剂调配,应按产品说明书的规定配比混合搅拌;双组分涂料,按照产品说明书的配比混合搅拌。

② 防火涂料配置搅拌,应边配边用,当天配置的涂料必须在说明书规定时间内使用完。

③ 搅拌和调配涂料,使之均匀一致,且稠度适当,既能在输送管道中流动畅通,而且喷涂后又不会产生流淌和下坠现象。

3）涂装施工工艺及要求:

① 喷涂应分若干层完成,第一层喷涂以基本盖住钢材表面即可,以后每层喷涂厚度为 5～10 mm,一般为 7 mm 左右为宜。

② 在每层涂层基本干燥或固化后,方可继续喷涂下一层涂料,通常每天喷涂一层。

③ 喷涂保护方式、喷涂层数和涂层厚度应根据防火设计要求确定。

④ 喷涂时,喷枪要垂直于被喷涂钢构件表面,喷距为 6～10 mm,喷涂气压保持在 0.4～0.6 MPa。喷枪运行速度要保持稳定,不能在同一位置久留,避免造成涂料堆积流淌。喷涂过程中,配料及往喷涂机内加料均要连续进行,不得停留。

⑤ 施工过程中,操作者应采用测厚针检测涂层厚度,直到符合设计规定的厚度,方可停止喷涂。

⑥ 喷涂后,对于明显凹凸不平处,采用抹灰刀等工具进行剔除和补涂处理,以确保涂层表面均匀。

4）质量要求：

① 涂层应在规定时间内干燥固化，各层间黏结牢固，不出现粉化、空鼓、脱落和明显裂纹。

② 钢结构接头、转角处的涂层应均匀一致，无漏涂出现。

③ 涂层厚度应达到设计要求，否则，应进行补涂处理，使之符合规定的厚度。

（2）钢结构防火涂料涂装工艺及要求

1）施工方法及机具：

① 一般采用喷涂方法涂装，面层装饰涂料可以采用刷涂、喷涂或滚涂等方法，局部修补或小面积构件涂装，不具备喷涂条件时，可采用抹灰刀等工具进行手工抹涂方法。

② 机具为重力式喷枪，配备能够自动调压的空压机，喷涂底层及主涂层时，喷枪口径为 4 ~ 6 mm，空气压力为 0.4 ~ 0.6 MPa，喷涂面层时，喷枪口径为 1 ~ 2 mm，空气压力为 0.4 MPa 左右。

2）涂料配备：

① 单组分涂料，现场采用便携式搅拌器搅拌均匀；双组分涂料，按照产品说明书规定的配比混合搅拌。

② 防火涂料配置搅拌，应边配边用。当天配置的涂料必须在说明书规定的时间内使用完。

③ 搅拌和调配涂料，使之均匀一致，且稠度适宜，既能在输送管道中流动畅通，而且喷涂后又不会产生流淌和下坠现象。

3）底层涂装施工工艺及要求：

① 底涂层一般应喷涂 2 ~ 3 遍，待前一遍涂层基本干燥后再喷涂后一遍。第一遍喷涂以盖住钢材基面 70% 即可，二、三遍喷涂每层厚度不超过 2.5 mm。

② 喷涂保护方式、喷涂层数和涂层厚度应根据防火设计要求确定。

③ 喷涂时，操作工手握喷枪要稳，运行速度保持稳定。喷枪要垂直于被喷涂钢构件表面，喷距为 6 ~ 10 mm。

④ 施工过程中，操作者应随时采用测厚针检测涂层厚度，确保各部位涂层达到设计规定的厚度要求。

⑤ 喷涂后，喷涂形成的涂层是粒状表面，当设计要求涂层表面平整光滑时，待喷涂完最后一遍应采用抹灰刀等工具进行抹平处理，以确保涂层表面均匀平整。

4）面层涂装工艺及要求：

① 当底涂层厚度符合设计要求，并基本干燥后，方可进行面层涂料涂装。

② 面层涂料一般涂刷 1 ~ 2 遍。如第一遍是从左至右涂刷，第二遍则应从右至左涂刷，以确保全部覆盖住底涂层。

③ 面层涂装施工应保证各部分颜色均匀一致，接槎平整。

（三）成品保护措施

（1）钢构件涂装后，应加以临时围护隔离，防止踩踏，损伤涂层。

（2）钢构件涂装后，在 24 h 之内如遇大风或下雨时，应加以覆盖，防止沾染灰尘或水汽，避免影响涂层的附着力。

（3）涂装后的钢构件需要运输时，应注意防止磕碰，防止在地面拖拉，防止涂层损坏。

(4) 涂装前,对其半成品做好遮蔽保护,防止污染。

(5) 做好防火涂料涂层的维护与修理工作。如遇剧烈振动、机械碰撞或暴雨袭击等,应检查涂层无受损,并及时对涂层受损部位进行修理或采取其他处理措施。

第五节 钢结构施工方案

一、工程概况

某工程主体大楼为钢框架体系,地上 16 层,地下一层,地下室作为地下停车和设备用房,暂时作为人防掩蔽所,地上三层以下主要是各种公共性质功能的用房,三层以上是科技服务、科研、管理等部门,高度为 85.3 m。

报告厅由楼面 H 型钢结构梁、6 榀弧形拱梁和其他主次梁等组成,其中标准弧形拱梁标高为 12.75 m,宽约 18.2 m,重约 6 t。

二、施工主要机具

施工主要机具见表 6.5.1,表 6.5.2,表 6.5.3,表 6.5.4。

表 6.5.1 吊装机械

序号	名称	型号规格	数量	备注
1	搭吊	F0 / 23	1 台	—
2	搭吊	QTZ120B	1 台	—
3	汽车起重机	16 t	1 台	拱梁拼装用
4	汽车起重机	25 t	2 台	报告厅梁安装用

表 6.5.2 主要施工机具

序号	名称	型号规格	数量	备注
1	直流电焊机	Z5-500	15 台	—
2	碳弧气刨		1 套	空压机 1 台和 100 根碳棒
3	氧、乙炔气割工具		2 套	拱梁拼装用
4	氧气表	高、低压成套	2 套	报告厅梁安装用
5	乙炔表	高、低压成套	2 套	
6	氧、乙炔开关		2 套	
7	电焊条烘干箱	100 kg	1 只	
8	电焊条保温筒	4 kg	15 只	
9	铜鼻子、铜螺栓		20 只	
10	焊把线		600 m	
11	电焊把		20 只	
12	黑白玻璃		142 块	黑玻璃 100 块

序号	名称	型号规格	数量	备注
13	电箱	250 A	3 只	
		100 A	4 只	
		40 A	5 只	
		15 A	8 只	
14	拖线盘	220 V	3 只	
15	电箱	380 V	15 只	电焊机二级保护
16	电源线	3 × 25+2 × 16	300 m	
		3 × 16+2 × 10	300m	
		3 × 6+4	400 m	
17	千斤顶	5~15 t	8 只	
18	撬杠	0.5 m	10 只	
		1 m	4 只	
19	手锤	4 P	6 把	
	大锤		1 把	
20	角向磨光机	Φ 100	4 只	
21	手拉葫芦	2 t	4 只	
22	工具箱	5 t	4 只	
23	钢丝绳		10 根	
24	钢丝绳	Φ 8	500 m	安全绳
25	钢丝绳	Φ 15 × 22 m	6 对	缆风绳
26	钢丝绳	Φ 17.5 × 6 m	2 对	梁柱吊装
27	钢丝绳	Φ 22 × 6 m	4 根	
28	卸扣	3.3 t	6 只	
29	卸扣	10.7 t	4 只	
30	麻绳	Φ 15	200 m	

表 6.5.3　安全施工用器材

序号	名称	型 号 规 格	数量	备　注
1	灭火器	干粉或泡沫	12 只	
2	警戒线	红白旗	1 000 m	
3	石棉布		1 卷	
4	安全绳及保险锁扣		10 套	
5	安全带		50 根	

表 6.5.4　计量器具

序号	名称	型号规格	数　量	备　注
1	经纬仪	J2	2 台	
2	水准仪	S3	1 台	
3	磁力线坠		4 只	
4	焊缝测量尺	Max60 mm	1 只	
5	钢板尺	200~1 000 mm	4 支	
6	钢盘尺	50 m	1 只	
		30 m	1 只	
		3~5 m	3 只	
7	水平尺	600 mm	2 支	
8	角尺		4 把	
9	记号笔		10 支	
10	墨斗		1 只	
11	黑墨汁		1 瓶	
12	红蓝铅笔		15 支	
13	石笔		2 盒	

三、施工顺序安排

主楼钢结构和报告厅钢结构安装，总体上考虑施工顺序如图 6.5.1 所示。

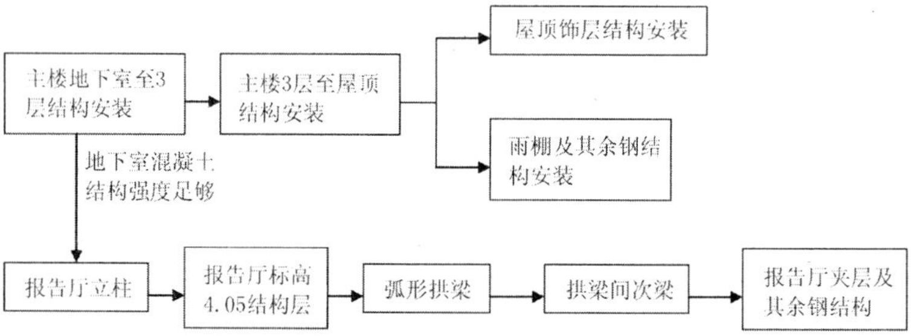

图 6.5.1　总体施工顺序

主楼结构单元层的安装顺序为，先立柱后主梁，然后安装次梁。主楼钢结构安装主要吊装机具为 F0／23 塔吊和 QTZ120B 塔吊。在每一结构层安装完毕后，要进行栓钉和压型钢板施工。

报告厅钢结构安装用吊装机具主要为 QTZ120B 塔吊和 25 t 汽车起重机。

四、钢结构安装

（一）施工放线及测量

（1）测量内容

基础轴线、标高偏差；预埋件轴线位移、标高偏差的测量等。

（2）测量基准

施工前同总包单位、监理部门等有关单位协调，办理结构测量基准的移交及验收手续。现场提供的测量基准是：3～4个基准标高点；2～4条结构基准轴线。此测量基准即作为钢结构安装定位轴线和标高测量的基础。

（3）测量所用的主要仪器设备

1）J2经纬仪，S3水准仪，50 m钢卷尺，1 m钢板尺，红外测距仪等。必须保证上述所有仪器状态完好，并在检定有效期范围之内。

2）根据现场土建施工进度及情况，主楼钢结构部分的预埋件及锚栓满足安装条件。

（二）编制依据

（1）施工图纸及设计说明；

（2）GB 50205—2001《钢结构工程施工质量验收规范》；

（3）GB/T 5118—1995《低合金钢焊条》。

（三）施工步骤

（1）由业主和总包提供施工现场的基准网线和标高线。

（2）会同监理、总包对基准网线和标高线进行复查。

（3）会同监理、总包对复查结果进行偏差修正。

（4）根据现场及钢结构安装情况对现场进行放线。

（5）对土建基坑埋件位置或周边位置标定轴线和标高基准。

（6）在锚栓支架上安装锚栓，且保证锚栓支架的上板的底标高和预埋件的底标高相同（图6.5.2）。

（7）在埋件所在的轴线位置放置"十"字棉线，以控制锚栓支架的定位轴线。

（8）安装锚栓支架时，用水平尺在"十"字水平上粗找平；用标尺杆粗调整标高。

（9）调整结束后，点焊固定锚栓下部。若不稳定，采用Φ 30螺纹钢筋固定；若锚栓腾空，每根锚栓的底板上用2根Φ 30螺纹钢筋电焊固定，如图6.5.3所示。

（10）安装预埋件，用水平尺在"十"字水平上精确找平；用标尺杆精确调整标高（根据调整螺栓调整）。

（11）埋件若不够稳定，采用钢筋在平面内至少在60°方向上固定3根，以控制预埋件的平面位置，如图6.5.4所示。

（12）安装完毕后提供相关资料，由总包组织监理等相关单位验收。

（四）主楼钢结构安装

（1）主楼钢梁主要构件（见表6.5.5）

（2）钢柱分段（见表6.5.6）

（3）安装单元流程（图6.5.5）

（五）钢柱吊装

（1）吊点使用钢柱顶端的上下节柱的安装连接板进行。连接板上螺孔为Φ27，钢柱吊装使用4.9 t合金卸扣。钢柱吊装示意如图6.5.6所示。

（2）钢柱初始起吊时其下端用木头支垫，防止回直过程中滑动和不应有翻转以及损伤构件（图6.5.7）。

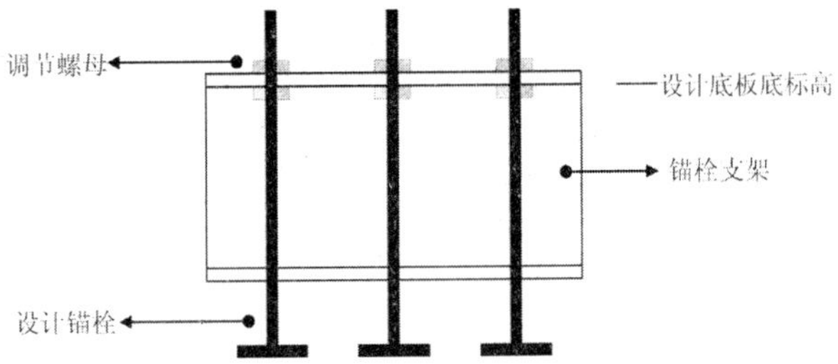

图 6.5.2　锚栓支架

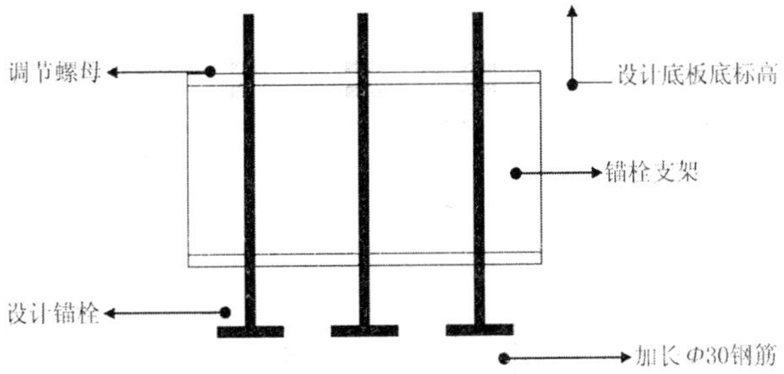

图 6.5.3　螺纹钢电焊固定

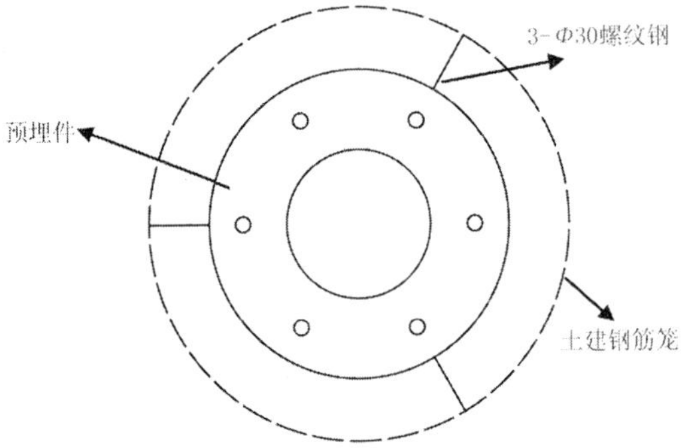

图 6.5.4　预埋件的平面位置

表 6.5.5　主楼钢梁主要构件

编号	名称	规格	长度 / mm	单重 / (kg / m)	编号	名称	规格	长度 / mm	单重 / (kg / m)
FTL1	次梁	H350 × 150 × 6 × 10	6 000	234.56	GL1	次梁	H420 × 200 × 8 × 10	9 714	549
GKL2	主梁	H550 × 200 × 10 × 16	13 800	1 254.46	GL2	次梁	H250 × 150 × 6 × 8	5 100	152.29
GKL3	主梁	H700 × 250 × 12 × 16	9 600	1 026.97	GL3	次梁	H250 × 200 × 6 × 8	8 000	289
GKL4	主梁	H700 × 200 × 12 × 16	9 600	1 086.39	GL5	次梁	H500 × 200 × 10 × 16	9 600	860
GKL5	主梁	H850 × 300 × 14 × 20	13 800	2 528.42	GL6	次梁	H550 × 250 × 10 × 16	9 600	993.24
GKL6	主梁	□550 × 200 × 12 × 16	6 000	740.04	GL8	次梁	H500 × 200 × 8 × 10	8 000	496.352
GKL7	主梁	H550 × 300 × 12 × 16	8 000	993.24	SPC	斜撑	H250 × 200 × 8 × 10	5 381	246.69

表 6.5.6 钢柱分段

编号	名称	规格	长度	单重 / (kg / m)	标高
GLZ1	柱子	□300 × 300 × 16	14 350	2 047.48	(+66.950) ~ (+81.300)
GLZ3	柱子	□300 × 300 × 16	14 450	2 061.75	(+66.950) ~ (+81.400)
GLZ2	柱子	□300 × 300 × 16	13 550	1 933.34	(+71.750) ~ (+85.300)
GLZ4	柱子	□300 × 300 × 16	13 935	1 988.27	(+71.750) ~ (+85.685)
GKZ9	柱子(1)	Φ500 × 10	6 650	803.19	(− 5.400) ~ (− 0.050)
GKZ6	柱子(1)	Φ500 × 10	83 950	10 139.49	(− 5.400) ~ (− 0.050)
GKZ7	柱子(1)	Φ500 × 10	6 650	803.19	(− 5.400) ~ (− 0.050)
GKZ8	柱子(1)	Φ500 × 10	6 650	803.19	(− 5.400) ~ (− 0.050)
GKZ10	柱子(1)	Φ500 × 10	6 350	766.95	(− 5.400) ~ (− 0.050)
GKZ4	柱子(2)	Φ500 × 10	6 800	821.30	(+71.750) ~ (+77.250)
GKZ1	柱子(4)	Φ500 × 10	9 750	1 177.61	(+71.750) ~ (+80.200)
GKZ5	柱子(2)	Φ500 × 10	9 750	1 177.61	(+71.750) ~ (80.200)
GKZ10	柱子(2)	Φ500 × 10	9 700	1 171.57	(− 0.050) ~ (+8.350)
GKZ8	柱子(2)	Φ500 × 10	76 800	9 275.91	(− 0.050) ~ (+75.550)
GKZ7	柱子(2)	Φ500 × 10	73 000	8 816.95	(− 0.050) ~ (+71.750)
GKZ4	柱子(1)	Φ600 × 12	78 450	13 644.29	(− 5.400) ~ (+71.750)
GKZ5	柱子(1)	Φ600 × 12	78 450	13 644.29	(− 5.400) ~ (+71.750)
GKZ3	柱子(3)	Φ650 × 12	43 500	8 209.00	(+28.250) ~ (+71.750)
GKZ1	柱子(3)	Φ650 × 12	60 700	11 454.86	(− 11.050) ~ (+71.750)
GKZ2	柱子(3)	Φ650 × 12	60 700	11 454.86	(+11.050) ~ (+71.750)
GKZ1	柱子(1)	Φ750 × 14	6 850	1 739.79	(− 5.400) ~ (− 0.050)
GKZ2	柱子(1)	Φ750 × 14	6 850	1 739.79	(− 5.400) ~ (− 0.050)
GKZ3	柱子(1)	Φ750 × 14	6 850	1 739.79	(− 5.400) ~ (− 0.050)
GKZ11(1)	柱子(1)	Φ750 × 14	6 850	1 739.79	(− 5.400) ~ (− 0.050)
GKZ11(3)	柱子(3)	Φ750 × 14	5 800	1 473.10	(+11.050) ~ (+15.350)
GKZ3	柱子(2)	Φ750 × 14	29 700	7 543.30	(− 0.050) ~ (+28.250)
GKZ1	柱子(2)	Φ750 × 14	12 600	3 200.19	(− 0.050) ~ (+11.050)
GKZ2	柱子(2)	Φ750 × 14	12 600	3 200.19	(− 0.050) ~ (+11.050)
GKZ11(2)	柱子(2)	Φ750 × 14	16 900	4 292.32	(− 0.050) ~ (+11.050)

(3) 上下节钢柱的连接。使用上节柱底和下节柱顶的安装连接板进行。调整位置后用夹板和螺栓连接。

(4) 卸吊钩。钢立柱起吊时预先挂上钢爬梯,并用绳把钢爬梯绑扎到钢爬梯上。钢柱吊装到位后,操作人员沿爬梯爬上柱顶卸去吊钩。

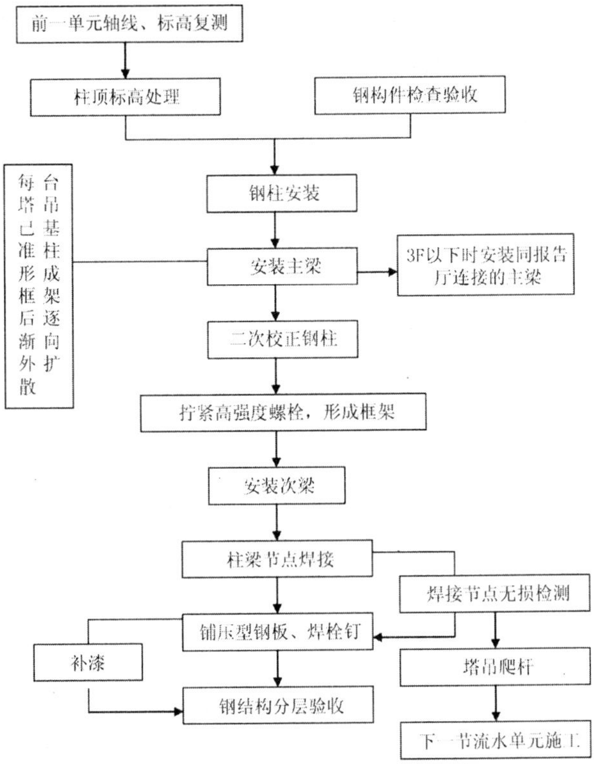

图 6.5.5　安装单元流程

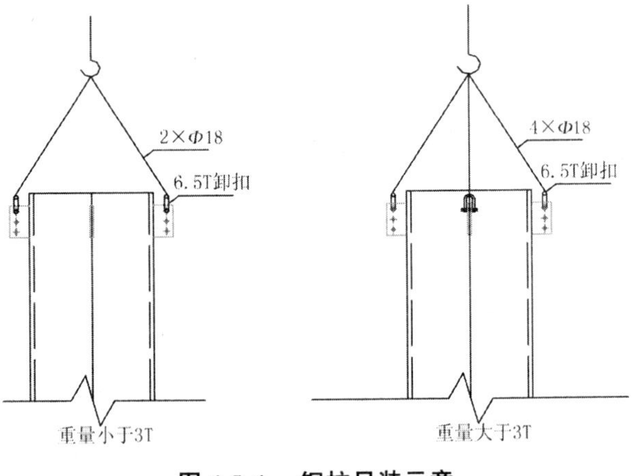

图 6.5.6　钢柱吊装示意

(六) 钢梁的吊装

(1) 钢梁采用两点捆绑吊装方法如图 6.5.8 所示。钢梁重量均不超过 3 t，钢丝绳为 Φ17.5。吊点至梁中心的距离与梁长的关系见表 6.5.7。

(2) 钢梁吊装到位后首先连接腹板的安装螺栓。

(3) 随着结构层升高，钢梁垂直运输的时间越来越长。为了最大限度地利用塔吊能力，钢梁采用串联吊装。在相应层次的钢梁上暂设临时放置点，用来堆放钢梁。塔吊集中

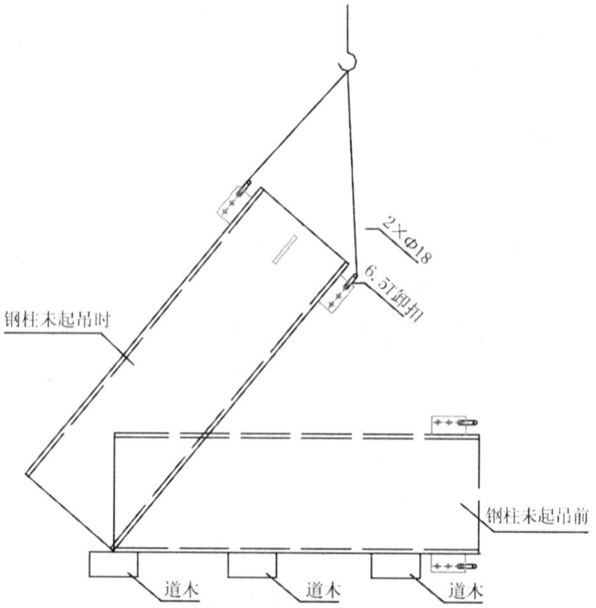

图 6.5.7　钢柱起吊示意

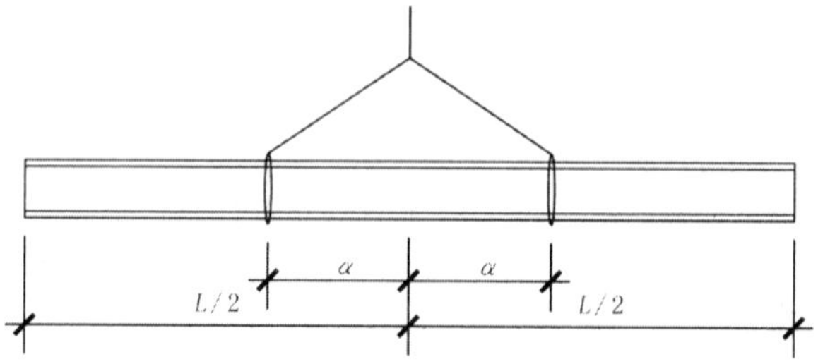

图 6.5.8　两点捆绑吊装

表 6.5.7　吊点至梁中心的距离与梁长的关系

L / m	α / m	L / m	α / m
10≤L≤15	2.0	≤5	1.0
L≤10	1.5		

注：L 为梁长；α 为吊点至梁中心的距离。

将部分钢梁吊上该层后再逐件安装。

① 每处放置点上同一时间内堆放的钢梁数量不得超过 15 根。

② 放置点处的钢梁应确保搁置在不少于 2 根钢梁上并基本对称。

③ 放置点下方拉好安全网。

（七）报告厅钢结构安装

（1）报告厅钢结构主要构件(见表 6.5.8)

（2）报告厅钢结构安装工艺流程

表 6.5.8 报告厅钢结构主要构件

位置	编号	名称	规格	长度 / mm	数量	单重 / kg
一层	GCL1	次梁	H420 × 200 × 8 × 12	7 450	20	465.99
一层	GCL2	次梁	H550 × 300 × 10 × 18	7 450	5	932.21
顶层	GCL3	次梁	H350 × 200 × 6 × 10	7 450	35	349.73
夹层	GCL3	次梁	H350 × 200 × 6 × 10	2 300	4	107.97
侧房二层	GCL4	次梁	H500 × 200 × 10 × 16	8 500	1	739.31
一层	GJL1	钢架梁	H800 × 350 × 14 × 20	13 265	6	2 565.77
一层	GJL2	拱梁	H650 × 350 × 12 × 20	32 885	6	5 503.70
一层	GJL2A	钢架梁	H650 × 350 × 12 × 18	13 797	1	2 309.09
一层	GJZ	钢架柱	H700 × 350 × 16 × 25	4 392	12	961.91
一层	GJZ1	圆管柱	Φ325 × 16	8 300	9	1 011.48
一层	GKL1	次梁	H550 × 300 × 10 × 18	7 450	20	932.21
侧房一层	GKL2	框架梁	H500 × 200 × 10 × 16	12 300	1	1 069.83
顶层	GL1	次梁	H250 × 150 × 6 × 8	32 885	1	981.99
一层	GL1A	次梁	H250 × 150 × 6 × 8	2 390	2	71.37
一层	GL1B	次梁	H250 × 150 × 6 × 8	2 330	2	69.58
一层	GL1C	次梁	H250 × 150 × 6 × 8	2 305	2	68.83
一层	GL1D	次梁	H250 × 150 × 6 × 8	2 300	17	68.68
一层	GZ1	方管柱	□300 × 300 × 12 × 12	11 400	1	1 237.10
夹层	GZ2	方管柱	□200 × 200 × 10 × 10	30 936	8	1 845.64
夹层	GZ2A	方管柱	□200 × 200 × 10 × 10	1 500	2	89.49

安装时按轴线依次安装钢柱、楼面结构主次梁、六榀弧形拱梁及其余结构梁柱。安装工艺流程如图 6.5.9 所示。

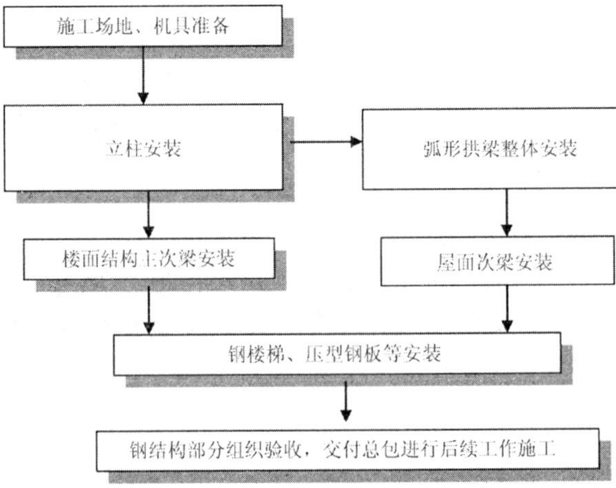

图 6.5.9 钢结构安装工艺流程

（3）现场情况

报告厅地下为 1 层，钢结构运输和钢结构吊时，地下室上方作为移动空间、构件堆放场地以及现场施工作业场地。

（4）构件的吊装

1）钢柱和主次梁等钢构件（弧形拱梁除外）用 QTZ 120B 塔吊进行吊装。在塔吊作业半径外的施工区域中，钢构件单件最重为 2 560 kg，起吊高度最高为 12.75 m，用 25 t 汽车起重机吊装，作业半径 11 m，臂长 16.5 m，额定起重量为 5.85 t。

2）弧形拱梁吊装。弧形拱梁进行整体吊装，整体拼装后重 6 t。

3）胎具。弧形拱梁运到现场后，先进行拼装。拼装胎具采用 H 型钢，长约 2 m，共 6 根。

4）现场拼装。弧形拱梁按深化图纸分成单元到现场拼装。

5）弧形拱梁吊装。弧形拱梁整体拼装后重约 6 t，吊装采用两点吊装，吊装前对接拼装焊接必须满足规范吊装要求，并进行探伤并且合格。在 QTZ 120B 塔吊作业半径内的，选用 QTZ 120B 塔吊和 25 t 汽车起重机组合吊装，在 QTZ 120B 塔吊作业半径外的，选用 2 台 25 t 汽车起重机组合吊装，吊装就位后，用缆绳临时固定后用经纬仪调整钢梁。操作平台用 11 m 液压升降机。

（八）调整

调整的内容包括柱顶标高调整，单根垂直度调整、错口调整，整体框架调整，钢梁调整。

（1）柱顶标高调整

每一层钢柱安装结束后测量柱顶标高。柱高差不超过 5 mm 时只记录，不进行调整。柱高差超过 5 mm 时，及时将偏差数值反馈回制作工厂，在制作上一节钢柱时调整其长度适当加长或缩短，达到上一节柱顶标高正确。

上、下柱对接节点的错口主要靠钢柱加工精度保证，特别是连接位置处的临时安装板的位置精度要求很高，偏差不得超过 1 mm。按照规范要求，错口不得超过 $t/10$，且不大于 3.0 mm。

（2）单根柱垂直度调整

在柱子吊装到位后进行初步调整。使用千斤顶在柱子对接节点部位进行（图 6.5.10）。图 6.5.10 中支架钢板厚度为 14 ~ 16 mm，同钢柱之间用螺杆连接固定，视钢柱规格决定其长度。千斤顶使用 5 ~ 10 t 螺旋千斤顶。

调整过程中随时检测钢柱垂直度，初步调整时偏差不超过 20 mm 时即可。测量在三层柱子以下用经纬仪进行，超过三层柱子时用平面上的控制网进行。

（3）基准柱垂直度测量

本工程基准柱采用激光垂准仪（原称激光经纬仪）校正。

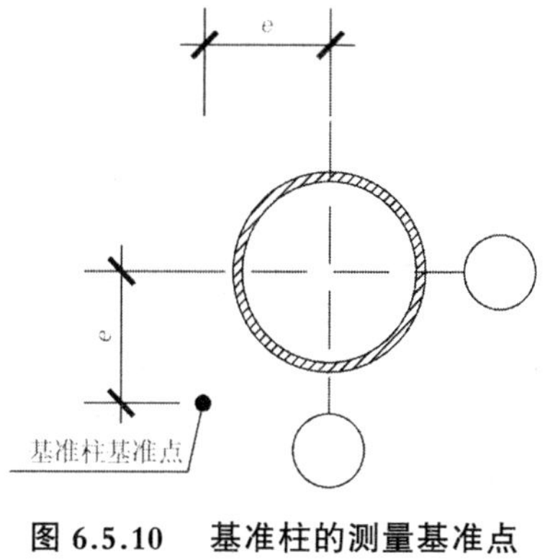

图 6.5.10　基准柱的测量基准点

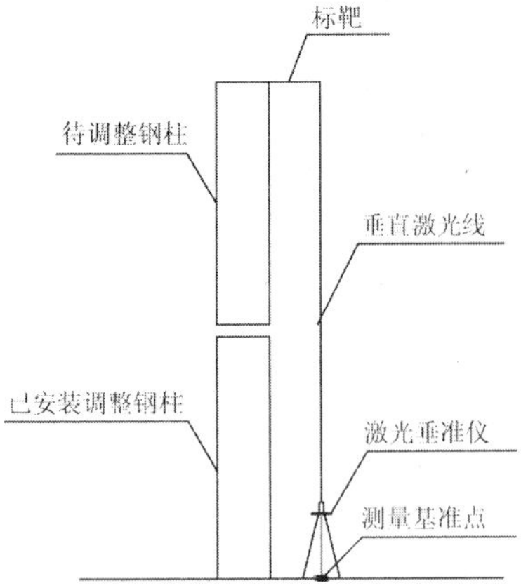

图 6.5.11　激光垂准仪测量垂直度示意

在基准柱的基础轴线上，以 X 轴和 Y 轴分别引出等距离的补偿线，其交点作为基准柱的测量基准点(图 6.5.10)。

在待校正的基准柱顶部，设置半透明的校正靶标(上有靶心和靶环),靶标供激光垂准仪光点投射用,靶心的位置与基础的基准点位置重合。

将激光垂准仪安置在底层第一节基准柱的操作平台上，使激光垂准仪与基础基准点保持在同一铅垂线上,然后把激光垂直向上投射到柱顶靶标上。

为了消除仪器和操作等因素造成的误差，应依次把激光垂准仪旋转 90°,并在靶标上分别测出四个光点,连接四点得出它的交点,该交点即为消除误差后的测点(图 6.5.11)。把激光垂准仪光束调整到消除误差的测点位置,接着即可校正基准柱,使柱顶的靶心与测点吻合,则此根基准柱校正即告完成。

(4) 其他框架柱校正

基准柱校正后,在其柱顶偏移适当距离“*e*”处拉钢丝,钢丝直径需小于 1.6 mm,形成钢丝框。

用标准尺在本节结构的顶层梁面上逐根测量柱子与钢丝之间的纵横向距离，将其调整到设计允许的范围之内。全部柱子校正后,再用准直仪对基准柱进行复核,结果在控制值之内,则本节框架结构的柱子垂直度完成校正。

(5) 梁顶面标高调整

用水准仪和标尺测量同一根测两端的顶面高差,不超过 L / 1 000,且不超过 10 mm。超过规定时先用螺栓孔调节,如果还不够,只有通过打孔的办法,但必须通过相关负责人员同意批准。

(6) 柱准节校正工艺流程如图 6.5.12 所示。

五、高强螺栓施工

1. 施工工艺流程(图 6.5.13)

2. 储运和保管

高强度螺栓连接副由制造厂按批配套供货,并提供出厂质量保证书。高强度螺栓在运输保管过程中应轻装、轻卸、防止损伤螺纹。按出厂包装箱上的批号、规格分类保管,室内堆放,安装使用前严禁开箱。工地安装时,按当天螺栓使用的需要量领取,当天安装剩余的螺栓必须妥善保管,不得乱扔、乱放。在安装过程中,不得碰伤螺纹。

3. 螺栓紧固轴力检验

施工前,按出厂批复验螺栓连接副的紧固轴力,每批复验 8 套,8 套的紧固轴力的平均值和变异系数应符合规定。

4. 高强度螺栓连接副的安装

(1) 高强度螺栓连接副安装时,在每个节点应穿入临时螺栓和冲钉,来保证安装时

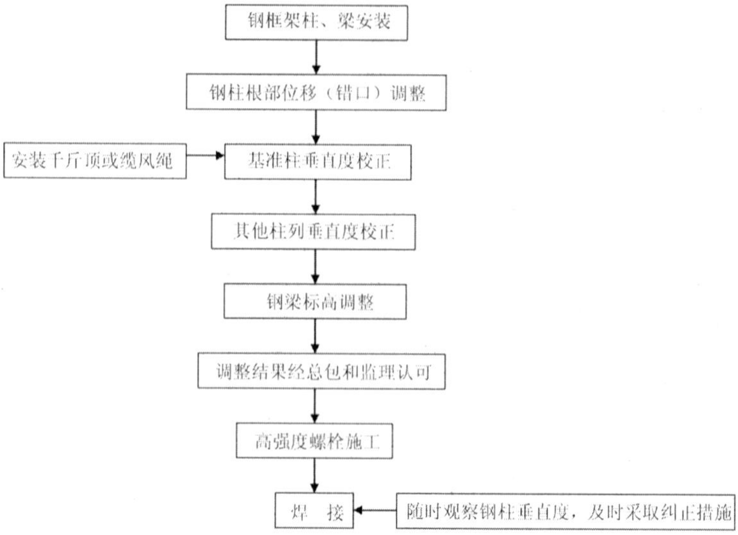

图 6.5.12　柱准节校正工艺流程

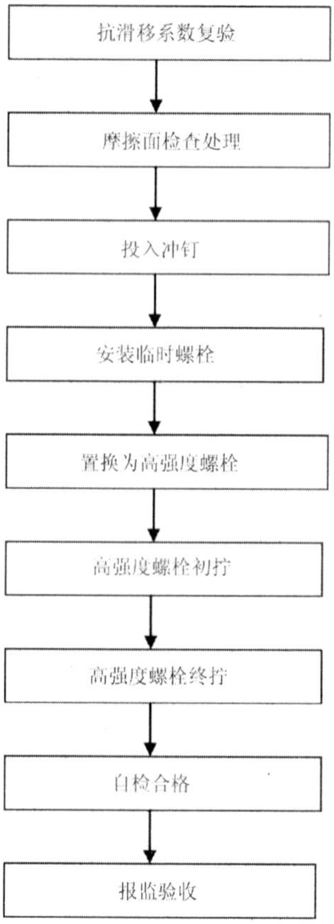

图 6.5.13　高强螺栓施工工艺流程

高强度螺栓不受力，其数量由安装时可能承担的荷载计算确定并应符合下列规定：

1）不得少于安装总数的 1/3。

2）不得少于两个临时螺栓。

3）冲钉穿入数量不宜多于临时螺栓的30%。

（2）不得使用高强度螺栓兼加临时螺栓，以防止损伤螺纹引起扭矩系数的变化。

（3）高强度螺栓的安装应在结构构件中心位置调整后进行，其穿入方向应以施工方便为准，并力求一致。高强度螺栓连接副组装时，螺母带圆台面的一侧应朝向垫圈有倒角的一侧。

（4）安装高强度螺栓时，严禁强行穿入螺栓（如用锤敲打）。如不能自由穿入时，应用绞刀进行修整，修整后孔的最大直径应小于1.2倍的螺栓直径。修孔时，为防止铁屑落入板叠缝中，绞孔前应将四周螺栓全部拧紧，待板叠紧密后再进行。严禁气割扩孔。

（5）安装高强度螺栓时，构件的摩擦面应保持干燥，不得在雨中作业。

（6）扭剪型高强度螺栓的拧紧应分为初拧、终拧。初拧后的高强度螺栓应在螺母上用颜色涂上标记，然后用专用扳手进行终拧，直至拧掉尾部梅花头。

（7）螺栓初拧时使用定矩扳手或采用电动初拧扳手。螺栓终拧使用电动专用扳手，直至尾部梅花头拧掉为合格。

（8）高强度螺栓在初拧时，连接处的螺栓应按一定的顺序施拧，一般应由螺栓群中央向外拧。

（9）高强度螺栓的初拧、终拧应在同一天完成。

5. 螺栓连接副的施工质量检查和验收

（1）扭剪型高强度螺栓终拧检查，以目测尾部梅花头拧断为合格。

（2）扭剪型高强度螺栓施工质量应有原始检查验收记录，即高强度螺栓连接副复验数据、抗滑移系数试验数据、初拧扭矩及终拧扭矩检查数据和施工质量检查验收记录等。

六、焊接施工

1. 焊接内容

（1）本工程中如图纸未做要求，则对接全熔透焊缝均为一级焊缝；H型钢的熔透T形组合焊缝为二级；角焊缝均为三级焊缝，但其外观质量须符合二级焊缝的要求。

钢梁与桁架弦杆对接焊缝，焊缝等级一级；

钢梁与钢梁对接时缘板对接焊缝，焊缝等级一级；

H型钢拼装的熔透焊缝，焊缝等级二级；

其他坡口焊缝、角焊缝的焊角尺寸应根据图纸要求施工。

（2）现场焊接采用手工电弧焊和二氧化碳（CO_2）气体保护焊。焊条和焊丝根据钢材材质选择，本工程为WGJ510C2和WGJ510C2钢材焊接，选用CJ556N焊条。

2. 焊前准备

（1）焊工证件应在有效期内，且停焊时间未超过6个月。

（2）检查坡口尺寸和接头组装情况是否符合要求。焊接坡口母材表面缺棱为1～3 mm时，应修磨平整（如用磨光机打磨）。缺棱超过3 mm时，应用直径不大于3.2 mm的焊条补焊并修磨平整。坡口组装间隙超过允许偏差规定时，可在坡口单侧或两侧堆焊，修磨使其符合要求。

1）检查焊接区域内 50 mm 范围内是否彻底清除杂物。焊接坡口内不得存在铁锈、水分和油漆等杂质。

2）焊条应根据要求进行烘焙和保温。

3）CJ556N 焊条烘干温度 350℃，烘干 2 h，100℃保温。

3. 焊接施工

（1）每一单元的焊接顺序和时机。在每一单元的钢框架调整完毕，高强度螺栓施工结束后开始焊接。严禁一根钢梁两头同时焊接；每一单元高度上的焊接顺序如下：

最上层钢梁节点焊接→中间层钢梁节点焊接→最下层钢梁节点焊接→该单元柱和下层柱之间焊接。

（2）焊接施工流程如图 6.5.14 所示。

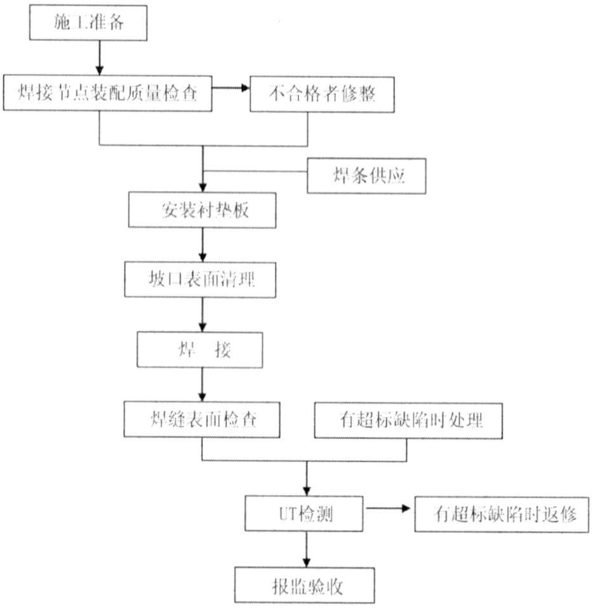

图 6.5.14　焊接施工流程

（3）钢材、焊接材料和焊接方法

工程采用的钢材主要是 WGJ510C2，包括柱、梁。现场使用手工电弧焊和二氧化碳气体保护焊。焊条采用 CJ556N 焊条。

（4）接头型式和焊前准备

1）接头型式：

① 柱的对接接头。单边坡口加衬板的熔透焊。

② 横梁刚接接头。上、下翼缘板作为单边坡口加衬板的熔透焊，腹板为高强度螺栓连接。

2）焊前准备：

① 组装精度要求。对接面的不平面度不大于 2 mm；坡口的不直线度不大于 2 mm；坡口角度，间隙和钝边。

② 焊接区域检查。焊接坡口应有保护措施如贴胶带等；焊接坡口内不得存在铁锈、

水分、油漆等杂质；根据情况用砂轮磨光机打磨处理。

③ 钢垫板。钢垫板装配牢固，长度适当，与板的贴紧间隙不超过 1 mm。

3）焊条使用及管理：

① 焊条必须有符合要求的质量保证书。

② 焊条入库存放，批号、规格和数量同质量保证书符合。

③ 焊条应在 300 ~ 350℃下烘焙 2 h，置于 150℃恒温箱中 1 ~ 2 h 后使用。

④ 焊条烘焙和发放由专人负责和记录。

⑤ 退回的焊条应重新烘焙，重复烘焙次数不超过 2 次。

⑥ 电焊工使用保温筒盛装焊条。

4）焊接工艺参数：焊接参数如电流、速度、电压等在焊接工艺评定后最终确定。

5）焊前预热：施焊环境温度应大于 0℃。厚度大于 36 mm 的钢板施焊前进行预热，预热温度为 100 ~ 150℃。预热采用电加热板进行。

6）定位焊：定位焊的焊接材料同正式焊接。焊缝厚度不大于 8 mm，焊缝长度为 30 mm。定位焊应布置在焊道内，由合格焊工施焊。大于 36 mm 的钢板定位焊前用氧气乙炔火焰进行烘烤。

7）焊接顺序：横梁焊接前先焊接柱同下一节柱的对接节点。

钢梁的焊接按照对称的原则进行，每一根柱子两侧的钢梁同时由成对焊工焊接。

8）焊接的具体要求：圆管柱和方管柱上对称布置焊工。多层焊应连续施焊，每层焊道焊完后及时清理，清除缺陷。每层焊道厚度不大于 5 mm。多层焊的接头应错开，每段焊缝的起始端应呈阶梯状。

（5）焊接施工

1）钢衬垫的定位焊宜在坡口内焊接，焊接厚度不宜超过设计焊缝的 2 / 3。定位焊必须由持相应合格证的焊工施焊，所用的焊接材料应与正式焊接时相同。当定位焊焊缝上有气孔或裂纹时，必须清除后重焊。钢衬垫的长度不小于正式焊缝长度 +10 mm，其与焊件的贴紧间隙不超过 1 mm。

2）坡口底层焊道手工焊接时，采用焊条宜不大于 Φ4.0。底层焊道的最小尺寸应适宜，但最大厚度不应超过 6 mm。

3）厚板多层焊接时应连续施焊，每一焊道焊接完成后应及时清理焊渣及表面飞溅物，发现焊接质量缺陷时，应清除后方可再焊。每层焊道厚度不大于 5mm，多层焊的接头应错开，每段焊缝的起始端应呈阶梯状。

4）在焊接过程中的各项技术参数，均应根据焊接工艺评定选用。

5）在焊接过程中，不准在焊缝以外的母材上打火、引弧。同时焊把线应做好保护，防止裸露铜丝在母材上打火，擦伤母材。

6）焊接结束后，清除表面焊渣。

（6）在焊接过程中，为防止焊接变形而引起结构体系变化，应依据以下原则施焊

1）钢梁与钢梁节点的焊缝，应先焊钢梁的下翼缘板，再焊其上翼缘板。先焊梁的一端，待其焊缝冷却至常温后，再焊另一端，不能对一根梁的两端同时施焊。

2）对于钢梁两侧不同的焊缝应先焊收缩量大的焊缝，后焊收缩量小的焊缝。

4. 焊后检查

（1）焊接完毕后应及时清理焊缝表面的熔渣和两侧飞溅物，检查焊缝表面的外观质量，验收依据 GB 50205—2001《钢结构工程施工质量验收规范》。

（2）焊后 24 h 后，检查外观是否有裂纹，然后按设计要求的比例进行超声波检测。二级焊缝的探伤比例为 20%；一级焊缝的探伤比例为 100%。

无损检测探伤依据 GB 11345—1989《钢焊缝手下超声波探伤方法和探伤结果分级》。

（3）对于内部缺陷部位须清除（用磨光机或碳弧气刨）后进行返修，返修使用与正式焊相同的焊接工艺进行焊接，返修后应进行复探。同一部位的返修次数不得多于两次，如果多于两次应制定专门的返修方案。

5. 焊缝返修

缺陷部位用气刨或磨光机清除。使用同正式焊相同的工艺进行焊接。同一部位返修不得超过两次，否则应制定专门返修工艺。应对返修的焊缝进行复探。

七、压型钢板施工

1. 每一单元压型钢板施工是在焊接结束后进行。

2. 压型钢板安装

压型钢板铺设前应确认钢结构已完成焊接，并经检验合格。铺设时以压型钢板母扣为基准起始边依次铺设，当所需压型钢板铺设收尾需切割施工时，应用等离子切割机（或业主、监理同意之切割工具）完成切割作业。收边、挡板、挡板补强等收尾工程应依灌浆进度要求及时完成。

3. 压型钢板焊接固定

压型钢板所用焊条为 E4303，直径在 3.2 mm 以下。压型钢板一端与大小梁接触面均需要每个波谷至少点焊一次，压型钢板及收边板侧向搭接于钢梁之上的点焊间距不得大于 900 mm，压型钢板端口部点焊间距不得大于 350 mm。挡板与梁焊接长度为 25 mm，每个间距为 300 mm。压型钢板铺设末端不足处若宽度小于 250 mm 时，以收边收头；压型板公扣扣合处应以夹扣或焊接方式扣合，夹扣间距不大于 500 mm，封口板于压型板波峰，波谷处点焊与之固定。

4. 栓钉焊接施工

（1）栓钉应以冷拔棒料制，材料必须符合有关技术标准。焊接瓷环的外形尺寸和公差必须符合有关技术要求。如发现有裂开、缺损或其他影响焊接质量的缺陷，不准用于生产。

（2）焊接设备的电源接线箱的容量，应符合 208 kVA 功率、15%暂载率的要求。焊接电源及焊枪应有专人负责维修保养，焊枪中的栓钉扎头、支承板及支架等易耗、易损零件，应保证有足够数量的备件。

（3）工件焊接面的油污、水分必须清理干净，并打磨清除氧化皮及铁锈，清除范围约为栓钉的两倍。母材温度在 -8℃以下不能焊接，下雨、下雪天不能在露天焊接。被焊工件应保证正确位置，即工件的焊接倾斜度不应超过 15°。

（4）施焊应按图划线定位，并随即打上定位标记。焊接时，根据栓钉的直径和长度正确选用焊接规范,焊工手持焊枪要保持稳定,直至焊缝金属完全成型。焊好的栓钉应去除瓷环残骸,并用肉眼检查焊接质量。若栓钉的焊接端挤出焊脚未达到 36 mm,应采用手工补焊。

(5) 对焊接质量有嫌疑的栓钉可作锤击检查,如果未发现开裂,即可让其处于弯曲状态留在构件上,不需校直,表明焊脚质量可靠。横梁焊接前先焊接柱同下一节柱的对接节点。钢梁的焊接按照对称的原则进行,每一根柱子两侧的钢梁同时由成对焊工焊接。

参考文献

[1] 筑龙网组编.钢结构工程施工技术案例精选[M].北京:中国电力出版社,2008.

[2] [美]John H. Hacker(约翰 H.海克),Julie A.Gorges(朱丽叶 A.乔吉斯)著.住宅钢结构设计与施工.陈志华,等.译.北京:机械工业出版社, 2008.

[3] 姚谏,赵滇生.钢结构设计及工程应用.北京:中国建筑工业出版社,2008.

[4] 丁阳.钢结构.天津:天津大学出版社,北京:中央广播电视大学出版社,2005.

第七章 建筑节能与环保工程

建筑节能是一项全方位的综合性的系统工程，建筑节能技术涉及了建筑技术、材料技术、能源技术、智能技术、仿生技术、废物再利用技术等，也涉及设计、施工、管理、政策法规等诸多部门，是一项全方位的、综合性的系统工程。我国人口已达 14 亿多、物产资源贫乏，煤炭只有世界人均水平的 1/2，原油只有 1/7，天然气只有 1/10，水只有 1/4。建筑能耗（包括：建材生产、建筑施工和建筑使用能耗）是建筑、制造、交通三大能耗之首，约占全社会总能耗的近一半，实行建筑节能，降低建筑能耗，减少环境污染，加大环保工程力度已刻不容缓。

第一节 概 述

一、建筑节能

（一）建筑节能的基本概念

1. 建筑节能

所谓建筑节能，今天它的含义比字面上的意义要丰富、深刻得多。自从 1973 年发生世界性的石油危机以后的 30 多年来，在发达国家，它的说法已经经历了三个发展阶段：最初就叫“建筑节能”（Energy efficiency in buildings）；但不久即改为“在建筑中保持能源”（Energy conservation in buildings），意思是减少建筑中能源的散失；近来则普遍称为“提高建筑中的能源利用效率”（Energy saving in buildings），也就是说，并不是消极意义上的节省，而是从积极意义上提高能源利用效率。在我国，现在仍然通称为建筑节能，但其含义应该进到第三层意思，即在建筑中合理使用和有效利用能源，不断提高能源利用效率。

建筑节能的范围界定国内过去较多的说法是，包括建筑材料生产、建筑施工和建筑物使用几个方面的能耗，这种说法，将建筑用能跨越了工业生产和民用生活的不同领域，从而与国际上通行的统计口径不符。近来，经过认真研究，大家认为，我国建筑使用能源的范围，应该与各发达国家取得一致，即建筑能耗应指建筑使用能耗，其中包括采暖、空调、热水供应、炊事、照明、家用电器等方面的能耗。建筑节能就是要提高建筑中的能源利用效率，一是商品混凝土的推广利用，从生产环节上控制其采用低能耗建材，同时在施工环节可减少环境噪声污染；二是保温材料使用能降低建筑物在使用过程中能源消耗量，如外墙、屋面使用的保温砂浆、保温板；三是再生能源的利用能重复利用资源，提高能源使用效率。如建筑中水的利用，太阳能、地热能的利用等。也就是说，建筑节能的定义是指在建筑物的规划、设计、新建（改建、扩建）、改造和使用过程中，执行建筑节能标准，采用节能型的建筑技术、工艺、设备、材料和产品，提高保温隔热性能和采暖供热、空调制冷制热系统效率，加强建筑物用能系统的运行管理，利用可再生能源，在保证建筑物室内热环境质量的前提下，减少采暖供热、空调制冷制热、照明、热水供应的能耗。

2. 节能建筑

节能建筑与建筑节能两者既有区别又有关联。本质上建筑节能是手段，节能建筑是目的。节能建筑通常采取保温、隔热、密封等措施，让建筑在使用过程中减少对煤、电等能源的消耗。节能建筑是指遵循气候设计和节能的基本方法，对建筑规划分区、群体和单体、建筑朝向、间距、太阳辐射、风向以及外部空间环境进行研究后，设计出低能耗建筑，其主要指标有：建筑规划和平面布局要有利于自然通风，住区的绿地率不低于30%，人均公共绿地面积不低于1 m^2；建筑间距应保证每户至少有一个居住空间在大寒日能获得满窗日照2 h，最小日照距离不低于1.1 h；窗墙面积比不宜大于0.35，建筑外墙传热系数k值小于该地区节能标准规定值；要求节能指标在80年代初砖混结构多层住宅达到舒适热环境效果的同时节能50%及以上等。由于节能建筑具有良好的保暖效果，即房间温度不会随着室外气温的变化而大幅度变化，有着自然的冬暖夏凉的效果。理想的节能建筑应在最少的能量消耗下满足以下三点：一是在不同季节、不同区域能够控制接收或阻止太阳辐射；二是在不同季节能够保持室内的舒适性；三是使室内能够实现必要的通风换气。目前，建筑节能的途径主要包括：尽量减少不可再生能源的消耗，提高能源的使用效率；减少建筑围护结构的能量损失；降低建筑设施运行的能耗。

3. 建筑能耗

建筑能耗是指建筑使用能耗，包括采暖、空调、热水供应、炊事、电气等方面的能耗。其中，以建筑采暖和空调能耗为主，占建筑总能耗的65%，热水供应占建筑总能耗的15%，电气占建筑总能耗的14%，炊事占建筑总能耗的6%。随着我国的城市化建设的飞速发展，我国建筑能耗日益增长。例如，我国空调高峰负荷已经超过4 500万kW，相当于2.5倍三峡电站满负荷出力；又如，我国北方采暖地区每年就多耗标准煤1 800万t。建筑能耗增加导致能源短缺的问题将更加突出。据统计，目前建筑能耗所占社会商品能源总消费量的比例已从1978年的10%上升到30%左右。而根据发达国家经验，随着我国城市化进程的不断推进和人民生活水平不断提高，建筑能耗的比例将继续增加，并最终达到35%左右。因此，建筑将超越工业、交通等其他行业而最终成为能耗的首位，建筑节能将成为提高社会能源使用效率的首要方面。

（二）建筑节能在社会发展中的重要性

1. 建筑节能是社会经济发展的需要

能源是发展国民经济、改善人民生活水平的重要物质基础。“八五”期间，我国国内生产总值平均年增长11.8%，而一次商品能源平均年增长才3.6%，今后能源生产的增长速度还将长期滞后于生产总值的增长速度，由此可见，能源短缺对于我国经济的发展是一个根本性的制约因素，国家经济要发展，就非依赖于节能不可。我国的能源形势严峻，据测，我国年需各种能源共17亿t标准煤，但生产的能源仅有13.7亿t标准煤。但煤炭的经济可采储量和可开发的水电量按人均水平，均低于世界人均水平的一半，至于石油和天然气就更少了。为了可持续利用国家的能源储藏，我们现在就必须节约能源。

我国建筑耗能伴随着建筑总量的不断攀升和居住舒适度的提升，呈急剧上扬趋势。我国建筑不仅耗能高，而且能源利用效率很低，单位建筑能耗比同等气候条件下发达国家高出 2 ~ 3 倍。仅以建筑供暖为例，北京市在执行建筑节能设计前，一个采暖期的平均能耗为 30.1 W / m^2，执行节能 50%标准后，一个采暖期平均能耗为 20.6 W / m^2，而相同气候条件的丹麦等国家，一个采暖期的平均能耗仅为 11 W / m^2。我国现阶段城市房屋建筑中普遍存在围护结构保温隔热性和气密性差，供热空调系统效率低下等问题，以占我国城市建筑总面积约 60%的住宅建筑为例，采暖地区城镇住宅面积约有 40 亿 m^2，2006 年年底，全国政协调研组就建筑节能问题提交的调研数据显示：按目前的趋势发展，到 2020 年我国建筑能耗将达到 10.9 亿吨标准煤。建筑节能要求十分紧迫。

2. 建筑节能是减轻大气污染的需要

20 世纪 90 年代以来，世界各国越来越关心燃烧矿物燃料所产生的污染问题，各发达国家的节能政策，均以减少燃料燃烧的排放物为明确的目标。人们已经认识到，所排放的颗粒物以及碳和氮的氧化物会造成环境酸化危害人体健康，二氧化碳积累，将导致地球气候产生重大变化。特别是我国，建筑采暖能源以煤炭为主，约占 75%。随着城镇建筑的迅速发展，采暖和空调建筑、生活和生产用能日益增加，向大气排放的污染物急剧增长，环境形势十分严峻。建筑采暖和炊事用能是造成大气污染的两个主要因素。采暖期城市大气污染指标普遍超过标准，如总悬浮颗粒、尘降、二氧化碳和氮氧化物，北方城市高于南方城市，采暖期重于非采暖期。目前，我国采暖燃煤排放二氧化碳每年约 1.9 亿 t，排放二氧化硫近 300 万 t，烟尘约 300 万 t，造成严重大气环境污染。如兰州、沈阳、北京等地，空气污染情况更为严重。二氧化碳造成的地球大气外层的“温室效应”严重危害人类生存环境。我国排放的二氧化碳已占世界第二位，建筑用能的二氧化碳排放量占到全国用能排放量的 1 / 4，随着建筑物的大量建造，情况可能还会进一步恶化，前景确实令人担忧。显然，降低建筑能耗，提高建筑节能效果是改善大气环境的重要途径。

3. 建筑节能是改善建筑热环境的需要

随着现代化建设的发展和人民生活水平的提高，舒适的建筑热环境日益成为人们生活的需要。在发达国家，适宜的室温已成了一种基本需要，他们通过越来越有效地利用好能源，满足这种需要。在我国，这种需要也在日益迫切，这与我国大部分地区冬冷夏热的气候特点关系很大。与世界同纬度地区相比，1 月平均气温我国东北要低 14 ~ 18℃，黄河中下游要低 10 ~ 14℃，长江以南要低 8 ~ 10℃，东部沿海要低 5℃左右；而 7 月平均气温，我国绝大部分地区却要比同纬度地区高出 1.3 ~ 2.5℃。加之，热天整个东部地区温度均高，冷天东南地区仍保持高湿度。因此，夏天闷热，冬天潮凉，使人更加难受。北京日平均气温低于 10℃的冬季一年平均有 158 天；高于 22℃的夏季一年平均有 98 天。冬季和夏季的时间，一共长约 8 个半月，而气候宜人的春天和秋天才只有 3 个半月。由此可见，我国冬冷夏热的问题是相当突出的，人民生活越是改善，越不堪忍受寒冬暑夏的折腾。冬天需要采暖，夏天想要空调，这都需要能源的支持，其中对优质能源的需求量增长更快。而我们的能源供应特别是优质能源供应十分紧张。从宏观上看，只有在同时实现节约能源与加速能源开发的条件下改善冷热环境，这种改善才有可能，否则只是无米之炊，只能加重国家的困难。

（三）建筑节能工作的主要内容

建筑节能工作主要包括建筑围护结构节能和采暖供热系统节能两个方面。

1. 建筑围护结构节能

改善围护结构的热工性能，使得供给建筑物的热能在建筑物内部得到有效利用，不至于通过其围护结构很快散失，从而达到减少能源消耗的目的。实现围护结构的节能，就是提高建筑物墙体、屋面、楼地面、门窗等保温隔热性能，提高门窗和墙体的密闭性能，以减少传热损失和空气渗透耗热量。

2. 采暖供热系统节能

采暖供热系统包括热源、热网和户内采暖设施三大部分。要提高锅炉运行效率和管网输送效率，而不至于使热能在转换和输送过程中过多地损失。因此，必须改善供热系统的设备性能，提高设计和施工安装水平，改进运行管理技术。在户内采暖设施部分，应采用双管入户、分户计量、分室控温等技术措施，实行采暖计量收费制度，使住户既是能源的消费者，又是能源节约者，调动人们主动节能的积极性，充分实现建筑节能应有的效应。

（四）建筑节能工作的目标

为提高建筑使用能源的利用效率，改善居住热舒适条件，促进城乡建设、国民经济和生态环境的协调发展，建设部在 1995 年《建设部建筑节能“九五”规划和 2010 年计划》中提出建筑节能的发展目标分为三个阶段：

第一步目标：1996 年以前，新建采暖居住建筑在 1980—1981 年当地通用设计能耗水平的基础上普遍降低 30%，即节能率为 30%；

第二步目标：自 1996 年起，在达到第一阶段要求的基础上再节能 30%，即节能率为 50%；

第三步目标：自 2005 年起，在达到第二阶段要求的基础上再节能 30%，即节能率为 65%。

此外，对采暖地区既有建筑的节能改造，集中供热民用建筑实行按表计量收费，新建采暖公共建筑及夏热冬冷地区民用建筑的节能等，也都提出了发展目标。

到 2010 年，新建建筑普遍实施节能率为 50%的《民用建筑节能设计标准（采暖居住建筑部分）》（JGJ 26—1995）、《夏热冬冷地区居住建筑节能设计标准》（JGJ 134—2001）、《夏热冬暖地区居住建筑节能设计标准》（JGJ 75—2003）、《建筑照明设计标准》（GB 50034—2004）以及《公共建筑节能设计标准》（GB 50189—2005）。全国各大中小城市及城镇实施上述标准全面到位。北京、天津等少数大城市率先实施节能率为 65%的地方节能标准。

至 2010 年，新建建筑累计节能 1.6 亿 t 标准煤，既有建筑节能 0.6 亿 t 标准煤，共计 2.2 亿 t 标准煤，其中节电 3 200 亿 kWh，削减空调高峰负荷 3 500 万 kW；累计减排 CO_2 5.9 亿 t，其中新建建筑 4.2 亿 t，既有建筑 1.7 亿 t。

（五）住宅建筑能耗分析

住宅的能耗很大程度上受不同地域的气候差异以及室内热环境设定的影响，不同室外气候条件下的单体建筑能耗分析得出的结论可能是完全相反的。因此，住宅建筑物的能耗分析必须注明适用地区及室内热环境的设定条件。住宅的能耗分析通常是通过模拟计算的手段分析上述建筑单体本身属性的改变对建筑全年能耗的影响，进而为建筑师改进建筑单体方案设计提供科学依据。住宅的能耗分析主要考虑建筑体形对能耗的影响，建筑朝向对能耗的影响，窗墙比对能耗的影响以及热惯性对能耗的影响。

1. 建筑体形对能耗的影响

针对寒冷地区，节能建筑的形态不仅要求体形系数小，而且需要冬季太阳辐射热多，还需要对避免寒风有利。但满足这三个要求所需要的体形系数是不一样的。而对避免寒风且又受地区、朝向和风环境的极大影响。因而具体选择节能体形会受到多种因素的制约，包括当地冬季气温和太阳辐射强度、建筑朝向、建筑各面围护结构的保温状况和局部风环境状态等，需要具体权衡得热和失热的情况，优化组合各种因素才能确定。

单位体积的建筑物外表面积称为体形系数，它直接反映了建筑单体外形的复杂程度。体形系数越大，相同建筑体积的建筑物外表面积越大，建筑物向室外散失的热量也就越多。体积小、体形复杂的建筑，其体形系数较大，对节能不利；体积大、体形简单的建筑，其体形系数小，对节能较为有利，因而，体形系数是影响住宅能耗指标的主要因素之一。对住宅的设计中，不宜大规模采用单元式住宅错位拼接，不宜采用点式住宅拼接，错位拼接和点式拼接住宅都形成较大的外墙临空面积，增加住宅单体的体形系数，不利于建筑节能。

对于非寒冷地区，即夏热冬冷地区、夏热冬暖地区，建筑物全年的能耗有部分是来自夏季的空调电耗。在建筑单体设计时，应考虑建筑物单体形状有利于防晒、遮阳，减少太阳辐射得热，要考虑在室外气温低于室内温度时减少空调能耗，如夏季夜间，如何利用自然通风或者是围护结构本身的散热来延长非空调时间。

2. 建筑朝向对能耗的影响

"坐北朝南"是我国住宅建筑传统的房屋朝向。我国大部分地区处于北温带，这是由于太阳的运行规律使得这种朝向的房屋冬季最大限度地获得太阳辐射热，同时南向外墙可以得到最佳的受热条件，而夏季则正好相反。

建筑物朝向在很大程度上还会影响建筑物周边及其自身的自然通风状况，建筑物的自然通风状况又是直接影响建筑物能耗与室内热环境的重要因素，理想的日照方向也许恰恰是最不利的通风方向。

选择合理的住宅建筑朝向是住宅群体布置中优先考虑的问题。影响住宅朝向的因素很多，如地理纬度、地段环境、局部气候特征及建筑用地条件等。所谓"最佳朝向"的提法蕴涵着明显的地域特征，它是在综合考虑了当地地理、气候条件下对朝向的研究结论。朝向选择需考虑的因素有：冬季日照和防风、夏季防晒和自然通风、降雨、利用地形和节约用地等。

3. 窗墙比对能耗的影响

窗墙比既窗墙面积比，是指某朝向的外窗（包括透明幕墙）总面积与同朝向的墙面总面积之比。由于窗户的保温隔热性能相对较差，冬季散热较快，夏季太阳辐射通过窗户进入室内，导致建筑的空调能耗增加。我国《民用建筑节能设计标准（采暖居住建筑部分）》（JGJ 26—1995）规定：北向、东西向和南向的窗墙比应分别低于25%、30%和35%。窗墙比的确定是综合考虑了某一地区不同朝向墙面冬夏日照情况（日照时间、太阳总辐射强度、阳光入射角），冬夏季风影响，室外空气温度，室内采光设计标准以及开窗面积，建筑能耗等因素完成的。如果超出规定数值时，则应相应地降低外墙和屋顶的传热系数。对于寒冷地区，尽量采用单框双玻璃或中空玻璃窗，对于夏季炎热地区，应注意遮阳系统（尤其是外遮阳）的设计。

4. 热惯性对能耗的影响

由于围护结构存在热惯性，通过围护结构的传热量和温度波动与外扰波动幅度之间会存在一定的衰减关系。衰减程度取决于围护结构的蓄热能力。围护结构的热容量愈大，蓄热能力就愈大，衰减和滞后就愈明显。一般来说，厚重的材料其蓄热能力就大，由该材料组成的围护结构热稳定性就好，房间温度相应抵抗外扰波动的能力也就越强。此外，即使是相同材料组成的围护结构，不同的采暖空调运行模式对围护结构材料顺序的设置要求也是不同的。对连续运行模式，在围护结构里侧应选用蓄热能力大的厚重材料，如采用外墙外保温方式，将厚重的主墙体置于内侧，增加房间的热稳定性，同时轻质保温材料保证一定的传热热阻，减少采暖能耗。对间歇运行的采暖、空调模式，则要求房间的热反映要快，也即当需要采暖或空调时，在给定热量或冷量的情况下，室温能够在较短的时间内达到设定值，而不是消耗过多的能量用于加热或冷却内侧的围护结构材料。

二、节能环保材料

节能建筑材料是指在生产和制造时节能、环保，并通过各种技术措施将其应用到建筑结构后，能够提高或者达到规定建筑节能率的一切材料。节能建筑材料应该是对热流具有显著阻抗性，用于减少结构物与环境热交换的一种功能材料。其中绝热建筑材料一般是指导热系数小于 0.2 W / (m·K)R 的建筑材料。节能建筑材料主要分为三大类：保温节能墙体材料，建筑保温、绝热材料，节能门窗及玻璃制品。

（一）保温节能墙体材料

砖、砌块是保温节能墙体的基本材料，通过合理有效地利用各种工业废渣，制造节能砖、砌块，达到节约能源、废渣利用、保护环境的目的。砖分为烧结普通砖、蒸压粉煤灰砖、蒸压灰砂砖、烧结空心砖和烧结多孔砖等。砌块分为普通混凝土小型空心砌块、轻集料混凝土小型空心砌块、粉煤灰小型空心砌块、蒸压加气混凝土砌块、石膏砌块以及保温砌模等。

（二）建筑保温、绝热材料

保温绝热材料一般为轻质、疏松、多孔、纤维材料。按其成分可分为有机材料和无机材料两种。有机材料的保温绝热性能较好，无机材料的耐久性好。按形态可分为纤维状、微孔状、气泡状及层状四种（见表 7.1.1）。

保温、隔热材料种类很多，现将几种新型材料介绍如下。

1. 泡沫石棉

泡沫石棉是一种新型的、超轻质的保温、隔热、吸声材料，是以化学石棉工艺，经过机械方式处理，将石棉纤维素细纤化，使之成为网状结构而成。它具有保温隔热性能优良、吸声防震、柔软无尘、不刺激皮肤、在运输和施工中基本无损耗、施工简便、可任意裁剪或弯曲、质量特轻、造价低、适用范围广等特点。

泡沫石棉与其他保温材料相比，在有同等保温、隔热效果时，其用料重量只相当膨胀珍珠岩的 1 / 7、膨胀蛭石的 1 / 10。泡沫石棉比超细玻璃棉还轻 20%，比膨胀珍珠岩、膨胀蛭石的保温、吸声、绝热材料的施工效率高 7 ~ 8 倍。

表 7.1.1　主要保温、绝热材料分类

形态	材质		材料
纤维状	无机	天然	石棉纤维
		人造	矿物纤维(矿渣棉、岩棉、玻璃棉、硅酸铝棉)
	有机	天然	软质纤维板(木纤维板、草纤维板)
微孔状	无机	天然	硅藻土
		人造	硅钙板、碳酸镁
气泡状	有机	天然	软木
	无机	人造	膨胀珍珠岩、膨胀蛭石、加气混凝土
			泡沫玻璃、泡沫硅玻璃、火山灰微珠、泡沫石棉
			泡沫黏土、泡沫混凝土
	有机	人造	聚苯乙烯树脂泡沫、聚氨酯树脂泡沫(冷凝酯泡沫)、酚醛树脂泡沫、氮尿素泡沫、橡胶(塑)泡沫、聚氯乙烯树脂泡沫、聚乙烯树脂泡沫、脲醛树脂泡沫
层状	金属		铝箔
	复合	人造	蜂窝叠层板、泡沫塑料夹芯板

泡沫石棉包括普通泡沫石棉、防水泡沫石棉、弹性泡沫石棉、弹性防水泡沫石棉、硬质泡沫石棉等数种。

防水泡沫石棉系泡沫石棉的第二代产品,又称表面防水泡沫石棉,是将泡沫石棉加以适量憎水剂等进行二次加工而成。防水泡沫石棉除具有泡沫石棉的所有特点以外,还具有遇水后,水即形成水滴状流走的特别防水性能及在水中自由浸泡一个月不下沉的性能。

弹性泡沫石棉及弹性防水泡沫石棉的技术指标除弹性恢复率为100%外,其他性能与防水泡沫石棉相同,价格也与防水泡沫石棉相同。

2. 胶粉聚苯颗粒保温浆料

胶粉聚苯颗粒保温浆料是由胶粉料和聚苯颗粒轻骨料加水搅拌而成,并且聚苯颗粒体积分数不小于80%的保温灰浆,具有导热系数低、干密度小、软化系数高、耐水性好、干缩率低、干燥快、施工方便、触变性好、整体性强、无接缝、配比准确、防火等级高、耐冻融、耐候等优点。

胶粉料主要是由氢氧化钙、粉煤灰、硅粉、硅酸盐水泥与各种保水剂、外加剂等组成的复合胶凝材料,固化后坚硬、密实、弹性好,粘结力强。聚苯颗粒是由回收的废聚苯乙烯泡沫包装物经粉碎混合而成,是一种较为理想的环保材料。胶粉料与水反应后的主要成分是硅酸盐,在与聚苯颗粒轻骨料混合后形成的保温浆料,可以看成是硅酸盐类的轻骨料混凝土,所以胶粉聚苯颗粒保温浆料是属于硅酸盐类材料中的一种。

(1) 胶粉聚苯颗粒保温浆料与其他保温浆料的区别

胶粉聚苯颗粒保温浆料采用废弃聚苯颗粒作为轻骨料,占总体积含量的80%以上,在确保保温性能的同时又净化了环境,而且聚苯颗粒在砂浆搅拌机中进行拌合时,不会出现破碎,克服了珍珠岩保温浆料中常出现的随着搅拌机强度加大,珍珠岩破碎程度增高，材料干密度变大，保温性能下降的缺陷。

胶粉聚苯颗粒保温浆料的胶凝材料采用粉煤灰、硅灰、石灰等复合材料体系代替传统的石膏水泥体系，具有耐水性能好、保温性能佳、固化时间快等优势。

胶粉聚苯颗粒保温浆料采用胶粉料预混合干拌技术和聚苯颗粒轻骨料分装工艺，工地现场只需要按包装比加水搅拌后即可施工，解决了传统的海泡石纤维保温浆料与水泥珍珠岩保温浆料由于工地称量不准确而造成的热工性能不稳定的问题。在胶粉料中掺入了大量保水性外加剂，又解决了保温浆料由于和易性不良、施工性能差的问题，胶粉聚苯颗粒保温浆料一次施工厚度可达 40 mm 以上，大幅度提高了施工速度。

（2）粉聚苯颗粒保温浆料与水泥砂浆的区别

胶粉聚苯颗粒保温浆料与水泥砂浆相比，具有干密度小、导热系数低、粘结强度／干密度比值大等特点。胶粉料中含有多种纤维及有机粘结材料，与聚苯颗粒定量加水搅拌混合，使得胶粉聚苯颗粒保温浆料比水泥砂浆具有更好的柔性及变形性。

（3）胶粉聚苯颗粒保温浆料体积安定性

胶粉料中含有不同弹性模量、长度不一的纤维均匀分布在保温层中，使保温层材料受到的变形应力得到分散和消解，在保温层干燥的不同阶段发挥网络抗裂的作用。由于采用了发泡与稳泡技术及有机材料包覆无机材料的微量材料预分散技术，增强了保温层材料的稳定性。由于采用了先进生产技术和设备，使胶粉聚苯颗粒保温浆料的体积安定性提高且干缩率降低。

（4）胶粉聚苯颗粒保温浆料保温性能

1）干表观密度：胶粉聚苯颗粒保温浆料是一种创新的干拌砂浆体系，胶粉聚苯颗粒保温浆料通过掺加聚苯颗粒降低了干表观密度，还从胶凝材料的角度来降低干表观密度，采取预混合干拌技术并经特殊配制，粉料的堆积密度为 600 kg/m^3，比石膏（700 ~ 800 kg/m^3）还要轻。

2）孔隙率：采用胶粉聚苯颗粒保温浆料，其保温层由固体的材料和充满其间的大量细小的封闭孔隙组成，这些孔隙且互不连通，彼此独立，孔隙内的空气被封闭在孔中，被气孔壁吸附，孔隙接近于真空状态，阻断热量的传递。这一技术克服了胶凝材料本身的导热系数过高影响总的导热系数的难题，利用胶凝材料固化后其中充满了大量均匀微小的气孔使总的导热系数降低，从而提高了保温效果。

3）吸湿性：吸湿性是影响材料的实际导热系数的重要因素。在胶粉料中采用了有机材料包覆无机材料的微量材料预分散技术，当粉料与水反应形成水化硅酸盐化合物时，其中有较强的憎水性的有机高分子材料均匀地包覆在硅酸盐化合物外，形成一层有机保护膜，使水分不易透入，所以材料具有很强的憎水性。

胶粉聚苯颗粒保温浆料的组成、结构、干表观密度、孔隙率和吸湿性是决定其导热系数的重要因素。要保证导热系数指标的合理稳定需要控制好各个影响因素的技术指标，只有当材料处于最佳密度区、封闭孔隙结构、具有低吸湿率时，才能保证低且稳的导热系数值。

（5）胶粉聚苯颗粒保温浆料隔热性能

相对聚苯板、聚氨酯等其他保温材料，胶粉聚苯颗粒保温浆料热容量大，在相同热阻条件下内表面温度振幅减小，出现温度最高值的时间延长，因此，胶粉聚苯颗粒保温浆料具有更好的隔热性能。

（6）胶粉聚苯颗粒保温浆料施工性能

胶粉聚苯颗粒保温浆料主要用于外墙外保温，其施工优势主要有：

1）材料适应性好：由于胶粉聚苯颗粒保温浆料是现场成型的保温材料，不受墙体外形的约束，其施工适应性好，在结构比较复杂或不规整的基层，如圆拱形、斜三角形等外墙表面以及在平整度较低的外墙面施工时，可以节约材料费用与人工费用。

2）施工整体性好：胶粉聚苯颗粒保温浆料固化后，保温层总体效果一致，不存在接缝，既避免了接缝热桥又防止了保温板接缝处理不当易开裂的弊病。

3）材料利用率高：胶粉聚苯颗粒保温浆料采用现场搅拌现场成型，搅拌量随施工量确定，用多用少不存在运输、贮存过程中的破损问题，也不存在施工裁板而造成材料利用不充分的问题。

3. 聚氨酯硬质泡沫

聚氨酯硬质泡沫全称聚氨基甲酸酯泡沫塑料。聚氨酯硬质泡沫是以聚醚树脂或聚酯树脂和甲苯二异氰酸酯为主体材料，与催化剂、稳定剂和发泡剂等助剂及水按一定比例混合搅拌进行发泡制成，通过机械分别在现场喷涂或浇注方式进行施工。在众多的泡沫类型材料中，聚氨酯硬质泡沫综合了其他类型泡沫的优点，在我国建筑节能保温工程应用较为广泛。

（1）聚氨酯硬质泡沫特点

1）在现场实施喷涂或浇注施工时，物料可在几分钟内固化成为一个连续泡沫整体，泡沫体密封性好，没有施工缝隙，可节省缝隙再处理过程。

2）施工方法简便、快速、灵活。可根据构造特点及各方面因素任选喷涂法或浇注法施工。

3）泡沫物料为化学极性很强的液体材料，当作用在基层形成泡体后，对多种材质均有极好粘结强度，并且具有相对密度小、强度高、吸水性小、导热系数低、隔声防震性能好、耐化学腐蚀、不发霉等优点。

4）泡沫物料配方调整方便，通过调整配方可制成所需各项技术性能的制品，如固化时间、密度、抗压强度、导热系数及阻燃性都可进行调整。

（2）聚氨酯硬质泡沫物理性能

现场喷涂聚氨酯硬质泡沫有普通保温型和集防水—保温隔热一体化的功能型。防水—保温隔热一体化功能型的各项技术性能指标均高于普通型。

聚氨酯硬质泡沫浇注型物理性能指标可按应用方式及设计要求灵活调整配制。

（三）节能门窗及玻璃制品

门窗主要有铝合金节能门窗、PVC 塑料节能门窗、塑钢节能门窗、玻璃钢节能门窗。玻璃钢节能门窗型材是以不饱和聚酯树脂为基体材料，以玻璃纤维及其织物为增强材料，采用拉挤成型工艺生产各种断面形式的中空型材。

节能玻璃应用最广泛的有热反射玻璃、Low－e 玻璃、真空玻璃和张膜玻璃四种。

1. 热反射玻璃

热反射玻璃是镀膜玻璃的一种。热反射玻璃的生产方法有热解法、真空法、化学镀膜法等多种。热反射玻璃对太阳光具有较高的反射比和较低的总透射比，能较好地隔绝太阳辐射能,并对可见光具有较高透射比。热反射玻璃表面金属镀膜极薄,使其在迎光面具有镜子的特性,而在背光面又有如玻璃窗般透明,对建筑物内部起到了遮蔽及帷幕作用。热反射玻璃多用来制成中空玻璃或夹层玻璃。

2. Low－e 玻璃

Low－e 玻璃全称低辐射镀膜玻璃，又称低辐射玻璃，是一种对远红外线有较高反射比的镀膜玻璃，它可以复合阳光控制功能，又称为阳光控制低辐射玻璃。Low－e 玻璃是利用真空沉积技术，在玻璃表面沉积一层低辐射涂层，一般由若干金属或金属氧化物薄层和衬底层组成。根据 Low－e 膜玻璃的不同透过特性，将 Low－e 膜分成冬季型 Low－e 膜、夏季型 Low－e 膜和遮阳型 Low－e 膜。近年来随着我国建筑节能工作深入开展，Low－e 玻璃逐渐被人们所接受。

3. 中空 / 真空玻璃

中空玻璃又称密封隔热玻璃，是由两片或多片性质与厚度相同或不相同的平板玻璃切割成预定尺寸,中间夹层充填干燥剂的金属隔离框,用胶粘结压合后,四周边部再用胶结、焊接或熔接的办法密封所制成的玻璃构件。中空玻璃按所使用的玻璃种类分有普通中空玻璃、吸热中空玻璃、热反射中空玻璃、钢化中空玻璃、夹层中空玻璃、夹丝中空玻璃、压花中空玻璃等。

中空玻璃具有与单层玻璃相同的采光性能,而且与单层玻璃相比,具有保温、隔热、隔声、防结露、安全、美观,能保持室内适宜温度和光线等一系列优点。如在玻璃之间充以各种漫射光材料或电介质等,则可获得更好的声控、光控、隔热等效果。

真空玻璃是基于保温瓶原理发展而来的节能材料,将两片平板玻璃四周加以密封,其间隙抽真空并密封排气口。由于夹层空气极其稀薄,传热导和声音传导的能力将变得很弱,因而这种玻璃具有比中空玻璃更好的隔热保温性能和防结露、隔声等性能。

4. 张膜玻璃

张膜玻璃是利用在中空玻璃内部张拉薄膜的方式增加空气层数量来达到增加热阻降低玻璃传热系数的目的。当然,只有当空气层总厚度大于 15 mm 后采用增加空气层数量的办法才会获得较好的效果。

第二节　建筑节能施工

建筑节能主要包括建筑围护结构节能和采暖供热系统节能两个方面。外墙、屋顶和外窗是建筑围护结构最主要的三个部分。随着建筑节能率的提高,建筑节能施工技术也有了较大的进步，在执行国家级或省级地方标准的相关施工技术中，有成功的施工经验,也有失败的教训。尤其在墙体的外保温工程中暴露的问题尤其突出。如出现钢丝网架夹心板保护层大面积脱落、薄抹灰聚苯板外墙保护层大面积裂纹、松动、瓷砖饰面层脱层脱落等质量事故等,出现这些不良现象不但达不到建筑保温节能的要求,还会缩短使用寿命,严重者还会危及人身安全。

一、外墙外保温施工技术

对外墙进行保温,无论是外保温、内保温还是夹芯保温,都能够提高冷天外墙内表面温度，使室内气候环境有所改变，实践证明，采用外墙外保温方式的效果更加良好。我国外墙外保温技术正在迅速发展，已出现多种材料外墙外保温体系国家及省级地方施工工法，大大促进建筑墙体的技术进步和建筑节能效率的提高。

（一）国家现行外墙外保温技术主要的强制性标准

（1）《外墙外保温工程技术规程》（JGJ 144—2004）规定中的强制性条文主要有：

1）外墙外保温系统经耐候性试验后，不得出现饰面层起泡或剥落、保护层空鼓或脱落等破坏，不得产生渗水裂缝。具有薄抹面层的外保温系统，抹面层与保温层的拉伸粘结强度不得小于 0.1 MPa，并且破坏部位应位于保温层内。

2）EPS 现浇混凝土外墙外保温系统现场粘结强度不得小于 0.1 MPa，并且破坏部位应位于 EPS 板内。

3）胶黏剂与水泥砂浆的拉伸粘结强度在干燥状态下不得小于 0.6 MPa，浸水 48 h 后不得小于 0.4 MPa；与 EPS 板的拉伸粘结度在干燥状态和浸水 48 h 后不得小于 0.1 MPa，并且破坏部位应位于 EPS 板内。

4）玻纤网经向和纬向耐碱拉伸断裂强力均不得小于 750N / 50 mm，耐碱拉伸断裂强力保留率均不得小于 50%。

5）外保温工程施工期间以及完工后 24 h 内，基层及环境空气温度应不低于 5℃。夏季应避免阳光暴晒。在 5 级以上大风天气和雨天不得施工。

6）现场取样胶粉 EPS 颗粒保温浆料干密度不应大于 250 kg/m^3，并且不应小于 180 kg/m^3。现场检验保温层厚度应符合设计要求，不得有负偏差。

7）无网现浇系统 EPS 板两面必须预喷界面砂浆。

8）有网现浇系统 EPS 钢丝网架板厚度，每平方米腹丝数量和表面荷载值应通过试验确定。EPS 钢丝网架板构造设计和施工安装应考虑现浇混凝土侧压力影响，抹面层厚度应均匀，钢丝网应完全包覆于抹面层中。

9）机械固定系统锚栓、预埋金属固定件数量应通过试验确定，并且每平方米应不小于 7 个。单个锚栓拔出力和基层力学性能应符合设计要求。

10）机械固定系统金属固定件、钢筋网片、金属锚栓和承托件应做防锈处理。

（2）《膨胀聚苯板薄抹灰外墙外保温系统》（JG 149—2003）中的强制性条文主要有：

膨胀聚苯板应为阻燃型。

（3）《胶粉聚苯颗粒外墙外保温系统》（JG 158—2004）中的强制性条文主要有：

外保温系统应经大型耐候性试验验证。对于面砖饰面外保温系统，还应经抗震试验验证并确保其在设防烈度等级地震下面砖及外保温系统无脱落。

（二）胶粉聚苯颗粒外墙外保温系统工程施工

1. 胶粉聚苯颗粒外墙外保温系统简介

（1）基本构造

胶粉聚苯颗粒保温浆料外墙外保温系统由界面层、胶粉聚苯颗粒保温浆料保温层、抗裂砂浆薄抹面层和饰面层组成。系统构造如图 7.2.1 所示。

保温层由胶粉和聚苯颗粒轻骨料经现场加水搅拌成胶粉聚苯颗粒保温浆料后，采用喷涂或抹灰方式在基层墙体上形成。抗裂砂浆薄抹面层中满铺玻纤网；饰面层可以是

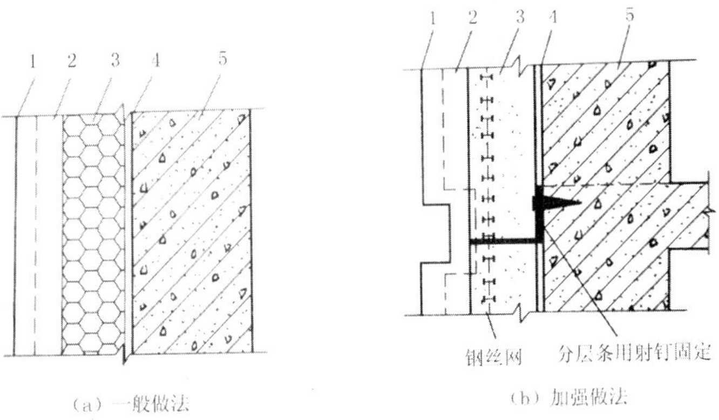

1—饰面层;2—抗裂保护层;3—保温、隔热层;4—界面层;5—外墙

图 7.2.1 胶粉聚苯颗粒保温浆料外墙外保温系统构造图

弹性涂料、粘贴面砖、干挂石材等。

轻质框架填充墙,墙体的保温性能可能已经能够满足保温要求,但由于墙体材料的不均匀性,或施工的质量差异,导致直接抹灰后不能消除热桥,而且在两材料接触处还易产生裂缝,因此要用胶粉聚苯颗粒保温浆料进行补充保温和均质化处理。

(2) 适用范围

胶粉聚苯颗粒保温浆料外墙外保温系统采用了逐层渐变、柔性释放应力的技术路线及无空腔的构造,可适用于不同气候区、不同基层墙体、不同建筑高度的各类建筑外墙的保温与隔热。

2. 施工准备

(1) 材料准备

采用强度等级不低于 32.5 级的硅酸盐水泥或普通硅酸盐水泥，采用的中砂含泥量应小于 3%。界面处理剂宜采用水泥砂浆界面剂,胶粉料可在工厂采用预混合干拌技术制成，抗裂剂采用专用水泥砂浆抗裂剂，玻璃纤维网格布采用耐碱涂塑玻璃纤维网格布,高分子乳液防水弹性底层涂料,柔性耐水腻子及辅助材料等。

(2) 机具准备

强制式砂浆搅拌机、手推车、手提搅拌机、喷浆机,常用抹灰工具及抹灰的专用检测工具,冲击钻、电动螺钉枪、射钉枪、水桶、铁锹、钢卷尺、剪刀、壁纸刀及安全防护用品等。

(3) 施工条件

施工现场做到“三通”。外墙门窗框安装完毕且已验收合格。环境温度低于 5℃或雨天禁止施工,保温层基面湿度过大时不能施工。外墙的各种预埋件、穿墙管道、落水管等应预先安装处理完毕,具备必要的脚手架及安全防护设施。

3. 施工技术

(1) 施工工艺流程,见图 7.2.2。

(2) 施工要点

1) 材料配制:

① 界面砂浆的配制。水泥 : 中砂 : 界面剂 = 1 : 1 ~ 1.2 : 1 ~ 1.2(质量比);搅拌成均匀浆状,在 2 h 内用完。

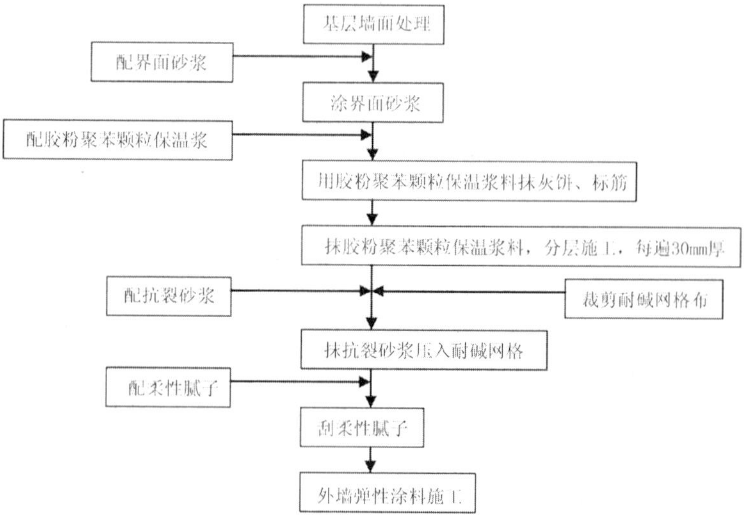

图 7.2.2　胶粉聚苯颗粒保温浆料外墙外保温系统施工程序
（饰面层为弹性涂料）

② 聚苯颗粒保温浆料的配制。先将 35 ~ 40 kg 清水倒入砂浆搅拌机内，然后倒入一袋 25 kg 胶料粉，搅拌 3 ~ 5 min 后，再加入一袋 200 L 聚苯颗粒料，继续搅拌 3 ~ 5 min，使聚苯颗粒完全被胶液包住，该浆料就随拌随用，在 3 ~ 4 h 内用完。

③ 抗裂砂浆的配制。水泥：中砂：抗裂剂 = 1：3：1 ~ 1.2（质量比），用砂浆搅拌机或手提搅拌机搅拌 3 ~ 5 min，抗裂砂浆不得任意加水，应在 1 ~ 2 h 用完。

④ 柔性腻子的配制。腻子液：腻子粉 = 1：1 ~ 1.4（质量比），搅拌均匀。

2）施工：

① 基层处理。墙面应清理干净，清除松动或风化的部分，用 1：3 水泥砂浆找平。将墙表面凸出大于 10mm 混凝土剔平，用钢丝刷满刷一遍，并用扫帚将表面的浮尘清扫干净。表面沾有油污时，用清洗剂或去污剂清除，用清水冲洗晾干。穿墙螺栓孔用干硬砂浆分层填塞密实，堵好脚手架眼，基层浇水湿润。

② 界面砂浆施工。用辊子或刷子将配好的界面砂浆均匀地涂刷在基层墙面上，不得漏刷和过厚，并保持干燥 2 h。

③ 吊垂直、套方、贴饼冲筋。根据外墙面和房屋大角的垂直度确定保温层厚度，弹厚度控制线，拉垂直、水平通线，套方做口，并按厚度用胶粉聚苯颗粒保温浆料做灰饼、冲筋。

④ 保温层施工。

保温层的一般做法（建筑物檐高 ≤30 m 时）：抹胶粉聚苯颗粒保温浆料时分两遍进行，每遍厚度不应大于 20 mm，施工自上而下进行，两遍间隔时间为 24 h。保温层抹完 30 min 后，用抹子再赶抹一次，用靠尺检查平整度。整体保温层在 3 ~ 7 d 达到干燥后，可进行下道工序施工。

保温层加强做法（建筑物檐高 ≥30 m）：有两种做法。a. 在每个楼层处加 30 mm × 40 mm × 0.7 mm 的水平通长镀锌轻型角钢分层条，角钢用射钉固定在墙体上，射钉的间距一般为 500 mm。b. 在基层墙面上每隔 500 mm 钉直径 5 mm 的带尾孔射钉一枚，呈梅花点布置，用 22# 双股镀锌铅丝与尾孔绑紧，铅丝预留长度不少于 100 mm。保温浆料至距表面 20 mm 时，安装钢丝网（钢丝网距基层墙面不宜小于 30 mm，距保温层表面不宜大于 20 mm，搭接宽度不小于 50 mm），用预留镀锌铅丝与钢丝网绑牢，并将钢丝网压入刚抹的保温层中，然后抹最后一遍浆料，找平并达到设计厚度。

⑤ 分格条施工。按设计要求在胶粉聚苯颗粒保温浆料保温层上弹出分格线和上窗口滴水槽的位置，分格缝宜分层设置，分块面积单边长度应小于 15 m。用壁纸刀在胶粉聚苯颗粒保温浆料保温层沿弹好的分格缝开出设定的凹槽，凹槽深为分格条厚度 + 2 mm，宽为分格条 + 6 mm，并达到顺直平整。

⑥ 抗裂砂浆、玻纤网格布施工。抗裂砂浆一般分两遍进行，并严格控制抗裂砂浆的厚度在 3 ~ 5 mm。第一遍抗裂砂浆层厚度 2 ~ 3 mm 厚，竖向将网格布压入砂浆，再从中间向四周抹压，网格布搭边为 50 mm 左右，严格干搭，要求砂浆饱满度达到 100%。抹完抗裂砂浆后，应检查平整、垂直及阴阳角放正。抗裂砂浆施工约 48 h 后涂柔性腻子。

⑦ 加强网布施工。建筑物首层外保温墙阳角应在双层玻纤网格布之间加专用金属护角，护角高度一般为 2 m。其余各层阴阳角、门窗阳角用双层网布处理，窗口部位应用 200 mm × 400 mm 网格布斜 45° 加强处理。脚手架洞口处理时，在洞口周边预留 150 ~ 200 mm，此处抗裂砂浆施工时网格布四边均比预留洞口边多留 50 mm，并且不抹抗裂砂浆，裁好与洞口尺寸一致的苯块板，周边及底面涂满抗裂砂浆胶浆塞入洞内，并应比施工抗裂砂浆层表面低 2 ~ 5 mm，表面涂抗裂砂浆，先将预留网布贴牢、提浆，再粘牢另一块与洞口尺寸一致的网布，压光。在接缝处、下窗口、侧窗口等各节点处应嵌密封胶。

⑧ 柔性腻子施工。涂柔性腻子刮（辊）涂纵横各一遍，厚度均匀为 1 mm 左右。应做到满涂，不得漏涂，表面应平整、光洁。

⑨ 涂料饰面层施工。在柔性腻子施工 24 h 后，按纵横各一遍辊涂或喷涂方式施工涂料面层。

⑩ 成品保护。保温层、抗裂砂浆层等各构造层在未凝固前禁止水冲、撞击、振动；外保温层施工遇雨时，应采取适当遮挡措施；严禁踩踏窗口。

（三）胶粉聚苯颗粒贴砌聚苯板外墙外保温系统工程施工

1. 胶粉聚苯颗粒贴砌聚苯板外墙外保温系统简介

（1）基本构造

胶粉聚苯颗粒贴砌聚苯板涂料饰面外墙外保温系统是指置于建筑物外墙外侧的保温及饰面系统，涂料饰面时是由胶粉聚苯颗粒粘结找平浆料、聚苯板、抗裂砂浆复合耐碱玻纤网布和涂料等组成的系统产品。面砖饰面时是由胶粉聚苯颗粒粘结找平浆料、聚苯板、抗裂砂浆复合热镀锌钢丝网、尼龙胀栓和面砖等组成的系统产品。

聚苯板由 15 ~ 25 mm 厚的胶粉聚苯颗粒粘结找平浆料层时称为“贴砌聚苯板 LBL 型”外墙外保温系统，聚苯板面层没有胶粉聚苯颗粒粘结找平浆料层时称为“LB 型”外墙外保温系统。“L”表示胶粉聚苯颗粒粘结找平浆料，“B”表示保温板。

胶粉聚苯颗粒贴砌聚苯板涂料饰面外墙外保温系统中，聚苯板可以采用膨胀聚苯板、挤塑聚苯板。

胶粉聚苯颗粒贴砌聚苯板外墙外保温系统基本构造如图 7.2.3 所示。

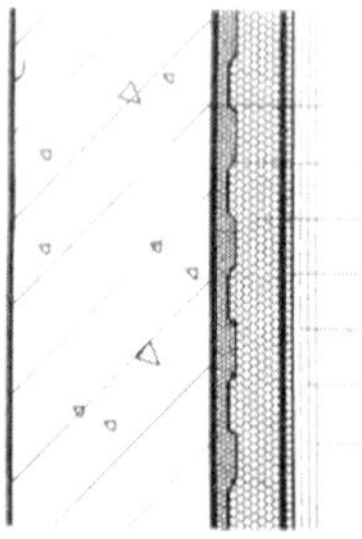

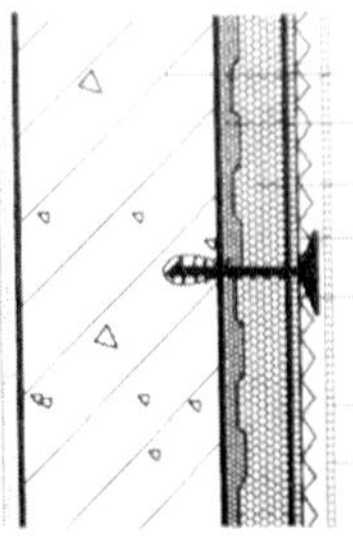

图 7.2.3　胶粉聚苯颗粒贴砌聚苯板外墙外保温系统基本构造

(2) 适用范围

适用于不同气候区、不同建筑节能标准的建筑外墙外保温工程。适合于节能标准和防火等级要求较高的不超过 100 m 的建筑外墙外保温工程。

2. 施工准备

(1) 材料准备

聚苯板(膨胀聚苯板、挤塑聚苯板)为阻燃型,其性能应符合国家标准。聚苯板应预先在工厂内或现场用专用机械钻孔。水泥采用强度等级不低于 42.5 级的硅酸盐水泥或普通硅酸盐水泥,砂采用的含泥量应小于 3%中砂界面处理剂宜采用水泥砂浆界面剂,胶粉料可在工厂采用预混合干拌技术制成,抗裂剂采用专用水泥砂浆抗裂剂,玻璃纤维网格布采用耐碱涂塑玻璃纤维网格布,高分子乳液防水弹性底层涂料,柔性耐水腻子、密封膏、密封条、金属护角、盖口条、热镀锌钢网、U 形卡子、尼龙胀栓、外墙面砖及辅助材料等。

(2) 机具准备

强制式砂浆搅拌机,垂直运输机械,水平运输机械,电动吊篮或专用脚手架,手提式搅拌机,钢网展平机,钢网剪网机,钢网拙角机,手锯,水桶,剪刀,滚刷,铁锹,扫帚,手锤,壁纸刀,经纬仪,放线工具,托线板,方尺,探针,钢尺等。

(3) 施工条件

主体结构的变形缝提前做好处理,外墙面阳台栏杆,雨水管卡、预埋铁件、设备穿墙管道及外墙窗的窗框等提前安装完毕。施工用吊篮或专用脚手架搭设牢固。施工时的环境温度不应低于 5℃,风力不应大于 5 级,风速不宜大于 10 m/s,严禁雨天施工。

3. 施工技术

(1) 施工工艺流程

图 7.2.4 胶粉聚苯颗粒贴砌聚苯板涂料饰面外墙外保温技术施工流程。

(2) 施工要点

1) 材料配制:

胶粉聚苯颗粒粘结保温浆料的配制:采用 300 L 以上砂浆搅拌机或满足浆料在搅拌机中的容积不超过搅拌机容积 70%的搅拌机。先将 36 ~ 38 kg 水倒入搅拌机内(加入的水量以满足施工和易性为准),倒入一袋(35 kg)胶粉料,搅拌 5 min,再倒入一袋(200 L)聚苯颗粒复合轻骨料继续搅拌 3 min,直至搅拌均匀。该浆料应随搅随用,且在 4 h 内用完。

2) 胶粉聚苯颗粒贴砌聚苯板涂料饰面外墙外保温工程施工:

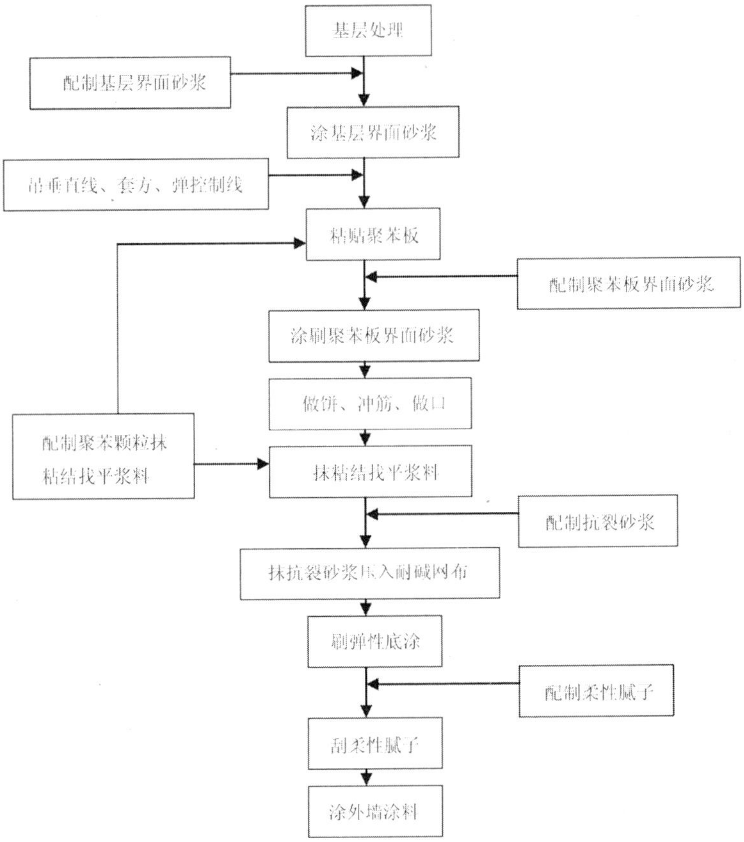

图 7.2.4　胶粉聚苯颗粒贴砌聚苯板涂料饰面外墙外保温技术施工流程

① 基层处理。墙面清理干净，混凝土梁或墙面的钢筋头和凸起物大于或等于 10 mm 时应剔除，施工孔洞、脚手架眼、阳台板、墙板残缺处应用水泥砂浆修补整齐，风化部分剔除干净。

② 界面处理。对要求做界面的基层应满涂基层界面砂浆。基层界面砂浆可用喷枪或滚刷喷刷，确保墙面做到毛面处理。

③ 吊垂直线、套方、弹控制线。根据建筑设计要求，在墙面弹出外门窗水平、垂直控制线及伸缩线、装饰线。在建筑物外墙大角及其他必要处挂垂直基准钢线和水平线。门窗、阳台、明柱、腰线等应做到横平竖直。

④ 贴砌聚苯板。先在墙角或门窗洞口处贴标准厚度板，拉水平控制线。聚苯板贴砌有两种方法，一种是在墙面首先抹约 15 mm 厚胶粉聚苯颗粒粘结找平砂浆，然后用浆料将膨胀聚苯板（EPS 板）背面的沟槽抹平，按上跟线，下跟棱的要求分层粘贴膨胀聚苯板；另一种是采用仅在墙面抹胶粉聚苯颗粒粘结找平砂浆，通过均匀轻柔挤压膨胀聚苯板或挤塑聚苯板（XPS 板），使膨胀聚苯板沟槽埋入浆料。聚苯板之间应用浆料砌筑约 10 mm 的板缝，注意灰缝不饱满处用胶粉聚苯颗粒粘结找平砂浆勾平。

聚苯板贴砌时应按自下而上水平方向依次贴砌，上下错缝粘贴，阴阳角处应交错互锁，窗口处聚苯板裁成刀把形。门窗口、墙角处不得贴砌小于标准尺寸二分之一的非标准尺寸板，小于二分之一的非标准尺寸板应贴砌在窗间墙等次要部位。

聚苯板贴砌时遇到非标准尺寸时，可进行现场裁切。裁切时应注意边口尺寸整齐，切口应与聚苯板面垂直。整墙面阳角处应尽量使用整板，必须使用非整板时，非整板的宽度不应小于 300 mm。

⑤ 涂刷聚苯板界面砂浆。聚苯板贴砌 24 h 后满涂聚苯板界面砂浆，用喷枪或滚刷均匀涂刷，拉毛不宜太厚，必须确保所有外露的聚苯板面都做到毛面处理。

⑥ 做饼、冲筋、做口。套方做口，在距楼层顶部和距楼层底部以及距大墙阴阳角约 100 mm 处，根据垂直控制通线做垂直方向灰饼为基准灰饼，再根据两垂直方向基准灰饼之间的通线，做墙找平层厚度灰饼，灰饼间距宜为 1.5 m。灰饼材料一般为胶粉聚苯颗粒或废聚苯板裁成 50 mm × 50 mm 小块粘贴。待垂直方向灰饼固定后，在两水平灰饼间拉水平控制通线，做水平方向的灰饼，水平方向灰饼的做法及材料与垂直方向灰饼相同。然后在垂直方向与水平方向灰饼之间做冲筋，冲筋厚度与灰饼厚度一致。

⑦ 抹面层粘结找平浆料。聚苯板界面砂浆涂刷 24 h 后用粘结浆料（材料为胶粉聚苯颗粒浆料）聚苯板上罩面找平，粘结浆料厚度约为 10 mm，略高于灰饼厚度。粘结浆料面层凹陷处用稀浆料抹平，凸起处用抹子立起来刮平，待抹完粘结浆料面层 30 min 后用抹子再抹墙面，先水平后垂直。聚苯板间若有预留间隔带采用粘结浆料填塞。门窗洞口、墙体边角处等特殊部位以及防火隔离带部位的保温作业均用粘结浆料进行处理。

⑧ 抹抗裂砂浆，铺压耐碱网布。面层粘结找平浆料施工完 3 ~ 7 天且保温层施工质量验收后，即可进行抗裂层施工。耐碱网布长度不大于 3 m，尺寸应事先裁好，网格布包边应剪掉。抹抗裂砂浆时，厚度控制在 3 ~ 4 mm，抹抗裂砂浆后按从左至右、从上到下的顺序立即用铁抹子压入耐碱网格布。在窗洞口等处沿 45° 方向提前增贴一道 400 mm × 300 mm 的网格布。耐碱网格布之间搭接宽度不应 < 50 mm，严禁干搭接。阴角处耐碱网格布要压茬搭接，其宽度 ≥50 mm，阳角处耐碱网格布压茬搭接宽度 ≥200 mm。耐碱网格布铺贴要平整、无褶皱，砂浆饱满度达到 100%，同时要抹平、找直，保持阴阳角处的方正和垂直度。

首层墙面下部应铺贴双层耐碱网格布，并在阳角处双层网格布之间设专用金属护角，护角高度一般为 2 m。

抗裂砂浆施工完毕后，严禁在此面层上抹普通水泥砂浆腰线、口套线等，严禁刮涂刚性腻子等非柔性材料。

⑨ 涂刷弹性底涂、刮柔性腻子。抗裂砂浆施工完后 2 h 即可涂刷弹性底涂，弹性底涂涂刷应均匀，不得有漏底现象。大墙面告知刮腻子宜采用 400 mm ~ 600 mm 长的刮板，门窗口角等面积较小部位采用 200 mm 长的刮板。第一遍修局部补坑洼部位，第二遍满刮，第三遍耐水腻子半干状态时，用零号砂纸打磨墙面，第四遍要求满刮，第五遍耐水腻子半干状态时，仍用零号砂纸打磨墙面，使之达到平整度的要求。

⑩ 涂刷外墙涂料。涂刷工具采用优质短毛滚筒。先均匀地涂刷 1 ~ 2 遍底漆，底漆干燥 12 h 完全干透后，用造型滚筒滚面漆时用力均匀让其紧密贴附于墙面，蘸料均匀，按涂刷方向和要求一遍成活。

3）胶粉聚苯颗粒贴砌聚苯板面砖饰面外墙外保温工程施工：

施工工艺流程见图 7.2.5 所示。基本工序施工与胶粉聚苯颗粒贴砌聚苯板涂料饰面外墙外保温工程施工相同，不再重复叙述，以下主要介绍抹抗裂砂浆，面砖粘贴、面砖勾缝等工序的施工。

① 抹抗裂砂浆,铺压热镀锌钢网。面层粘结找平浆料施工完成 3 ~ 7 天且保温层施工质量验收后,即可进行抗裂层施工。抹第一遍抗裂砂浆厚度 2 ~ 3 mm。热镀锌电焊网分段进行铺贴,其长度最长不应超过 3 m,施工前预先用钢网展平机、钢网剪网机及钢网扭角机对热镀锌电焊网进行预处理,使边角施工质量得到保证。用钢网展平机展平热镀锌钢网,用钢网剪网机裁剪四角网,用扭角机将边角处的四角网预先折成直角。钢网铺贴时先用 U 形卡子卡住四角网,使其紧贴抗裂砂浆表面,然后按双向 @500 梅花状分布用尼龙胀栓将四角网锚固在基层墙体上,有效锚固深度不得小于 25 mm,局部不平整处用 U 形卡子压平。钢网铺贴时应沿水平方向,按先下后上的顺序依次平整铺贴,钢网之间的搭接宽度不应小于两个网格,搭接层数不得大于 3 层,搭接处用 U 形卡子、钢丝固定。所有阳角钢网不应断开,阴阳角处角网应压住对接片网。窗口侧面、女儿墙、沉降缝等处钢丝网收头处采用水泥钉加垫片使钢丝网固定在主体结构上。

四角网铺贴完毕后应重点检查阳角钢网连接状况,再抹第二遍抗裂砂浆,并将四角网包覆于抗裂砂浆之中,抗裂砂浆的总厚度宜控制在 8 ~ 10 mm,抗裂砂浆面层应平整、钢网不外露。

② 粘贴面砖。确定粘结层及勾缝材料、调色矿物辅料等施工配合比,外墙饰面砖不

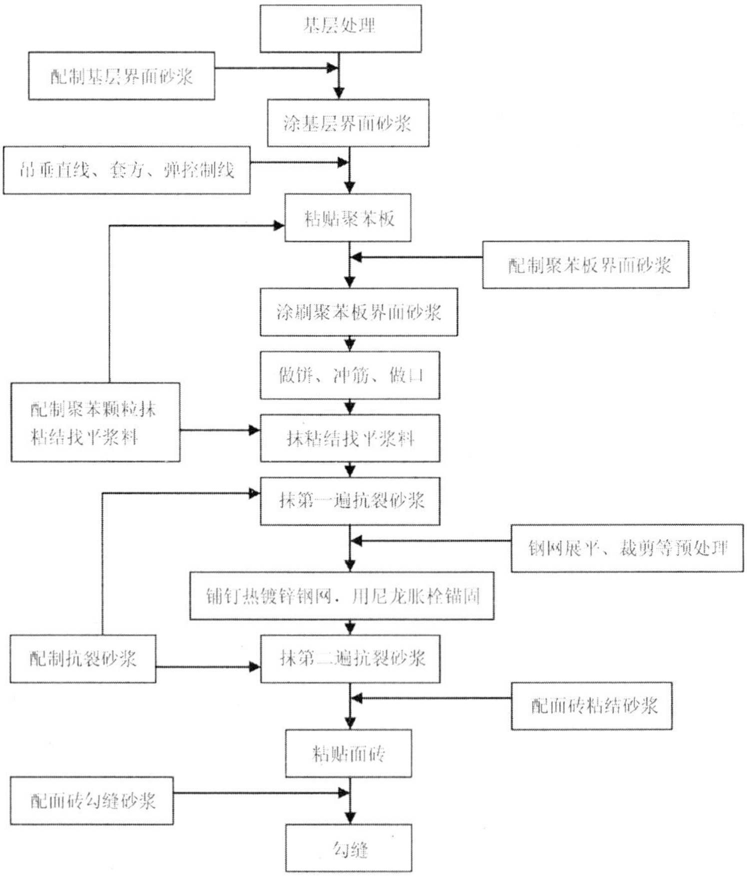

图 7.2.5　胶粉聚苯颗粒贴砌聚苯板面砖饰面外墙外保温技术施工流程

得采用密缝，留缝宽度不应小于 5 mm；一般水平缝 10 ~ 15 mm，竖缝 6 ~ 10 mm，凹缝勾缝深度一般为 2 ~ 3 mm。吸水率小于 0.5%的瓷砖不需要浸泡瓷砖，吸水率大于 0.5%的瓷砖应浸泡后晾干无积水后方可使用。

③ 面砖勾缝。勾缝宜先勾水平缝再勾竖缝，纵横交叉处要过渡自然，不得有明显痕迹。勾缝完毕立即用棉丝或海绵蘸水或清洗剂将墙面擦洗干净，确保整体工程的清洁美观。

（四）岩棉板外墙外保温系统工程施工

1. 岩棉板外墙外保温系统简介

岩棉生产技术在 20 世纪 30 年代就已投入工业化生产，因其在各种保温材料中具有突出的防火性能，所以它是世界上应用最广、最普及的建筑保温材料。建筑外墙外保温使用的岩棉材料为岩棉板。岩棉保温材料选用优质的摆锤法岩棉进行保温施工，并对岩棉板采取界面喷砂预处理，克服了岩棉板表面负荷不宜太大，且增强了岩棉板防水功能和表面强度，同时岩棉板具有质轻、阻燃防火、防裂、成本低等特性。

（1）基本构造

岩棉板外墙外保温系统是以岩棉板为主保温材料，用塑料胀栓等锚固件配合热镀锌钢丝网固定岩棉板，热镀锌钢丝网与岩棉板表面之间加有垫片，使热镀锌钢丝网之间有一定的间距，有利于岩板表面的抹灰处理。岩棉板固定后又对岩棉板表面进行界面处理，增强了岩棉板的防水性和表面强度，有效地解决了岩棉板与胶粉聚苯颗粒找平层的粘结难题。抗裂防护层采用抗裂砂浆复合涂塑耐碱玻纤网格布构成抗裂防护层，饰面层刮柔性耐水腻子、涂刷弹性涂料。岩棉板外墙外保温基本构造如图 7.2.6 所示。

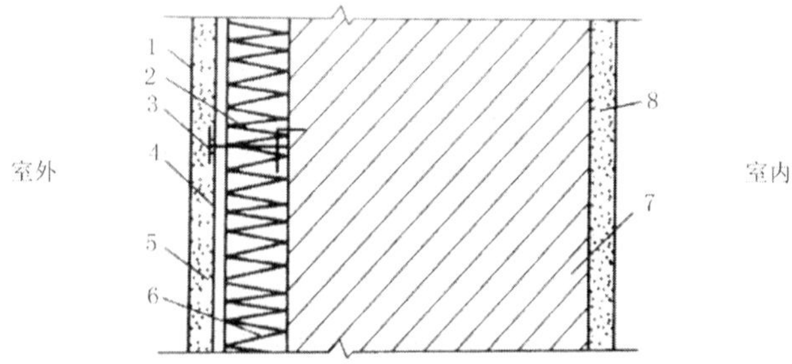

1—彩色喷塑涂料；2—连接件；3—销杆；4—镀锌点焊钢丝网；5—30 mm 防裂水泥砂浆；6—50 mm 岩棉板；7—墙体结构；8—20 mm 混合砂浆

图 7.2.6　岩棉板外墙外保温墙体构造

（2）适用范围

岩棉板外墙外保温工程适应于建筑物外墙装饰面为涂料饰面的外保温工程，适用于各类原有建筑物的节能改造工程。

2. 施工准备

（1）材料准备

热镀锌钢丝网，岩棉板，水泥砂浆界面剂。胶粉料可在工厂采用预混合干拌技术制成，抗裂剂采用专用水泥砂浆抗裂剂，玻璃纤维网格布采用耐碱涂塑玻璃纤维网格布，高分子乳液防水弹性底层涂料，柔性耐水腻子、带圆盘的尼龙套管、金属护角、密封膏、密封条、盖口条、直角边条板、外墙饰面涂料，塑料垫片及辅助材料等。

（2）机具准备

垂直与水平运输机械，电动吊篮或专用脚手架，砂浆搅拌机，手提式搅拌器，铁抹子，手锯，水桶，剪刀，滚刷，铁锹，阳角抹子，克丝钳子，阴角抹子，齿形抹子，扫帚，手锤，壁纸刀。经纬仪，放线工具，托线板，方尺，探针，钢卷尺等。

（3）施工条件

混凝土梁或墙面的钢筋头和凸起物清除完毕，主体结构的变形缝提前做好处理，外墙面阳台栏杆，雨水管卡、预埋铁件、墙面脚手架孔与设备穿墙管道孔已用相应材料修整完毕，外墙窗的窗框等提前安装完毕。施工用吊篮或专用脚手架搭设牢固。施工时气温应高于5℃，风力不大于4级，严禁雨天施工。

3. 施工技术

（1）施工工艺流程，如图7.2.7所示。

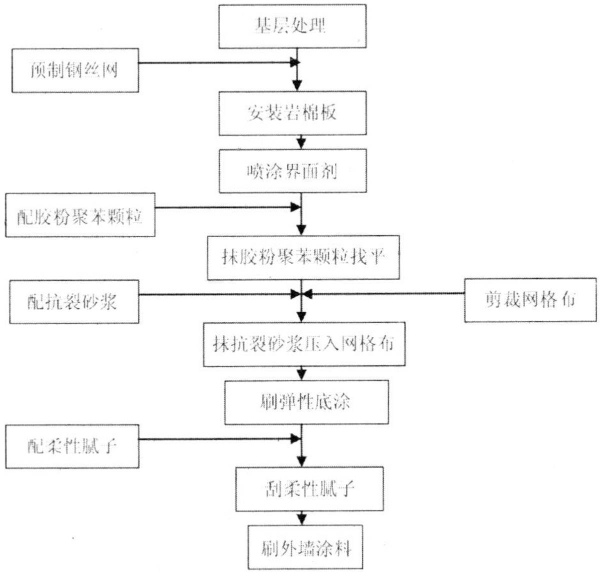

图7.2.7　岩棉板外墙外保温技术施工流程

（2）施工要点

1）基层界面处理：墙面应清理干净，清除松动或风化的部分应先剔除干净，再用1∶3水泥砂浆补平。将墙表面凸出大于10 mm混凝土剔平。表面沾有油污时，用清洗剂或去污剂清除，用清水冲洗晾干。穿墙螺栓孔用干硬砂浆分层填塞密实，堵好脚手架眼，基层浇水湿润。

2）吊垂直、弹控制线：根据建筑物高度确定放线的方法，高层建筑及超高层建筑可利用墙大角、门窗口两边，用经纬仪找垂直。多层建筑或中高层建筑，可从顶层用大线坠吊垂直。横向水平线可依据楼层标高或施工±0.00向上500 mm线为水平基准控制线。

3）安装岩棉板：在安装岩棉板前，预先切割规整的热镀锌钢网片弯成“凵”形和“L”形，在铺设岩棉板的同时，以“凵”形网片把墙体底部包边，以“L”形网片把门窗侧壁、墙体转角处包边。

确定岩棉板定位线，铺设岩棉板，依据施工图在锚栓安装部位钻孔，嵌入尼龙套管压紧岩棉板。每平方米墙面上至少设置 3 个尼龙套管作为锚固件，且每块岩棉板上至少 2 个锚固件，沿窗户四周每边不少于 3 个锚固件锚固，墙面锚固件采用梅花状布置。岩棉板必须错缝铺贴，相互挤紧，不得有缝隙，镶嵌用的窄条岩棉板宽度不应小于 150 mm，至少应有一个尼龙套管穿过，使岩棉板条紧贴墙面。

岩棉板铺设完成后，从下至上铺设热镀锌钢网，钢丝网单孔搭接时用铅丝绑接或用锚栓固定，绑接时每米不小于 4 处，对边搭接用铅丝绑接，间隔不大于 150 mm。锚栓固定时，间隔不大于 600 mm。

将螺钉打入尼龙套管中固定热镀锌钢网。整修全部接缝，将热镀锌钢网凸起部位用卡钉压平。

4）界面层施工：将塑料垫片安放在热镀锌钢网下，将钢网垫起 5 mm。每平方米设置 4 个塑料垫片，按梅花状进行布置。然后采用喷枪将界面砂浆均匀喷到岩棉板表面及钢丝网上。

5）找平层施工：根据抹灰的灰饼、冲筋抹墙面找平层浆料。找平层浆料采用胶料聚苯颗粒保温浆料。

6）后续施工工序：找平层后的后续施工工序有抹抗裂砂浆、铺贴耐碱网格布、涂刷弹性底涂、刮柔性耐水腻子及涂刷底漆，刷面层涂料等均可采用胶粉聚苯颗粒贴砌聚苯板涂料饰面外墙外保温系统工程施工方法。

（五）喷涂硬泡聚氨酯外墙外保温系统工程施工

1. 喷涂硬泡聚氨酯外墙外保温系统简介

喷涂硬泡聚氨酯外墙外保温系统，是用高压无气喷涂工艺将聚氨酯硬泡的液态原料，现场喷涂在基层墙体表面上，经固化交联后形成硬质闭孔泡沫状保温层。基层墙面涂刷聚氨酯防潮底漆，可有效提高外墙保温系统的防水透气性能。聚氨酯表面进行界面处理可解决有机与无机材料之间的粘结难题，面层采用胶粉聚苯颗粒防火浆料找平可直到补充保温作用，采用柔性抗裂砂浆复合涂塑耐碱玻纤网格布构成抗裂防护层。

（1）基本构造

现场喷涂硬泡聚氨酯外墙外保温系统根据饰面层做法不同，可分为涂料饰面系统及面砖饰面系统。其基本构造如图 7.2.8 所示。

（2）适用范围

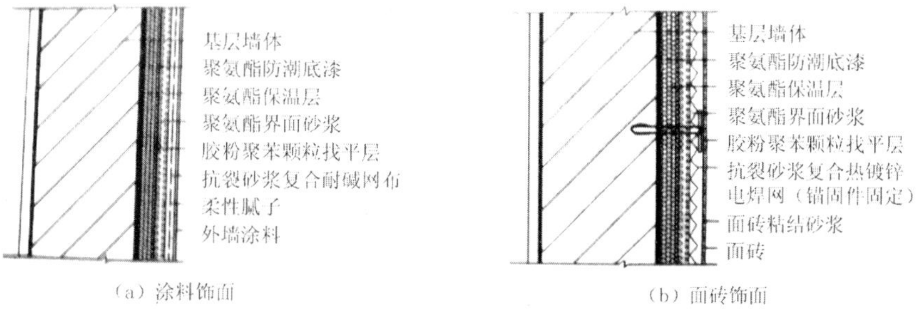

图 7.2.8　现场喷涂硬泡聚氨酯外墙外保温系统构造

广泛应用于房屋混凝土结构、金属结构、木质结构等各种复杂面层的屋面、墙体保温节能，可用于地下室迎水面防水层的保护层。可与金属面复合面各类型装配大板、与其他多种装饰材料复合，用于建筑节能工程。可制作各种规格保温隔热管及通风管。防水—保温隔热一体化功能型主要用于建筑屋面保温隔热工程。

2. 施工准备

（1）材料准备

组合聚醚原料进入现场存放时应避开高温，异氰酸酯原料应存放在干燥环境，避免受潮。强度等级 42.5 级普通硅酸盐水泥，聚合物抹面胶浆，抗裂砂浆，界面砂浆，玻纤网布，聚氨酯预制边角模块、塑料锚栓等辅助材料。

（2）机具准备

聚氨酯双组分现场发泡喷涂机、强制式砂浆搅拌机，手提搅拌机，垂直运输机械，水平运输车，电锤、裁纸刀、手锯及专用检测工具等。

（3）施工条件

墙面清理干净，外门窗口、墙体上各种进户管线、水落管支架、预埋管件等安装完毕，硬泡聚氨酯保温预制件准备充分。喷涂聚氨酯硬质泡沫不能在阴雨天或基面未干燥情况下进行，施工环境相对湿度应小于 70%。喷涂施工时风速不宜超过 3 级，基面施工温度宜在 15 ~ 35℃，最低气温不得低于 5℃，最高气温不宜高于 40℃。

3. 施工技术

（1）现场喷涂硬泡聚氨酯外墙外保温施工工艺流程，如图 7.2.9 所示。

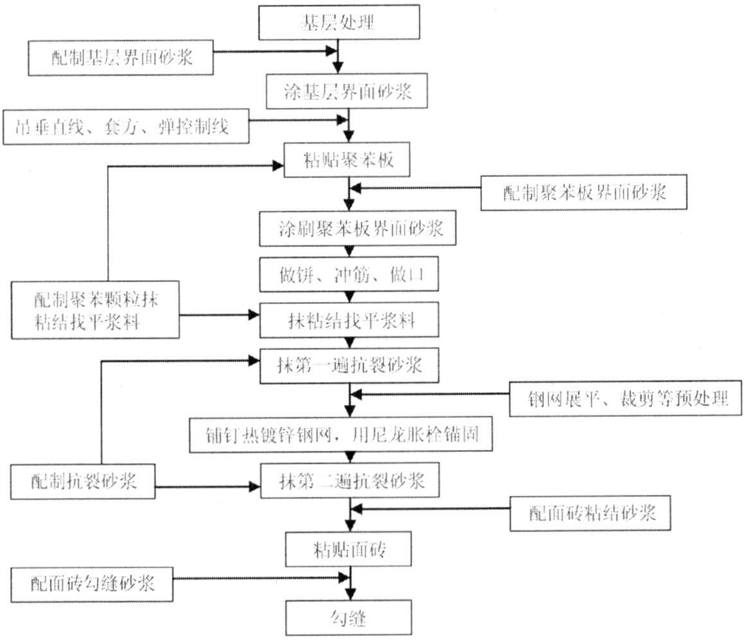

图 7.2.9　现场喷涂硬泡聚氨酯外墙外保温系统施工工艺流程

（2）施工要点

1）粘贴、锚固聚氨酯预制块：在阴阳角或门窗口处，粘贴聚氨酯预制块，并达到标准厚度。对于装饰线角、女儿墙边沿等部位，用聚氨酯预制块沿边口粘贴。墙面宽度不足900 mm处不宜喷涂施工，直接用聚氨酯预制块粘贴。聚氨酯预制块粘贴完成24 h后，用电锤在聚氨酯预制块表面钻孔，拧入或钉入塑料锚栓。锚栓锚固深度不小于25 mm，每个预制块一般不小于2个锚栓。

2）门窗口等部位遮挡：门窗口等一般用塑料布裁成与门窗口面积相当的布块遮挡。对于铁艺等不规则需防护部位可采用塑料薄膜缠绕防护。

3）涂刷聚氨酯防潮底漆：用喷枪或滚刷将聚氨酯防潮底漆均匀喷刷，无透底现象。

4）喷硬泡聚氨酯保温层：用聚氨酯喷涂机将硬泡聚氨酯均匀地喷涂于墙面之上，当厚度达到约10 mm时，按300 mm间距、梅花状分布插定厚度标杆，每平方米密度宜控制在9～10支。然后继续喷涂至与标杆齐平（隐约可见标杆头）。施工喷涂可多遍成活，每次厚度宜控制在10 mm以内。不易喷涂的部位采用胶粉聚苯颗粒保温浆料处理。

5）修整硬泡聚氨酯保温层：在硬泡聚氨酯保温层喷涂20 min后用裁纸刀、手锯等工具清理、修整遮挡部位以及超过保温层总厚度的凸出部分。

6）喷刷聚氨酯界面砂浆：硬泡聚氨酯保温层修整完毕并且在喷涂4 h之后，用喷斗或滚刷将聚氨酯界面砂浆均匀地喷刷于硬泡聚氨酯保温层表面。

二、屋面保温隔热工程施工技术

屋面节能系统可划分为节能保温屋面和节能隔热屋面两种。两种不同节能屋面采用的节能施工技术也不同。保温屋面侧重于严寒、寒冷地区，其次是夏热冬冷地区的建筑结构，保温屋面选用热惰性好的保温材料与封闭屋面，最大限度地减少室内的热量向室外传递的施工技术。隔热屋面侧重于我国南方炎热或夏热冬冷地区，隔热屋面采用建筑结构的方式降低辐射热，能最大限度地杜绝室外的热量向室内传递的施工技术。两种屋面节能系统通过保温和隔热各自不同的处理方式，从而达到建筑节能的目的和使用舒适的要求。隔热屋面的主要形式有架空屋面、蓄水屋面和种植屋面，这类屋面的施工技术在我国比较成熟，以下主要介绍保温屋面的施工技术。

（一）节能保温屋面简介

节能保温屋面可分为两种类型施工方法，一种是沿用多年采用的正置式施工方法，另一种是近年推广采用的倒置式施工方法。单从面层结构材料上来说，正置法是将防水材料设置在保温层上面，这种方法对防水材料性能、质量和防水工程施工技术要求相对严格，但保温材料应用类型注重不够。倒置法是将防水材料设置在保温层之下，要求保温材料应具有一定性能外，其中一项指标是必须憎水，在保温材料的选择范围上有一定局限性。现在两种保温方法都在使用，采用的依据不只是材料选择问题，还应根据屋面结构形式、使用寿命和综合经济等各方面因素比较后来考虑。

（二）倒置式屋面保温工程施工技术

1. 倒置法保温屋面的特点

（1）具有良好的隔热效果

倒置式屋面为外隔热保温形式，在高温季节，防水层上面的保温材料、卵石的热阻作用，对室外综合温度波首先进行了衰减，使其后产生在屋面材料上的内部温度低于传统保温隔热屋顶内部温度，减少了太阳的直射。如果在夏季，热量经室外向室内传导，但传至绝热层时，绝热层阻挡了热能向室内传送，起到了隔热作用，所以，屋面所蓄有的热量始终低于传统屋面的蓄热量，向室内散热小，降低空调费用。

（2）具有良好的保温效果

倒置式屋面在冬季，处在外冷内热状态，热能由室内向室外传导，因防水材料上层有保温层的保护，阻挡室内热量损失，外冷的低温又被保温层阻挡而不能进入室内，从而减少了能耗。

（3）有效延长屋面防水层寿命

保温层设在防水层之上，大大减少防水层受阳光直射的影响，使防水层不易老化，能长期保持其柔软性，使其基本处于相对恒定状态，延长防水材料使用寿命 2 ~ 4 倍，减少维修次数。

保温层设在防水层之上，防水层不易受到外界损伤，同时衰减外界对屋面冲击而产生的噪声。

（4）施工简化、维修容易

倒置式屋面构造使围护结构水蒸气渗透传湿过程通顺，不易使水蒸气在屋面内部集聚而避免了传统屋面防水层下面水蒸气凝结、蒸发，造成防水屋鼓泡而过早失效的通病。因此倒置式保温屋面可取消传统保温屋面内加设的排气道及排气孔。省掉了传统屋面中的隔气层，可用防水层替代隔气层，又可省掉保温层上的找平层。如果出现个别地方渗漏，只要揭开几块保温板，便可进行维修。

（5）施工不受季节、环境温度影响

保温层为拼铺，即使在负温下或雨天也可施工。保温层是憎水材料，雨水可沿排水坡度正常排走。

2. 倒置法保温屋面的简介

（1）基本构造

倒置式屋面是直接在屋面结构层上做找平层，然后按顺序空铺卷材防水层、保温层、隔离层和保护层。其构造如图 7.2.10 所示。

（2）适用范围

适用于民用住宅、工业建筑及高层建筑屋面的防水保温工程。

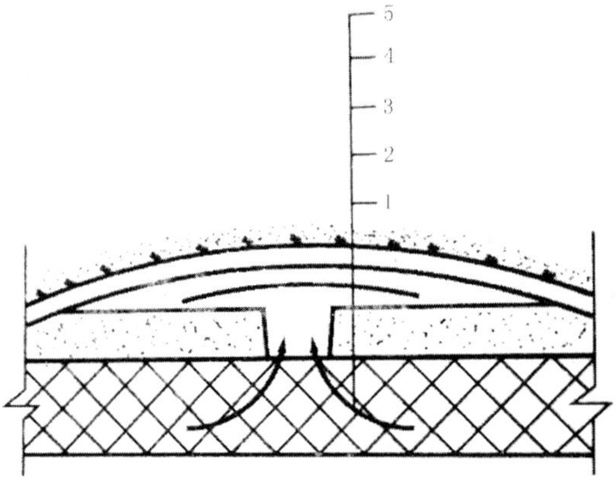

1—结构基层；2—找平层；3—防水层；4—保温层；5—保护层

图 7.2.10　倒置式屋面构造

3. 施工准备

（1）材料准备

1）防水材料准备：按照倒置式屋面基层防水层的要求，防水材料必须选用符合国家标准的合成高分子防水涂料、高聚物改性沥青防水涂料和柔性防水卷材构成复合防水。不得使用一般刚性防水涂料，不得采用以植物纤维和含有植物纤维类材料为胎体的卷材做防水层。

2）保温材料准备：保温层应采用表观密度小、导热系数低、吸水率低、比热容较高且长期浸水不腐烂的憎水保温材料，如挤塑聚苯乙烯泡沫、现喷聚氨酯硬质泡沫或泡沫玻璃等。

3）隔离层、保护层材料：聚酯无纺布做隔离层、卵石或其他刚性材料做保护层。

（2）机具准备

水平与垂直运输机具，高压吹风机，平铲、扫帚、滚刷、剪刀、卷尺、粉线等工具。

（3）施工条件

屋顶基层应达到变形小、基面牢固、平整开裂、平屋面坡度应小于或等于 3%，基层应清理干净。天沟、檐口的排水坡度必须符合设计要求。天沟、檐口、檐沟、落水口、泛水、变形缝和伸出屋面管道的防水构造必须符合设计要求。防水层应平整，不得有积水、结冰、霜冻现象等。

4. 施工技术

（1）施工工艺流程，见图 7.2.11。

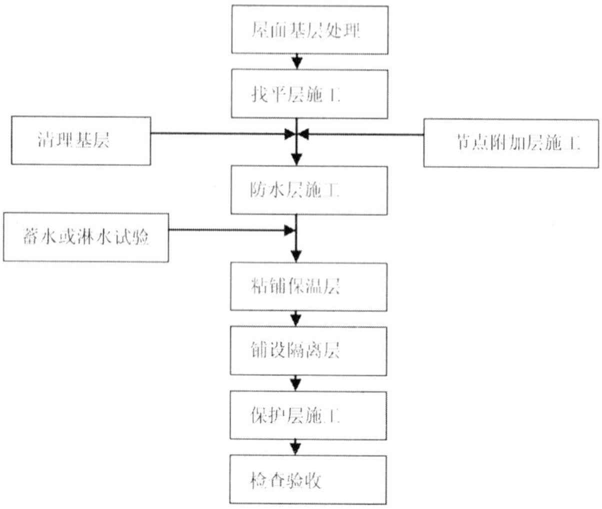

图 7.2.11　倒置式屋面施工工艺流程

（2）防水层施工

屋面防水层的操作工艺应根据所选用防水材料的技术要求，按《屋面工程技术规范》（GB 50345—2002）中的具体要求，采用与其相应的施工方法。当采用卷材做防水层时，卷材与基层之间宜进行空铺处理，但距屋面周边 800 mm 范围内的卷材应满粘，卷材的搭接缝也应满粘，并使其粘结牢固、封闭严密，以便形成整体的防水构造。

（3）保温层施工

保温层采用块体保温材料，可直接干铺或采用专用的胶粘材料粘铺在防水层的表面。当粘贴保温层时，应采用对防水层无腐蚀并与防水层材性相容的胶粘剂。当选用对聚苯乙烯泡沫塑料板做保温层时，不得采用含有有机溶剂的胶粘剂粘贴。

挤塑聚苯乙烯泡沫板膨胀性极低，一般不需要留伸缩缝，直接板接板铺设，或斜缝排列，遇到屋面突出处应将泡沫板量好尺寸并切割后再铺设。一般泡沫板与防水层之间不需要做任何贴合处理，如果为了避免在后续施工过程中发生走位影响整体施工，可以在泡沫板与防水层之间采用适当点粘或机械的方法固定。铺板时应特别注意对已施工完毕的防水卷材的保护，一旦发现防水层损坏，应立即进行修补。

块体保温材料的接缝，可以是企口缝，也可以是平缝，但要求接缝必须拼接严密，以防发生“冷桥”的现象。

聚苯乙烯泡沫板拼接处不论是平口、企口或底面侧边开有凹槽，板材拼缝处可以灌入密封材料或用同类材料碎屑使其连成整体，使渗流下来的雨水能够顺着凹槽或表面流向排水口，从而避免雨水的积存。

当采用现场发泡的硬质聚氨酯做保温层时，须对形成的保温层进行分格处理，以防止产生收缩裂缝。分格缝内应用弹性的密封材料嵌填密实。

（4）保护层施工

板状保温材料质轻，为防止被风吹起或被人践踏而损坏，必须加保护层。保护层有上人屋面和非上人屋面之分。

1）非上人屋面：非上人屋面采用水泥砂浆抹面。水泥砂浆抹面厚度宜为 20 mm，砂浆保护层设置的分格缝宽 3 ~ 5 mm，间距 2 m。砂浆中掺入膨胀剂、纤维等以防止砂浆表面出现裂纹，分格缝需嵌填密封材料。

在非上人屋面采用卵石（图 7.2.12）或砂砾作保护层时，压置材料的粒径宜为 20 ~ 60 mm，含泥量不宜大于 2%。铺压前应在保温层表面铺高一层不低于 250 g / m³ 的聚酯纤维无纺布作保护隔离层。

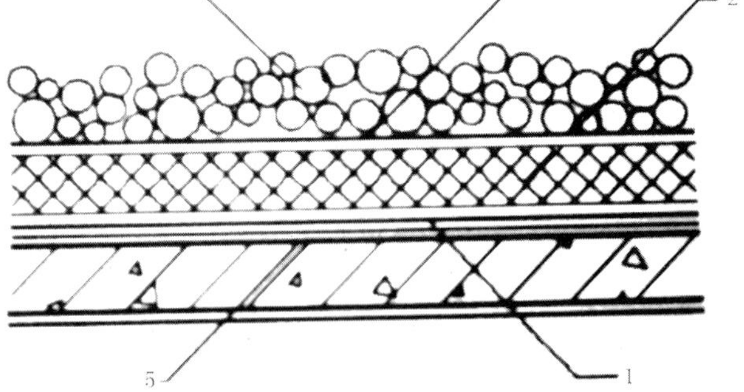

1—防水层；2—保温层；3—纤维织物；4—卵石保护层；5—砂浆找平层

图 7.2.12　倒置式屋面卵石保护层

无纺布之间的搭接宽度不宜小于 100 mm，然后在聚酯纤维无纺布上压一层卵石或铺设其他形式刚性保护层。也可采用平铺预制混凝土块材的方法进行压置处理，但块材的厚度不宜小于 30 mm，且应有一定的强度。铺压卵石时，卵石应分布均匀，防止过载，保证大风时保温层不被刮起和保证保温层在积水状态下不浮起。铺压卵石时，应严防水落口被堵塞，使其排水畅通做保护层时应避免损坏保温层和防水层。

2）上人屋面

上人屋面的保护层一般采用两种形式，一种是铺砌块，如石材、瓷砖、预制混凝土砖等，另一种为现浇细石混凝土、水泥砂浆等。

当采用不配筋的细石混凝土为保护层时，应设置厚度为 40 mm 的分格缝，间距 1.2 ~ 1.5 m，缝宽 5 mm，分格缝用密封膏密封。当采用配筋细石混凝土为保护层时，可在保温层上铺设聚酯无纺布或干铺油毡后，浇筑厚度不小于 40 mm 并配置双向钢筋网片的细石混凝土作保护层，保护层分格缝宽宜为 20 mm，纵横间距不宜大于 6 m，分格缝采用密封材料嵌填密实。

当采用混凝土块体材料做保护层，如图 7.2.13 所示。施工时应用水泥砂浆坐浆铺砌，要求铺砌平整，接缝横平竖直，用水泥砂浆嵌填密实。

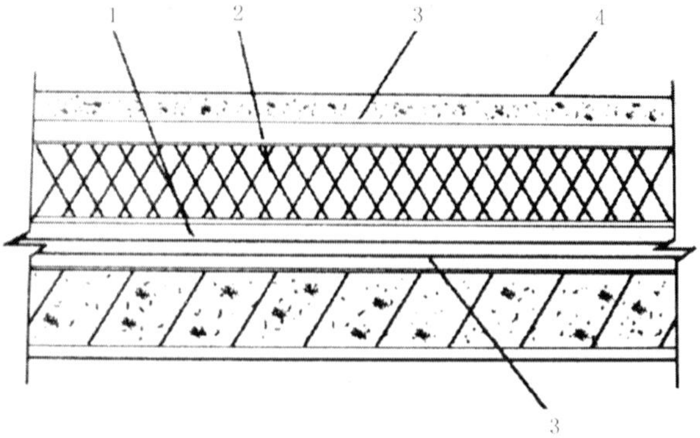

1—防水层；2—保温层；3—砂浆找平层；4—块体材料保护层

图 7.2.13　倒置式屋面块体材料保护层

（5）细部构造处理

天沟、檐沟、泛水部位的保温层难以全面覆盖防水层。在这些部位的防水层应选择耐老化性能优良的卷材或卷材与涂料进行多道设防，并在防水层的表面涂刷一层具有反射阳光功能的浅色涂料作保护层。对水落口、伸出屋面的管道根部及天沟、檐沟等节点部位，应采用卷材与涂料、密封材料等复合，形成粘结牢固、封闭严密的复合防水构造。

（三）屋面板状材料保温层工程施工技术

1. 屋面板状材料简介

屋面板（块）状保温材料是在工厂通过模具压制等方式预制成型，运到施工现场进行拼装或粘贴方式进行施工。

板（块）状保温材料可分为四种类型。① 有机泡沫保温板（聚氨酯泡沫板、聚苯乙烯泡沫板、聚氯乙烯泡沫板、聚乙烯泡沫板）；② 无机材料轻体保温板（水泥膨胀蛭石块、膨胀蛭石板或块、珍珠岩板硅藻土胶合块、泡沫石灰块、泡沫玻璃、轻质发泡混凝土块、矿物棉板或毡）；③ 有机与无机材料复合保温板（水泥聚苯颗粒块、乳化沥青珍珠岩块);④ 金属与保温材料复合板(金属面夹芯板、压型钢板铺设保温棉板)。

板(块)保温材料,可用于墙体结构保温工程也可用于屋面保温工程。板(块)保温材料具有外形齐整,密度低,施工简捷、方便、速度快的优点,目前我国在屋面保温工程中应用越来越广泛。

2. 施工准备

(1) 材料准备

1) 板(块)状保温材料准备:板(块)状保温材料进场应对其密实度、导热系数、强度、含水率进行试验检查,确保材料符合国家相应的标准及设计要求。

2) 其他材料准备:沥青、界面剂、胶粘剂、水泥、砂、石灰等材料均应符合相应的标准。

(2) 机具准备

搅拌机、平锹、水平尺、手推车、木抹子等机具。

(3) 施工条件

铺设隔气层的屋面应先将表面清理干净,干燥、平整,不得有松散、开裂、空鼓等缺陷。隔气层的构造做法必须符合设计要求和国家现行《屋面工程质量验收规范》(GB 50207—2002)的规定。

穿过结构的管根部位,应用细石混凝土填塞密实,以使管子固定牢固。

3. 施工技术

(1) 施工工艺流程

清理基层→铺设保温层→抹找平层

(2) 施工方法

1) 清理基层:将预制或现浇混凝土基层表面杂物等清理干净,使其平整、干燥。

2) 保温层施工:

① 干铺板(块)状材料保温层。直接铺设在结构层或隔气层上,紧靠需隔热保温的表面,铺平、垫稳。分层铺时, 上、下两板块接缝应相互错开,板间缝隙采用同类材料的碎屑嵌填密实。

② 粘贴板(块)状材料保温。板块材料应砌严、铺平。分层铺设的接缝要错开。胶粘剂应根据保温材料的性能选用。板缝间或缺棱掉角处应用同类材料的碎屑加胶结材料拌匀填补密实。

③ 沥青胶结材料粘贴。板(块)状保温材料相互之间和基层之间用沥青胶结材料粘贴时,均应满涂或满蘸热沥青胶结材料,以便相互粘贴牢固。热沥青的使用温度为 160 ~ 200℃。

④ 砂浆铺贴板(块)保温材料。一般采用 1 : 2(体积比)水泥砂浆粘贴,板间缝隙采用水泥或保温砂浆填实并勾缝。保温砂浆配合比一般为水泥 : 石灰 : 同类保温材料碎粒 = 1 : 1 : 10(体积比)。保温砂浆中的石灰膏必须经过熟化 15 h 以上,石灰膏中严禁含有未熟化的颗粒。

⑤ 细部处理。排气管和构筑物穿过保温层的管壁周边和构筑物的四周,应预留排气口。女儿墙根部与保温层之间应设置缝宽为 15 ~ 20 mm 的温度缝, 并应贯通到结构基层。保温层施工并验收完毕后,应及时进行找平层施工。

(3) 季节性施工

采用沥青胶结材料粘贴板(块)状材料施工的环境温度不低于 -10℃,采用水泥砂浆铺贴板(块)状材料施工的环境温度不低于 +5℃,屋面保温层严禁在雨天、雪天和5级风以上时施工。

第三节 低碳建筑

在我国新建建筑中,高能耗建材、高能耗建筑较为普遍。由此,在房屋建造能耗、建材产品生产能耗之外,引发更多的生活能耗、采暖空调能耗。同时,随着我国城市化的进展,当城乡居民的消费结构从"衣、食"逐步向"住、行"方向发展,生活从生存型向舒适型转变,对建筑面积、建筑室内环境舒适度等居住条件的要求逐渐提高,这些都将可能导致建筑能耗的持续上升,这是我国建筑行业现在和将来面临的严峻问题。

建筑以人为本。低碳环保是大势所趋、潮流所向,低碳环保的物业和绿色节能的建材才能更好地满足住房消费者的需求,赢得社会的认可,适应我国未来的发展。

一、低碳建筑概念

(1) 低碳,英文为 low carbon。意指较低或更低的温室气体排放,以二氧化碳为主。

(2) 低碳建筑,是指高能效、低能耗、低污染、低排放的建筑体系,与"绿色建筑"的内涵基本一致,但它更加关注从建筑材料、设备到施工建造再到建筑物使用的整个生命周期内,能减少煤、石化能源的使用,降低二氧化碳排放量,采用生态建筑、节能技术、生态材料等,通过合理的开发强度,降低物耗,提高能效,实现建筑低碳化。

目前低碳建筑已逐渐成为国际建筑界的主流趋势。一个经常被忽略的事实是建筑在二氧化碳排放总量中,几乎占到了50%,这一比例远远高于运输和工业领域。在我国发展低碳经济的道路上,建筑的"节能"和"低碳"注定成为绕不开的话题。综合优选国内目前低碳建筑的范例,意在推广低碳经验和技术,促进中国建筑节能减排的发展。

(3) 绿色建筑,在建筑的全寿命周期内,最大限度地节约资源,提供健康、适用和高效的使用空间,与自然和谐共生的建筑。

(4) 绿色建筑标准,由室外环境、能源利用、水资源利用、材料资源、室内环境质量和运营管理六类指标组成。

(5) 低碳住宅,是指住宅内二氧化碳的排放量非常低。通常把绿色、节能型的住宅认定为低碳住宅。

二、我国确定2020年二氧化碳减排目标

国务院总理温家宝在十一届全国人大三次会议上的政府工作报告中指出,2009年中央政府公共投资9 243亿元,其中自主创新、结构调整、节能减排和生态建设占16%。节能减排和环境保护扎实推进。安排预算内资金,支持重点节能工程、循环经济等项目2 983个,今年要大力发展新能源、新材料、节能环保、要打好节能减排攻坚战和持久战。一要以工业、交通、建筑为重点,大力推进节能,提高能源效率。扎实推进十大重点节能工程、千家企业节能行动和节能产品惠民工程,形成全社会节能的良好风尚。要努力建

设以低碳排放为特征的产业体系和消费模式，积极参与应对气候变化国际合作，推动全球应对气候变化取得新进展。在2010年的“两会”上，全国人大代表和全国政协委员关于低碳的提案占提案总量的10%左右。一年来共提交提案5 820件，即和低碳问题相关的提案多达582个，可见人们对此问题的重视和低碳在我们生活中日益重要的位置。这些提案涵盖了经济、社会发展、环境、生活等方方面面的问题。

国务院总理温家宝于2010年1月25日主持召开国务院常务会议，研究部署应对气候变化工作，决定到2020年我国控制温室气体排放的行动目标，并提出相应的政策措施和行动。

会议提出，面对气候变化的严峻挑战，我们必须深入贯彻落实科学发展观，采取更加强有力的政策措施与行动，加快转变发展方式，努力控制温室气体排放，建设资源节约型和环境友好型社会。会议决定，到2020年我国单位国内生产总值二氧化碳排放比2005年下降40%～45%，作为约束性指标纳入国民经济和社会发展中长期规划，并制定相应的国内统计、监测、考核办法。会议还决定，通过大力发展可再生能源、积极推进核电建设等行动，到2020年我国非化石能源占一次能源消费的比重达到15%左右；通过植树造林和加强森林管理，森林面积比2005年增加4 000万hm^2，森林蓄积量比2005年增加13亿m^3。这是我国根据国情采取的自主行动，是我国为全球应对气候变化做出的巨大努力。

会议强调，我国正处在全面建设小康社会的关键时期，处于工业化、城镇化加快发展的重要阶段，发展经济、改善民生的任务十分繁重。我国人口众多，经济发展水平还比较低，经济结构性矛盾仍然突出，能源结构以煤为主，能源需求还将继续增长，控制温室气体排放面临巨大压力和特殊困难，实现上述行动目标需要付出艰苦卓绝的努力。

三、大力发展低碳建筑

城市发展低碳建筑应着力加强政府规划和相关文件的贯彻落实力度，严格实施低碳建筑标准，新建建筑的立项、审批和建设过程都必须遵照相关标准。要扩大低碳建筑理念的普及推广，加强对社会公众的宣传教育。推进建筑节能设计，建筑要尽可能实现自然采光、自然通风、自然排水等设计理念。推行建筑能耗标识制度，推广低碳建筑的分级认证制度。新建建筑严格执行节能标准，鼓励商场、写字楼、工厂等现有商业建筑开展节能改造，政府办公楼、医院、学校等公营机构要制定和实施强制性节能措施。对于大型公共建筑，应公开其能源消耗情况，进行能源审计，推动大型建筑节能减排等。推进低碳建筑技术的广泛应用，普遍采用外遮阳、自然采光、自然通风、建筑绿化等低碳建筑设计技术，大力推进建筑工业化，改进建筑工程生产组织方式，提高低碳建筑的建造能力。近年来，“低碳建筑”、“零能耗建筑”渐渐成了国内外关注的焦点，光伏与建筑相结合的太阳能应用方式也得到极大地推动。在我国，光伏产业正在迅猛发展，而且政府也出台了相关扶持政策，这些利好政策将加快太阳能建筑一体化成为建筑节能热点的步伐。

1. 我国低碳建筑的背景

人们越来越清晰地认识到二氧化碳排放量猛增，会导致全球气候变暖，而全球气候变暖会对整个人类的生存和发展产生严重威胁。实际上，城市里碳排放，60%来源于建筑维持功能本身，而交通汽车只占到30%。具体到房地产行业就更是能耗大户。统计数据显示，中国每建成1 m^2的房屋，约释放出0.8 t碳。另外，在房地产的开发过程中建筑采暖、空调、通风、照明等方面的能源都参与其中，碳排放量很大。因此，尽快建设绿色低碳住宅项目，实现节能技术创新，建立建筑低碳排放体系，注重建设过程的每一个环节，以有效控制和降低建筑的碳排放，并形成可循环持续发展的模式，最终，使建筑物有效的节能减排并达到相应的标准，是中国房地产业走上健康发展的必由之路，也是开发商们义不容辞的责任。低碳经济的发展已经越来越多地得到更加广泛的重视并将成为中国乃至全球经济增长的新亮点。关键是市场的认可，随着人们对低碳经济的认知和了解，市场的认可是指日可待，不会太久，没有绿色低碳内容的项目恐怕就要被市场淘汰，而积极筹划运营开发的低碳项目或将大行其道。

2. 我国低碳建筑的起源

“低碳”概念来自生活。由于二氧化碳增多将会引起地球变暖，因而低碳建筑应运而生。在这之前老百姓只是看见工厂、汽车的排放量，而建筑的碳排放却被忽略了。由此，低碳经济的理念应运而生，低碳社会、低碳城市等新概念如潮而至。面对渐行渐进的威胁，实现低碳发展成为世界各国的共同任务，积极努力的齐心应对成为地球人的共同选择。

低碳建筑并不是建筑界的一个新名词，至少在日本建筑师看来，早在20年前就开始在建筑界践行。对于一个没有资源的岛国来说，能源就意味着生命，而低碳就成为大多数建筑师当时考虑的出路之一。如果每个人一天的碳排放量以数字记录，可以得出一个人一天的碳足迹。记录碳足迹可以提醒自己亏欠了大自然，算是一种社会责任心的体现。作为建筑物，无论在时间和空间上，它的碳排放是影响环境的主要来源，所以说“低碳建筑”是当前“绿色建筑”理念的前沿体现。

3. 低碳建筑的要求

节能建筑最重要的是在材料上有突破，包括将来的屋顶技术、屋面技术、涂料技术，都要产生新的突破才能支撑低碳经济。当然这种突破应该还不能说是技术突破，而是技术的革新。建筑的立面是素面朝天的混凝土。选择素混凝土，节省了一次性瓷砖贴面、花岗岩大理石和粉刷层，避免了开采石材时对大自然造成的人为破坏。水泥就地取材和搅拌成混凝土，也减少了在运输过程当中对能源造成的浪费，而对素混凝土的施工工艺流程进行优化和技术改进后，原本素混凝土单一结构功能又被辅以装饰效果，令人耳目一新。而大面积地采用玻璃元素，既增加了建筑的室内自然采光，节约能源，又增加建筑本身的通透灵动感，坐收室外绿化景观。

四、我国低碳建筑部分典型实例

1. 日月坛微排大厦——山东德州“中国太阳谷”

2009年11月27日，全球最大太阳能办公大楼亮相山东德州。这座名为“日月坛微排大厦”的太阳能大厦，总建筑面积达到7.5万 m^2，集展示、科研、办公、会议、培训、宾馆等功能于一身，采用全球首创太阳能热水供应、采暖、制冷、光伏发电等与建筑结合技术，节能效率高达88%（建筑节能70%以上，加上60%采暖、制冷），远远高于国家公共建筑节能50%的设计标准，每年可节约标准煤2 640 t、节电660万kWh，减少污染物排放8 672.4 t。日月坛微排大厦是世界上目前最大的集太阳能光热、光伏发电、建筑节能于一体的高层公共建筑。他整体突破了普通建筑常规能源消耗巨大的瓶颈,综合应用了多项太阳能新技术,如吊顶辐射采暖制冷、光伏发电、光电遮阳、游泳池节水、雨水收集、中水处理系统、滞水层跨季节蓄能等技术,使多项节能技术发挥应用到极致。

"日月坛微排大厦"设计灵感独具匠心,在建筑设计中也融入了先进的绿色设计理念。据了解,鸟巢用钢量高达 11 万 t,而日月坛除在选材上,外层钢结构仅用了鸟巢 1% 的钢材架设集热器(图 7.3.1)以外,整个建筑处处渗透节能环保的构思,将绿色的设计理念融入到建造当中,屋面、外墙采用了远远高于国家现行标准厚度的聚苯保温板,整体传热系数大大降低,比节能标准低 30%左右。尤其是门窗、天窗和幕墙,采用了温屏节能玻璃和 BIPV 温屏光伏组件(图 7.3.2),传热系数降低为国家节能标准的一半,而且隔热、隔音、防结霜露。这些人性化的节能技术,在节约环保的同时,温度、湿度、新氧、通风、光度等方面也全部都考虑人体最舒适感标准。

图 7.3.1 "日月坛微排大厦"外层钢结构上架设了密密麻麻的集热器

"日月坛微排大厦"将太阳能综合利用技术与建筑节能技术相结合,完善了太阳能应用技术标准体系。

2. 同济大学教学科研综合楼——同济低碳模式

同济大学教学科研综合楼占地面积 15 615 m^2,总建筑面积 46 240 m^2,地下 1 层,地

图 7.3.2 "日月坛微排大厦"门窗、天窗和幕墙,采用温屏节能玻璃和 BIPV 温屏光伏组件

上 21 层，建筑高度约 100 m，象征 21 世纪，同济大学建校 100 周年。该大楼从建筑设计到结构设计、节能、环保等方面的考虑，融合了同济大学相关学科领域教学、科研的最新成果，是学科综合优势的集中体现和展示。反映了当代国际建筑设计的最先进理念和未来趋势。

同济大学教学科研综合楼体现当今绿色、节能、环保建筑设计主题，综合楼采用变频等自控方式对空调系统进行能量调节，使空调系统随建筑物负荷变化选择最经济运行方式。新风和排风采用全热交换器进行能量交换以利于能量回收。冰蓄冷系统，利用晚间较低电价蓄冰，白天化冰供冷，具有宏观节能和环保的社会效益。建筑内部中心庭院采用混合式通风系统，既有利于景观、形态，又有效地促进节能、环保，为大进深空间提供充分的自然通风采光条件。合适的色温和优秀的显色性，使人工照明成为白天日光的延续，整体环境自然清雅，在异形体部分选用 LED 和光纤等新技术和方法，解决了结构复杂难以维护的问题并且创造富于新意的光小品，引发想象，符合教学科研综合楼的定位。满足公共建筑节能标准的通透 Low－e 中空玻璃幕墙和数字化的窗墙表皮，勾勒出同济大学百年史上的华彩乐章。

3. 印象钢谷·罗森宝工业研发中心——低碳建筑群

位于上海市宝山的印象钢谷·罗森宝工业研发中心，建筑地下车库是低碳建筑的样板。车库上方覆盖了 10 000 m^2 的绿色坡地，加大了自然碳汇吸收二氧化碳的效率，车库四面通风，自然采光，做到白天不用开灯。车库的地面抬升了 2 m，自然形成了一个半地下式的车库，从而产生了垂直方向双层绿地，营造出不同的组团景观，且使 8 088 m^2 的车库减少了钢材与混凝土的用量，最大限度地实现了“低碳建筑”吸收和减少二氧化碳排放的要求，采用半地下形式车库的埋置深度浅、地下浮力减轻，省去了打基坑围护与抗拔桩，底板的厚度由全埋式的 55 公分变成现在的 35 公分，使 8 088 m^2 的车库减少了钢材与混凝土的用量，实现了“低碳建筑”吸收和减少二氧化碳排放的要求，做到了一个“省”字。一开始就做了“碳排放”的减法，有别于先“排放”后“吸收”的“碳中和”方式。这种减碳最大化的建筑设计是“低碳建筑”的核心。

4. 泰跃 · 金河——国家级节能示范小区，引领低碳建筑新方向

低碳社区应是一种高效、低耗、无污染、生态平衡的居住环境。泰跃·金河项目运用 30 多项环保节能科技，打造了低碳节能社区。除了采用外墙保温、内置百叶窗、中空玻璃及节能环保涂料以外，社区的水系更由生态公园的风车带动进行，不仅节约了大于 65%的能耗，更带来健康宜居的低碳环境，符合国际低碳住宅的新概念。

低碳，不仅仅是一种绿色技术，更倡导了一种绿色居住理念。在泰跃 · 金河，运动主题公园、河滨森林公园、绚烂生活等主题公园傲然呈现，让业主在家门口就能享受自然明媚的阳光；9 万 m^2 私家公园，勾勒出生活的精彩，营造出与自然相融合的健康生态的品质生活，让业主充分享受舒适宜居的环境。

5. 杭州绿色建筑科技馆——国内节能系统集成度最高的建筑

2009 年 11 月 1 日，中国节能投资公司杭州绿色建筑科技馆正式投入使用（图 7.3.3）。科技馆采用大量国内外最新的建筑技术，集成十大先进的建筑节能系统，节能效率达到 76.4%。中国节能投资公司将借此探索我国夏热冬冷地区绿色节能技术的发展与应用，推动先进建筑节能技术的产业化，为我国建筑节能事业的发展作出贡献。

图 7.3.3　杭州绿色建筑科技馆外景

绿色建筑科技馆位于中国杭州能源与环境产业园，总投资 6 000 万元，占地 1 348 m^2，总建筑面积 4 679 m^2。它集成了国内外最先进、适用的建筑节能技术系统，其中包括首次在国内大量使用被动式通风系统，尽可能多地利用屋顶自然采光和不需要耗能的日光照明系统。设计中使建筑倾斜形成建筑自遮阳系统，使用智能化自动调节的外遮阳通风百叶系统，环保合理的外围护系统，温度、湿度独立控制的空调系统，雨水收集、中水回用系统，能源再生电梯系统等，都是可以大量普及推广的建筑节能技术。它还采用了太阳能、风能、氢能发电系统。先进的楼宇自控系统可达到智能控制，根据室内的温度和环境质量自动调节各种设备运行，分项计量各种设备能耗，中国节能投资公司将根据这些实时测量情况对楼宇自控系统本身进行优化与改进与研发。科技馆的建设采用大量的节能环保材料，如建筑物南北立面、屋面采用的钛锌板，东西立面采用的陶土板，均属于可回收循环使用、自洁功能的绿色、环保型建材。建筑物门窗采用的断桥隔热金属型材多腔密封窗框和高透光双银 Low-e 中空玻璃，使夏季窗户的得热量大大减少，空调负荷从基准建筑的 41.71 W / m^2 下降到了 23.53 W / m^2。

6. 上海世博会建筑群——将成为全球低碳技术范本

2010 年上海世博会建筑群所采用的光伏建筑一体化工程将创下历届世博会之最，中国馆和主题馆是其主要建筑场馆，2010 年上半年这两座场馆的太阳能光伏建筑一体化（BIPV）发电工程已基本完成主设备安装，调试后将于近期并入国家电网。这一工程的完成将为世博园区增添两座高技术的“绿色电站”，完美诠释“科技世博”、“绿色世博”的含义。

上海世博会建筑群的中国馆（图 7.3.4）是一张国家名片，在低碳建筑方面采取了利用 68 m 平台和 60 m 观景平台铺设单晶太阳能组件的方案，总装机容量达 302 kW。中国馆的 60 m 观景平台四周将采用特制的透光型“双玻组件”太阳能电池板，用这种“双玻组件”建成的玻璃幕墙，既具有传统幕墙的功能，又能够将阳光转换成清洁电力，一举两得。

主题馆（图 7.3.5）是中国连接世界的桥梁和纽带，在低碳建筑方面其屋面铺设了面积约 2.6 万 m^2 的多晶太阳能组件，面积巨大的太阳能电池板让主题馆的装机容量达到了 2 825 kW，而大菱形平面相间隔的铺设方法也同时保证了屋面的美观。建成后的主题

图 7.3.4　上海世博会中国馆

馆光伏电站将成为我国乃至亚洲单体建筑最大的光伏建筑一体化电站。两座场馆共安装了各类太阳能组件 17 866 块，总安装面积 28 800 m²，太阳能总装机容量高达 3 127 kW。一旦投入使用，两座"绿色电站"年均发电量约 284 万 kWh，每年即可节约标准煤约 1 000 t，年均减排二氧化碳约 2 500 t、二氧化硫 84 t、氮氧化物 42 t、烟尘 762 t，其环保作用相当于种植了 8.5 万棵大树，无愧于"绿色"的称号。

图 7.3.5　上海世博会主题馆效果图

主题馆东西立面设置垂直生态绿化墙面(图 7.3.6)，面积达 5 000 m²，为目前世界最大的垂直生态绿化墙。利用绿化隔热外墙在夏季阻隔辐射，并使外墙表面附近的空气温度降低传导，在冬季既不影响墙面得到太阳辐射热，同时形成保温层，使风速降低，延长外墙的使用寿命，每年还可吸收二氧化碳 4 t，滞尘量达 1 t，同时通过光合作用释放氧气。在夏季，生态绿化墙外墙温度比常规玻璃幕墙低 2℃，展厅内温度比常规玻璃幕墙低 5℃，能耗比常规玻璃幕墙降低 40%左右。

图 7.3.6 上海世博会主题馆生态绿化墙

参考文献

[1] 膨胀聚苯板薄抹灰外墙外保温系统.JG 149—2003,北京:中国标准出版社,2003 年.

[2] 外墙外保温工程技术规程.JGJ 144—2004,北京:中国建筑工业出版社,2005 年.

[3] 绿色建筑评价标准.GB / T 50378—2006,北京:中国建筑工业出版社,2006 年.

[4] 胶粉聚苯颗粒外墙外保温系统.JG 158—2004,北京:中国标准出版社,2004 年.

[5] 建筑施工手册(第四版).北京:中国建筑工业出版社,2003 年.

[6] 韩喜林主编.节能建筑设计与施工.北京:中国建材工业出版社,2008 年.

[7] 建设部干部学院主编.实用建筑节能工程施工.北京:中国电力出版社,2008 年.

[8] 北京振利高新技术有限公司,北京振利建筑工程有限责任公司,龙信建设集团有限公司编著.外墙外保温施工工法.北京:中国建筑工业出版社,2007 年.

[9] 建设部科技发展促进中心, 北京振利高新技术有限公司, 外墙外保温技术百问(第二版).北京:中国建筑工业出版社,2007 年.